美学与艺术理论

学术书 摆渡者
美与艺丛

〔德〕马克斯·德索
(Max Dessoir) 著
兰金仁 译

中央编译出版社

图书在版编目(CIP)数据

美学与艺术理论 / (德)马克斯·德索著；兰金仁译. —北京：中央编译出版社，2023.4
ISBN 978-7-5117-4247-6

Ⅰ.①美… Ⅱ.①马… ②兰… Ⅲ.①美学 ②艺术美学 Ⅳ.① B83 ② J01

中国版本图书馆 CIP 数据核字(2022)第 154359 号

美学与艺术理论

责任编辑	郑永杰
责任印制	刘　慧
出版发行	中央编译出版社
地　　址	北京市海淀区北四环西路 69 号 (100080)
电　　话	(010)55627391(总编室)　　(010)55627312(编辑室) (010)55627320(发行部)　　(010)55627377(新技术部)
经　　销	全国新华书店
印　　刷	佳兴达印刷（天津）有限公司
开　　本	880 毫米 ×1230 毫米　1/32
字　　数	358 千字
印　　张	18.75
版　　次	2023 年 4 月第 1 版
印　　次	2023 年 4 月第 1 次印刷
定　　价	98.00 元

新浪微博：@ 中央编译出版社　**微信**：中央编译出版社 (ID：cctphome)
淘宝店铺：中央编译出版社直销店 (http：//shop108367160.taobao.com)
　　　　　(010)55627331

本社常年法律顾问：北京市吴栾赵阎律师事务所律师　闫军　梁勤
凡有印装质量问题，本社负责调换。电话：(010)55626985

目 录

译者前言 / 1

作者前言 / 4

一 美学的潮流 / 001

    1. 内容与方法 / 003

    2. 客观主义 / 018

    3. 主观主义 / 037

二 审美对象 / 055

    1. 审美对象的内容 / 057

    2. 和谐与比例 / 075

    3. 节奏与节拍 / 091

    4. 规模与程度 / 105

三 审美经验 / 119

    1. 审美经验的时间过程和整体特征 / 121

    2. 感觉情感 / 135

    3. 形式的情感 / 146

    4. 内容的情感 / 158

四 基本审美形式 / 173

    1. 美 / 175

2. 崇高与悲剧性 / 188

  3. 丑陋与滑稽 / 200

五　艺术家的创作活动 / 219

  1. 时间进程与整体特征 / 221

  2. 能力的差别 / 238

  3. 艺术家对于人性的理解 / 253

  4. 艺术家的精神结构 / 268

六　艺术的起源及艺术体系 / 287

  1. 儿童的艺术 / 289

  2. 原始人和史前时代的艺术 / 304

  3. 艺术的起源 / 321

  4. 艺术体系 / 333

七　音乐与模仿艺术 / 347

  1. 音乐手段 / 349

  2. 音乐形式 / 362

  3. 音乐之含义 / 373

  4. 模仿与剧院艺术 / 388

八　文字艺术 / 415

  1. 语言的直观关联 / 417

  2. 演说与戏剧 / 437

3. 故事与诗歌 / 454

九　空间和图像艺术 / 471

　　1. 空间艺术的手段与种类 / 473

　　2. 雕塑 / 491

　　3. 绘画 / 501

　　4. 书画刻印艺术 / 516

十　艺术的功能 / 525

　　1. 理性功能 / 527

　　2. 社会功能 / 547

　　3. 道德功能 / 565

译者前言

马克斯·德索（1867—1947），德国心理学家和美学家，于一九〇六年创建了《美学与一般艺术科学》，后又于一九一三年在柏林组织了第一届国际美学大会。他是20世纪初世界美学组织的具体组织者和领导者。由于他对法西斯统治不满，纳粹政府曾撤销了他在柏林大学的教授职位，下令查封他主编的《美学与一般艺术科学评论》，甚至不让他去巴黎参加第二届国际美学大会。

《美学与艺术理论》是德索的代表作。德索在书中极力主张，除美学之外，还应该有另一种不同的科学，即艺术科学。当美学研究美的时候，艺术科学便审查艺术的规律。他认为，美学就是美学，它不应当侵占艺术科学的地盘，不应当去判断一件艺术品，不应当干预作品和艺术家的意向等。这些事情应该留给一般艺术科学去做。一般艺术科学的研究应当是科学的、客观的和描述性的，它不应当陷入对美的教条主义评价或含混不清的猜测之中，它应当研究所有的艺术，包括音乐和文学；它还应当特别重视对各种艺术进行比较，而不只是对视觉艺术进行研究。德索声称，他所要努力达到的，就是要建立一座从具体的艺术走向艺术哲学的坚实桥梁。这座桥梁由各种可以得到验证的知识构成,而不是像斯本格勒的历史哲学那样不牢靠和过分广泛。这座桥梁的支点就是运用科学态度和科学方法作出的各种概括:对不同时期的艺术和思想发展史作出的客观研究和总结(如对米开朗基罗作品中古希腊的、希伯莱的和基督教的象征主义混合物进行研究);对比较美学的研究(如把乌尔富林提出的区分古典派和巴洛克派的理论从视觉艺术扩展到音乐和文学);等等。

德索提出这一主张是有其特殊背景的:美学在其长期的发展中一直是一门美的哲学,这一狭隘的传统规定实在是太根深蒂固了,不可能改变。为了使这门学科变得更为有生气,为了使它具有科学的根据和实用性,就必须对艺术创造和其他各种审美经验作描述性的研究。但这样一来就同原来的美学发生冲突。建立一般艺术科学这一新的学科,并使之与美学并立,会使不同学术领域的学者们积极地合作,进行跨学科的研究。这就是说,二者既合又分,各科学者不放弃自己专门的研究,同时又不被老式的"美的哲学"所同化。此外,在德索和他的朋友们看来,如果把二者合并成"美学"一门学科,就等于承认艺术仅仅是美的表现,而这就无形中否认了艺术的多种功能,更何况当时正是丑的、荒诞的和其他一些根本称不上美的东西大量涌入艺术的时候。德索认为,如果仅让艺术表现美,就只满足了某些欣赏者的要求,而忽视了艺术家的观点。

德索的这一著作在美学史上占据重要地位,它不仅对艺术家和艺术作品进行了专门研究,还从不同角度研究了艺术心理学,特别是对艺术家的创造心理和创造性想象的心理学作了杰出的研究。德索的特点是能博采众家之长,把各种不同流派的观点结合起来,再加上他本人也有新的发现和新的理论。因此,称他为当时国际美学界的领袖,并非言过其实。

1986年7月

作者前言

这门科学从产生到现在的整个发展过程中,有一种看法始终成立,即:审美享受与创作以及美与艺术是不可分割的整体。这门科学的论题虽多样,然而它们却是一致的。艺术的作用是提供在审美情境中产生的美,是让人们于同样的情形之下接受这种美。这两种心理状态,美及美的特殊形式,还有艺术及艺术的种类,都被一个名称——美学——所囊括了。

现代人对于美、美学与艺术这三者几乎在本质上互相关联的看法开始怀疑起来。甚至在早期,美所独有的主权都受到过威胁。可是,艺术领域里也有悲剧与喜剧、美好与崇高,甚至就连丑都包括在内。而在所有这些分类中,贴切的要算是审美满足了。所以,美的概念应比艺术价值与美学价值更狭窄,然而美却可以是艺术的核心和终极目标,剩下的类别可以指向通往美的道路,它们可以说是正在创造中的美。

美即是艺术的适当目标,即是审美过程的核心这一观点,也面临严重的问题。首先,生活中享受的美与艺术中享受的美是两码事。自然美的艺术再现形成了一种全然不同的特征。在绘画中，空间物体被置于平面上；在诗歌里，人的存在换成了语言的形式，而且总是如此进行转换。毫无疑问，尽管在客观上存在着差异，主观印象却可能保持一样。但问题的症结还不在于此。一个活着的人体的美——这种美是被公认的——对我们所有的感官都起着作用。它常会唤起我们的情欲，纵使是难以察觉。我们的行为不自然地受其影响。然而一个大理石裸体像却有一种冷漠，使我们不去理会眼前是男人还是女人。即使是最美的人体也被当作无性别的形体看待，就像美丽的风景或美妙的旋律一样。自然的审美经验包括森林的芬芳和热带植物的炙热，而低级感官是被艺术享受摒之于外的。有人会说，作为那种欠缺的补偿，艺术欣赏是包含在艺术家个性中的欢欣与克服困难的能力之中的。这样，就有许多其他从未被自然美所诱发出来的快乐的成份。因此，客体与经验都要求我们将艺术美与生活美这两者区别开来。

但我们的例证却反映了另外的问题。假定对于任何对象的纯粹的愉快的沉思都可称之为美学——惯常的遣词怎能排斥这种说法呢？——那么问题就很清楚了，美学在范围上便超越于艺术。我们的好奇以及对自然现象的挚爱都含有审美态度的一切特征，然而却不必与艺术有关。加之，在所有精神与社会的领域中，有一部分创造力是用在美的建设方面的。这些产品虽不是艺术品，但却给人以审美享受。日常生活中的无数事实告诉我们，鉴赏力是能够提高的，它可以不依赖艺术而起到自己的作用。我们必须赋予美学以更广于艺术的天地。

这并非是说艺术的范围狭窄，恰恰相反，美学并没有包罗一切我们统称为艺术的那些人类创造活动的内容与目标。每一件天才艺术品的起因与效果都是极端复杂的。它并非是取诸随意的审美欢欣，也不仅仅是要求达到审美愉悦，更别说是美的提纯了。艺术得以存在的必要与力量决不局限在传统的审美经验与审美对象的满足上。在精神生活与社会生活中，艺术有一种作用，它以我们的认识活动和意识活动将这两者联合起来。

普通艺术科学的责任是在一切方面为伟大的艺术活动作出公正的评判。美学，倘若其内容确定而独成一家，倘若其疆界分明的话，便不能越俎代庖。我们再也不应该不诚实地去掩饰这两个领域之间的差别了。反之，我们须通过越来越精细的划分，使两者极为鲜明起来，从而显出它们所实际呈现的联系。前面所持的观点与即将阐述的观点二者之间的关系，正像唯物主义与实证主义之间的关系一样。当唯物主义大胆地将精神赤裸裸地与肉体合而为一时，实证主义则建立起一个自然力量的体系，相依性决定着秩序。机械论、物理化学的事实，生物学的、历史社会的群体，并非在内容上是合而为一的。然而，它们互相联系的方式使得较高级的体系显示出对较低级体系的依赖。同样，艺术也将在方法论方面与美学联系在一起，而且这种联系会更加紧密，因为美学与艺术科学即使在现在也经常是联合行动的，诚如挖隧道的工人们那样，他们从相向的两个点挖进山，然后相遇于隧道的中心。

这种情况经常出现，但并非总是如此。有许多地方，研究在进行着，而对其他地方发生过的事情却无动于衷。这个领域委实太大了，而兴趣又形形色色。艺术家告诉我们自己的创作经验，鉴赏家教给我们好几种艺术技巧，社会学家研究着艺术的社会功效，人类学家则调查它的起因。通过部分试验和部分概念分析，心理学家正探究审美经验的基础，哲学家正讨论该过程的原理与方式，文学、音乐、空间艺术的史学家们则累积了浩繁的资料。所有这些科学研究活动形成了公众讨论的很大一部分——若不是极大一部分的话——内容。各色各样的观点报纸杂志上。"现在，多思的人没有其他选择，唯有将中心置于某处，尔后，把其他当作外围去观察与寻找。"（歌德）

只有划清了界限，合作才能从喧嚣的混乱中建立起来。目前，矛盾与对立依然很多，谁欲建立起一个无差别的概念上的统一，谁就毁掉了在冲突中、在对抗的倾向中与斗争中表现出来的生活，谁就把各种专门研究所展示出来的全部经验弄得支离破碎。对于我们，各种体系与各种方法的意思即是从一种体系、一种方法当中摆脱出来。但单独一个人能否掌握各种不同的方法，并能有效地加以运用，这还是个问题。当然，人们通常认为哲学家更适于从事严格意义上的美学研究。然而在谈及普通艺术科学时，他们的权威便可能受到动摇。一个在一切事情上都想插嘴的哲学家，看上去可能像一个职业上的浅薄鬼、聒噪不已的万事通。他们对自己所编造的胡言乱语缺乏正确的思想和基本知识。我们说，一方面是研究艺术的学者们，另一方面是创造性的艺术家，他们不是应当有权为自己声言这一学科的专有权么？

个别艺术的理论通常与对于它们的历史的研究包括在一起。在大学里，艺术史学家也介绍些与艺术有关的系统的科学，职业的文学史学家也被认为应当是语言学家，音乐史和音乐理论都由同样一些人在研究。毫无疑问，工作的这两个方面可以互相支持。例如，历史学家没有系统的知识便不能前进一步。但是正如经验所表明的那样，对每一种艺术的形式和规律作纯粹的理论性的探讨时，并不需要对其历史的发展作进一步研究，也同样能够取得成效。因此，就出现了好几门系统的学问，我们一般称之为诗论、音乐理论和艺术科学。我觉得，从认识论的角度去考察这些学科的设想、方法和目标，研究艺术的性质与价值，以及作品的客观性，似乎是普通艺术科学的任务。而且，艺术创作和艺术起源所形成的一些可供思索的问题，以及艺术的分类与作用等领域，只有在这门学科中才有一席之地。至少在目前，这些问题暂时划归哲学家来解决。

但是还需排除另一个忧虑。关于艺术的性质问题，能指导我们外行人的难道不是搞创作的艺术家吗？并非艺术家的哲学家们有什么权利去评价艺术呢？不正像一位没有什么交易所经验而著文谈论证券交易所活动的经济学家那样会遇到相同的责难吗？

当然，我们这门学科的价值在很大的程度上应该归之于艺术家，只要他们是理论家或作家。他们关于自己的创作活动的报告是不可或缺的。关于艺术的技巧，他们已经谈了许多中肯的话。但是，他们对于理论的兴趣在原则上与我们不同。艺术家通过思考力图促进他们自己的创作活动，或者至少是需要满足洞悉他们艺术的先决条件的那种自然需要。因此，他们的目标不是艺术成就便是个人训练。而另一方面，不能把科学研究当作达到这两个内在的、理所当然的目标的手段。它本身就是一个目标，而且它从艺术的浅薄涉猎中少有受益。我将不提及那些想谈论而又不习惯抽象、系统思维的艺术家。确实，他们毫不怀疑那些表面显见的东西的不可靠的特点。但是，我甚至希望将艺术欣赏与艺术批评从纯粹科学里排斥出去。艺术欣赏与艺术批评教会我们如何对特定艺术作品的特定生活产生共鸣，如何在具体的作品中将思维与形式区别开来，促进个人修养与欣赏能力的提高。但是在这里，所有哲学的永恒价值都服务于瞬间的价值。同圣特贝乌（Sainte Beuve）一样，鉴赏家和批评家们将下面这一点看成是自己的任务："将自己限于亲昵地熟悉美的事物，像个有修养的业余艺术家与有才华的人道主义者那样去欣赏它们。"毫无疑问，描绘与解释都会有助于此，而且我们有责任用认识论去证实与区分这个次要部分。然而我们并不涉及特定艺术品的理解与欣赏。

这门科学与所有其他的科学一样，产生于清晰的洞察与解释一组事实的需要。因为这门科学必须理解的经验领域是艺术领域，这就出现了特别麻烦的任务。这个任务使这种人类最自由、最主观与最综合的活动获得必要性、客观性和可分析性。如果不产生这一剧烈变化，就不会有艺术科学。每一个无定见的、离题的与不合理的东西都必须坚决加以抛弃。因为它虽然时常被认为是明显的事实，却依然未被理解。我承认，在这一转变中，一个人常会远离自己内心经验的真实，远离艺术家的意识。一位音乐家，他听过音乐科学的所有成就吗？一位读者（甚至诗人们自己）懂得一段诗句所激发的特殊情绪是由有规则的压抑的元音引起的么？说到这些事情时，我们的科学便开罪于艺术家了，因为创造者几乎不需要去认清这些东西，他们把这些东西视为不可思议的歪曲，而且最终又完全回到他们的情感中去了。因此，无论是在何种情形下，创作艺术家总是仅仅承认另一位创作艺术家为自己的同等人，纵使作为敌手而对他恨之入骨。即便是最伟大的诗人，对于一位没有受过教育的对句作者也比对一位最有学识的思想家更感到亲近。然而确切地说，这也正是我们的理由。我们是要理解这些过程，而不是要去实践这些过程。因此我们并不企图去影响艺术家；我们不能具体而有力地说明一个人是如何开始艺术创作的。理论知识与实践能力是两码事，而普通艺术科学则属于理论知识这一广大领域。

倘若允许我在自己所期望的王国里安身的话，我便要画出一个人的肖像——有朝一日，这王国里的王冠会落在此人的头上。他将是天生的国王，能用相同的份量去艺术地感觉和科学地思考。艺术必将以其一切表现形式陶冶他的激情；科学必将以它所有的条理培养他的才智。我们将等待他的出现。

一

美学的潮流

1. 内容与方法

美学一向命运不佳。它作为逻辑学的小妹妹迟迟来到这个世界上，从开始之日起，便受轻视。说它是作为下里巴人的学说也好，是关于绝对存在的感官外表的一门学问也好，它总是处于从属和无关紧要的地位。也许是由于这个缘故，也许是由于论题本身的含混，美学从来不能主张一个疆界分明的领域或可靠的方法。

回过头来看，甚至"美学史"也暴露出某种似是而非的特点。倘若对论题的系统探讨遵循一定的顺序，一条发展的线索便会呈现出来，而且总是与另一条线索——情趣与艺术评价——相平行。但总的来说，审美估价史与科学美学之间并不比道德发展与伦理学之间，或者比理解人类灵魂方面的发展与科学心理学的进步之间有更密切的联系。毫无疑问，那些以粗略的形式展开的无数次洞悉，直接或间接表达出来的艺术直觉是很有意义的。去发现一代人从哪一点瞥见艺术的顶峰，发现美的主流与创作活动也影响理论到何种程度，这一点是重要的。不过在普通美学史里，重点应在体系方面。

然而当人们转向通常包含在"审美文化"一词含义中的问题时，另一条线索则显示出了新的价值。这条线索就是生活的美化。我们对快感的自然追求是能够得到提炼的，对愉悦的欲望是可以净化的，美学领域就是达到此目的的合适场所。就连康德都在美学里为伦理学所禁止的愉悦庇护。诚然，这种对于微妙欢欣的敏感性唯有通过有审美力的安排，与那使生活更有意义的欲望结合起来才有效益。但现在，两者合在一起，使演说与写作、体态与服装、房屋与花园中都产生出美来。这与艺术没有直接的关联。对于形式的审美性追求使学者给自己的著作以和谐的结合方式，因而使之不致成为纯文学作品。这些情况我们将偶尔谈到，至于我们这门科学的历史，则根本不会被提及。

现在，我们再从美学的外围转到它的中心里去。我们在这里发现了方法上惊人的对立。可以区别出三组方法：推测的与经验的，规范化的与描述性的，主观心理的与客观的美学。当推测的与规范化的美学正像经验的与描述性的美学那样，有着天然的密切联系时，介绍第三组方法便产生了困难。似乎将描述性的与规范化的美学放在一边，将客观的与主观心理的美学放在另一边较为妥当，虽然纵使如此安排，其划分依据多来自它的完整性而不是对本质的把握。描述性美学的目的在于提供本领域的事实，并剖析解释它们。规范化美学则来自一定原理所固有的确实性。我们在这里要谈的是自然、文化与艺术中特定事物（或过程）的另一种划分，即：一方面是具有实际特征的事物（或过程），这把它们同具有高度审美意义的客体区别开来；另一方面是那些仅仅因为人们看待它们的方式而获得审美意义的事物（或过程）。主要的事实是，我们称之为审美的这种特定经验，通过自我与客体的接触便能产生出来。由于这一过程的主观部分与我们最接近，所以对其内容的考察似乎应属于心理学的范畴。因此，正确的审美过程，就是对经验的心理分析，而不去顾及这一经验的起因。愉悦的客体无关紧要，最重要的是自我产生审美状态的倾向。但这一观点显然是不够全面的。有些线条、平面和色彩难道不是比其他线条、平面和色彩更能在观看者心中激起强烈的审美反映吗？席勒早就寻找过"美的客观意义"了，并在"貌似自由的形式"中找到了它，这种形式存在于审美满足感轻易而牢固地与之联系在一起的客体的结构中。此外，在崇高的与悲剧的这种基本概念里，首先是在戏剧或奏鸣曲的结构里，客观的因素包含其中，它给那些概念与作品以持久的意义，不受词意波动的影响。由此，审美对象的哲学便与审美经验的心理学并行。我们无须求助于艺术的文化系统，便能指出自然美（包括人体美）在何处可寻。此外，雷诺阿（Renoir）已经承认了这里所出现的审美的与艺术的这两者之间的差别，他说："一个人是在一张画的面前，而不是在一片美景面前立志要当画家的。"我们还能进一步指出，美的艺术是与美的自然并行的，它的完美之处同时又是它的贫乏之处。因为说到美的艺术，我们是指所有那些音调与色彩的作品，其中纯粹的音调与色彩本身是在延续的沉思中受到估价的。拉维尔（Ravel）与勋伯格（Shonberg）的混合音调或布索尼（Busoni）演奏的方法（不以人类的有效经验作为背景），当代画家使色彩获得生命，并有规律地打破平面的方法——这些都表明美的艺术所能取得的成就。

但即使没有这样一种审美客观主义，科学也不一定就必须被当作心理学的一个部分或一个分支来看待。认识论的例子说明在意识中发展的认识过程仍需用非心理学方式去理解。甚至审美心理状态的定义与描述都是以一个心理学不能提供的标准为存在前提的。这里有着先验的假设，绝对的基础。而当美学试图去检验互相抵触的审美判断谁是谁非时，便离开了心理学领域，变成一门价值的科学。诚然，只要判断的差异来自理解程度的不同——通常的情形是这样的——便仍能由心理学解释。但是，倘若两个同样高明的观察者不一致，比如，一个人将客体的内容视为主要因素，另一个人将形式作为主要因素，那么问题就变成为美学应当站在哪一边的问题了。因此，不仅审美客观主义——即对于美的客观表征的参照——否定了完全从心理学观点去探索我们这门科学的方法，而且即使在审美主观主义内部也有一个对待事物的评价（或者规范化的，或者批判的）方法，这种方法与注重心理学的方法正相反。

之后还要详细地讨论客观主义与主观主义，因此我现在想着重谈一谈规范化美学（形而上学的与批判的）以及心理美学（描述的与分析的）的主要形式。因为，与前面提到的划分相比，它们包含了真正关键的观点。

当美学被纳入哲学系统时，它被赋予了一个固定的地盘，与其他哲学领域有着固定的联系。由于美成了基本原则的派生物，所以它获得了扎实的根基。但这些有利条件都被不利条件所掩盖了。由于缺乏公认的哲学系统或形而上学系统，一门独立美学的不牢靠已被另一种不牢靠所取代。而且形而上学的哲学家唯有通过冒险的跳跃才能抵达需要解释的事实。然而正是这一点使形而上学美学家获得了朋友和读者,因为将辽远的事物直接地联系起来就有如此巨大的魅力。从正面词义上说,被称为巧妙的正在于此。思想突然的闪现而发光,惊人的相似之处显露出来。就在当今,把个体与最普遍的直接结合起来的讨论又很时兴了。这些说法有可能是真实的,即它们所断言的联系可能实际存在。然而它们并不包含科学的真理,对于这个真理来说,逐次地一点一点地去展示一条不间断的联系是必不可少的,所有的联系都须在其必然的连贯中发现与显现出来。因此,当时我们是无法判断这种断言正确与否的。这些审美思想华而不实,出语惊人却缺乏论据。它们将读者和听者置于无益的兴奋状态,这些人很容易将科学探究与条理化的信念混淆起来。总的说来,黑格尔的大谬之处由于他那广博与精深的学识和感觉入微的非凡天才而得到了谅解(可以拿来与此相对照的是索尔格〔Solger〕在一封信里谈到米开朗基罗时说的那句话:"那也是我实际上仅为自己构筑的一个对象,虽然我非常乐意从自己的观察中去了解它。"①)。黑格尔的那些更平庸的信徒们则仅学得了一些原理,而没有学得他们老师的才能。所以他们所下的断言经常带有天才的光环,但却有明显的谬误。他们将无价值的东西辩证地夸大为重要的。精通这一学派的表达模式的人,很容易把鸡毛蒜皮说成非凡的。倘若一个人仔细观

---

① 《遗稿》,第 1 章,第 494 页。

察，就会从所有这些玄虚与机敏参半的阔论后面发现出简单的真理，或无法表达的类推和大胆的妙语。对于这位大师的信徒们来说，就连这一系统的统一性也常常仅是表面上的。他们当中许多人就像这样一位裁缝，他缝了一件大的外套，线上连一个结头都不打。一旦有人去扯线的一端，就会把一切都拉将出来，使它散成布片。

对于"自上而下的美学"的中心思想，人们是有一致看法的。美的与愉悦的不同表现在它能透过表象，揭示存在的本质和意义，使一种绝对价值成为直觉，在有限中体现无限。诚然，思想到处都在起作用，但它处于与其他力量的冲突之中，因此是无形的，或者甚至是支离破碎的，当在自然美中——或在艺术美中更甚——思想便完全成为感觉了。这一说法包括两个方面：第一，柏拉图主义（在这里我们不必去考虑）；第二，审美仅是直觉的主张。第二个方面有点麻烦，因为除开审美之外还有另一种直觉想象，即工艺的直觉想象。一部机器或一座桥梁的设计——为着一个特定的目的将部件组装在一起——没有直观图形是办不到的。而随后施工中的思索实则以一连串的形象来进行。一位工程师曾经说过，在这种建筑中，"概念不是由文字而是由大大小小的几何图形来表达的，归根到底，甚至要由专门建立的几何符号来表达的"。这样的直观知识虽然在建筑学中与审美合为一体，但在重要的方面却不同于审美。然而既然存在着这种直观知识，我们就不能把观念的直观性看作是审美经验与审美客观性的首要特点。而且，就诗的艺术而言，直接性可能受到质疑。心理学研究告诉我们人是如何不依赖形象而把握住感觉与思想联系的，其结论自然就是：没有激发美感的形式，诗的语言同样能被人理解。进一步的研究说明，可能出现的形象是因人而异的，因而便是不必要的；对于宁静的风光和激动行为的诗意的描述主要是唤起个人经历的记忆形象或文学印象。总之，作为审美之一部分的诗意，实质上不是通过惯常词义中的直接性在起作用。在这一点上，美的形而上学是不够的。

康德——我们现在就转向他的"批判的美学"——仅承认与理解力共同发生作用的直观想象。感受力与理解力通过提供普遍有效的形式，使客观世界的再现成为可能。同样，这些能力之间的和谐——这种和谐是审美快感的基础——也堪称是普遍有效的。所有的美都包含着那两个理性作用的自由调节，因之，也包含着客观必然性。这并非是作为一个心理学论据的问题，在某种意义上是个"实情问题"。审美判断是如何追随理智的实质的呢？这一愉悦是如何不靠经验而确立的呢？美学既不依赖个人的鉴赏力，也不依赖一般的人性，而依赖普遍的理性必然。正是这种必然使特定事物中的美获得价值。人的头脑进行着选择、形成、创造，在审美感受与艺术家的示范想象两方面都很活跃。这种活动提供了观照的原则，它同对自然的经验解释与道德判断都是一致的。更严格地说，审美意识的任务，是在情感领域里达到思想家在思想与行动领域里所力求达到的那样一个整体。美的性质与知的性质共存，审美的与情感的观点与存在的科学和认识的观点共存。这一领域的自我满足是以这些为先决条件的。它不受理论和道德的支配。但康德未能使审美价值的范畴不受来自道德自由范畴的影响方面（这在关于崇高的原则中是显而易见的），也未能将美学从"是"与"应当"之间的地位提高为一个独立的主体。

一般说来这是否可能呢？我们的领域有它自己独特的规律吗？任何个别的审美对象都能从中衍生出来吗？至于美学的自主性，近来曾有人试图通过这里主客体之间的关系去理解它。按照许多新康德主义者的说法，这个主体——即使与真理的范围处于纯粹理论上的对立——在逻辑范畴里是没有意义的。这个非经验的自我连同它的新鲜经验无条件地归属于美学领域：它既不能被忽略，也不能被视为附带因素。我感到这种看法是正确的。倘若一个人探究的是审美的本质，那么很显然，主观性便必不可少。而证据的建立或者科学观点的联系都完全不能表明一个主体的存在。但是，如果从审美价值领域的这个一般特征中抽去具体的内容，情况就不同了。诚然，我们能够从反面清楚地证明，物的范畴同抒情诗歌是不相关的，或者因果关系丝毫无助于对音乐的解释。不过，我们不能准确地从纯粹美的基本水平上构筑起详细的特殊结构。甚至当我们一遍又一遍地提醒自己，艺术作品不仅仅是利用审美的手段时，当我们只把一部分艺术的美归因于美的自然与美学修养时，在价值特征与特殊事例之间要建起一种真正的持续的联系仍然是很困难的。

而一旦我们自己弄清了审美价值完全局限于表象时，

我们便获得了这一联系。特殊之服从于（包含着许多东西的）一般，在这里是没有意义的。当克罗齐把一种美的形式称为"宇宙的灵感"时，他指的是客体的完整性，或者——从另一方面看——是价值的个体性。但我们也许能进而说，存在与含义之间的这种巧合——罗兹（Lotze）早先曾将其赞美为命运的赐予——使审美对象处于自然与历史领域之间一个显著的地位上。在自然里，有些现象立即就能使明眼人看出支配它们的法则。我们甚至不必回到歌德的"原始现象"中去，只须想一想色谱，一个基于关系与过渡的系列，就能找到一个重要的例证。很清楚，在发现规律之前，通常会有许多设想成熟、目标明确的观察，因为这一规律总是会在受其支配的各个事例中得到同样的体现。然而，它即使在一个特定的例子中也会得到体现，所以每一次观察或者"对于本质的深入审查"均能把它揭示出来（用现象学家不可靠的观点来说）。这里归纳与演绎的对立便被克服了。这两种方法的任何一种结合都不会出现在我们面前，出现在我们面前的超越了它们的结果。既定事物被带入了与一个抽象系统的直接关系里，正如我们现在爱说的那样，它被"评价"了（"beurteilt"），反之，当既定因素之间的关系即将建立时，它被"宣判"了（"geurteilt"）。但是批判性的评价仅当有意愿的人对既定事物持一种态度时才获取它的全部含义，这是历史认识里的情形。有关每一历史事件的著名的"个别法"有着价值的范畴作先决条件和人性的观念作为背景。前者无须解释，后者仅在一定程度上指出，人类作为历史事件的媒介给予它们以系统性和完整性。人性将自己联结在民族与时代里，耗尽了一个发展过程，即是说，它要变为某物了（或变为空物，假如我们相信爱德华·冯·哈特曼〔Edward von Hartmann〕的话），它的发展规律和生活就决定了各别事件的价值。

居于对待事物的这两种方法之间的便是审美，它似乎处于中间的位置上。就康德而言，差不多判断的官能居于理论理性与实践理性之间，或者说美与目的性居于感官领域与道德领域之间。一个审美对象仅在一次的直观里便被抓住，但不像落入一个抽象与一般的规则那样——这规则在个别事例中成为可见的。当然，在表象之下的是价值的主体，我们把它叫作"美的"，并把它作为许多部分的有机体来认识。只要它是活的、发展的，它就会作为一个主体被辨认出来。它与个别审美对象的关系存在于个体中充分表现自己而不失去普遍价值的能力上。可以说，同样的洞察包括在种类里旧的形式和整体的规律中，因为多样性不能与同一性并存，它只能从同一性中作为一个反向发展产生出来，从基本调和中产生出来。感觉在心灵里表现出同样的能力。因为它能以无比强烈的意识将对于普遍确实的所有判断标准结合起来。概念的与感觉的，两者的这种不可分性，这种认识过程与逻辑外因素的融合致使克罗齐认为对一件艺术品的评价是一种错误。他说："真正的完整的批评是对所发生的事情（在艺术家的直觉里）的描述。"然而我们必须摒弃这一推断，因为美的直观价值妨碍了从普遍规则中对于个别客体的推论。

美学的进程，正如我们到目前为止所了解的那样，是以基本客观主义的假设，即审美对象不仅只是以令人愉快的心理过程理由为起点的。由于对这些对象来说，与自我之间的关系是本质的，所以它们的价值必须被称作是最终不牺牲它们各别特性的一个"被感受物"。例如空间的审美对象，主要包含了被称为对比的种类，因为在所有种类的形式中，对比有着最强烈的感受价值。审美过程最终有助于强化，因为新的对于既得者的添加，当保留既得因素的同时，在主体中唤起了最强烈的反响。所有的审美对象独立地立在那里，因为，假如它们像自然的或历史事件中的事物一样互相依存与互相缠结的话，它们便不会将纯享受限制在它们自身中了。理论的理解要求它的对象符合于一个整体；审美感觉对于分离的对象是满足的。前者仅通过无休止的渐进的协调去领会；后者则欣赏个体的内部规律性。用康德的话说，当道德的个性要从冲动的生活中逃出一切偶然性而将自己精炼成一般概念时，艺术作品（我们可以将它与个性相比）并不要求作出同样的牺牲。因而这一思想的偏狭性规定了每一个审美对象的不同特征。"美的在其自身中就是神圣的"，摩利克（Mārike）在一首小诗中这样说过。因此，为自然中美的事物划定界线比为艺术中美的事物划定界线当然需要观察者更多的内心活动，后者能利用框架与底座（框架保护图画使之不致受损这一事实本身，在观察中并不会唤起审美愉悦；这个辅助物必须以精美的孤立形式出现，等等。加之，这鲜明的边沿还帮助突出图画的中心）。不过，不应当夸大审美对象的孤立。哥特式雕像是作为建筑物的一部分而不是作为其本身而展示给人们的。一座乡间的房屋超越了它自身而显出公园的外围。一把椅子友好地邀请人们去坐它。审美影响的范围是很难说得完的。(与之相关的困难就在于如何将本身的概念运用于审美对象。一段音乐,在完全变了调以后,还是它本身吗?对于更高的辨别音调的敏感性来说,对于绝对的音准来说,一定的变换即意味着巨大的变化,所以该作品已不再是原作本身了。)我们只能这样说,所有这样的对象都将核心包含在自身中,并明确地从这些核心向内心经验传达。

感受价值作为一种内心价值自然不能从一切思想范畴中被排除。所以存在的无论是什么,总从属于联系的一切模式,至少从属于空间与时间的存在物。因此,同样的,自然或艺术中美的事物不处于最先使得任何对象成为可能的假想原则之外。只有无限的才逃出了这道罗网。但不能就此下结论说,美的存在属于时间与空间的经验主义实在。(马莱〔Marées〕认为透视画法是一派胡言。里格尔拒不承认油画从透视画法规律的发现中所得以丰富的事实。)审美世界确实立足于经验世界之中,但并不与之并肩存在。甚至不用将这一审美世界,如同观念突破的领域一样,从其余的制约下转移出来,我们也完全有理由凭着刚刚指出的特征将它看作是一个分离的、神圣的领域;从而在自我的范围之内,一个特别的、纯粹的审美态度是得到公认的。完整、全部的审美态度的特点是:一方面,从个人经验的固定秩序中分离并排除了欲念;另一方面,有大量无拘束的大脑活动以及与对象之世俗统一性的融合。确实，有的东西背离了生活的整体，但其结构使我们感到缺了它反而有利。也许，这种有利因素的不愉快的称呼是冷漠。立普斯（Lipps）的描述心理学将这一过程解释得更为恰当，他说，对象被统觉的要求与心灵的特征正好相合，于是便导致了拖延的沉思。这种心理学被其观点继续引导，从个体意识的资料及其条件中去发现思想、估价与意志的纯活动。作为意识的科学，它力图从偶然性当中解放出来，就像自然科学在其领域中所达到的那样。这种内心的具体表现引导美学家得出如下的结论：本质上是活跃的心灵，若具备极丰富的内心经验，便有了审美状态——该结论同样能从哲学基础上推导出来。

而心理学美学形式的情形就不同了。心理学美学分析审美态度至其极基本的因素之中，以获取一批可供试验的事实。这一形式不关心普遍特征而关心基本印象的获得，因为这些印象应比随之建起的高一级的审美经验更少暴露给个体的变化。然而关键的假想仿佛没有完全被证明为合理的一样，至少库尔普（Külpe）说这种尝试使得"各人判断的不同程度之大导致平均数的计算成为幻想"。海曼（Hamann）提出了另外一些问题——这样一种因素是否曾单独在审美经验里出现过，什么效果与它的简单性相联系，它与审美效果一般有何关系——这些问题实际上仍然没有得到解答。这种不确定被审美经验在其过程中的变化所加深了。因此，在每一情形下，只有两种经验的相应的典型才应当互相比较。最后，这种不确定也被这一事实，即就连最简单的审美过程中都有可能产生各种各样的审美态度所加深了。一个机敏的反省者进行试验或者至少彻底地筛选试验得出的报告而不仅仅是收集它们而已。这一点是至关重要的。但协作反省的真正好处就在那个知道自己正被别人审查的人所增加了的责任上，就在各种内容的外表上，就在固定类型的实现上。

费希纳（Fechner）的《美学入门》是第一部阐述审美经验仅由有效因素结合而生这种见解的书。费希纳的结合的规律非常多、乱且杂。人们可以减去这些原则的一半，或者同样有理由再加上相同数目的原则。在努力寻找固定的经验主义主张以代替形而上学的一般原则时，费希纳找到了大量的规律，其中只有少数对以后美学的发展起过影响。呼应的规律、减缓的规律等等，都已证明仅是审美生活中并行的心理条件的表达，而不是其适当标准的表达。

但是结合原则，这个被费希纳经常与这些规律并列并从心理与审美方面进行审查的原则已经吸引了大家的注意。他的选择、提供与运用这三种审美实验方法的信条也同样是如此的。第一种方法就是尽量多地收集人们对于他们从相同形式中选出作为最愉悦的形式的见解。第二种方法是让主体自己去提供对于他们来说是最美的形式。第三种方法则是去审查日常生活当中最常见的简单形式。这最后一个方法最无价值。因为信纸、手套、木盒以及此类东西的样式不光是受审美力的影响，而且也同样受着来源于其他方面的流行式样的影响。然而另两种步骤的程式被认为是有价值的，并得到了发展。系列法已经制定出来。按照这种方法，一系列对象——也许是由否则即是经久不变的对象的某个方面的稳定上升（就说它一毫米吧）所形成的——要被改造成为相应进步的一系列审美价值。这样就显出愉悦的增长不是与数学增长相一致的，但审美观点却导致了一种迥异的秩序。另一种方法就是每次在一系列对象中只取两个进行比较，然而各对的顺序却使情况复杂起来。只提供一个对象并让它被好几种类别（例如：很美、美、一般、丑、很丑）中的一种去判断。这种做法仍不可靠，因为即使是同一个人所做出的选择，也可能受情绪起伏的影响。提供法进一步发展了，它发展到不光是寻找愉悦的顶峰，而且还在系列中寻找在审美方面表现出与其他对象明显不同的对象。

整个"自下而上的美学"使审美经验成为愉悦单位的中心。它仍与本质问题相去甚远，正像心理学的快乐主义与道德生活中的关键问题之间的距离一样。在这一点上，它与自己的对立面"自上而下的美学"相像。后者同样给美学带来了异端的概念。形而上学的分类学好比死海，每一个落入那清澈的咸水里的活物都游在面上，而且必然死亡。在概念绝对论的死海里，活的个体的洞悉被投了毒，从未获得深度。但在审查中，解释应当如实地从事实中加以阐发。形而上学与分析心理学的美学合在一起形成了"自外向内的美学"。我们选择"自外向内的美学"，它以批评与描述心理学的精神竭力为该领域的特有价值作公正评判。它的全部内容因而可以表明如下：审美对象（和类别）是由特别特征显示出来的，同样，审美态度具备一定的合适标准，该标准显示出许多包含在这一态度里的个体过程都有同一归属而不会偶然落到一处去。在客体这一方面，个体形式中具有多种特征的对象那种自足的统一与平衡是决定性的；在主体这方面，纯粹的经验则是决定性的。而主体在真理的领域中是没有地位的。客体在道德范围里仅被当作是有待克服的东西。审美的主体与客体是不可分割的。因此，审美价值也就是经验的主客体价值。

现在既已找到一种观点，那么我们就要提出并审查那些最重要的理论了。

2. 客观主义

能够给一种美学体系以方向的一般原则，当被运用于艺术中的美的东西时，便显示出它们的巨大的活力。至少这对于"审美客观主义"是适用的。我们叫"审美客观主义"，意思是指所有那些从客体结构上而不是从欣赏它的主体的态度上找到这一领域所独有的特征的理论。而此结构，我们能极轻易地参照现实的其余部分而加以确定。因此，那些理论就从属于此，它们以与自然中呈现出来的关系为基础去解释美的与艺术。确实，自然主义宣称艺术即是真实，各种各样的唯心主义断言它比真实要多，而形式主义、幻想主义和肉欲主义则认为它是少于真实的。

"自然主义"不但从艺术家的证言里找到了支持——因为艺术家们总是不厌其烦地要我们相信他们不过是把所见到的东西再现出来罢了——它还顺利地赞同了普遍的思

潮。是实证主义（用广义的话来说）明显地引向了艺术应当严格抓牢给定者这样一种观点。这种原则甚至在伦理学中也有根据。什么样的乐观主义者——他们把现实世界说成是可能得到的最美好的世界——能够一贯赞同一种遐想的想象游戏呢？最后，以乐观主义和自然主义为一方，以虔诚的宗教信仰为另一方，这两者之间有一种联系——它诚然是不必要的，但却是明了的。那就是说，倘若世界是上帝的反照，那么就不可能有比它更高一级的美，就不可能有一种比忠实复制它的艺术更高的艺术了。以自然主义的方式去创造也就意味着在一个人的作品中给造物主增辉。星星的秩序，有机世界的丰盛华筵，大者之强大，小者之动人——所有这些都应将卑微的创造性艺术家的思想转向永恒的上帝。

同时，让我们从其世界观的基础上转过来，仔细看一看其理论本身。如下的几点便与自然主义格格不入了：第一，当我们观察一个自然物的精确的复制品时，并非审美的而且在观察原物时并不存在的情感便产生了。一个蜡人，倘若照搬了人的原形，便会引起恐惧，引起一种非审美的情感。这种情感在观察真人时是不会产生的。第二，从任何意义上说，一件艺术品，无论你怎么称呼它，它总与真实相去甚远。圆形画景缺乏阳光、音响、运动与新鲜的空气；蜡人的脸上、手上没有汗毛；在石膏模型里，我们缺少那睁开的眼睛以及随着心理活动而不停地一张一弛的身体动作。运动不息的可见世界是不可能用艺术去复制出来的。第三，忠实于自然，与自然相似，决不等于与自然一样。一位巧匠的漫画和速写可能惊人地与原形相似，但却不是逼真的。漫画夸张了某些特征，而速写却略去了许多完整的绘画所要画出的部分。我们见到过一些画像，尽管艺术家已略去了鼻子、耳朵乃至眼睛，只用一些颜色的斑点来表现，但画中人的脸庞却充满着生气向我们迎来。各种倾向的艺术家们都一次又一次地主张说，他们的艺术就在于"略去不必要的部分"，就在于"savior faire des sacrifices"（懂得如何丢弃）。第四点，也就是最后一点：在一个完整的复制品中，决定性因素，即艺术家的个性就不得不被排除了。然而抹去这些个人特征的企图便会将生活摒弃于艺术之外，更有甚者，它便会意味着审美享受即来自对逼真的满足，因而即来自认识的愉悦。

但是倘若在提出自然主义的信条时得到了公开的赞扬与接受的话，那必定会有尚未讨论的原因——部分是理论的原因，部分是实践的原因。在理论的原因中，我们须首先考虑那种貌似忠实于自然与那种实际仿造自然之间显而易见的含混。即便是一张速写和一幅漫画都能清楚地表现出对于自然的印象与这种实际模仿之间有多么不同。这种未完成的或者歪曲的艺术证明是最有创造性的创造。然而它们给人以最生动的忠实于自然的印象。假使自然主义认为这种印象只能通过一味的模仿才能获得，那就错了。对于自然的印象与对于自然的复制之间不能画等号。因此，否定的观点会比肯定的观点更可取。有人会更确切地说，我们须避免那些对于自然的偏离，这种偏离是与不忠实的纷乱意识密切相联的。这一类的说法不像肯定的观点那样有约束，它在任何情形下给艺术以自由活动的范围。也许人们会说，这当中的情形正像人与幸福之间的关系一样。人们都想幸福，但是达到这一目标决不会确保他们获得所追求的全部。所以艺术过去是经常面向真实的，现在亦如此，但达到了这一真实之后，艺术便终结了。

纵使最深奥的精神艺术品也是由来自生活的因素构成的，自然主义从此事实中寻找另一种支持。一旦艺术品的组成部分不是取自于真实，我们便厌烦地感觉出来了，艺术的因素便与真实的因素没有区别了。然而这并不为自然主义帮忙。因为这些组成成份业已被制作成新的东西，制作成充满情感的一种形式，而且这一制作本身就是其关键所在。诚然，这种综合也似乎是——至少只要它局限于选择、加强和减弱中——与真实密切相联的。任何一种创新，无论它有怎样的活力，都不应当创造出经验中不可能存在的东西。但是我们要弄清这样一点：这种艺术创作本不需要有经验中的对应物，它们只须是一种存在时我们即能理解的东西。视觉中所不可能存在的（譬如说，远处的物体与近处相同的物体一样大小）不应当在任何声称反映真实的图画中出现。加之，倘若每一门清楚的艺术理论要求因素的结合显出一种联系，并必然会引导观众、读者或听众承上启下，那么即使如此，自然主义亦不能从中受益。相反，决定性的并不是经验主义的和谐，而是一种内心的连贯。我们把一件各部分都已离析的艺术品称为不真实的。对于自然的模仿也许能为艺术性系统性统一的目的服务。

但风格的统一并非以上这种统一，在该词的审美意义上说才是真实性。

这样，就有可能显出，仿佛艺术仅存于生活因素的一种特殊结合之中，如同飞马或半人半马的怪物是由真实组合部分结合而成的一样。但是这一观点——它回绝了人的任何独特的创造能力——不能恰当地解释事实。因为光是选择和结合从来就没创造出艺术。一件艺术品中的真实可被融合或改变到只有最敏感的辨别力才能觉察得出来。甚至先验的、神秘的和象征主义的艺术品最后也是基于某种经验的。可是它们将脑袋抬得那样高，这就使得我们不再去注意它们立于实地之上的脚了。

虽然到目前为止，与外界真实的一种关系已经归诸自然主义了，但我们必须注意到——至少作为补充——同样也有着一种忠于真实的心理过程的描写，它原则上也属于同一个范畴。情感的过程尤其被真切地描绘出来，而且它正是自然主义艺术的对立面，自然主义欣赏的是那种未经提炼的情感与心境的再现。抒情诗人尽量真实清楚地表达他的情感，他通常像艳羡他的那些读者一样，并不怀疑他自己离自然主义比离理想主义更近——对于自然主义来说，那是公认的，它作为一种艺术潮流而与之形成了对照。这一个区别非常重要。我们称作为"自然主义风格"的艺术史上的现象仅仅松散地与理论考虑相联系。自然主义则相反，它作为一种间歇性实践，主要表明了对于行将灭亡的观点与形式的反叛。因之，它不是一个描绘真实事物时是否忠于自然的问题，而在原则上是一个新的、最时髦的技巧的问题。早期的形式——已经过时——看起来是传统的、抽象的与不真实的。一种新的美对于这种旧的美的替代便自然而然产生了一种思想，即理想主义的美的梦已经被真实所取代了。诚如人是历史存在，并随着事物秩序的变化而改变他们的文化领域，而为自己构成了有价值的新观点与生存的意义那样，因此，所有的艺术便试图去追随这种变化。每一位能够用现实的眼光去看待事物而且用适合时代的形式去表达所见事物的艺术家都把自己当作是一个自然主义者。在这种意义上的自然主义则与僵死的观念正相反。如同与教会、国家的优势条件的对抗轻易地从唯物主义和无神论信条里找到了出路一样，艺术上的反对派也更乐于运用自然主义的形式和思想方式。

这样，依着历史发展的顺序，打破传统是发生在先的，随之便是返回自然了。换言之，一个人从传统中解放出来得愈彻底，他便愈容易返回自然；反过来，一个人与自然脱离得愈快，他的情感就愈局限于传统的形式之中。按照这一法则，那些对旧艺术不满意的人几乎是被动地转向了模仿自然。在这一点上有意义的是，作为规律，这一运动的代表们是属于下一代的。青年人有超历史情感的特征。他们也具有早期表现出与自然主义那么顺利地齐头并进的那种乐观主义。去改革社会与经济状况的青年人的冲动随后就与那种对于在艺术中成为一名导师、成为一名人类恩主的能力的意识相结合了。然而一个人的年龄愈增长，便愈不喜欢猛烈的变化。无视一切后天的智慧，完全依靠自己的那种鲁莽的冒险行为，在年长一些的人们眼中是对进取精神的歪曲。这对表现主义和自然主义都一样，无论它们看起来距离有多远。目前的艺术批评鼓励了那些盲目聒噪的人，因为那些批评家自己都在以一种狐疑和恐惧的心情看待未来。青年人的傲慢、挑剔、自负，在辩论和计划草案中已经耗尽了。我在一生中看到过多少革命者，他们当中真正成就什么事业的人又是何等的少！不幸得很，出现在科学发达后的今天的这样一群叽叽喳喳的伙计们甚至相信他们自己已被剥夺了显示才能和勤勉的职责。真正伟大的发明者不倦地、恭敬地学习他们前辈大师的成就，从而赢得了自立。许多人几乎还不知道他们的学术是怎样革命。一切都有幸于谦虚，谦虚甚至能使不一致变为一致。

　　观察历史使我们进一步看出了为什么自然主义者那么易于被吸引去选择丑的和触目惊心的事件。真正的原因是，这些成份在传统的和既已形成的艺术手法中或者已经不复存在了，或者被装点修饰到面目全非的程度。所以对比与独立的情感便引向异常与次典型。另一个原因是形式上的。艺术家的年轻一代想显示他们的技艺，新发展的技艺能将精湛的技巧运用于陌生的和（可以说是）难以处理的材料上去。我们想起了，内容与艺术价值是无关的，这一点可为该方法提供辩词。异常事物的描绘不是异常的描绘，正如对不确定事物的陈述不是不确定陈述一样。它将要依赖艺术家的个性是否强烈到足够把与内容相关的不愉快的自然情感上升为愉快的艺术情感。大自然以其无限与永恒懂得如何去缓解所有的不协调。只能表现大自然一部分的艺术作品必须具有相同的广度或深度去使可憎的事物变得可以接受。

此处自然主义与实在论（唯心主义）非常相近，而后者在其他的方面又与自然主义相对立。实在论的目的在于使艺术有一个超越一般真实的内容与目的。哲学的预想——被相对主义与实证主义所争夺——是一种要求，即要求在事物背后存在一种超感觉的东西。世界并非完全是由表象所组成的，它具有一种完美的内容，一种本质。谁欲在这一普遍的假想下建立美学的特殊立场，均可从美的和愉悦的这两者的区别入手。审美经验的过程包括一个客体，一个可以接纳的主体以及结果所产生的两者间主要的美感接触。一个特殊的对象和一个特殊的人相遇，从此愉悦的情感便产生了。但很明显，每一个美感愉悦都是如此的。所以，除了包含感觉、愉悦的关系以外，美还必须具备其他东西。这个其他东西正是此对象放射出来的本质。艺术不是对一件特殊事物的模仿，而是美感地展示其更深一层的含义。美是直观形式中的绝对，是有限中的无限，是特定表象中的观念。当经验主义的对象不完全地指向潜在的观念时，艺术便显出了实体的内在含义。在观念仅意味着具体化的普遍概念的范围中，理论就等于在概念的感性表现中看见了美的任务。概念不但是思想的普遍表达或浓缩，而且其本身也包含着理想的东西，这一事实可为以上观点作证。莎士比亚说，"他曾是个人，就把他当作一切人当中的一切吧"，在此，人就充满了含义，它也许意指我们所称的真正的人。但真正的人不仅仅意指结合一切人的逻辑的一般概念，这个词还有惯例的成份。真正的人就是人应当成为的那种人，绝大多数实际的人则低于这一水准。倘若自然中的一个客体或者一件艺术品成功地充分表达了这一概念的完整性，它便唤起了一种满足的情感。我们同情那种充分适合其概念准则的特殊客体。这就解释了为什么表现在美感形式里的概念是愉悦的了。① 一旦思想转向了主观主义的，这种解释就变得更加清楚。另外，人类以外的观念的存在没有考虑在内，然而它如同高一级的精神生活一样是有效的——这高一级的精神生活在思想优越的人们中起着控制作用。这其中的愉快立即就可以明白了。

我们不能更详细地去讨论实在论的分枝了。在浪漫主义中，这种活的自然的主体——用 A. W. 施里格（A. W. Schlegel）的话说，"本身即很完整而且继续在创造自己"——充当了艺术家的模特儿。艺术应当再现自然的内在特点。观念，作为普遍和个别的结合，"存在于我们心中的一个一般理解所达不到的地方以及一个关于它在我们短暂的一生中仅出现一定启示的地方。美就在这些启示当中"②。另一方面，黑格尔认为，美仅是那世界理念的明确形式中的代表，在这世界理念的发展中，自然、人类和客观灵性便呈现出来。无论何时，只要一个自然界的客体以可见形式充分地表达了它在整个自然领域中特有的地位和意义，那么它就唤起我们的审美享受。爱德华·冯·哈特曼着重声明说，美只能归于理想价值的美感现象。这一价值的任何没有在现象中充分表达的增加成份均会减弱美的

---

① 参见西蒙尔:《伦理学序言》，第 2 章，第 99 页。
② 见索尔格:《美学讲座》，第 55 页。

程度。一个对象愈是具体，它便愈美。哈特曼总是将隐蔽的内容看作是绝对理念的部分。但是在某种意义上结束这场运动的泰纳（Taine）只想到一般本质，一种主要特征（caractere dominant）①。两者无论哪一种都一样。重要的不但是被表达出来的观念，而且还有表达的真实内容。这样，人们一旦着手在单独艺术作品中去表示某种超感觉的东西或创造性见解，或占主导地位的一般特点时便总会遇到困难。比如，我们听说某一本小说的主题反映了一种思想，即男人和女人之间的一切友谊都向爱情转换。但这一主题在某种意义上说太广泛了，它在一百本其他小说中也一样适用；而在另一种意义上说又太狭窄了，它说明不了像文学这种作品的生动的丰富性。对于艺术品解释的不同，特别是像《哈姆雷特》和《浮士德》这种完美的作品，就在于很难将这类作品的丰富内容缩小为一个公式、一种思想。而这一理论甚至到此还没有结束。它必须承认席勒写《威伦斯坦》（*Wallenstein*）的目的不仅是要描写典型的人的奋斗，而且还极其准确地描绘了一个历史人物。德拉罗什（Delaroche）甚至自夸说他的一张历史画比十部历史研究还更能反映问题。毫无疑问，此处的艺术需要被理解为，对于清楚认识的特别的一种更为普遍的需要，而且它显然被这一释放阐明到一个更大的范畴中去了。哲学家们专门给艺术指定了描绘自然中的典型的任务，与其偶然和不正规的对象和事件相对。他们要求艺术要像一种特别语言一

---

① 个性的特点。

样去传达思想，去揭示其内在宝藏而毁灭自己。

在唯心主义美学教科书中出现了如下所谓"静止生活"的讨论："让我们假设一张上面放有书本、玻璃杯和小雪茄盒等的桌子被描绘出来了，就是说，倘若那本书、那个烟盒是关闭的，倘若那玻璃杯是空的，那么这就是一张没有生活的画……倘若那本书被打开了，只露出一章的标题，那么观者就会不期然地读一读这条标题，而且想知道标题之下有些什么新的内容。"这种绝妙的看法说明了一个唯心主义理论能滑向何处去。一旦这样一种理论被创造性艺术家采纳了，就会成为真正的灾难。最后他们当中的弱者便再也不敢按自己的情感去塑造，而力图去获得一种剥夺其作品中内在可靠性的真理了。然而真正的艺术家总坚持认为艺术品的意义并不与它所反映给我们的有关真实的原理的数目和它偶然的联系成正比。当困惑的观者问菲利浦·奥托·龙格（Philipp Otto Runge），他的组画《原来如此》（The Times of Day）说明了什么，他回答说，"如果我能说得出来，我就不必去画它了"。同样，门德尔松（Mendelssohn）在一封信中说，如果音乐能用语言描述出来，他就再也不用谱曲了。

然而，那些有文学修养和文学兴趣的美学学生们迄今仍然视艺术为一种运用于概念领域的脑力活动。甚至教师们也倾向于从理想和有用的内容里去观察艺术品的价值。首先，公众乐意接受这样的信条，因为其主要审美需要是去维护一些以艺术形式传达的东西。这样一种艺术需要是对于难以理解的知识的追求，是认识运动的中间阶段，这种认识运动表达于低级形式就是好奇，表达于高级形式就是发现的喜悦。因此，在一定的时代，一个民族的精神在文学中而非在音乐或绘画形式中得到了充分的表达。那些吸引人们的智慧与好奇的艺术作品，在民族对抗中一般都要保护起来以防止毁坏。当然，那些产生强烈社会影响的（比如某些歌曲）或有实际用途的（比如某些建筑）也是一样。从现象上表现出观念的理论，作为充分解释全部审美与艺术生活的目的，无论如何是不适当的。它只给予自然的美的外表一个有争议的超感觉的背景以作适当处理，而甚至对艺术，它都会加以歪曲。

按照所有的证据看来，艺术作品绝不来自抽象的思想。如果它们明显地从抽象思想而来，那便是这个思想的感觉价值——不是其逻辑成份——提供了刺激。通常，观念是必不可少的，但这些观念直感地以形象、形式、色彩、音调表现出来，而且有效地传递给懂行的人，使之近乎沉浸在它们当中而不是在思考它们。实在论同样也导致对于材料和理性意义的过分估价。真实的内容应当由概念性文字表达出来。但此外，每一个真正的艺术作品都有一些其他的（通常这么说）我们仅能感觉的东西。

审美形式主义曾据理表达过这样的反对意见。它断言艺术家在形式中或者通过形式表现自己，而观察者则欣赏那种集多种因素为一体的安排。审美理解从不关心"什么"，而只关心"如何"。按照罗伯特·齐美尔曼（Robert Zimmermann）的说法，这是一个找出愉悦与不愉悦的形式的问题，是研究它们在自然与心理领域中的应用的问题。

而实在论只把形式看成是内容的，特别看成是理性内容的符号。此处，每一种内容——纯感官感觉和最崇高的世间见解——都被排除了。美与物质没有关系；它只依靠形式和连续中的平衡或比例，依靠色彩和音调的和谐。一个对象的各部分在审美方面永远是无价值的。只有它们的结合，它们中间的关系才使审美价值的判断成为可能。倘若各部分的结合——孤立时毫无特色——就叫作它们的形式，那么结果是美学便成为形式的科学和美的结构学了。因此，该科学的核心内容并非由任何材料单位，而是由它们间的关系、它们的数量和质量的体制所组成——这个体制在原理上与内容的性质无关。反映在艺术里所有的思想过程也属于这一内容。因此，汉斯里克（Hanslick）说情感既不是音乐的目标也不是音乐的内容，他说音乐的实质倒是存在于音调所激起的形式上，类似于阿拉伯图案的固定形式一样。乌尔夫林（Wölfflin）给了形式主义一个新的转折，他在讲解时说空间艺术的问题有其必然的规律，说总有可能会产生新奇的结论，但它恰如绘画和光学问题一样；他还说艺术史应当显出这种结论的连续性。对于乌尔夫林的"基本概念"的讨论必须遵从艺术史中方法论的探讨——这在本书中不可能提及了。另外还有估价里曼计划（Riemann plan）的必要，它相当于在互相抵触的风格阶段对音乐史的一种解释，作为听觉官能必然的逻辑发展的结果。

假如你问一个旧式的形式主义者关于使某些形式愉悦、某些形式不愉悦的判准的原则，他通常会采取理性主义的回答，说固定的关系是清楚而易于理会的，和谐声音的数字比率、空间部分里的匀称、韵律结构的轻松的进程——所有这些都使人愉快，因为它无需参考任何内容而适应于熟谙的心灵。一个种类的每一个清楚明白的结合体在审美方面都是使人愉快的。由于它只代表真实的一个部分，所以相应的美便少于真实。

对此，我们应采取什么立场呢？作为一门抽象的科学，美学有着无可争议的权利将自己限制在形式的关系上。的确，形式和物质的突然分离必然产生不利条件，使这两个方面连续的相互影响在一个严格的形式的科学里被忽略了。在艺术作品中，充分的形式的关系基本上依赖于所表现的内容。一个人能否抓住前者而无须考虑后者，这还是个问题。同时，即使一个人退居到这些形式的关系中去了，但种类里结合体的主要程式仍还有许多漏洞。这一点，我们以后再谈。我们首先需解释清楚为什么意识的综合活动——它有很多种其他作用——不总能激起审美愉快。在任何情形之下，这一点仍然是确实的，即：一旦任何一个被引进的部分引起明显的整体骚动以及各部分带着直感的有效性互相牵涉时，我们的面前就出现一个审美价值和艺术价值的对象。

形式主义原则产生了真实的一个因素，这个因素就是形式，是审美价值的全部。与此相对照，幻觉主义者将艺术世界当作是幻觉世界而与真实相对。他们说艺术向我们提供的既没有以新的形式出现的经验主义资料，也没有隐含的真理，也没有纯粹的形式；相反，它是一个幻觉的世界，而且照其本身说来并不受需要和强迫的约束——是一个永恒的源泉，它独立于自然的非人类法则之外。审美对象不顾个人的事态和可能的后果而接受欣赏。在其他背景之下，我们按照对它们的兴趣以及它们在一切事物结合体的作用中去观照审美对象，这一双重的关联在审美生活中被忽略了。我们不是凭着我们自己或其他人来考虑这些东西的效果。它们的真实消逝了，美的幻想出现了。幻觉对象引起的心理过程缺乏否则即在意识中存在的那些因素。尤其是意志行为的关系已经隐退。因而体验到审美满足的人必须感觉到自己似乎是在对付一个少于真实的东西。这个真实的低一级部分——倘若我们可以这样来谈心理经验的话——也参照了一种幻觉世界而极愉快地被塑造出来。我们在任何情形下都能了解由于有了低一级部分——照我们看来——因而高一级部分便出现了；还能了解到，这个幻觉世界作为优于现实世界的理想世界，而使我们人人都喜爱它。

但也许幻觉的信条一旦被带到一种审美感觉论里去，该理论便会变得更加清楚。这一幻觉信条的代表们通常既强调审美态度的独立性也强调感知的重要性。他们不仅要求审美活动在其自身中结束，而且要求对象自己给予愉快。这样通过感知而使之易于理解，从而表达它的意义。这里，我们可从笛卡尔在他的《形而上学的沉思》(*Meditations*)中所提到的考虑开始。热量改变一块蜡的形状、颜色和气味；然而蜡仍然是蜡。因此它的本质，它本体内持久的因素不可能属于感觉所抓住的东西。真实不依赖于直感而依赖于思想，而且确实依赖于建立在感官印象基础上的判断。我们在什么地方让感官感觉充分活动，我们便在什么地方缺乏独立、客观和给定的东西的情感。这是在审美态度方面的情况。然而还有另一种推论，人可以把自己的外在世界看作是不明确的东西，感官和理智从中选出各种各样的东西，或在选择的幌子下用各种方法去塑造它。现在人人都知道感觉总是处于不定状态的，而记忆形象更其如此，它很难理解地摇摆着。我们用改变成概念的方式去确定这两种直觉。但是这个从不明确走向明确的方法——它是苏格拉底首先提出的——有其不利之处，它因此会丧失一切直觉的东西。概念在直觉的延伸中找不到了，但它又是完全不同的具备真实的方法。我们唯有弃绝了直觉才能赢得确定的概念。因此问题就在于直觉本身能否被提高到那种生活所缺乏的明晰与宁静里去。感觉论清楚地参照艺术而对此问题给予了肯定的回答。它们抓牢直感的瞬间因素，捉住飞逝的，保存正在消亡的，使得与直感相联系的一切愉快的东西持久下去。绘画达到了什么成就呢？它产生于人们观察力的要求，它只有一个任务，即是帮助把真实中模糊的形式与颜色的印象形成一个完整固定的存在。用费得勒（Fiedler）的话说，造型艺术家有"我们所无法具备的能力，在可见的表达方面通过目光引导感觉过程至一个自由的发展"。[①] 当一位雕刻家在大理石上临摹一个人的时候，他只取该模特儿的外形，只从材料中抽取与视觉形象

---

① 见《艺术手稿》，1896年，第290页。

的真正发展有关的东西。

这个理论若稍变动一下便可表明听觉过程而转移到音乐方面去。当然，将它运用到诗歌这个最复杂的艺术中，便会产生困难。所以，倒不如让我们将例子限制在空间艺术这个领域之内。这里，可见世界的自由发展——艺术家所达到的——主要应在于推动我们的空间感觉。每一件空间艺术品必须代表一个空间结合体，实际上就等于远处的客体被看作是空间的结合体一样。画家可以说是必须为他视野的一个部分提供框架与空间中心，而且还必须将其中的颜色当作是和谐的价值而不能当作分离的斑点。空间和颜色的印象的综合，当在远处客体和记忆想象中开始的时候，便将图画与其审美解释区别开来了。因为概念的思考者从真实中存在的变幻不定的形式里抽象出一种思想的形式，所以艺术家从不断变化中的感觉与记忆的现象里取得直感与一般概念的结合作为艺术的形式。他利用自然的发明物去强调活动，只要这些发明物有力地只表达一种形式的空间实质就行。另一方面，他甚至利用材料的局限——譬如画布的表面性或大理石的单调性——从媒介的固定特质中去凭空想出空间或运动的形象。通过对自然的改造，通过艺术技巧的明显不充分，他传授出一种直接的可见的知识（否则我们便无法具备）。

倘若我们审查一下这一观点的要旨，我们便首先注意到，它非常适合一种如今常被承认的基本认识论的确信。自我与外在世界的关系问题可以这样来解决：宣称我们不把事物感觉为符合于观念的客体，宣称听到的声调，譬如说，同时又是身体的与心理的。意识的内容也从未被当作是原本主观的东西，而被当作与可触知的真实同样去经验的。这种知觉中外在与内在的原始结合体指示出落入感官知觉的审美作用是何等重要。这一理论的进一步有利条件在于，它与艺术家自己有关他们的能力与任务的观点是一致的。所以，瑟菲尔·戈狄埃（Théophile Qautier）曾经说过，"朋友和敌人颂扬我，贬低我，却对我没有些微的了解。我的所有价值——他们从未说及这一点——就在于我是一个人，在我的面前存在着一个可见世界"。总之，画家们声称只比我们这些其他人看得真一些，而且把他们的眼睛所感知的东西用适于其本质的形式再现出来。同时他们承认即使连艺术的最高成就都与丰富的真实相去甚远。他们意识到对自然主义的反对是中肯的，然而却为给定事物的价值从自然主义中获取了生动的情感。

毫无疑问，作为艺术家的人强烈地争取获得真实，可是另一方面他又渴求非真实。要艺术家对真实同时是忠实又不忠实，这一要求恐怕在逻辑上行不通。他要去符合，又要控制，提供自己，又要分离自己。但这个逻辑矛盾仍然是概念上可能的事态缠结状况的最精确的表达。在个人生活中，这两种倾向携手并进，既将自己附属于社会，又要脱离社会的羁绊。所以同时，自然主义的解释也没有充分表达艺术的本质；一个人必须认识到克服真实是其基本特征。可是这种克服向两个方向进行。它使得艺术多于真实，同时又少于真实。在指向真正的真实因而便不顾一切不明显与非感性的东西时，艺术除其他意义之外供给我们其性质吸引我们而又使我们清醒的观念。艺术向我们显示世界与生活的本质，同时还展示供我们欣赏的事物的外表，表现那种让感官去获得的客体的纯粹的心理愉悦价值。艺术既是自然的拔高，又是情感的陶冶与满足。通过想象，它使我们从环境中摆脱出来，同时又将我们与内心经验的内容联系在一起。

因此，艺术在性质上是独特的东西。然而由于它既多于真实又少于真实，因此它还可以被看作是情感强烈的现象。一方面，当然，它意味着缺乏既存经验真实的仅仅可能性的创造；另一方面，它包含了一种超越一切真实的直觉的必然。它以绝妙的和谐提供可能性和必然性。遇到一张风景画，我们并不问及它是否体现了自然中的原物。确实，我们让自己沉浸在形式和色彩产生的愉快中，这些形式和色彩在自然中无疑是从未出现过的。作为替代，我们要求这张画表达一种在经验世界的偶然现象中不太明显的必然性。艺术的理想化就存在于这种下落到可能性与上升到无限制性之中。那么一切仅仅可能的事物便都集中少于现存的事物；一切必然的事物便都集中多于现存的事物。可能性弱于真实性，必然性比真实性强一些。审美便像这样从仅仅现存的事物向两种程式的方向分离，可以用客观主义的思想方式来对待，看成是一种情感强烈的现象。

3．主观主义

所谓审美主观主义，是说当我们以审美态度的一般特点去解决美之谜时所用的一整套原理。其中有许多与客观主义理论非常相近，有一些是独立的。它们都共同把美学看成是某种态度的科学，内心经验的科学，或者是心理共鸣的科学。

假设审美的本质是幻觉，那么提出下列问题便是妥当的了：由幻觉引导出来的自觉过程的特殊性在于何处呢？显然就在于那种对意志的一切汹涌骚动的解脱之中。由此，有一些人说到了无偏见的欢欣和非出于本意的沉思，如是便指示出审美态度与其他心理状态的关系。"无偏见的欢欣"这一说法是用来按照一种关系去区别审美享受与美感享受的。美感享受的对象——这一信条这样认为——唤起了占有它们的欲望，而对审美对象的沉思则没有这样的愿望。那在总体上是正确的，但也许解释得过于简单了。其理由完全可以是由于那种仅能使人愉快的东西，当我们不占有它们时，它们便不可能被欣赏。我们从常见的美味食品的例子里都能立即明了这一点。但它也适用于穿着舒适的衣料和乡间房屋的舒适，对于这种乡间房屋，我实际上只有当占有它时才能充分地欣赏它。因此，无偏见就会不涉及审美享受的特殊性——要描述的东西——而涉及它外表的状况，即使我们不占有这个对象，这一外表也能充分存在。

从不同意义上说，"有利害关系"和"与意志相联系"这两者是同义语。所以审美情感便能这样去识别，它们根本就不打搅自身的自由，而且从不影响它的行动，至少不是直接的。因为这些情感此后没有那种与对象之间的联系也行——这一联系在真正欢欣的情况下是存在的，这些情感可以说只局限于自身之中。因此，这样的解释给审美情感以某种脱离外在世界的独立性。道卜斯（Dobos）就是这样谈到人类活动的需要和厌倦的折磨的。而且，本质上亚里士多德在说到一种官能的训练并要求悲剧让情绪去自行其是而无害地消逝时，把心灵的审美过程称作是官能自己内部的愉快。因为一方面从意志的过程中摆脱，另一方面从对真实的依附中摆脱，这确实会产生如下的一般结果：心灵在审美享受中完成了它的过程而欢乐。幻想的世界仅用以诱发心理活动并防止闲散与受挫折的不适。确实，在审美经验中内心活动的愉快无疑是突出的，但这一愉快是如何产生的，这却不能不问了。心理状态的描述，要想完整，就必须加上一条，它满足对象的要求。

在我们刚讨论过的这些问题中，有许许多多的理论都聚到一处来了。如下幻觉情感的信条，我们主要归之于J. H. 文·克奇蒙（J. H. von Kirchmann）和爱德华·冯·哈特曼。这些研究者从审美印象会很快被取代这一事实开始，推断出这些审美印象所包含的情感不像真实情感那么强烈。理想情感的不稳定性使它们比相应的真实情感要弱。因此审美情感和其他情感之间的差别便主要是量的差别。而另一些思想家们则怀疑此说。只有当其他对于结果之事实的解释失败了，他们才会承认审美刺激的那种微不足道的力量——它极深刻地感动了人的整个身心。

当然,把一个不易下定义的质的差别冒充为力量的差别是很便当的事情。这确已被人们用来解释知觉和记忆形象了,他们假定形象是弱得多的知觉的复活。但审美情感不可否认的前后不一致的原因也在于这样的事实中,就是它们实质上与高一级感官的印象联结在一起并接近于它们的流动性。加之,那些情感如此迅速地消失,如此轻易地复活,潜在的观念也可能起着部分的作用。这些观念在自身中确实是一个整体,而且当新的强有力的印象涌入时,它们便面临着迅速的分解。真正的情感从生活的背景中发生的事件里生发出来,而理想的情感则为其自身组成一个世界。因此,稳定性的差别不应由情感的一个特殊性质来解释,而应由充满生气的条件的压迫,由伴随的环境来解释。当然很奇怪,当一出悲剧的最后几句话说完,或者当一部交响乐的最后几个音调结束之后,人们全都涌向了出口处,互相谈论着争辩着。我们仍然从中看不出幻觉情感的基础,而只看见那些情感从一个特殊的场合里产生出来,而且从我们经验的背景里分离出来。

与客观幻觉相符合的主观过程惯常显示的进一步特征在这一声明中得到了解释,即每一个幻觉情感都是一种真实情感的对应物。早期的美学家们认为两个系列在心灵中平行前进,可与费希特(Fichte)在《论科学》一书中将经验基于其上的那种首要与次要的系列相比。在当代,又产生了相同的观点;梅农(Meinong)已经详细地为之辩解过。按照威特塞克(Witasek)的说法,它是从分化心理内容的全数为两半部分这一事实出发的。一半中的每一个事件在另一半中都有其反射的意象。感知有想象与之呼应，判断有推测与之呼应，真实情感有理想情感与之呼应，严肃的欲望有怪诞的欲望与之呼应。在所有这些次要的心理状态中，想象是最为人所知的。现已断定推测也应被当作如同判断之对立物那样去理解。这个对立物可与判断具有相同的内容。"推测从一切本质来说都是与判断对等的一种心理事实，除非它不触动主体的确信并存在于一切信仰与知识之外。因之，它不能给出真正的判断，而只是一种想象的判断而已。"① 与推测相联系的审美情感，即是说，幻觉情感，它作为情感，几乎与其他的情感区别不出来——最多也许只能通过其薄弱性加以区别。主要的差异倒在于它们所预测的东西里，而且这只是一种推测。唯有当情感从预测中取得了首要与次要的区别，才能谈得上真实的与幻想的或真正的与怪诞的情感。

但这种特别幻觉理论的代表们的看法并不完全一致。一些人仅通过一些推测让幻觉情感成为这样，另一些人则相信他们可以假设在情感本身中也有一种变化。倘若我能大体上决定全部理论的话，我宁可取后一种。当然这是因为怪诞情感不仅来自推测而且还来自判断。所以假如有一组以轻微的回声反映真实情感的独特的怪诞情感，那么它们必定在自身中已是独特的了，而不光是通过随之而来的设想事实才会如此。加之，跟在推测之后的常有最强烈的真实情感。它仅基于一种虚构的欢乐或痛苦便能荡涤整个

---

① 威特塞克：《普通美学》，第 111—112 页。

人的身心，而无需停留在怪诞、短暂与飘忽的范围之内。在某种全局里，我们仅能困难地制造出一种相反的怪诞情感，而在判断的情形中，我们则能十分容易地制造出一种相反的推测。这种从另一角度出现的贴切事实里便显出，在纯粹情感内是存在差异的。一种怪诞情感，到它不能容忍随后的另一种作为共存或权利的相反情感时，仍然是一种真正的情感。可这全部理论的基础是坚实的吗？反省在判断与推测间并不像在感知观念与想象观念间暴露出那么清楚的差别。从某种认识论的观点出发，一个人能把判断与推测当作是相对的，但当一个人停留在内心经验的范畴里时，却很难说了。判断，"这个物体是绿色的"，和推测，"料想这个物体是绿色的"，这不能提供给心理学报告可供表明的差异。从思想与外在世界的关系来说，当然第一个和第二个不同，但从意识过程的性质来说，此处则没有明显的分界了。

我觉得我们似乎能从感觉开始，更坚实地树起这种幻觉理论，因为它是符合内心真实的。让我们记住，艺术品几乎总是为着某一种感官，而很少为多于一种感官制作的。相比之下起作用的就被称作是真实的，而这种作用与人的全部感官相联系。玫瑰花是真实的，因为它为许多感官所感知，因为它能被看到、触到、嗅到，能被尝到。但是一幅玫瑰花的画却只为视觉而存在。正是由于这个缘故它才失去了真实这一特征。我们把一切都称作是不能被其余感官所检验的幻觉。突然出现的鬼怪的形状便是幻觉。因为我们只能看见它而不能感觉它。我们见到它滑动的脚步，却听不见声音；我们看见那动作，却觉不出一丝一毫的微风。因此，把音乐称作幻觉艺术，在心理学上是讲得通的，因为它为听觉而来，也许还为伴随的动作而来。总之，每一种艺术之局限于一种感官，这就确定了它的幻觉性质。由于单独一个感官的作用是与几个感官的合作相联系的，幻觉是合乎真实的，由于反映的形象与被反映的客体相像，唯其如此，该想象客体便与它相应的感知客体相联系。后者具有想象客体所缺乏的丰富。当我想到一个人时，我也许看到他的脸的一部分，或者过一会儿，又看见一种特别的身体动作。但在我心中，却看不见他周围的环境——然而在真实里这一环境总是与他一起被感知的——而且我也听不见他发出的声音。加之，一个毫无差错的想象客体仍然比相对模糊的感知客体更加片面、有限，而且薄弱。假定我想要将什么东西放下去，那么我只给自己设想出手臂的动作，而非在实际行动中所出现的那种全身的支持性动作。一个人经常在打瞌睡之初就于想象中认为自己已经看过了表，假若在清醒时他真地去看，便会体会到他不用听到表的滴嗒声便已事先设想已然看见了指针，他相信自己没有抬起上身便拿到了表。总之，光是意象当然要比感知更不完全，倘不是更弱的话。所以，由于幻想的形式摆脱了所有真实中的不快，所以常常更加迷人而有魅力。这种愉悦的特质主要说明了为何幻觉事物使人愉快。

最后，我们仍需提一下幻觉理论的种类——这一幻觉理论由科诺得·朗格（Konrad Lange）制定出来，并称之为幻觉的美学（劳伦兹·克贝尔-皮特生在《美学与一般艺术科学》中对朗格的纪念性评论里有着谨慎与极好的叙述）。按照此说，当印象被接受之后，一切都依赖心理状态，而这一状态是由一种有意识的自我蒙骗，由不断的蓄意的真实与幻觉的模糊所组成的。审美愉悦被说成是在真实与非真实之间自由与有意识的一种徘徊。或者换句话说，总是试图将原物与复制品混为一体的无效努力。画出一只非常生动的球，对于它的欣赏有时会在于观察者相信自己正看着一只真正的球，有时又会在于他清醒地意识到自己不过在看着一幅平面画这样一种事实上。因此，这种摆动就在判断之间，在两个同等真实的确信当中，而不是在判断与仅仅推测之间进行着。在每一件艺术品里都有那些提高蒙骗性与妨碍蒙骗性的成份。前者与内容相联系，后者与形式相联系。但是这种划分是既不清楚又不彻底的。比如，韵脚和匀称应当如何处置？至于不断的观念互换，我倒认为经验这一审美享受的人并不注意到这种摆动，而且，能够真正在意识中表明出来的地方——如在迟疑之中——通常是不愉悦的。实际上，看着一幅图画的人一刻儿也不会相信他面前的是一个真人。然而倘若我们能说到幻觉，那么它简直就是将不真实当成真实的经常的实例了。尽管有人说一幅画实在只不过是油斑的集合，这一真实通过有意识的自我蒙骗被改变为一幅风景的幻觉，然而人们也能以同样理由断定读者现在只看见了印出的字母，都沉浸在领悟的字与思想的幻觉之中。这一理论的主要辩护者认为，在剧院里，我们完全明白演员是在台上讲话，但为了代替一个虚构的人物，我们故意忘却他的身份。当一个学生忘记了某一位教授正和他说话，而完全照此方式接受他的思想，这样的情形是否相同呢？我们能够避开审美幻觉，也能避开整体上的幻觉。在正常阅读疲劳的时候，我们最终看到的就只是些单字了；当校对疲劳时，确实，我们所见到的只是字母而已。于是问题就产生了，真实与不真实的关系——它可能到处出现——是否被虚假地当成审美状态的实质了呢？还有进一步的问题，存在与外观的分离是否被我们的主观意识视为不合理的现象了呢？审美生活可以在一个完全不了解这种二元论的王国里自行发展。是与否、忠实与不忠实、真与不真的对立属于判断的范畴，而不在审美经验的来龙去脉之中。按照这一观点，正是美的能够产生一种心理能力之间和心理能力与外在世界之间的和谐。只有当一个人体验了知识之树以后，他的内在与外在世界之间才生出了分裂。但艺术大师却像一个孩子一样，依然处在一种天真的状态中。他将我们引回到我们业已失去的单一之中去。让我们与歌德一起来忏悔吧：

> 心内亦空，心外亦空；
> 是因心内之物即是心外之物也。
> ——《上帝与世界》里的讲演

在所谓情感的美学里，我们遇到一个同样的、只是在解释方式上有差别的观点。当然一个人必须考虑下列的事实：一旦情感成为审美生活的中心时，我们关心的则不是欢乐与痛苦的对比，而是作为一种有效安排的情感的表现——从这些有效安排中，其他的心灵表达也涌现出来。没有一种心理能力放射不到情感领域里去的，而且也没有一种心理能力不能从这一领域涌流出来。中心情感处在向心的感觉与离心的意志之间的控制点上。因之全部心灵的本质就要在情感中被捉住，故而——照这一观点看来——也在审美中被捉住。试图将全部的审美过程植根于情感之中，这就表现出审美经验和科学实践经验这两个方面极大的冲突。正如判断——按传统说法就是概念与理性的中间阶段，而且也是一种 Vis Aestimativa（估价能力）——形成了逻辑的核心，情感——传统上称之为理解和意志的中间阶段，而且也是一种 Vis Aestimativa——形成了审美的核心。

然而倘若情感仅是一种主观状态，那么所有这些便不足以说明情感美学是合理的了。但首先，它越出了单独的主体，它将这一主观与普遍的合理性结合起来，从而使之能接近于一般的科学论述。进而情感在自身以内有其对象，它当然不像感觉那样在自身以外有其对象。对于即刻的经验，情感并非仅仅作为个人满足的内心感觉才成为可靠的。它是如此生动而理所当然地与质朴状态下的客体相联系，所以引起情感的因素一般便从属于客体，从属于物的本体。这连古希腊的怀疑论者都无异议。在我们的经验中，情感是与那种对于心灵在此处已与外在事物充分融为一体的意识相联系的；这种融合正是我们早先发现的作为审美状态标记的那种同样的融合。如果我们假设艺术生活植根于结合之中，那么它同样也沉浸在情感之中，因为情感即意味着所有心理现象的结合,否则认识与对自身的认识便与外在世界分离开来了。

从这里,我们仅向移情原理又迈出一步。我们来借助于上面提到的概念,跨出这一大步去吧。大自然中最首要的事实、永远是个谜的事实就是自觉。在观察我们自身的时候,我们将自身的统一分裂为主体和客体。正如费希特说的那样,我们在自身中建立了两个系列,一个构成了意识的内容,另一个则是对这一内容的认识。假如我们与德国唯心主义者一道设想世界之本质即是精神的话,那么即使是以经验为根据的事物,甚至物的本体也可被认为是属于第一系列的了。我们称作客体的每一件事物都起自于原始的自我可分性;它被那种原始的自我能力从精神分裂开来。只要心灵对原有的主观甚至对客体都是清醒的,知道它们受到精神的激发,并且在它们当中重新找到自己,那便会产生出美的情感。现在,费希特的论点就很明白了:"艺术将先验的观点变为一般观点。"在艺术中,每一个人都知道即使连客体都是精神的创造物,这个创造物自我是知道的,因为它同时是主体又是客体。如果我们从形而上学移向心理学范畴——这是易于发生而实际上已经发生的转移——那么我们便可以说世界对于我们已成为真正可理解的了,因为我们用自己的方式去理解它;我们可以说它的美和艺术品便成为世界这一含义的充分解释。正如那喀索斯(Narcissus)[①]在水池中看见自己的倒影而爱上了自己

[①] 那喀索斯是希腊神话中的美少年,他恋上了水中自己的倒影,后因爱恋憔悴而死。——译者注

一样，拟人的思想便在一个整体的自然中看见了自己的倒影。这个那喀索斯是艺术家的原形和象征。因为人的个性在外在世界中一旦获得了自我感觉，它便进入了审美状态。从内部涌流出来的美多于外部进入的美。我们对于美的领会来自我们灵魂的型式及其生存、成长与消亡。

在描述心理学的帮助下，移情理论近十年来得到了进一步的发展，但其基本思想还是原样。在这一时期里，人们发现审美享受与内在、外在的世界总是协调一致的。每当一个特定的客体给我们那种即刻在它这一方面表达自己的可能时，我们便立时感到一种特殊的欢欣。但客体如何才能给我们提供这样的机会呢？早期的美学家们用启发而有趣的描述回答了这一问题。例如，罗伯特·维彻尔（Robert Vischer）描述了目光是如何以蓄意的曲折向前滑动的，时而梦幻般地徘徊，时而又匆匆急进。"与被观察的形式相联系的倾向和这一运动的时间如此便获得了人的意向与情绪骚动。"[①] "幻想的象征力量甚至都无需有客体的外在形式来暗示那一形状；它们经常仅通过声调和颜色向我们传达一种情绪。" "诗人情感之美妙向一客体赋予灵魂，即使这一客体只是微微地暗示了一点属于人的东西。"[②] 赫蒙·罗兹（Hermann Lotze）进一步详细地解释了这一问题——至少在音乐方面——并正确地指明这一媒介的各种特质促进了心理过程向声音模式的转换，在声调上可能有的无数个强度层次中重复了我们自身器官的成长与衰亡。

---

① 《形态直觉》，第 24 页。
② 卡尔·杜·皮尔：《抒情心理学》，第 88 页。

所有从一种意识状态转移到另一种意识状态的模式,所有那些从缓缓的调节到突然跳跃之间的细微差别都在音乐形式中重新体现出来。内心活动的短暂性也出现在音调上。最终,两者均包含着活动。所以如果自我的细节能够轻易地表现成音乐的细节,那么在这一相同相似之中便找到了满足。音乐使人愉快,因为它是一种心理运动。

近代最重要的移情原理的鼓吹者西奥多·立普斯实际上相信节奏上移情的欢欣能够回溯到通过相同成份和组合而产生的联想。因为在节奏上相同的成份及组合引导着听者,客观进程符合于每一种以相同的方式而继续进行的思想变化的倾向。这一倾向——通过相同而产生联想的规律——被扩展为对相同物的心理共鸣规律。心理运动的每一个特殊节奏试图支配整个意识过程的整个系统。节奏的特点存在于总的自由或轻、重,或压抑之中。这样,任何内容的思想过程,所有可能的内容,都能带入和谐的振动里去。当范围广泛的个人情绪这样呈现出来的时候,它也附属于客体,因为它是由听到的节奏所确定并直接与之结合在一起的。这一假设与立普斯如下的看法相一致,即:心理学的任务是"从意识的内容引发出来,去揭示(无意识的)思想过程及其相互影响,以使意识的内容明白易懂"[①]。而进一步的假设就在形而上学的领域中。费希特所要求于有理性的人的东西(考虑到以行为范畴来替换事物范畴的世界),立普斯也要求于经验到审美享受的人。猛烈

---

① 《心理学杂志》,第22期,第448页。

的行为发自静态的形式。移情将每一个存在变为活物，故而变为不断的形成。的确，立普斯有所偏爱的简单形式就起源于某种这样的方式。一条直线是由画者手的运动通过突然的起与止或不断滑动所形成的。难道我们是以全然相同的方式来经验这一画成的直线吗？如果这是一个同情地进入形式的历史渊源问题，那么曲线、弯线、蜿蜒的交织的线与僵直而以恰当的角度交相反映的直线相比，人们则必定会喜爱前者；那么在建筑方面，葡萄牙的曼纽良风格（Portuguese Manuelian style）便会是最美的了。这显然是不对的。一般在审美享受中，不是每一个个别的静止会成为运动，不是一切空间的都变为时间的。当一个外形主要处于卧式时，它就受静止律的支配；当闭合的形式一眼即能全部看清时，反省中则表现出这一对象并没有被赋予生命。

但我们最深入的研究却涉及移情作用与空间形式的关系。以笔直牢固的多利克圆柱作为沉思为例，立普斯试图表明空间形式是如何首先以动态，然后又以拟人的方式被理解的。我们在这一几何图形中不仅领会了力的发展，而且还领会了有目的的活动。以我们自己的行为的方式去观察它，因而赞赏它，我们便发现它是美的。而且更精确地说，行为的某种可能性为了被欣赏而展现在某种空间的形式里。一旦这些行为的可能性被称作观念的时候，很显然，移情理论已与形而上学美学的解释技巧相去不远了。最后，主要的差别就是，以经验为根据的起因与此观念的客观特点得到了维护。但究竟这些观念（例如在建筑方面，涉及力和重量，压力与抗压力）被叔本华当作是意志的具体化中柏拉图式包含着的阶段呢，还是作为当代美学中常人的经验而出现的呢——通过这种经验，形式便表现为有意义的了——在基本特征方面仍有一个清楚明白的亲缘关系遗留下来。此处，这一观点与实用愉悦的说法是相同的。

和谐的移情——他们这样说——以一种自由的行动，以一种主体与客体的相会，以一种内部行动向恰当事物的融化而使我们愉快。在建筑的给定形式中，我感到自己如同在机智地做游戏并强有力地克服着障碍，这样我就会愉快了。因此在上一个分析中，这一愉快的情感是由内部活动本身的愉快组成的。与审美对象的冲突只会为我促使内心生活解脱并升高到一个更大的王国中去。为了避免这样的主观，伏尔盖特（Volkelt）特别肯定说，内容与形式的统一必须符合情感与直觉的融合而成的移情。立普斯经常把自我与审美对象之间的关系说成是对话，即那一对象和人都与其余世界分割开来，并且只与对方发生关系。但对象的审美生活即是移情自我的审美生活，而审美享受正是该对象的自我发展，所以实质上，人与对象融合了，在这种情形下的对象就意味着整个外在世界。

对于美的享受能以某种这样的方式作为如下的享受而被人理解，即"在对对象的沉思中具体化了的、丰富了的、扩大了的内心自我的享受，拔高并超越了普通或真正的自我"。但我们对于丑采取消极移情的态度以表明审美价值的理由尚未弄清。因为按照这一观点，消极移情仅仅是审美反感或厌恶。立普斯把对于那种愚蠢骄傲的描绘作为例子，他说："这种骄傲断言在我心中有它的位置，但我拒绝了，或者说我心中的那个人拒绝了。他反对设想自己感到自己即是那样一种人。"那么我怎样去欣赏（就说在）莫里哀喜剧中这类性格的描写呢？在这一客观要求与内心需要的对抗中，如此的移情如何还能发生呢？加上一个抽象词"消极"，当然便产生了一个术语，然而困难并没有因此而得到消除。

所以，我们还是继续讨论美，更深入地探讨其性质吧。倘若美存在于对象与自我的性质的一致之中——自我审美地去判断对象——那便须完全精确而合理地证明对象的生活就是我们内心的生活，因而审美享受就是自我享受。实际上迄今为止，人们仅仅证实了能够将空间和音的形式理解为力的游戏，并照此详细地去描绘它们。以多利克圆柱的顶板为例，"它比圆柱宽大，并似乎相应地舒展开来以对付更多的压力。但它在承受中同时将自己有力地收缩起来以对付更多的压力。这样，它便在圆柱向上的力与集聚在上楣结构下端的重量之间形成了完全的抵抗媒介"。我感到这一描绘似乎能直接适用于其他形式的结构，或至少是其他大小的结构中。为什么只要这个顶板的外形稍稍更动一下，便会失去它的美呢？鼓吹移情作用的美学家们可以简单地回答说：那它就不再承受，不再有力地收缩了，等等。然则对于任何取用这一美学的语言的人，也许不难用同样的方式去把甚至铅笔随意勾画的直线也解释为隐秘生活的作用。我们得到的根本就不是什么解释，只不过是对象的语言再现而已。最有创见的移情学说的拥护者焦纳斯·伏尔盖特并没有接触到问题的这一面，但他从其他方面使该问题明朗起来。① 在《同感论批判》一书中，西奥多·A. 梅尔（Theodor A.Meyer）强调说，在更伟大的艺术品中（例如达·芬奇的《最后的晚餐》同时出现好几种类似的情感，而且对该艺术品全局的理解也进入人们的意识中。这在真正的移情情况里怎么可能发生呢？"完全的移情是一种特殊状态。"②）这样，陌生的转而成了熟悉的，审美评价的实际过程似乎已经找到了。这种处理模式造成了更多更广泛的转讹，然而却极好地区分了诸如流动的、运动的、活跃的和有机的这些语汇。近代关于移情方面的文献用潮水般的不同提法淹没了我们，这些提法无疑都表示有特征的心理状态，因为这些心理状态都是在某些情况下模糊地感觉出来而直觉地经验到的。但这一理论有发展到语言表达的陈旧模式中去的危险，因为精巧华丽的修辞并不总是——如立普斯文章里那样——从鲜明透彻、持续动人而永无止境的理智活动中涌现出来。

　　既然已经假定了实际情感已被转移到对象中去，我们便应认识到，其他研究者只是让情感的直觉观念获得这一转移。而直觉观念的内容就同情感本身一样丰富，它复制了情感，但情感的作用就消失了。假若，比如，融入引起美感的对象中去的痛苦不是实际痛苦，而仅仅是痛苦的直觉观念，那么，正如直觉表现区别于非直觉表现一样，审美移情便区别于一般移情。假设审美态度包括在真正的情感中，那么随之而来的结论当然就是，移情——仅是情感

---

① 参见《美学意识》，1920年，第43页。

② 参见《美学与一般艺术科学》，第7期，第529—569页。

的表现——不能构成审美态度的本质。我们不久就会知道,这一结论同样也来自其他的评论。然而此处所释义的论点易受怀疑,直觉的情感观念究竟是否存在呢?试图去观察或甚至去产生这种观念,其结果——至少我这样认为——实际情感重新进入了,或者是我确实不知用何种其他方式来谈及的东西进入了,或者我们关心了从中表现情感的形式的观念,或者最终只关心了语言的描述而已。照我看来,我们只能把情感的观念当作是情感各种表现的直觉观念,或者当作情感本身的概念的翻版来看。在这两种情况下说到情感的观念就会使人误会,因为情感的基本内容——不光是其行为——远离着意识。所有的一般情感,尤其是在移情里出现的紧张的情感,都非常真实,都不仅仅是一种描述而已。

下面是我最后的不同看法。毫无疑问,移情作用在广泛的审美领域里起着决定作用,而艺术兴趣总可与人格化的沉思相结合。但问题在于,是否每一个审美满足都包括在赞同的满足情感里。在实验研究中"有那么多无赞同移情出现的清楚的审美经验,因而将所有的审美经验基于这种移情便与事实相矛盾了"①。日常的经验说明了同样的问题。简单的图案和装饰使人愉快而没必要将那悦人的匀称归诸我们万物有灵论的解释里去。在建筑形式中,半结构的契合是审美愉快的对象,绝大多数当然是以人格化的形式使人愉快的。然而建筑所独具的特点,巨大形式的刻板

---

① 《美学与一般艺术科学》,爱玛·文·里托克的评论。

的一致性，却与我们的欣赏极不相关。这样的结构与自我经验的共同之处便由一个词"情感状态"极合适地表达出来。哥特式的大教堂，洛可可式的沙龙以及诸如此类的建筑弥漫着一种情感状态，因为某种内心生活的全部状态已表现在其中了。这样，一切特殊的因素均集合在一个和谐的整体中，正如我们心灵结合所有特殊的因素于一个不断的运动之中一样。在这种情况里，我们将情感状态归于自我，归于对象。但是情感状态并不比（我们就说是）那种别致的更加审美的广泛概念相符合。确实，人们可以冒险作出断言，美的事物的象征性语言从这样一个事实，即像我们自己在说话但又与我们所说的不同这样一个事实中获取了不尽的魅力。它与我们的一致与对立这种无休止的对抗就给艺术以活力和动力。

二

审美对象

1. 审美对象的内容

如果审美只包括思维过程,那么谈审美对象就毫无意义了。当然,即使是美的事物也要按审美估价者所规定的条件和根据某种认识规律来塑造。但这些都是以客观性而非主观性为先决条件的。所以,正如已经反复说明的,我们以有特质的审美对象要求于主观这一设想为依据,从这一设想出发,我们来研究其发生的范围。

首先,如下的情况是一个事实,即:对象的一定范围——其内容可用近于肯定的形式来表示——构成了美的范围。至于艺术之外经常不受其影响的东西何以才是美的,这并不存在很大的歧见。因为此处个体的人通常是其全部愉悦情感范围里都人类的标本。人类毕竟赞同将寓己同类的美置于其他生物的美之上,甚至在这一价值范畴里对于等级也有相当一致的看法。一个形体被当作丑的,第二个是不丑不美,第三个是美的。假如我们把这种极熟悉的观念变成作为一个整体的现实,水准的等级便出现了。最低一级的水准是丑的,然后就是广大的中间状态,最后是美的。用现成的一个词,我们就把与神权政治相近的这个观点称作分层观(Callicracy,来自 κάλλos)。有了分层观,艺术的任务就很轻松了;即是说,可通过不断的重复而制造出总体上美的,或本质上愉悦的,更重要的和更可理解的。天真的人们都易于这样去看待艺术。在生活中,他们遇到一些事物（主要是通过视觉和听觉印象），产生了平静的愉快，于是他们便要求艺术去提供聚合和提炼了的这种愉快。他们在艺术中也像在生活中一样寻找美的，而逃避丑的。"美是艺术的核心和最高的终极目标"，温克尔曼这样说过。

这种看待事物的方法无疑有两条好处。承认差别便有了高级的和次等的划分，而且自然美与艺术美的结合有利于去引导理论。但其坏处却多于好处。假如我们试图将艺术的范围和意义局限在一种高一级的愉快中，那它们将是多么狭小与苍白！大体上说艺术不应等同于固定的内容。确实，艺术欣赏的头一步就是要学会欣赏不丑不美的，因为它是艺术地描绘出来的；学会让自己既不被艺术品所包含的实际美所引诱，又不对丑的成份产生厌恶。美学和艺术科学不是一切美的事物的目录，而是产生价值的一定事件的外在与内在条件的科学。至于第二条坏处，从形体美到艺术的一大进步好像只是唯心主义形而上学的成功。从世界的审美分层引导至艺术，这种连续统一体便从如下的假设，即观念是产生自然物和艺术品的原因这一假设中获得了最大的支持。任何时候只要真实世界的某个对象充满了一种观念，其方式使得它只作为此观念的象征或感觉表现而使人愉快，那么这个对象的美就必定与我们一般在艺术中所指的美基本相同。

我们大胆地作出下面源自普罗提诺（Plotinus）的大胆思索。上帝的本质极清楚地表现在自然美之中。离绝对的距离增加，美则减少。到了终极，朦胧的界线便寄寓于丑的精灵。宇宙的特质表现了艺术所不能达到的美。普罗提诺必定不会止于此。他的哲学和泛神论的学说一样是机能泛神论。除了难以企及的神圣的上帝外，据称全世界还充满着最高的才智。如果我们追随这个新柏拉图主义，情况就以不同的面目出现了。早先我们描出了世界的图画，展现出审美价值的标准，但却存在着导致略像泛神论和泛理论的总观点的强烈诱因。正如不存在完全与上帝分离之物一样，也不存在与精神无关之物，所以我们就指不出任何一个全然缺乏审美意义之物。在这三个范畴之中，心灵可进而认为那零星出现的价值确实属于一切事物。因之，接纳的心灵能在最平凡低劣的事物中至少可以发现和那些打上美的标签的光彩夺目的现象同样多的美。观看者只须仔细地寻找而且全心地沉浸到这一对象中去就行了。艺术的作用就是清楚明白地表现世界的这一特征，正像真实之标记语由纯净的宗教和沉思的哲学所揭示出来那样。如此获得的观点，我们也将用一个专有名词来表示，称之为泛美主义（Panaestheticism）。

泛美主义具有泛神论的诱惑力，然而它倾向于贬低艺术。艺术家的每一个选择都是大胆的冒昧，每一个理想化的解释都是亵渎。要想此处或彼处做得比自然更好，便无异于那恶劣的绘画风气，将鲜艳的天使翅膀安在死孩子照片上面。罗斯金（Ruskin）把美称作是天赐完美的反映，认为美的事物保持着一种与上帝的属性相同处，因之就具有对我们自然的天赐部分的吸引力。这样，同一便是上帝囊括一切的大自然的象征，恬静是上帝不变与永恒的象征，匀称是上帝正直的象征，而纯洁就是其意志的象征。谁能在现实中清楚地领悟这些天赐的完美并再现它，谁便是伟大的艺术家。"把一只孔雀当作偶像加以崇拜"，罗斯金说，"那么你画出的孔雀就比任何只将孔雀视为一只鸟的入画得出色"。这个罗斯金还断言说："没有任何一位希腊女神能赶得上一个纯种英国姑娘一半那么美。"实际上，对于能够观察或与自然有一种精神内在吸引的人来说，自然美已不再是艺术的前期，而是其恰当的替代物，也许甚至还超越了艺术。威尔赫姆·海因斯（Wilhelm Heinse）描绘了莱茵河的瀑布之后说：在大自然面前，所有的提香（Titian）、鲁本斯（Rubense）和韦尔内（Vernet）都成了小孩和滑稽可笑的猴子……"来吧，让自然给你演出一种不同的戏剧，赠予你别一种建筑和优雅的图画，别一种和谐与旋律，而不同于那些用小刀可怜地修削以陶醉你的东西吧。"① 一种森林美学的受鼓舞的创始人声称："仅说到美，我们森林所隐藏的大自然的宝物就无可计量地超越了一切艺术之大成，而我们就是该宝物的博物馆的引导者。"② 这种思考方法当然就导致了如下的情况：在审美价值里，外在世界的色彩和形式使得每一个艺术尝试都黯然失色。这似乎正是那些庆祝开花节而到美的地方去朝圣，在静默中赞叹的日本人所感觉到的东西。他们鉴定自然不是从艺术品出发，而是把自然当成一件艺术品。奇形怪状的树根被认为有很

---

① 《作品》，1838年，第9章，第43页。
② 海因内其·文·萨里基:《森林审美观》，1902年，第2版，第38页。

高的价值,谁能找到并完好地将其割离下来,谁便能得到一大笔收入。这就是证据。大体说来,日本人将植物安排成固定的行列,将这种支配视为有价值的;德国人的心依恋着他们的森林,依恋着针叶树黑暗的庄重和小白桦、小山毛榉那欢快明朗的友爱。在树林中,色彩融化了,结合了,又以无与伦比的美妙分离开来。那持续的运动不断地创造出新的迷人的和谐。树林中跳跃的光,林间的空气和观察者都参与了这一创造。整体看起来是无限的,在任何一瞬间又是有限的。然而它与任何一位艺术家的创造相比,不仅在空间上要大,而且在内容上要更丰富,因为它的温暖与芳香吸引着低一级感官。这样,它也许获得了一些有意义的东西。一个风景也是空间深度里最大的形式,即使是相对很近的对象也离观者有足够的距离,以从远处吸引之。① 至少,一位早期有声望的美学家曾断言过,它"可以说,比起对于自己的形式、比起艺术描绘的一切尝试来说,从植物体最深处更简单、更快、更明了地传达了其本身的知识"。②

但即使一个赞同把重要性从艺术转向自然的人,在泛美主义中也几乎找不到那作为解释目的的绝对的肯定与终结。从这一观点出发,世界与艺术同等地呈现了融化性、

---

① 参照雨果·马可斯(Hugo marcus)在《美学与一般艺术科学》第 11 期第 46—60 页和第 16 期第 201—209 页中的论述。
② 参见歇尔瓦(Schelver)的《植物生命及形态史》,由佛朗兹·托马斯·布莱切耐克(Franz Thomas Bratranek)于《植物界美学副刊》上所引用。

消失性。如果一切事物都是相同的，那么就不可能有固定的形式存在，而且所有的连接都从世界图景中消失了。我们看到了这样一个论点，即，我们赞美一片草叶的美，其程度无异于赞美一个女子的美。而且这还不是该论点的全部。不，我们必会最终摒弃一切客观检验而听任于主观的偏爱。在客观美与个人兴趣之间没有一个可靠的界线。我处于易感的情绪中，便到处都发现最优美的迷人之处；而一般只在这里或那里发现一两点动人的美，那便是由于我情感呆滞的缘故了。

在分层观和泛美主义之间的选择并非是肯定与否定的问题。只是我们必须在世界的审美观和自然与艺术的关系这两者之间保留一种差别，而且在这两个方面都必须无情地分析到底。在世界的审美观里，我们区别美的和审美的，前者是后者的重要的特殊情况。每一个单独现象的刺激力——即使是那些明显处于中间状态的和确实丑的——都是无可否认的，美的形式与事件的特殊情况亦是如此。审美价值的观点旨在用固定标准来建立一种等级秩序，而且在其范畴内建立起一种内容上明确的最高级的善，建立起美。但不应把这看成是对艺术的狭隘要求，即作为人类精神产物的艺术只能从美的事物中汲取营养。美的和有审美价值的这两者之间的比较大体上是不合逻辑的，因为它们可以说是处于不同层面之上。一切事物最根本地说来都是首尾连贯的同等的优美，在文化与思想发展中一直都被视为单一的。然而为了分析与区别的认识起见，为了依赖于该认识的这一发展，我们现在有必要以全力去丢掉这个差别。用双重的方法能做到这一点：第一个方法就是通过洞察看出对于美的模仿既不是艺术的源泉，也不是其成就与效果的唯一的决定因素；然后通过检验证明有着完全与艺术无关的审美对象与审美印象存在。第二点——我们在谈审美的范围——在此处需要考虑。

让我们把注意暂时转向自然中的美这一美学家的难题。像黑格尔那样重要的美学家曾冷淡地反对过美的这种形式。他在说到格林德尔乌得（Grindelwald）冰川时说："它们的外貌并未提供更多的有趣之处，人们可以说它仅是观看的一种新的样式而已，但却是一种未给心灵以任何进一步活动的样式。"① 而且，黑格尔同样轻蔑地想到了"应用的艺术"及其令人愉快的花样。即使是伟大的艺术对于他来说也不过是"获得解放的一个阶段而不是最高的解放本身"②。

即使现在都有许多人在自然的美中感觉不到天然的愉快，并且对其特质全然不知。不过他们如果欣赏自然，那是因为他们从自然那儿获得了艺术的回声。他们在他们从绘画中理解的情感中欢欣，他们赞赏雕刻家从丰富的实际形式中取得的匀称——总之，他们将自己在自然中的愉快归诸艺术家。他们的同情和厌恶是由画家和诗人灌输的，他们的视网膜和耳鼓是由雕刻家和音乐家为审美活动而训练的。而其他的，则仍有着与自然固有的亲缘关系，不受艺术影响的亲缘关系。总的说来，他们发现自然形式中的

---

① 罗森克朗兹：《黑格尔生活纪实》，第475页。
② 《百科全书》，第562条。

美比强行塞在框架或书页中的美要更加令人愉快。他们生活中有意义的事情就是与自然的自由接触，就是快乐并非来自娱乐的需要而来自储存的精神活力的那些时刻、那些时日（有关对自然的享受与艺术享受之间的关系，请参照爱米尔·尤的兹〔Emil Utitz〕的《大众艺术基础》）。

对自然的这两种态度很容易融合成一个总的人生观，而附属于道德的准则。龚吉尔兄弟①中的一个在偶然情况下说："如果拉干草的牛车早晨擦墙而过，而你还躺在床上睡意未尽的话，那么这牛车的声音就好像坐在你床头的女人穿丝袜的声音呢。"在这种联想修养而不仅仅是艺术的修养里，就标明着自然情感的死亡。对于这一死亡的悲哀与这种悲哀的无效一样悠久。早在 1770 年，格乌（Garve）说出了我们这个时代的托尔斯泰可能说出的话："从孩提时代起，起初是由于我们的教育，接着是由于我们的生活方式与职业，使得我们不能观察自然……我们只是偶或暂时地被带到野外去……在我们眼前或几步远的地方发生了许多日常的事情，我们都熟视无睹，最后在书刊上见到了。诗人必须首先告诉我们美的范围，告诉我们太阳是如何升起来如何落下去的。"甚至连这种直觉都变得模糊起来，因为我们去掉了全貌的观察。没有这种观察，是不可能有伟大的成就和伟大的经验的。如同爱听趣闻而不爱听英雄史诗的人一样，我们摇摆着，倾向于短暂的。当处于最迷人的观察中时，一般人的兴趣都依附于他邻人的某些显著特

---

① 龚古尔（Goncourt）兄弟二人都是法国作家。——译者注

点，正如艺术家画室里的参观者常常不被挂在墙上的画所吸引，却急不可耐地向相册扑去一样。

包含在真实世界里的审美对象可以用好几种方法去解释。当用纯粹的天真去欣赏它们时，通常都对自然的科学解释有一种内心的反感。对于一个有这种感受的人，那漫游的植物学家将花扯碎便毁掉了花朵的美丽。科学不仅一点儿都没有提到那落日的色彩所悄声传递给我们的慰藉与允诺，它甚至扼杀了那些对于人与其生活极有意义的东西。或者，当一个被迫远离的人想起了德国的森林，而回忆又重新加深了他对祖国的情感时，科学也许并没有表明任何东西吧？这些是掺和着对故土热爱的审美印象，不应有任何科学思想闯入这一纯粹的人类情感中去。正像一个运动的美和语言的声音，只要其含义没有暴露，它们就会被捉住，就更会得到充分的欣赏一样，所以愚昧无知的人最能感觉到自然与生活的魅力。

现在我们几乎在不知不觉地偏向另一种观点上来。前一种观点以其方式代表了 l'art pour l'art（为艺术的艺术）的原则，而另一个自然现象的审美解释混合着实用的考虑出现了。对自然的情感是逗趣的，不应是特权者的奢华，而相反，自然里美的清泉，应当流向任何人，因而它必须是可理解的，保持纯洁的。倘若人类对于欣赏自然的不可剥夺的权利得到了伸张，那么这一权利本身就得到了重新解释。此处便产生了各种各样的社会运动，在这些运动中，审美的便向艺术靠近。再则，评论家的态度似乎是一样的——就像老话说的那样，是沉思的无偏见的愉快。人们更热切地警告不要把审美享受中自然的和艺术的条件等同起来。我再一次提醒注意现实的不安性和无限性，以及低级感官的配合。在这三个方面，艺术是较贫困的，但它的力量正在于这个限制之中。诗歌从开始到结束只提供了字句，绘画只提供了画面，这便构成了它们的含义。

谈过了艺术、道德和科学的观点所闯入自然美的经验之后，现在我们转向了主要的论题。植物和动物是否给人以整体的印象（即使在它们自然环境的背景中）这一问题无疑已经解决了。仅仅有意图决不是一个合适的说法。自然科学家的描述与这种说法一致，这些描述在其他方面并没有触及基本问题，但它们在某种情况下促进了美学研究，而且经常集中在正确的美学研究上。例如，我们有几篇动物学家莫比（Mobius）谈动物美的专题论文。他认为，哺乳动物的美取决于身体的结构，然而这既不与数学定律一致又不与生存的需要符合，却表明力量胜过了体重。该动物学家还强调了熟悉的家生动物和人体的外貌所无意中产生的影响。这影响使狒狒看上去像人的漫画形象，使长颈鹿像一匹认错了的马。在鸟类当中，它们的审美和社会特点依赖其形状、颜色和运动方式。颜色的光泽与成份尤其产生出强烈而有规律的审美情感。虽然莫比不熟悉平面和表面颜色的差别，但他提醒大家注意一个基本的差别："鸟和昆虫欢快的颜色、光泽和闪光的色彩甚至还抵不上那半透明的粗胖的动物的美。比如，如果有人将蝴蝶和水里的海蜇比较一下，他就感到蝴蝶的颜色刺目而令人扫兴地安在刻板的身体表面上，而海蜇的颜色则柔和热情地洋溢在整个儿柔软的身体里。"在哈克尔（HakeI）的《自然艺术形式》和《生命奇迹》的第八部分里，他发表了好几种审美评论：线形（简单形式的重复），射线形（散发排列）和左右对称（匀称）。这些形态的条件再加上联想与象征的涉及与机体及其充满活力的活动相一致的条件，涉及与人类的对比，涉及种类差别的条件。哈克尔最后断言，一个风景的大小及内容的丰富需要一种强烈情感所依附的不规则。

当与风景的亲切关系被完全理智地科学地运用时，便导致了不适于归类到艺术创造中去的活动——尽管它们与审美生活有联系。地形测量学以制图员的用具，纸、笔、墨水和颜料而重现了无生气的自然。此处这一工作的机械部分可以略去。但是当村舍放好了位置之后，在精确的各点之间要找到的每一个物件都必须在其空间关系中再仔细地安排，而且用正确的形状与大小添加进去。整个地图最后不仅应当是易读可靠的，而且还是清楚而吸引人的。莫尔克（Moltke）把这种地形测量学说成是"窃听大地舞台艺术的秘密"。所以这一活动首先要求对地域——旷野、森林、河流与高山——的熟悉，其次制图员的技术必须达到一定的水平。然而没有人把地形测量学当成绘画和雕刻那样的艺术。

如果有人问到原因，那么几乎毫无疑问，那是缺乏自由结构之故。地形测量学的第一个戒律即精确，它排除了创造性想象的活动，而这个活动正与我们的艺术与艺术家的概念融而为一。在第二个例子里，情况就不同了。种花能充分发挥创造性冲动，我们听说日本人是（创作）他们的花园，用自然的构成部分建立起一个风景的艺术品来（而且使这些部分都有象征意义；某种石头放在树下也许就表示为如来佛的座位）。就连我们的高级花匠们也不仅仅是体力劳动者和模仿者而已；所以就有人引证了其他的因素来将他们的工作摒诸艺术的神圣领域之外。一些人争论说园艺家不是非克服像造型艺术家所遇到的那些障碍不可。但这几乎说明不了问题。将一块沙漠或一片缠结的树林修成一个统一的整体，使每一种颜色和形状为观赏者的不同角度和不同季节而安排在恰当的位置上，使得全局的俯瞰与细节的欣赏不相干涉——这样所遇到的困难确实是类型不同的，但它并不比艺术家平均必须克服的困难要小。也许限制在自然的材料上这一点与纯艺术的精神性质不相容吧。也许我们直觉地感到艺术那超然的奇异的特性是园艺所达不到的吧。倘若如此，我们就有充分的理由将园艺从艺术的名单上勾去。它是一种审美的技艺，如果你愿意这样称它的话，然而却不是艺术。表达到语言习语中的直觉情感比美学家的理论更能确切地指导我们。

而且，在所有这种划出界线定下名称的情况里，标准是由纯理论中未被充分考虑的社会条件所确定的。艺术家在社会天平上有多高的位置，社会在某个时代里最需要什么艺术，最大量的杰出天才都致力于什么样的领域——这样的条件基本上决定了像艺术这样特殊领域的活动的估价。手艺与艺术的界线是流动的而且服从于历史的变化。因为没有一个概念的定义能够证明内容与运用的多样化为合理，即使是理论也必须承认界线的流动性。很显然，我们又在重新进入一个时期，在这个时期里，建筑家不会不用心设计公园，艺术家对于阳台花卉的装饰就像现在对恢复花毯装饰一样兴趣浓厚。我们能看出从空间静态的转向短暂动态的这一趣味的变化已经进入园艺艺术中去了。像紫杉树篱这样的植物过去是正规地按一定样式修剪的，花束是绑在一处压成固定形状的。而现在，无论花园大小，花匠们都把所有的植物当成暂存的活物，当作是活的成长着的个体生物来对待。风景设计师曾经设计水的梯级，从而有了空间形式的效果，而现在却在水的运动中去寻求美了。

假如我们从自然的审美对象转向人类自己设计的范围——除了艺术之外——我们便发现审美需要强烈得几乎遍及一切人类活动。我们不仅力争在可能范围内得到审美愉快的最大（强度），而且还将审美考虑愈加（广泛地）运用到实际事务的处理中去。人们主要的精力，在理性与工艺活动中始终都偏向于呈现出一种审美的形式。任何时候，只要一部机器、一道数学难题的结果或者一个社会团体的结构被称作是美的，那么这个判断便不仅仅是一种说话的方式而已，因为我们在整体的内在意图里发现了相同物，发现了由整体显示出来的各结构部分的和谐。审美形式的自我满足及其多样性的高度统一已成为安排事物与事件的规范了。我们的精神如此地弥漫于创造之中，各部分愉快的安排使之与自然存在中的千差万别区分开来，在这种情形下，我们第一次造出了完全满意的产品。因此，道格尔德·斯图亚特（Duguld Stewart）便能几乎不涉及艺术而画出一个美学家的轮廓来。这对于我们科学的心灵习惯来说，似乎是荒唐的。亚历山大·贝恩（Alexander Bain）在著作中说到对于国家的实力地位的欢欣、阶级觉悟以及家庭的自豪感都是审美情感。我们完全相信我们当时读到这些时是忍受不了的。但再一想，从这种似是而非的观点里，我们发现了某种合理性。因为创造性艺术家和欣赏者所共有的活动的意识，也能满意地在那些情感中得到表达。加之，对于这位思想家所属的民族、阶级及家庭的那种优越性的要求促进了一种大纲性的观点，这个观点提供了理性的满足。因为在这种情形下自我是站在中心的，所以愉悦的规则显然也依赖于内容。通常，人们在这种条件下就更加欣赏这构成部分的内容及其作为成份的性质了。同样，价值与转换的增加进入这些成份里，便能最后毁掉它们的同一而导致不匀称现象。在一个国家和个人的发展过程中，有时从某种压制下的解放能够给予因此而获得的不匀称以极大的魅力。

社会活动与生活方式无疑是在审美对象的范畴之内的。社会关系的规则，社会习俗与传统都不应侵犯好的情趣；它们应当启迪美的情感。很可惜，我们生活中的审美水准低得可怜。人们在社会交往中普遍缺乏礼节。我们都爱将这种现象美言为亲切。我们不是在说话而是在吼叫；所有的社会集会都得根据某俱乐部的某种目的而安排好桌子。我们觉得礼仪要求我们在客厅里互相介绍，而且在说话时用第三人称，带上头衔。在报上，我们登上订婚与解除婚约的启事，就是说，宣布和废除我们的亲密誓言。要想了解清楚即使在高级知识分子当中礼节观念是如何可悲地衰退下去，那你就去听一听名人们的演讲或对话吧。这样，你就会承认审美完善在这些领域中根本就没有受到重视，说已获得，就更谈不上了。

既然我们在审美对象的广大范围里已经取得一定的认识，那么说某人不懂得有诗歌、音乐或绘画的存在而能树立起一个完全的美学体系，就不显得过分冒昧了。他能描绘和分析审美经验，因为它是完全由我们环境的对象所引起的。他也能依照外部条件和日常生活中的事物与事件来适当地解释美的和崇高的，可爱的和丑的。还不仅如此，在各种各样的技艺与组织里，他都能拿出审美改造和修作自然的最有指导性的例子。所以如下的命题便成立了：情趣能不依赖艺术而发展、而起作用。

在这一点上，我们把美的与审美的这两者同艺术的关系丢开，而回到现在变得简单了的问题上来：科学，与其语官用法相反，凭什么要把审美经验的客观方面当作是分离的东西呢？审美经验在其自身中包含着双重的需要：一是个内在的需要，只能是如此的自信；一个是向外引导的需要，该对象的控制和一种客观真实完全包含在经验之中的意识。这一意识已确定是依赖于该事物的构造的，因而就导致了对于这种构造的独立的研究。确实，该事物似乎从各个知觉上都全部传达给自我了。可是进一步考虑一下——像西奥多·立普斯所表明的那样——就会发现缺少点东西。在这种情形下的成份与特点只有一个事实上的共同存在。当我在作为一个整体的柠檬中区分出颜色、形状、重量和酸味的时候，我感到这些特质中的每一个都可以变换而不致影响与其他特质的联系。倘若柠檬是红色的，它也同样会完全乐意地被人们所感知。另一方面，在审美对象中，成份与特征互相需要、互相维持。所以，由对象所注入的思想内容显示出与整个意识状态的极密切的关联。假定总的愉快植根于剧烈内心活动的舒适之中，那么我们便能理解，一个其结构部分与特质尽管有差异而又明显地互相依赖的事物必定会引起强烈的实用愉悦。因为这种不同因素的必然的亲缘关系促进了内心活动，并进而产生出心灵已完全了解这一对象的情感。

从理论上看，审美经验是客观情境的必然结果。我们从根本特点出发将这种情境称为直觉的需要。一个在细节上相互依赖的图案，一个来自内部的共鸣，音之间相互碰撞的和音，都具有直觉的需要。如果不懂韵律的孩子和未受过教育的人正确地掌握了音步并完全欣赏它们，那是由于诗句中的音步十分完美的缘故。为什么我们看见圆形丰茂的树顶或休憩中的耕牛的侧影便会产生愉快呢？因为它们是端正的外壳——它们用外表的规则指示着通向已经处于波动中的心理能力的方向。一系列的声音，只有当它们立即被当作相互必不可少的因素时，美的创造才得以发生。在不平常的变调演奏中，我们起初听不到旋律，听到的只有音；各个因素的闯入或对于它们的过分专注妨碍了同一的出现。我们只见树木而不见森林。戏剧家威尔赫姆·凡·苏尔兹（Wilhelm von Scholz）断言所有人类活动的基本特征就是"力求压制，力求感觉出来的需要"，这样——通过一条我们不主张遵循的道路——便获得了艺术的需要，归根到底就是"有机的关系，是整体与各部分间的相互作用"①。

因此，所有的审美对象都表现出共同的迷人的特性。这种特性使人们产生出对这些对象的直觉需要（关于直觉需要，以后还要讨论）。但我们不应越出这个范围而进入传统中去。要求每一个对象都有一个清晰可见的结构肯定是不妥当的。当然一个艺术的整体必须有开始、中间与结尾，而自然中美的事物则偶然可能连兴趣的中心都没有。同样，如果把所提到的这个条件当成是唯一的，那么我们就会对事物作出过早的判断。它仅仅是内心生活中对一个对象的每一种审美效果的预测而已。没有任何一个公式能作为处理审美的，甚至是处理那些显然最易理解的东西的秘诀。因为假若这个公式可以包括一切的话，那么它便会消失而成为毫无意义的了。

我们的任务就是从主要方面去描述这个对象，然后再描述经验。通过分析是能做到这一点的。虽然审美对象常态的优美是一个整体而不仅仅是一个集合与总和，但它只有通过分析才能科学地描述出来。在动物的机体中，消化、运动、循环、呼吸与感觉以极密切的相互联系活动着，然而生理学家一次只能研究一种功能。这也正是我们的研究过程。审美经验一方面由我们支配，另一方面又是客观资料、对象的特质以及语言的具体名称。由于审美判断的样

---

① 《戏剧断想》，第59、82页。

式和可靠性有待于研究，所以在逐渐形成的语言目录中，在赞美的修饰语中以及在指责中所包含的智慧当然就不应忽视。我们对比的措辞表明了哪一些特质，由简单至复杂，表明了哪一种程度，由最弱至最强，这些在审美生活中是起作用的。排除了非常低与非常高的程度之后，我们便立即用诸如冷淡的与热情的，细微的与震耳欲聋的，迟钝的与刻薄的这些词语来表明这些配对的概念。我们在遣词中同样清楚地看出感觉经验如何转换到其他的感觉部门里去——例如一种颜色可以是暖的——而且事实的陈述与估价混为一体。在所有这些过程中，语言的精神实质施加了我们已结合移情问题而加以考虑并会不断回想的控制。虽然有人幻想自己用语言复制了一个完整的内心世界或甚至外在世界，但当我们一旦大体上克服了这种天真的自信之后，也会十分乐意去借助语言的。

我们在审美对象中只找出最重要的和一般的特征。有几种艺术还有待于作出更详尽的分析。特殊艺术科学有这种分析的合适机会，因为其目的是使人们所研究的作品的结构明白易懂，从而有利于历史地去研究。一组音乐形式，只有当各因素分离开来，然后又在其发展过程中处于部分独立与部分合作时被观察，才能将其由来与发展精确地表达出来。所以民歌的历史尚未写出，因为文学史家们将其形式作为一个统一体来追溯，而没有进一步刨到根处，而美学与普通艺术科学的停步则早得多。

2．和谐与比例

由于审美形式有某种独立性，所以就包括了可分开处理的关系。除了颜色之间的关系而外，尽管它们所表达的内容有变化，可还是保持不变。虽然颜色之间的关系依靠各别颜色的特质，但亮度的差别、空间与时间距离的差别却不受内容的限制。

颜色之间直觉所需要的与愉悦的关系叫作和谐。以后我们会更多地谈到只与音乐有关的音的和谐以及取决于音乐的诗的成份。在音的和谐与颜色和谐之间有一个基本差别：前者在自然中很少有，但后者却经常见到。所以颜色结合的审美判断受两种影响的支配，滞钝与联想。我们在音的和谐这一范畴里拥有至高无上的权力，但是一旦考虑颜色的关系，我们便应牢记存在于自然中的结合，虽然产生之初与审美情感无关，然而却不可能不影响它。因此不愉悦的结合在其自身中能成为中性的，或者，假如在自然中经常出现，甚至会变成愉悦的。再则，其间那种结合经常被观察的对象所引起的联想能普遍地进入印象。假定玫瑰的红色与叶子的绿色不相协调，但这种结合经常反复地出现仍会缓和不愉悦的情感。加之，这两种颜色在完全不同的背景里出现的地方，最熟悉这种结合的记忆者的记忆都会不自觉地施以影响。假若我没有看错的话，这第二个危险与其说在经验中实际存在，倒不如说是来自想象。对象间的差别几乎总是阻碍联想的，甚至还阻碍其后来影响的出现。我们在对象的艺术再现中也属从于传统力量——

我们已在现实中，因而也许在绿叶环绕的玫瑰的描绘中熟悉了这些对象。

即使是这样的情形，也并非立刻即可比较，因为自然中的颜色与艺术中所用的颜色迥然相异。其不同的原因部分是：自然中的许多光线照透了半透明的客体（比如露珠），光线的强度中有最美的层次，颜色间有丰富的调节，而且单个颜色的特质又非常重要。我们从心理研究中发现深色和那些掺和着很浓的灰色的颜色有不同效果，朴素柔和的颜色比鲜明耀眼的颜色更受人喜爱，而鲜明耀眼的颜色又强于阴暗不清的颜色。最后，还有通常被人们所忽视的一点，我觉得很重要，即非常浓的颜色显然就粗俗，艳丽的颜色粗俗而不和谐，尤其是当它像钻石闪耀的虹彩那样随意改变的时候。或者更谨慎些说，野鸡的羽毛，搪瓷的光泽，闪光的装饰，玻璃的光彩和焰火的壮丽只会吸引那些酷爱光亮的眼睛，而不会引起和谐感。诚然，所有这些耀眼的混乱可以说是美的，但必须与和谐截然分开。我们从其不可否认的效应中得出结论：颜色愈鲜艳，其结合便愈是专断的、转换的，因为观察者迷恋于这种灿烂的光华而对和谐少有要求。这些就是甚至能被孩子和原始人充分欣赏的印象，放纵不拘的活力的印象。

当颜料不十分鲜明，其覆盖面又不十分小的情况下，颜色的和谐能够得到最好的判定。当然，空间的广度也不宜过大，因为相同颜色的巨大的覆盖面使眼睛疲劳而且易于将补色送给毗邻的地方。但颜色的斑点不会产生和谐感。所以通常的绘画技巧中所规定的要求（一般由混合所获得的色彩的某种单调平板，与各个颜色的某种空间广度）就最易激起和谐情感。但是图画在充满无遮挡的明亮日光的地方便无法判定。幸而一些著名的技巧能使图画摆脱这些影响的干扰，使之受到限制而又不致显得距离日光下光耀的现实十分遥远。这些技巧中的第一个就是利用亮度的对比。为使对比明显，人们总选用的简单实验是这样的（见图1）：将三张白色的小方块纸分别贴在三张大方块纸上，第一张贴在相同颜色的白纸上，第二张贴在灰纸上，最后一张贴在黑纸上。人们一眼即能看出纸的亮度是如何通过界线的对比而增加的。所以尽管画家们都知道自然中没有轮廓，但为了将差别很大的光的强度表现出来，他们还是可以利用框架或至少利用分界线的。亮度的实际对比若在何处显得不起作用，画家便可利用颜色去模仿自然中那些光的强度中的差别。

图1

在野外，但也在某种条件下有限的空间之内，流动的光充当事物的审美特质。伟大的画家以所谓色调为单位，懂得了如何通过颜色特质中亮度关系之间的差别来重现这个光。但他们明暗配合的技巧有这样的缺陷：假若颜色暗淡并遭到损坏，或者观察者站在远的地方，那么光的印象便立即消失了。人们能在克劳德·洛兰（Claude Lorrain）的绘画中看出这个问题的严重性，因为日光与图画平面必需的（但不适当的）近距离便歪曲了画得正确的远景。假若观察者往后退几步，空间关系便恰到好处，然而光却显得呆板了。所以人们长期在利用另一种方法，就是从远距离的角度想象出光的强度来。在画布上分配好颜色，只等着目光去将它们混成一个统一体。扬·凡·艾克（Jan van Eyck）和康斯太勃（Constable），华托（Watteau）和透纳（Turner）以及后来的印象派画家都略加修改地运用了这一方法，获得了亮度方面惊人的印象。然而结果却主要依赖于颜料的选择，不用灰的，而用尽量生动、明亮、洁净，相当于光谱中的颜色。这一层，我们须在专门谈绘画的一章中重新加以考虑。然而纵使现在的这些基本问题的讨论也可以启发性地运用到总问题中去。这种技巧并不比其他技巧更能忠实地再现颜色的真实世界。我们所达到的是一个新的对自然的转化，使之成为颜色法则的系统。某些学派中，例如法兰德斯早期艺术家（Flemish primitives），布克林艺术团体（Böcklin circles），在画布上小一些的面积里，个别的颜色及和谐太需要该艺术家去用心对付了，因而他便达不到最高度的统一。但是何处获得了一个整体——不论是在伦勃朗（Rembranlt）还是在莫奈（Monet）的画中——何处的颜色便必定是风格化的。即使连单个的颜色都得到更大程度的亮度，但并非自然地而是通过好些个层次而得到的。光彩与活力也人为地得到了。

所有这些原因说明，要去判断两种颜色——红与绿、黄与蓝、红与蓝——是否协调，那是完全不可能的。而且习惯上将颜色限制为一对，这就把该问题过于简单化了。因为一般自然与艺术中基本的颜色是三合一。所以近来在心理实验室里进行的实验只能提供进一步研究的暂定立场。任何场合里真正互补的颜色并列的时候极少令人愉快,这似乎已成定论了。我们喜爱性质上相近的两种颜色。当互补的颜色放在一处时,它们很容易——虽然就像对我们的环境和好的绘画扫上一眼所表现的那样,并不总是如此——乏味与让人眩目的,因为这样,便有害地进入了模仿与对比形式中的效果。经常被感觉出来的这种不愉快更深一层的原因就是,补色一方面并不充分独立于原有的颜色,另一方面又不束缚在任何造成统一的关系中。所以一个既定的颜色与相隔很远的然而又不是单独的那种补色相和谐,也与邻近的颜色相和谐。因为这些邻近的颜色似乎就是这个颜色本身的浓与淡,故而才与它基本一致。普通的红色,鲜红与暗红作为相同颜色的明暗配合而令人愉快。普通的红色与深蓝在空间接触中产生温和的愉悦感,是由对立已不是生理所必需的那种环境造成的,就像对一种颜色已经产生疲劳的眼睛把周围都看成是补色一样。顺便说一下,在第一个关系中包括了明暗配合的色质的认识;大红旁边的暗红是作为前者的阴影部分而起作用的。

我们再谈谈比例的理论。关于比例,我是指整体与部分或者部分与部分之间直觉需要的愉悦的大小关系。我们谈的是空间形式与时间间隔的,看得见听得着的对象的比例。在两个范畴中,我们关心的是客观整体内的关系。这些关系在空间形式中就表现在结构上或者分界里。

假若，用旧的说法，我们称对称为最简单的结构，那么我们必须补上一句：应当去理解一条直线两边的对等问题。最严格地说，如果一种形状被竖着分为两半，将其中一半放在另一半之上，它们恰好吻合，这才叫对称。在中线两边部分的数量、位置、形状与大小都是相同的。但是该图案的愉悦依赖于这些部分的存在，因为，比方说，一个圆被其直径匀称地分为两半，可它的内容是如此贫乏，几乎不给人以任何印象。这样的对称效果一般说来是很弱的，所以人们通常看不出它的美，而只觉察到愉悦感。一个对称和谐的审美价值依附在许多成份上，所以它主要不是形态完整和真正意义的问题。如果用墨汁把我的姓名中首字母的花体字写在一张纸的中线之上，然后将两半折叠起来，这个花体字就使另一边沾上墨渍并产生出相应的印子。如果一个人观察它，使得花体字或它反映出来的图像是在上方，那么他就无动于衷，而朝另一方向看去便产生出细微的愉悦感。这种情感可以有各种状态，因为其间极易注入联想（许多书写的样本产生出像偶然发生在孩子们儿语中可笑的变形那样又规则又奇异的形式）。然而这种情感总是一种那一半本身决不会产生出来的审美愉悦。因之我们还需要解释一个双重的谜。为什么对称和谐只在横式中才产生愉悦呢？而且，复制会给无审美效果的对象以什么样的价值呢？

第一个问题已在如下的事实中得到了部分解答：与我们有关的绝大多数自然结构都表现出横向对称，正因为我们习惯于这种对称，所以转向艺术作品里的这种对称便使我们得到重新发现熟悉的规则的愉快。然而人和低级动物的双边横向对称形式不足以解释为什么人们在创作和欣赏艺术品时喜爱对称。另一种情况则提供了说明，技术上需要将对称和谐的两部分安排得横式多于竖式。对于简单结构和有用的对象来说，事物的必然联系就迫于这样的实践。材料在何处表明其性质，一件运用中的艺术品在何处表现其目的，那么何处便出现几何对称。一根长矛虽然只修作成左右对称的形状，但用起来很合适。然而它就是以这种对称方式获得其外形美的。最后，还有一个心理方面的理由。我们知道，一种视力幻觉使我们看不出垂直对称两部分的对等。假若我们把一条垂直的直线分成对等的两个部分，我们一般都把上"半部分"看得太小，因为我们过分估计了分界点以上的部分。一个"s"和一个"8"，我们看起来几乎都是对称的，因为，把它们倒置过来（s 8），其下半部分就显得大些。如果我们想画一个方块或者画一个角度相等的×，只凭视觉去判断其长度，那么几乎每次都会犯相应的错误。所以像这样从横的方向感觉到的实际的对称和谐是不会引起愉悦感的。

　　承认了这一点，便可转向第二个问题。它是我们最后的结论产生出来的，即，我们不应把对称与少有可能的精确的巧合等同起来。所以愉悦的理由在对称和谐里是找不到的。当我们谈到那一半的复制时，我们把问题解释得太狭隘了。再则，不对称的形状如何能够如此经常地引起审美满足，这一点会很难理解。但实际上所有大小与形状关系中的一致不必要给予对称图案的印象。的确，还有另一种方法能够获得两半部分的审美等量。一张画上，左边有两个人，右边只有一个，或者有一个人从左边走过来，离中心很近，而右边那人离他很远，这样的安排就会产生对称构图的效果。或者说得确切一点，两半部分恰当的平衡在这张画中占了支配地位。在以后审美经验的理论中，我们将不得不证实这种说法的这一运用。所以我们必须利用比以前更广义的审美对称的概念，或者，如果我们要为完全的对称和谐而利用它，那就必须说到力的对等。对称是最简单的但绝不是仅有的产生审美等力的方式。在艺术和日常生活中人体的姿态里，具有审美价值的并非只是那些表现出实际对称的和早期艺术家所喜爱的姿态。至少那些一边多一边少的姿态同样使我们愉悦。当某几组肌肉的紧张由相应几组肌肉的松弛所平衡抵销的时候，愉悦平衡就达到了。

　　这里所呈现的力的相等也清楚地出现在另两个联系当中。一种迫使身体的左右两边进行很不相同的运动的姿势若不是倾向于让身体回到原有的姿态（微微弯曲占主导地位），便是倾向于转向对立的一个姿态里去，正像柔软体操和舞蹈中所通常出现的那样。因之，在这第二种情况里，运动的变化便产生出一种新的平衡。当然，这种平衡能在短短的时间里使人感觉得到。还有一种调整，在艺术中所表现的身体姿势与观众隐隐联想的姿势之间似乎也经常发生。如果我对自己观察得不错的话，许多情况下愉悦的程度是由事物与自我之间的对比来加强的。倘若我们自己懒懒地站着和坐着，然后又极强烈地感受到一幅图画中强有力的姿势，我们一看见这个曲着身子的人的图像便本能地全身紧张起来。很自然，这是个非常细微的原动调节的问题，不会没有错误。然而我想我已谈到这样的问题：同情偶或并非得自于模仿，而得自于补偿的无意识动作。

现在再谈比例。比例给竖式安排提供了审美价值。各种研究都已表明，划分一条竖线，使得一个部分比整个长度的十分之一还要小，那么倘若它能获得一点儿愉悦的话，则必定是由于受到了联想的影响。即使我们将上半部分看得短一些的视力幻觉已经被考虑在内，只要平分点的目的仅是使我们意识到这一竖式安排，那么对等的平分便不会产生有利的效果。另一方面，几乎所有的研究者都认为，一根简单的直线中 1∶2 的比例是愉悦的。然而即使在这样的问题上也有不同的观点。有些人喜欢上面长一点，有些人喜欢下面长一点。最后，"黄金分割" a∶b = b∶（a+b）被认为毫无疑问是美的。

对于这个问题，我们稍稍多谈一点。自从乔托（Giotto）以来，艺术家们一直在探索比例之谜。他们不断的努力是很可理解的。倘若一个人能把标准放在制图员、画家、雕刻家和建筑家的手中，向他们说，"一切都去按照这个几何比例进行制作吧，这么做你至少可以相信你所制作的形式无一会引起反感"。这当然是极理想的。此外，还有更吸引人的想法，所有自然与艺术中美的形式，诗歌中音乐中，都取决于相同的数字和谐，行星之间的距离，原子重量之间的比例，主弦的震动频率，人体的正规形状，这些都是同一个伟大法则里的特殊情况。就连非常严谨的研究者都相信他们在黄金分割中具备了人、动物和植物的标准比例，也具备了有用物件，诸如建筑、艺术品的标准比例。他们宣称，一种形式要成为美的，就必得以如下的方式来表现，即：小的部分与大的部分之比等于大的部分与整体之比，最简单的比例就是"3∶5∶5∶8"①。图2就表明了在这样划分了的底线上，其他按相同比例划分的线是如何顺利构成的。诚然，许多年以前费希纳就认为形式中的这种比例决非总是使任何人都愉悦的。他让一个十字架的横杆来回滑动，直到它停在一个恰当的位置上，这种结果并不总符合于黄金分割的比例。他编了两个长方形物，小的长方形恰好放在大长方形的一端，这就使其比例由每个长方形及两者的关系表示出来。它们并没有构成形式美的极点，相反，绝大多数受测的人都无动于衷，而对其余的人则实际上是不愉悦的。费希纳量了一下坟墓上的十字架、装饰十字架、房屋的镶板等的尺寸——当然，制作者必定给它们以最恰当的形状——他发现其中有许多与黄金分割的比例

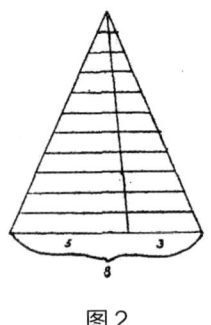

图2

---

① 原文如此，疑有误。——编者注

相违背。但是近来人们更多地研究了完整比例系列（即是说，一个尽量延伸的系列），这些研究的结果与费希纳不都一致。他们证明了与黄金分割稍相违背的比例能够激起愉悦感。但是详细地分析这种低劣的价值之后，只表明了有审美价值的形式仅存在于某种数字的限制当中。① 画家克特·赫蒙（Curt Hermann）说："黄金分割的思想指引了我许多年。"② 但即使在这里也不必把它当作是有关数学上精确比例的表达。倘若数学比例即是我们在形式上愉悦的基础，它就必须十分精确。与之全然一致的结构就必定是最愉悦的。而其他的结构，离此等式愈远便愈缺乏美。实际上，一些离黄金分割的比例相距甚远的比例也得到人们的赞许。在这些问题上最有水平的专家之一、美国心理学家威特玛最后得出了相当模糊的结论说，对于这种形式的喜爱不在于其数学比例，而在于一种欲望，要求其成份有某种与众不同的欲望，还说，"最大的使人愉快的差异与种类依赖于对象的总特性和个人智力与趣味的程度"。这样，我们便绝望地陷进我们曾旨在利用黄金分割提高我们自己认识的种种模糊中去了。

在其他新近表达的担忧中，有两点尤其需要考虑。随着形式在同一个线度以内的划分，或者小的部分与大的部分划分在不同的线度之内，我们的比例观便作出相应的变化。故而前一种情况若是一横线，左边部分便易于与右边部分相比，而右边（大的部分）同样也能与整体相比。但

---

① 威特玛:《分析心理学》，1962 年，第 74 页。
② 《为文体而斗争》，1911 年，第 67 页。

若是长方形，只有两条边的量的差异能立即被感觉出来，而边的数目则不像这样呈现出给定的量。何处存在着某种有规律的整体的构成成份，何处便出现第二个困难，即：用什么样的尺度去衡量，从哪一点起始的问题。如果说人头的主要部分从颈子的中心起延伸到眉毛，次要部分从眉毛到头顶，那么，人们就问：凭什么理由要从颈子的中心起始呢？而对待有胡须的脸怎么办呢？

琼纳斯·波奇耐克（Johannes Bochenek）的理论（《形式美的规律》）则避免了所有这些缺陷。他从一个特制的长方形中——其四边按黄金分割的比例划分，而且这些划分点都连上线——试图制成一个线网，这张网让此图案的轮廓自然而然地呈现出来。除了黄金分割的划分而外，复制和二次安排都大量地得到运用。而且男性和女性体形的差别，静止与运动中的差别，骨架与整个身体的差别，孩子与成人体形的差别——只提几个例子——都得到了充分的考虑。（我把"男性体形的正面构成"当作最简单的例子来引用，"我们用89这个数目来表示该体形的长度，如果这个长度用黄金分割来划分，小的部分是34。如果34又以同样的比例划分，小的部分是13。取13的两倍，即是人体正面矩形的宽，它包括了两等分〔该身体为双边对称〕。倘若用同样的方式来划分该矩形的边——从所有的角起始——便得出34与55。如果用直线连接这些长度，这些直线便互相交叉，在身体的这些交叉点上，便能找到这些构成成份的划分，其凹入与凸出的部分"。）像这样达到的规则结构对艺术家会有用的，对自然科学家也有启发，然而却没有解决审美问题,因为无人能表明形式中异常不同与复杂的比率和我们的愉悦之间有什么关系,无人能从比率的角度去真正解释这一愉悦的原因。

最后,我们须谈及审美对象的一个特点:重复。重复能在两个空间限度内决定其结构(日本人不喜欢重复。"茶室就表示了对于重复的一贯担心。各色的装饰品都经过选择,没有一种颜色和形状是重复出现的。有了真的花,画的花则不让露面……若有人在壁龛的香炉里放上一只花瓶,他必须注意别将它放在正当中,以免将空间分成对等的两半部分。"①)。关于重复在各种各样艺术品中的作用,以后我们还要探索。这个问题在目前则关系到空间形式所要遇到的基本条件。我们已经遇到了对称中重复的原则。但在其效果中,它超越了凹凸形单位的倍增,因为它仅以相同因素的规则渐进的重复来激起愉悦。图3有助于从横的位置去考虑,使该法则在简单的例证里显得清楚明了。取决于角度性的伸张或收缩,其成份大小的增加或减少这一不断过程便导致了任何语言意义上都不能承认的重复。一旦对象的基本形式以这种更自由的方式重现出来,那么一种审美价值的结构便产生了。

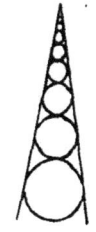

图3

我提醒大家注意一下脊骨和肋骨(见图4和图5),翅膀和冷杉球果,注意一下树叶和无数造型艺术中的实例。总的看来,此处又获得了进一步的东

---

① 冈仑确三:《论茶》,莱比锡,英塞出版社,第51页。

 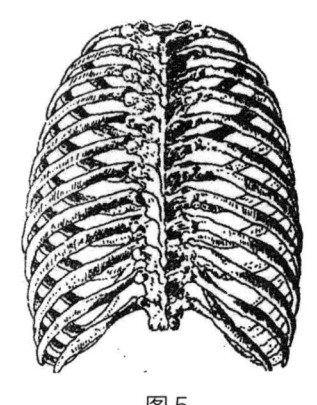

图4　　　　　图5

西,即引起愉快的分界线。即使内容变了,每一个按照我们的原则所形成的图案的轮廓却决不会引起不快,倒常常是愉悦的。重现的部分也会提高分界线的价值。

因为分界线给连接很好的形式以牢固的支持,所以便确保了审美价值。一个轮廓,通过其包容的东西,通过从点到点并取决于内容连接的那种规则而赢得了一致。内在的机构产生出外在的形式,因而取决于内部的那种包容线便证明是一般情况下形式依赖于功能的特殊情况。向其他领域的小小的偏离则会使意向明白易懂。当动物的四肢由于生活在不同的领域里:水里、陆上和空中,而进化为三种形式:鳍、足或翅膀时,这些形式便是功能所产生出来的。既然人体中许多部分与某些机械装置承担着完全相同的工作,那么就必须在功能所要求的那种形式上与之一致。股骨,这个人体中最长最强健的中空骨头,为满足其功能的主要需求，即站立与行走时的压力与重力，就具有像起重机的支撑臂那样一种结构。其柔软物中的小骨脊与载有货物的起重机的拉力线具有完全相同的方向。同样的法则也适用于工程建筑方面，例如，罗马圣彼得大教堂的圆顶（按照十八世纪法国数学家的计算）和物理与测量仪器（首先由乔治·凡·莱辛巴哈〔Georg von Reichenbach〕有意识地按此方式制作而成）中就是这样。即是说，骨头的结构以最少的材料而给予最合适的形状，而且，因为即使是最后一根小骨脊，整个儿骨脊的分界线（即骨头的外部形状），也是为此功能服务的，所以此骨骼就有一个功能形状（这一说法或多或少地遵循了朱力艾斯·乌尔夫〔Julius Wolff〕的基本作品《人体各器官的形态和功能之间的交替关系》）。同样，一切审美方面合适的包容线依赖其所包容的内容，而且也依赖其结构，不论该结构是受机械制约的还是受其他形式的法则所制约的。

  对于线状分界来说，封闭空间的重要性可从如下一个小的试验中得到证明。把相同人形的两个轮廓画在纸上，然后小心地剪出其中一个来。我们从这个洞的形状看不出什么东西。它的轮廓与另一个是相同的，然而我们凭着面前的洞却认不出人的形状。你用黑纸去填满这个洞，使之成为黑色的剪影并为视觉提供一个对象。只有此时，审美知觉才会重现出来。鲜明的颜色不行，因为那样做内容便会以情感影响我们。但在黑色剪影的情况下，我们的注意必然集中于纯粹的形式。所以我们就选用了最单调抽象的黑色，即可同时排除所有的情感流露。这样，一团黑的轮廓便呈现出一种统一的全貌。其结局似乎是，空间内容须作为某种性质的东西呈现在我们面前，以使分界线更有效用（然而远东的趣味是重视空白的空间，例如，大水罐里又有用又美观的空白和屋顶与墙壁所包容的房间）。同样，半个八边形的线段之间虽然有正确的关系，但都给人以不愉快的不完整的印象。当我们用非真实的高度风格化的中心线去替代那些轮廓（眼睛、鼻子和嘴的轮廓）时，主要视觉便相应地发展，而且还能获得最生动的印象。以下汉堡特·得·修伯维尔（Humbert de Superville）的三张素描，分别表现出平静、痛苦与欢乐（见图6—8）。

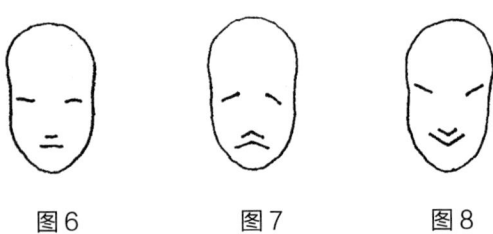

图6　　　　图7　　　　图8

现在来引出我们的结论。因为分界线客观上由其内容、功能和包容的结构所决定，同时我们观察每一种形式都与一个中心相联系，所以其轮廓的审美价值便不能全部从其轮廓本身推导出来。通常试图达此目的的理论似乎不仅仅不完全，而且当用其自己的话去加以检验的时候也是脆弱的。它从测量未由直线连结的两点之间的距离起始，像如下这样证明：任何时候目光要横越两点之间的空隙，它并不选最近的路，亦即直线距离，而画上一个微微的曲线，因此在艺术与自然中这样的曲线无论在何处出现都是愉悦的，因为它们与目光的自然与自由的运动相一致。同样，我们看一条长的线，特别是横线时，感到它并不是笔直的。比方说一条横线在眼睛的上方，其两端就显得微微下弯；倘若将它放在眼睛的下方，其两端便似乎上升了一点儿。当房屋正面的直线用灯饰鲜明地表现出来的时候，这种情形就观察得最清楚。在这种情况下，尽管我们知道这些长线是直的、平行的，但也不足以与如此强烈的弯曲的视觉印象相抗衡。

我们姑且认为所有这些判断都是正确的。假设它们确定或者至少是影响了审美价值，那么直线就必须避免用于大的对象，而只能用于小的对象中。但事实上人们都喜爱在建筑上运用长的直线，而陶瓷艺术中却用曲线。所以说，那些视觉幻觉不会对愉悦产生影响。目光的自然运动并不说明轮廓的外形美。长方形关系——被认为是极严重地阻挡了目光的自然游移——则能够大规模地又能小规模地释放审美愉悦。简言之，这一理论不仅应由先前的考虑去补充，而且大体上要遭到丢弃。

3．节奏与节拍

节奏与节拍是审美事件的两个客观特点。它们是作为客观特点，而且在本节中仅作为客观特点来处理。节奏，这个内容更多的概念也许要得到率先考虑（史马索〔Schmarsow〕在《美学与一般艺术科学》第16期第109—118页中给节奏理论作了简单但非常深刻的解释）。

我们将首先讨论这样的问题：（仿佛使人觉得是在兜圈子）在何种情况下我们才确信不会产生节奏感呢？

一个拖长的完全不变的音不会产生任何节奏意识。这有两个可能的原因：或者是因我们没有听见时间的划分，或者是因我们缺乏重音差别，因为这两个特点都是节奏形式带到我们意识中去的。确实，一个恒定不变的音并不比我们面前看见的纸更能使我们产生时间观念。这个音必须碎成片断，直线分解成点，这样才产生出空白与停顿。时间的认识发展了，节奏也发展了。虽然这声音的特殊片断没有表现出任何重音区别，但是听者却向它们提供了重音。试验一般都表明，音所产生的相同强度的印象如果重复的话，只要其停顿有某种固定不变的长度，听起来就与原先不同，而成为有规则的强一些、弱一些的系列。如果这些停顿过长，声音则不能形成整体，如果太短，主观重音的规则系列便不可能产生。所以对于节奏来说，对象中的时间关系似乎是不可或缺的条件。

我们能用两种方法去改变一个连续的音的力度。其中一个方法得不出什么结果。把加强与减弱交错开来，每一段都是一个长的时间间隔，这样便不会导致节奏组织。这种波动相当程度地改变了这个音，当然这是在客观上，也是在审美意义上改变了这个音，然而却决不会给它以节奏形式。所以我们还是采用另一种方法，让力度的差别以突然的非连续性一个接着一个，如同小提琴师们在精确的断奏练习中所惯常做到的那样。节奏就通过同一个音的重音里这些强烈对比的差异的对立而产生出来。换言之，虽然这个音在不断地延续，但我们却相信自己听到了间歇——听到次数的多少与何处听到都是与本题无关的。我们进行主观的切割并获得了节奏接合，这就够了。所以动态关系似乎为节奏构成了必要的基础。

按照第一组试验，节奏的定义就是一系列的时间片断，这些片断，由于心理的原因而成为一种重音的格局。而按照另一些观察，节奏则是重音里一系列的对比，它从自身中产生出相互补充方面时间运动的意识。在我们与音乐的关系当中，有时这种对立的所获要多于理论意义。风琴师不能将音的强度分成等级（按照指触），但他只要通过改变音质与音色便能仿制这种等级的划分。然而即使在这里我们也向时间秩序里加入了重音。另一方面，帕莱斯特里那（Palestrina）的和谐的多音合唱曲是——至少在我听来——那样没有时间限制，那样不受节拍的控制，以致这些特点只由重音，尤其是新声部的插入而显示出来。然而大体上看，时间节奏与重音节奏是紧密联系的。哪一个应被看作是其原型，这不能由系统的思考去绝对地肯定下来。倘若理论家们一般都倾向于时间因素的话，那么他们是无意识这样做的。因为这种相对的延续——至少在乐谱中——是能够精确地确定下来的，而力的关系不论在音乐还是诗歌中均不能以同样的精确去确立。所以将时间安排与重音安排当成是同等重要的因素似乎更合适一些。

这一领域中，带有各种程度重音的时间的固定间隔与我们称之为包容线的空间里审美对象的那一因素是相类似的。节奏的包容线由简单的响声组成，只有当其注满了音或单字——音乐或语言因素时，它才获得一个整体，并且从更高的意义上说，获得一个接合的形式。我们将双重材料均能适合的这一框架就称为节拍。

节拍是向两个方向变化着的。假设它通过拍子的形式传给我们，那么很清楚，强拍弱拍的变换便产生出差异。当然，相同力的拍子的重复可被看作是这个词更广义范围内的广泛的多样性。因为我们知道，仅仅重复便能在审美方面给人以深刻印象，所以此处便应明确地排除重复。任何时候力的强度以相同的等级从最弱到最强，或者反转过来从最强到最弱，它都有另一个可能的方向。但即使对于可辨别的间歇的特定节奏这种有规则的升与降（由 abcdef 来表示）也不能满足节拍动态变化性的需求。当然，我们只关心如下的规则：强拍弱拍的变换以及这种变换的重复（ababab……或 abbabbabb……或 aabaabaab……直到我们尚不了解的那一结合的极限）。这种动态规则最简单的形式无疑是 ♩♪ 和 ♪♩，或者用另一种写法就是 ↓ ⌣ 和 ⌣ ↓。倘若我们相信自己对于孩子们的观察，那么人类便易于最先而且以最大的自信去感受第一种形式，亦即长短格音步（用到这些提法的时候，我们已将古代音步中长短音节之间的区别忽略不计）。但即使在音与语言被用以提供内容之先，那两个相对立的节拍线——长短格音步——也有了能够充分用来为艺术目的服务的一种有效特质。从重音到非重音的下降的节拍给人以僵硬的印象，而上升的节拍则有些使人兴奋之处。将非重音的拍子加倍（♩♪♪ 或者♪♪♩）便强化了这一特质。特别是短短长格（⌣⌣↓）有着显著的效果，几乎像攻击一样。在旧体德国诗行中，重音之前甚至有两个以上的非重音音节，仿佛一个人最后起跳之前在助跑，或者像闷雷之中响起一声霹雳。然而即使在音的一节三拍中，如果第三拍是个重音，也使我们感到好像一种不确定之开始或消释的完成一样。

节拍变化的另一个维度是时间。倘若我们假设一个节拍的因素由相同力量与特质的音调所表示的话，那么它们各种各样的延续便将它们区分开来。这样一个量的变化可以在没有任何重音的情况下发生。然而更自然的就是两者联合起来，致使重音和长度的差别同时出现。这样，2/4 ♩♩│♩♩│♩│♩ 就很容易变成为 3/4 ♩♩│♩♩│♩♩│。诚然，在这个例子当中时间改变了，而重音则保留下来。我们可以从这里推测出，只要节拍的重音不变，时间的改变（从 2/4 到 3/4）就不会带来什么差别。第三个可能的情况发生在持续与重音的对立中，也许就像在 ♩♩ 或者 ♩♩ 中一样。这三种情况里都不是节拍形式的绝对持续的问题。人们可以对所用的乐谱随意去想象出一个或快或慢的速度，只要其比率是固定的就行。但必须提出这样一个问题：有多少这样的比率在审美方面是愉悦的？我们在乐谱中有时值的答案。然而说到重音关系，无论音乐或是诗歌都没有以固定的符号清楚地向我们提供任何信息。按照一般的理论，重音力量的有效关系比时间关系要少得多——只要后者能与音乐中出现的全音符的一切划分相等同——因为前者只有在分成等级为非重音、弱重音、强与特强的重音值时才能存在。人们进一步设想，节拍理论在两个重音之间最多只允许出现两个非重音拍子，而绝不会再多。所以这种格局中所能获得的最高极限就是♩♩♩ ♩♩♩ ♩♩♩ ♩♩♩。但这两个判断似乎都与音乐的实际不相符合。在如下这一句简单连续曲中，不只是用了一般的力的四度音，每一小节的第二个四分音符显然比第一个要弱，而整个乐句给人以整体感。同样，若要声称只有两个弱的因素才能处于两个强的因素之间，那就与音乐和诗歌作品的实际经验相违背了。从旧体德国诗行的起首非重读音节中，人们发现了——正如上文所说——有许多非重读音节鱼贯出现。而且在如下这个音型里，人们演奏或者听到了作为相同非重音或弱重音值的十六分音符。

这个节奏包容线，亦即节拍（时间的若干固定与变化的重音间隔）在我们的乐谱中用小节来表现。这种表现（它在早期的一段乐曲中稍稍合格）不是完全可靠的。因为在现今的实践中整个小节总是以最强的重音开始的，所以看起来仿佛只有下降的节拍，有时在这个节拍的前面加上一个弱拍。但实际上，无论谁若从这个音响过程而不是从乐谱的传统形式开始，都必会毫不犹豫地断言在音乐中也会找到上升的节拍。确实，从弱拍上升到强拍的节拍群

（♪或者以小节的形式 2/8 ♪ ♪ ｜ ♪ ♪）要有效得多。这一点是毋庸置疑的。因为这一运动很快便达到其高潮并停在那里。这一形式比另一形式有更多的统一。倘若以小节形式表达的乐谱只承认下降的节拍，那么其原因便是，随着每一个极短暂的速度间隔（比如，八分音符变为四分音符，或者二分音符，缓慢的部分插进去），其变化必定在强重音上发生。虽然小节在音乐教学和集体演出中是很重要的，但它们毕竟不过是书写乐谱时的一种辅助手段。然而我们并不把小节只看成是纸上的东西。我们在四三拍里听到第一和第三个四分音符。只要一个不熟悉的乐曲未能立即显露其速度组合，不论它是因为速度的标法不同，或是乐曲开始时节奏的混乱掩盖了速度，它很快就成为自然而然的，而我们也就不再去注意它了。我们习惯于用机械踏脚和默数的方法，连音乐家都不对这种方法报以嘲笑。乐队指挥们常常用一只手表示节奏的起伏，而用另一只手或者用脚来同时击拍。

作诗并不用小节线，不用重音符号去将节拍限制为下降式。那么它是否总有哪怕是一点点某种形式的节拍呢？对于德国诗，人们一直想引进一种差别。像那些——人们这样说——与音乐结合在一起的诗，尤其是唱与念的那些摇篮歌，具有其姊妹艺术那样的精确的节拍。它们被划分为音步。但是文学上的诗歌则与这些普通的小作品不一样，它没有那种数量上可确定的延续与几乎可计算的份量的因素。其韵文不是用来标出音步，而是用以朗读的。它包含了口头韵文而不是演唱韵文。当然，有量的差别。但这些差别太难捉住，所以只能用如下两个符号去表示：♩为增加了一点的四分音符，♩为减少了一点的四分音符。与此相对立的理论则将标音步与朗读的区别看作是一种实行的问题，它与客观节拍形式并无关系。从学校儿童们的简单说唱到现代演员完全自由的朗诵，它有着无数种可能性。但这些可能性到处都存留着与儿童的顺口溜以及"漂泊者夜歌"的对比。这些实行的不同方式在诗歌形式的实际结构中不改变任何东西，它们实则是这个结构的主观解释。我可以去表现一首诗，使它的每一个长度和重音都鲜明地表现出来，或者使其所有的这类价值都消失干净。但是确实，这首诗因而就不会同时属于演唱韵文又属于口头韵文了！

与散文相对照的每一篇诗歌作品都有其节拍，这样的观点确实有无可辩驳的理由。否则无韵诗如何与散文相区别呢？而且，所有的诗歌不都是从一群原始人具有严格节拍的合唱歌曲那儿来的吗？即使在现有的最古老的德国诗歌的那个时代之前，对于滋育诗歌的那一根源的记忆难道都丧失了吗？就算我们将自己限制在自己的经验里，但我们还是碰到这样一个令人信服的事实：正是那些最好的演说家，以其所有随语意而来的发音的灵活而让韵文的节拍节奏获得成功。而且即使从一个相当即兴的演说里，我们都能听到客观存在着的节拍涌现出来。正如受过训练的耳朵能够捉住一篇音乐作品的速度一样，尽管演奏者忽而增加忽而又减低这一速度，尽管他忽而奏出重音忽而又压抑这些重音。正是固定的节奏包容线与实行的独立起伏运动之间的这一对抗给音乐与诗歌韵文带来了生气勃勃的魅力。每一个速度的变化都改变了时值,然而却丝毫不会触动其节拍组合。它使四二拍与四四拍一样快而不致使两者混同起来。它让一行诗比另一行诗读起来快一倍,而不致将抑抑扬格变为抑扬格,或者将其变为下降节拍。

倘若仔细去领会鲁兹和希瓦斯(Sievers)的研究,我们便会前进一步。因为他们反对那种认为人们可以照自己所喜爱的方式念诗文,可以把瓦格纳的旋律唱得和贝和尼(Bellini)的一样,或者可用各种乐意的方法直觉去理解一幅画这样的观点。他们断言(而且正确地断言了)作品需要一定的处理。那么,如下的说法也富有意义,即一件艺术品只有在欣赏时才是完整的。因为此种欣赏就是体现在作品中的艺术目的的那种实际完成。我们不用去研究其信条的细则便能给予认可,就是说,虽然将演唱诗文与口头诗文机械分开的作法确实荒唐——似乎可以这么说——但一件艺术品就表现了要以某种方式呈现出来的愿望。未能从其生活的事实中——换言之,就是从作品本身的内在生活中——构筑起来的作者的那个个性向我们提出了要求,倘若我们有足够的敏感并且不为偏见所束缚的话,我们便会本能地去满足这一要求。

最后,我们可检验一下这样的问题:当音乐的音或语言以节拍的形式出现的时候,会发生什么样的情况呢?在这两种条件下,强度与音质互不相同的多种声音便进入时间与动态关系之中。作为一种规律,音质——它为审美对象增添了那么多感官上的美——对于节奏并没有什么影响;

除非一个音质的改变能起到从冷漠状态转化出来的作用，其作用明显的程度足以产生节奏的接合。音高标准对于节奏结构来说，不论其规模是小还是大都很重要，虽然只有音乐中才有。语言上不断提到主重音与次重音的习惯不应使我们误认为在现今诗体中，音高的转移在节奏印象中有其规则的一面，其意义存在于情绪的表达上。但我们还没有谈到音乐和语言材料之间的主要差别：音很容易与任何一种节拍的运用相配合，而单字在其自身中便包含了节奏格局。单音节的单字由其元音长度相配合，多音节的单字则由其重音相配合。因此，诗人便面临着如何将单字节奏与韵文节奏结合得最令人愉快的问题。重复完全相等的单字音步就显得单调，而且无效地将诗人限制在单字的选择上。但文学史与诗的理论史则旨在表现人们如何用详细的手段去避开这些危险，不侵犯语言，并将充分的影响让给节拍。最后，好几个单字概念上的亲缘关系产生出一个困难，这个关系不允许任何割裂而要求在一口气的单位中都包括进去，它要求与毗邻的事实合成物、与句子的合成物有明显的分离。这个问题已由诗行中的停顿所解决了。何处节奏格局有了停顿的固定位置，那么诗人就必须在何处使句子和句子中的部分去适合这些位置。很幸运，在绝大多数诗行中位置的选择是未定的。所有这些合成物——微不足道的与伟大的，外在的与内在的——混合为一个综合的统一体，如此便产生出诗的最佳效果。

我们将这些单字和句子的时间与重音关系叫作语言节奏（狭义地说）。所以这个节奏须与节拍组合相区别。换言之,这个节拍的框架由已经经过节奏安排的材料所补充。或者,在运用于空间形式的语言中——但它是反向安排——均衡的内容进入限定的区域之内了。

那么,音乐不得不使之适合于节拍的那个音的顺序已得到节奏安排,这也许同样是事实吧?是否至少有一种不受制于节拍的节奏呢?回答是肯定的。每一个在切音和相同形式里运动着的旋律以极大的肯定作出了回答,因为它显出其固有的节奏,这种节奏与节拍根本没有关系。一个音乐观念的实质就是节奏主题。这个由各种音的进程很自然地立即赋予一种"完形"①特点的主题有其开始阶段、中间阶段和结束,而毫不顾及节拍的整体。这在我们的乐谱中表示得很不恰当,因为作曲家认为主题的内在逻辑必定会给演奏者与听者以极深的印象。最小的节奏主题都与一个单字的节奏相一致。比如说,也许♩♩与 Metaphysik(形而上学)这个字相一致。长一些的乐段则与语句有类似的一致性。在李斯特(Liszt)的交响诗《德军佬之役》(*Hunnenschlacht*)中,他极明显地以节奏方式写成了下面这一段。它描绘了德军骑在马上向攻击目标行进,然后像闪电般冲进敌人人群中:

---

① Gestalt,来自"完形心理学"(Gestalt psychology)。是指不能用组合部分的数量来描述的作为一个整体的感性组合或结构内含特质。——译者注

这种节奏是自然而然的，不受节拍与速度限制的，正如抒情情感的延续决不会从属于节拍线一样。

到目前为止我们所单独讨论的因素都掺入了曲与歌。音乐与说话的节拍、主题与语句的节奏进入了最复杂的组合中。这样的复杂在回旋曲以及从回旋曲而来的摇篮曲中，在原始人的歌唱中，在民歌中都是最少见的。我们在此处遇到了规则节拍的歌曲音乐。而且我们很容易发现，一旦节拍线与诗歌的整体内容相符合，它们便在一个节奏主题中——然而这个主题已离开了速度与节拍——得到其自然表达。比如《昼夜不息》（*Keine Ruh'bei Tag und Nacht*）和《在这些仙堂内》（*In diesen heil'gen Hallen*）这两首歌曲就是这种情况。倘若用节拍线去断句的话，其歌词就会是以下这样：

Keine ／ Ruh'bei Tag und ／ 昼夜不息，
Nacht，nichts was ／ mir Vergnügen 毫无乐趣，
Mach ／ ，schmale ／ Kost und wenig 缺吃少钱，
Geld，das er ／ trage，wem's gefallt. 谁会满意。
In diesen hell'genen Hallen Knt 在这些仙堂内，
Man die Rache nicht，und 人们不懂什么叫仇恨，
Ist der Mensch gefallen，führt 如果人感到喜欢，
Tugend ihn zur Pflicht. 德行就把他引向责任。

还有一个例子：

（我们为你编织新娘的花冠）

节奏主题并不与节拍相一致。诗体学表现了两种抑扬格双音步节奏。海茵内其·瑞茨（Heinrich Rietsch）评论说："单字音步和节拍音步以如下的形式出现：我们为你编织新娘的花冠（Wir win-den dir-den Jung-fern-kranz）。所以在任何情况下双音步节奏与节奏主题同时发生，而且大体上说单字音步亦是如此。"（见《德国诗坛》）而且，恰是编织（winden）和新娘（Jungfern）二字中的音节已分别安排两个音符这样一个事实就表现了安排的可能性是很丰富的。这样，在《拉得维格之歌》以及演唱抒情短诗里的所谓诗节不平衡的现象就好解释了：较短诗节中，也许让头一行唱上两遍，如此便能在演唱中使诗节平衡。

更普遍的节奏形式从其互不相同的所有因素的相互关系和稳定的回忆中获得效果。节拍也是一样，它正如节奏那样，倘若还不熟悉的话，就只有通过全盘的重复才能使人明白过来。它们不是通过综合而产生出来，但却被分析了。它们不是由微小部分编组而成的，但却展现成特殊的因素。倘若我们将曾经很盛行的信条推向其极限，那么诗人的活动便会像泥瓦匠一样将石头一块垒着一块。诗人则会从那些立即成为单位（音节）而被感受出来的因素（音群）开始。他就会从音节中组成节拍音步（和字词）。然后统一便开始出现。音步成为诗行，诗行变成诗节，诗节就形成一首诗。但总的说来,这种形成既不与艺术家的创作过程相一致,又不与欣赏该作品的人的情感相一致。个性和作为整体的不可分性没有受到公正对待。为了系统研究的目的,我们说审美对象就是形式。当然,我们必须去解剖它。但我们不能无视这样一个事实,即我们在分析时便从具体走向抽象,从实际的走向猜测的,越走越远。认识论早就看出,一件事物的特质并不是组成这一事物的现实,除非我们必须从这件事物入手。基本逻辑不再从概念而是从判断开始了。同样,一个发展完美的节奏理论可从乐段(诗节或音乐短句)开始,然后进而到更加从属的一行(诗行或乐句),最后至音步而结束。这样,我们就比以往处于更加有利的地位去考虑这样一个事实,即一种节拍结构只有在完整的时候,我们才了解它。在一行抑扬格诗行的开始,我们还说不出它将是三音步或是四音步,六音步或是八音步。过早地截短长的一行——除非是头一行——不会导致什么残缺,而只产生出短一些的形式。倘若剩下的部分不显露出来,那么这一行就以另一个方式而得到统一。所以韵脚是在末尾的,因为它极有效地强调了这一位置的结论性力量。

然而追求这些问题的细节似乎不必要,因为此处只有审美对象的总的节奏构成与我们有关。但我们还须顺便稍加注意一个问题,节奏甚至会渗入空间艺术中去,并帮助建立一切空间艺术的审美共性。我们用象征性团体的运动来谈到一个表面的节奏划分、节奏线和节奏,这是很恰当的。确实,我们能用手的运动以及让这些运动紧绷成一个平面图，来大体上遵循（仿佛引导一样）弱音与强音的时间过程和节奏颤动而生动地表现出一个节拍节奏构成的格局（参照《美学与一般艺术科学》第16期第499页，内有适当的例证）。

4．规模与程度

审美现实和一切现实一样，是一个有确定质与量的稳定的结合。在艺术中，所有呈现的特性都带有外延和内含的量，而这些量又转而与特性联系在一起。然而科学的抽象可将分不开的方面区别开来。所以形式主义早就研究艺术品内部大小与程度的关系了。从这一观点看来，美就存在于形式的各部分或各因素的关系之中。倘若一切的美都包含在形式中，而且形式就是以某种方式集合成统一体的一个种类，那么它只是一个使因素与因素处于量的关系中的问题。但部分与整体的绝对大小都没有审美重要性。简言之，从这一观点出发，10∶20就与1∶2是一样的。因为心理学也说明了，在心理生活中，比率起着决定的作用，而绝对的大小则起着次要作用，所以我们便预先倾向于美学中相应的观点了。

外观美的理论也迫使我们得出相同结论。假定我们在艺术中只涉及外观，那么现实的大小被保留或改变到什么程度？一个人被描绘成真人的大小呢，还是随我们的意愿缩小之？一个戏剧性事件发生的时间如现实中那么长呢，还是要加以缩短？这些问题显然就无关紧要了。在艺术活跃于其间的高贵的心理状态中，最后似乎根本就不再是一个量的精确的问题，而只是特质和价值的问题了。

实际的情况并非如此。即使对于那些我们认为美的自然的对象，我们都是基于其绝对大小与能力去判别的。当然，在生活中，与其物种相一致的便是规范的。凡是从这一观点向上或向下偏离得太明显的一般便是不愉悦的。倘若一位不太敏感的观察者在巨人与矮子身上感到某种欢欣，那么他也许是在反常事物中比在大的与小的事物中有更多的愉悦。

我觉得更重要更困难的似乎是这样一个问题：艺术家所选择的大小与强度在现实的艺术改造中有什么关联呢？我们个人的平均经验——作为自然美的标准——在此处失灵了，因为一个人的画可以是 x 厘米或者 x 米那么大。然而一张画的绝对大小的意义在如下的事实中表现出来：其大小的增加或减少——形式无任何改变——能引起不同的审美印象。把一张卡通片和比它小得多的照片进行比较，其间便有着惊人的差异。它的实际大小给原图片以某种细微的价值差别，而小的复制品——即使复制得十分完美——则不具备之。有许多绘画，我们可以随意地扩大或缩小它们而不致改变其审美效果。但是给人以深刻印象的大小的图画若缩小了，袖珍画若扩大了，便不可能不失去其迷人的基本因素。在有名的教堂里，人们常陈列出模型以便仔细地察看其细节。观察者立刻就会体验到——比如说——科隆大教堂本身对于他产生的效果与该教堂的模型就不相同。

在考虑这些熟悉的经验的意义时，我们也注意到一种艺术品与其周围事物的空间关系不仅仅从这一关系本身获得审美价值，而且也从该艺术品的绝对大小上获得。一座处于高大建筑之间的教堂——这是真实的——就显得没有处于矮房子之间的教堂那样庄严。但即使具备最有利的条件，它也不会变到某一最小限度之下而仍然使人印象深刻。另一方面，它也不能——并且这不与周围环境的影响相对立——超出一个最高限度而仍像一个艺术单位一样是可以被统觉的。当一幅很大的画从一个小客厅移放到美术馆里去时，周围环境的改变就产生了有利的效果。然而客观的空间广度——当然没有改变——就是数量在审美效果中所起作用的基础。

这种情形同样也有缺陷，它要求我们立即加以考虑，即是说，我们常常对于艺术品的绝对大小一无所知。当然，我并非说我们不知道其固定的数量价值，而是指我们大体上不是有意识地抓住整体及其部分的大小。即使在这些情形中，量的大小也有影响力，因为它能在追忆中大略地重新制作出来，虽然不是在感性上加以考虑的。倘若，即使空间大小与一般的劣等价值相违背，它也产生出显见的效果。所以对于绘画来说，太小了通常就是通向深度的障碍，尤其是当许多这样的画挂在一处的时候。甚至在我们观察这些画之先便从它的大小得出了印象，认为它不值得一看。我们看见面前有的这种画，却立刻又失却了信心。这种先入之见就妨碍了我们的欣赏。不论是作为确证，还是作为一种愉悦的矛盾，我们凭着这些便向作品比向它的题目与制作理由赋予了更多的价值。我们对于一张巨幅画的直觉就产生出一种不同的意向，这种巨大就倾向于使我们感受在先，而内容却在其后。这样的大小就像警戒信号一样：这幅画必须以有意义的题目、规模很大的技巧，必须避免秀丽，必须以有力的线条和很浓的色彩来与它的大小相匹配。（参照托马斯·库裘〔Thomas Couture〕的《绘画作品之保存》："一个巨大的框架需要那种在巨大崇高的形式与英雄色彩中所表现出来的伟大情感。"）

艺术鉴赏家们已经指出，在选择绝对的量时所出的错就表现出各种艺术内的不同方向。当画家没有选到正确的量时，他一般倾向于选择过小的，而不会选择过大的。这也许是由于画家相信观者的想象会超出给定的大小而扩大图画的构成成份，但在相反的情况里他就害怕观者会漏掉正确的间隔而不能抓住作品的统一。这样的考虑至少在公众典型的态度里有恰当的依据。另一方面，诗人和音乐家则倾向于过分的延长而出错。他们的作品很少缺乏必要的长度，常常过分地超出其长度而使人产生厌倦。

这一观察把我们引向第二种外延的量——时间。我们也须在此处稍稍考虑一下有关联的审美事实，虽然只是在几种基本的特征方面进行考虑。现在，我所谈的仍然不是时间量的"比率"，而只谈可以测出的时间间隔。首先，我们应当回顾客观时间对于人类关系的重要性。在冯泰尼（Fontane）的《爱菲布里斯特》中，英斯泰顿男爵在六年多以后发现他妻子的不贞，他向自己承认，他既没有怨恨也没有复仇的欲望，"倘若扪心自问我为什么如此，那我除了已逝去的年代以外,几乎什么原因也找不到。我们总是谈到难以抵偿的罪孽,这在上帝的面前当然是虚假的,而即使在人类的面前亦是如此。我决不会想到时间,仅作为时间,便会有如许的威力"(第九版,1900年,第411页)。他在决斗以后说,罪孽如果确实存在,它就不会与时间地点相联结,它不会在今天和明天之间消逝。罪孽需要抵偿——这才会有意义。而原谅便是折衷、软弱,至少它是平庸的(同前,第425页)。我要说,当初道德性质只由时间间隔所改变这一点便使我们感到厌恶。这里就存在着"平庸",存在着粗鄙的东西。它不应与一种行为的价值——不论该行为发生在十分钟以前或是十年以前——全然无关,但是重复(基本上只是数量的增加)难道就不会产生出相同的效果吗?当然,纯粹的审美结果通常都在相当狭小的限度以内。重复就处于我们到目前所讨论的情况与另一种广泛的量——时间——这两者之间的中途。空间因素可包含这一因素。简单的重复在一切装饰图案和最可作为装饰的结构中,在房屋的外观和带有圆柱的建筑中都能见到。此处的目的就是扩大。像这样相同因素的大量出现,正如写作与印刷中所运用的划线强调空格,或者引号末尾惊叹号加括号那些愚笨的设计一样,对于高级情趣来说是令人难以忍受的。但由于它们经常——即是说,经常的重复——表现出一种新的审美特质,所以这样的实践就成为可以接受的了。众多的圆柱与单个圆柱相区别,不会仅仅由于 x 来自 1 这个数。它在大量的一致中具有一种强大的势头,而单个立着的圆柱则不具备。倘若艺术家旨在清楚地去表现结构的一般特质,那就再也没有比这更简单的方法了。

在时间的重复运用方面,同样有启发性的意图就更其清楚了。这种实践在修辞学中我们都十分熟悉。一个演说者绝大部分工作必须是选择不同的形式以使他的听众得到好几种理解的途径。然而当它用非常愉快的措辞写一段文章时,简单的重复就不能省去了。时间的单线度性质不能给我们以更好的强调方式。在时间与空间艺术中途的——可以说——就是带有连续不断的相同动作的芭蕾舞。因为许多人都在这样做,所以它就丧失了过程中的个别魅力。但它的主要特征却对眼睛和记忆产生了更为深刻的印象。诗歌以环形诗(诗中最后又重复开头的话),以叠句和诸如此类的形式而发展了一种重复的技巧。较老的音乐在正常的演奏和变奏中很大程度上就依赖于这种重复的愉悦。

而且人们早就一致认为量的确定能用以区别艺术形式。在最小的音乐作品内部,主题思想与主旋律主要是由长度来区分的。并且在主旋律的种类中,赋格曲主旋律是二到四个小节那么长,奏鸣曲主旋律按规定应有一个八小节乐段。小奏鸣曲作为一个整体比奏鸣曲要短,所以其构成成份也短一些。在诗歌中,抒情诗一般都限制在短的形式里,而且传统上允许传奇故事比叙事诗有更多的细节描写。短篇小说在其他形式中以其更加严格的篇幅限制与长篇小说在好几个方面相区别。简洁赋予了警句、格言和小品文以一种进一步扩张和完成之后即会消失的独立性。

再谈谈内含的量。每一个音乐家都从经验中知道,不论在乐器里还是在乐器的运用上，最大的力对于某些效果来说是很必要的。想一想用古钢琴演奏的李斯特的《E大调舞曲》吧！即使在演奏中极小心地去渐变，也不会像该舞曲所要求的那样产生出响亮的音。古钢琴所能发出的最大音量都不够用。我们不仅仅是靠比较来判断，有些弹钢琴者的指触表现不出一种共鸣的轻奏，即使他们设计好一支曲子的弹奏，小心地让它渐渐下降到那可能的最小音量，但仍然会显得太响。杰出的歌唱家会因为缺乏某些强音而在歌曲的选择上受到限制。假使一个人能用口琴吹奏柏辽兹（Berlioz）的《安魂曲》，那么即使他能够保持整个儿乐曲的结构，其效果也仍是迥然不同的。在 *Grand Messe des Morts* 的第四乐章里，除了主乐队以外，又指定增加四个小型管乐队。为此，作曲家要求有十二个定音鼓，有许多种其他打击乐和一百零八把弦乐。对于合唱，他要求有七十个女高音、六十个男高音和七十个男低音。这一切的表现并非是徒然无益的。因为将其全体均衡地减少到原大小的十分之一便会——诚然——使比率不间断，但这样做会减少其绝对强度而使该作品面目全非。

我们在空间艺术领域中能观察到同样的现象。近来有人提出与这种外观理论相反的意见。在建筑和熟练手工业中，所用材料的实际性能是重要的。坚硬庞大的橡树适用于重的物件。宫殿应用厚实的材料而不能用纸板建造。此处同样是个审美数量的问题。因为重量与坚实当然都是内含的特性。相应的，这里所引用的事实不仅构成了对审美现象论的异议，而且同时也进一步证实了此处所提出的观点。并且,在这一点上优美这种现象是很贴切的。船帆已将优美化为最少消耗能量的法则,当达到消耗最少能量的目标之后,其运动就被看成是优美的。然而这一定义易遭怀疑。发报员就以这类运动发送电报,然而这些运动不必因此而成为优美的。他那轻快平稳的动作显然不符合优美的条件。另一方面,许多无疑是优美的运动,像职业舞蹈家和杂技演员所表现的那样,都是费劲的。自发性动作的印象为主,而非"实际的"便利和省力为主。这种努力必须是看不见听不着的。我们被水面上跳动的阳光迷住,是因为这个运动在无声地发生着,没有看得见的努力,而且它仿佛以完全的自由在进行着。其节奏是不规则的、莫测的。一块自由落下的石头——当其向地面下落时就是省力原则的范例——并不是优美的。树叶被风吹得飘飘荡荡而最后又落到地面的情形又是多么不同啊!(这些观点部分来自保尔·索里欧〔Poul Souriou〕的《运动审美》一书。)

当然,提出一种相对论世界观的人可以坚持认为我们的例证最终都归入相互的关系或者至少与感觉的局限有关。谁若大体上拒绝承认任何一个绝对的东西都能经验得到,那么谁便会把甚至我们称为绝对量的东西用纯粹的关系来分析。但这一基本观点不在讨论之列。我们只是在假定保持其通常特征的情况下才谈到一种绝对量及其审美重要性的。

从对于这些事实的了解直至其解释,我们首先就审查费希纳在《美学入门》一书中所论及的观点:内容的美学,主要是依照艺术品所表达的内容来评价艺术品的。我们当然应该承认一件艺术品所传达的主题的性质与该作品的形式有关这样一个观点。那么人们就能提出如下的要求，即该作品"外在的量"就必须与其"内在的量"相一致，像一般意义上说的那样，外在的东西能与内在的东西相一致。正如费希纳所表达的，我们没有绝对标准，但有非常自信的一般感觉，那就是，某些事件、事实与行为比另一些事件、事实和行为包含更多的量和质。在这个基础上，我们认为处理重要主题的艺术品与那些充满次要次等主题的作品包含着不同的空间与时间的量。

所以我们就断定一位画家要画耶稣复活，或者画一个埋葬仪式就适于选用大的范围，而风俗画就要选用小的范围。仿佛我们在真实意义和感觉形式之间感到一种必要的均衡一样。这就为宗教出了难题。圣婴如何才能描绘成救世主呢？一个小孩如何才能成为画里的精神中心呢？许多第一流的绘画都在此处失败了。比如雨果·凡·得·戈斯（Hugo van der Goes）的《牧羊人的仰慕》中这个问题就没有解决。另一方面，在《西斯廷圣母》中就解决得非常出色。这幅画的构图和力的分配，小孩的姿势和目光，他那蓬乱的头发使得他给人以预言家的感觉，他那宁静的姿态，一位王子——所有的因素都增加了效果。但决定的特征却是，这个小孩已扩大到大于真人的程度了。拉斐尔可以用一种非现实主义的扩大，因为这与观者欲看见他们的救世主——尽管是个小孩的形态——被恰当地表现出来这一天然的愿望未有丝毫的违背。

总的说来，宗教艺术应当是庄严的。无视情况的特殊，用小的尺寸去表现震动世界的大事件是根本不适合的。另一方面，给静物以相等的空间是极糟糕的审美情趣。一只柠檬和一个大啤酒桶一样大小，这就显得荒诞，并不是因为实际的柠檬小于啤酒桶，而是因为它的非重要性不允许这样放大。在制作一个巨大的雕刻品时，无生命的附属品须处理得特别小心，当存在着观者会将实际见到的尺寸在理解中夸大的危险时尤其要这样。

但费希纳限制了外在与内在的量的对应。确实，我们必须注意，一件艺术品外延的量比内含的量增加得慢——就渐进的改变而言，在两者对比的范围之内。即是说，倘若一个人把一件极重大的历史宗教事件与小饭馆的景象相比较，就存在着极大的差异。然而这两幅画的大小却没有太大不同。其中一幅可比另一幅高明得多，但它的空间优势决不会与其内在意义的优势相均衡。这种不一致的原因之一是，描述出来的主题的含义不仅是通过空间广度表达出来的。因为艺术家还有其他可供使用的方法来揭示内在的伟大，所以外在的量的改变没有必要与内容的改变并进。省力的原则又提供了第二个原因，在每一件艺术品的内部，不应使用多于必要的能量去达到既定的目标。最少但又足够的量就是最合适的，纵使这些量低于作品的意义的水准。

此处，移情理论进一步帮助了我们。倘若我乐意而高兴地做出一个动作，消耗最小的能量而又达到了该动作的目的，那么我同样也会将一个艺术上表现出来而又满足同样条件的动作当成是美的。这已然意味着艺术品的大小不会使我的模仿不可能。假定我将自己的情感移植到一个雕像中去，那么我就可能设想出巨大的人形，从而使我再也不能于想象中与它们融为一体。我想起当船到达纽约港时，人们所见到的"自由神像"。在这种情况下，一个人便能在一瞬间注意到移情的可能性开始了。起初，那雕像显得又小又模糊，靠近一些，有一刹那，他就体验了那高举的手臂和高傲挺立的姿态的情感——过几分钟之后，这种情感就消失了。然后随着船的前行，那雕像变得十分巨大，移情作用再也没有了。另一方面，有些木偶非常之小，小得使它们排除了移情和一切纯粹的艺术欣赏。有了太大或太小的量，内心模仿（人们如此称之）便发生不了。我们的组织模式在某种量的局限内限制了人性化的解释。虽然这些限制不能由原则去固定下来，但它们已为特定的民族和历史阶段以可以接受的精确建立起来了。它们也出现在音乐和诗歌中，当然，是以时间的量而存在的。当巴赫的变奏曲常使我们感到似乎太长时，我们便接受了瓦格纳的歌剧和迈赫勒（Mahler）的交响乐。我们的父辈和祖父读了许多卷格斯科（Gutzkow）和苏（Sue）的小说，现在我们有了文体简洁的抒情诗。许多因素的合流产生出一种历史性转换着的范围。在这个范围里，移情作用极可靠地活跃起来。因此，美学必须将更精确的限制和解释留给艺术史去解决。

  大略地说，外延和内含的量是有审美意义的。其主要理由是，审美享受需要在内心和外在的量之间有一种平衡。这些限制实际上（即使不是逻辑上）由移情作用限定在某个大小范围之内而固定下来的。

但我们须加上一句：纵使艺术技巧包含了与大小的关系，情况亦是如此。比如，制图员选择的线条的排列并不是偶然的。当我们外行人在八开页的一张纸上画一个脑袋时，我们先尝试各种下笔的力度，然后才定下两三种。这些力度当然是由纸张、画笔、手所形成的角度等来决定的。但它们主要还取决于纸张的大小和艺术家的难点。大的主题和小的表面就需要特别的技巧。而且其关系是那样密切，使得我们能从三个因素中的任何一个起始。假如计划（这么说吧）要在墙上画一幅壁画，那么表面就已经定下了。主题则可能使艺术家作出决定；或最后，一个技术上的难点就引向了主题和大小的选择。但这种相互关系不一定就局限在最简单的、到目前为止所假设的这一形式当中。同样也存在着一种奇怪的关系，在这种关系里，有意识的减少反而产生出扩大的效果来。若将布告用小号字印刷，或将字印在完全空白的一张纸的当中，就比印满一页纸的效果来得显著。一个人会对它有一种特殊重要的和有价值的感觉。将一张小画贴在大白纸上，或者用极宽大的界线使之与一个框架分开，就立刻产生出相同的效果。我们从这幅小画所得出的尺寸的印象慢慢弱化，而正是这一手段便使这幅画对于我们情感的意义强化了。其原因显然就是，我们本能地将整体的空间广度用来衡量中间部分这一仅有的艺术部分的价值了。在逻辑范畴中所谓有前提的（最好是连贯的）判断就提供了与此审美过程相呼应的过程。它将对于前提的潜在的断定压抑为纯粹的可能，这样就把自身联系到前提与后件而提高为最严格的一种需要。这个假设命题所断定的对于真实的抛弃因获得一个必要的含义而得到报偿。

审美对象的领域表现出一种需要,一个人能使这一需要具有从客观化意识涌现出来的特点。这些对象是心理构成物,其价值全部包含在现象中,但也指向一个总的主体(不是个别的人)的直接经验。我们必须清楚地看出此处所获得的那种需要——以避免两种错误的结论:(1)认为我们正在使移情(它是了解形式的最重要的手段)成为塑造该对象的情感;(2)认为我们正在将肌肉感觉(它们是认识某种审美对象的前提条件)当作是这些现象本身。倘若我们转而讨论审美经验,那么我们便转换到我们一直在从单方面考虑的这种情形的另一边了。

三

审美经验

1. 审美经验的时间过程和整体特征

当艺术——用以为生活、宗教和育人的目的服务——也意识到道德愿望和掌握真理的标准时（虽然以某种方式及某种混合而达此目的），审美世界为其自身定下了一个统一的规则。而且审美世界废除了一切纯粹的存在，而艺术至多不过是附属于它。这种本质的价值，具体然而又从存在释放出来，在认识中受到窒息，在行动中受到压抑，而只有在简单的审美接纳中才保持其完美。正如我们之前的讨论所表明的那样，这种接纳包括了沉溺于审美对象的特殊意义和内心经验的特殊意义这两个方面。倘若我们紧紧抓住艺术的特殊地位——艺术品不光是引出这一态度的手段，它们产生出来的也不仅是审美情绪而已——那么这就应当是毫无疑问的了。

我们这门科学一直倾向于研究审美经验最简单的条件。它也利用精确的观察和试验，其本质上都是互相关联的，而且这种关联都有充分的理由，因为满足与不满足伴随基本的审美过程与其伴随其他任何影响情感的事件比较起来，肯定性要大得多。据说——这种说法很恰当——在工作室和实验室里，顺序不会使我们产生高兴或颓丧，但我们能按照自己的意愿从匀称和节奏中依据所包含的法则制造出宁静、美好的愉悦，表现其能感觉得到的变化以作为疲劳、注意、练习和相同条件的效果。然而这种评价很高的试验性研究在最简单的审美过程以外确实是不适用的。它并不像物理学家那样为我们带来什么结果。一位物理学家可把用弱电流作出的研究结果运用到雷雨中去，他可以通过面盆里水的起伏研究出大洋的运动，但我们却根本不能从什么感应器或者"一杯水中的风暴"而得出雷雨和波涛汹涌的海洋的审美效果。彼处只有量的差别，而此处却是种类的差别。因此，我们距离实际的审美过程愈近，在运用实验结果时便要愈加小心。我们不应将纯粹的反省以及许多反省的对比当作是不重要的。

必须用两种方法去看待审美经验。一种方法已被用了好几百年，就是去寻求表明包含在其中的构成成份。另一种方法与如下的事实，即每一种很有意义的经验均通过时间间隔而展现出来这一事实相联系。当审美对象本身就是一个时间过程时，对于它的接纳一方面取决于客观发生的情况，另一方面就出现了一个广大的范围可供自由选择、回忆，以及对于相联活动的大体上的期待。确实，我们并非完全忠实地去追随其细节，而是在客观基础上为我们自己造成一个时间的主观进程。同样，在能够发现规则的这个连续当中，审美价值的更为复杂的空间结构也一部分一部分地被掌握了。因此，在这些不同情况中，我们面临着为我们自己划分有意识活动的时间连续的任务。我曾试图通过一些特别的研究得出一个近似的答案。这些研究的过程主要是为实验的主体在不同的时间阶段提供相同的对象，而当涉及时间的艺术品时，便用各种方法去促进时间反省，所用到的最短时间为十秒钟。而另一种作法在此处就无须提及了。

因此，在欣赏一件雕刻品或自然中印象深刻的对象时，一个人用偶或打断审视的方法，并在十秒、二十秒或三十秒钟之后确定意识里出现了什么，如此去探索时间的流逝是很合适的。他会发现即使在刚刚开始时就有了一个全部的印象，发觉该刺激物立即激起了一种明确染上色彩的愉悦或不愉悦。我们毫不犹豫地向提供的东西采纳了某种态度，不论实验主体的事先准备和对象的结构会改变多少内心经验的内容，这一经验总是显示出形式和确定。在它的审美方面，就像所有的其他方面一样，第一个印象有着特殊的价值。它意味着某种相当统一而不可重复的东西，某种只发生一次的无法弥补的东西，某种随后能被吸收或深化、改正或补充而决不能取代的东西。虽然审美愉悦可能好像是免除了时间的压制——因为这样的愉悦只是慢慢地消逝，而且常能由相同的对象使之更新——然而它确实也受着冷酷无情的时间的支配，焦躁不安地向前赶去。每一个愉悦的重复，在发展中每向后一个时刻都缺乏先前那种极度的新鲜。我们都从经验中知道第一次遇到一个人意味着什么。我们都熟悉一些地方，我们在第一眼看到这些地方时，就对自己说："当我需要安静的时候就上这儿来。"——完了！我们决不会再体验到那第一次相见时的魅力，决不会找到那希望之乡了。

在宁静的美的情形里表示愉悦之开端的特殊事件，就是一种即刻的情感反应。我们不假思虑地加以肯定或否定，正如遇见人一样，他立时就会使我们感到高兴或不高兴。倘若我们来审查一下——故意减少时间长度——在这一时刻里从材料中得到了些什么，以及在纯粹的主观状态里存在着什么，那么结果就会发现，这件东西的激发美感的特质和观者自身的器官感觉都是决定性因素。这也能解释本能的肯定以及第一个印象的力量问题。开始时，就是说，无偏见的观者看见并欣赏了空间的色彩的东西。暗点和亮点的有效性产生的印象——对于许多人来说，这是与移情作用相联系的——按规律要产生得晚一些。一这些形式和颜色是否早一点进入意识则要依赖于对象。但比较大量的自然对象和艺术品立刻就会激起和谐感，这些情感似乎与情绪相联。这种情绪以惊人的速度开始出现，但通常又不加思索地转移到对象中去。（移情态度刚刚开始时的情绪，"既不以对象的情感特征的形式表现出来，也不是作为对象产生在我身上的效果表现出来。它被当作是我的情绪，然而也被当作是属于这个对象的。风景仿佛不是真正活跃的——不像生人那样活跃——然而我以我的情绪与风景的情绪相一致，并加入风景的情绪中去"。——摩里兹·盖格〔Moritz Geiger〕在《美学与一般艺术科学》第6期第42页中说。）

观察从这里开始便转向了事实的问题。随之便产生一些疑问。内容是易于理解的还是难以理解的呢？它是否表达了一种有趣的思想呢？各别经验产生的联想倾向于随后又重新依附到对象中去。然而这个连续——它为了许多实验主体和全然不同的对象而被确定为正常的过程——大概只对有特别准备的，或者你可以说是特别受到影响的观者适用，只对彩色的对象适用。但主要的结果当然成立。一个人在看清面前的一切之前，在有可能产生认识之前，情绪与判断就在察觉的感官特质的基础上形成了。我甚至可以把这个事实称为审美反射。一种近乎生理的反应发生了，其高一级的强度很清楚地表现在器官感觉里：加速呼吸和中断呼吸，脊骨透凉或面部羞红与苍白。最高的效果就是，第一眼看到一个美的事物会产生痉挛和晕眩。当一个声音开始歌唱时，我们远没有听清其歌词与旋律便觉得已经深受感动了。有些音色会立即兴奋或和缓，使我们变得狂怒，或者又像微风一样轻抚我们。也许它们作为通向生动情感的激发美感的刺激物，只在几秒钟之内起如此的作用，但这一最初效果在此处正是与我们有关的。

它们种类的不同就妨碍了许多关于诗歌作品的审美效果的概括。汉斯尔（Heinzel）的《德国中世纪神话剧论述》一书就考虑了时间的推移，而且从如下的假设开始："最初的审美欣赏基本上由看与听的欲望的满足所构成，在它之后紧接着又有另一个欣赏，它预想了充分的欣赏，尤其是相互关联的欣赏。"从我自己的经验和广泛调查来看，我说舞台的动作如此进行（像一幅图画）不会超过头五分钟。因此我们必须在我们的艺术理论中试图去确定那看与听的欲望的满足是否要依附于这出戏剧。因为诗歌在其他形式里，那总体上被接纳的方式便使理性情感一开始就产生出来；形式的欣赏和对于所读到听到的东西的想象（只要发生了这种想象）按规律在末尾才会出现。我大约能用一百个标号说明短诗所造成的最初印象，它们都说明起点是理解内容的努力。如果此处的内心理解之花也必发自感官情绪之根，那么情况大概就不同了。通常的处理不同这一事实不应使我们感到吃惊。除此之外，我们只能推测了，因为与进一步的反应相联系的判断变化很大。我们能预见到艺术欣赏正是不留痕迹的；预见到纵使有了描绘——尽可能忠实可信的描绘来为内心经验的解释作准备，为科学研究作铺垫——仍然几乎不可避免地会有连续的中断，会有对于经验之极点的执爱等等。一个审美经验延续得愈长，便愈难把握。一个人观察自己一分钟，他觉得看清楚了，两分钟以后他就迟疑起来，三分钟以后他就糊涂了。内心进行的活动正像火焰一样，不断变换着、更新着，然而总是原物。我们所生活过来的这种现实的整个儿不连贯似乎就集中在这一点上。每一个人，一旦他让内心泉流里喷出的水滴去撞击另一个人的耳朵，他便会感到他在其中找到自身的那种绝望的孤独。

关于一些较优秀的诗歌作品，偶或还有音乐作品，在印象的时间过程中会产生所谓悬念。关于这个悬念有几点要注意的。它与松弛一起表明了受时间限制的情感倾向之一。生理学家说悬念相当于一种脉搏速率的缩短，松弛则相当于其延长，再加上重脉里出现的其他相反的变化。期望的这种最高程度与确保审美过程有生动的丰富性和逻辑上连贯性的那种关系相联系。也有一种潜伏的期望，我们只在随后的满足里才意识到它（卡尔·布其勒〔Karl Büchler〕曾这样总结他的结果："我们承认了审美对象的活跃为悬念的主要意义。特别是，各种各样的悬念，与其诗歌和艺术的种类相一致，呈现出各种审美价值。然而伴随内心冲突的这一悬念到处都是黏合因素,在主体中作为一致的期望,在对象中则作为一切感觉的组成形式。"①)。诗歌和音乐之上撒下了一张关系的网,悬念就在这张网里把我们引向前去。我们带着不确定与疑虑的心情期待着将要出现的东西,而且紧跟着它,这样便最牢固地使个体自我成为一体。我们的期望能以其上升的方式使我们贪婪地向结尾匆匆赶去,像低一级愉悦那样,虽然我们知道它就是结尾。当作曲家通过各种音调传达其主题,或者用显然不能分解的和音来表现主题时,他同时使我们愉快与难受。我们经常在事件的进程中抛弃那宁静的愉悦而向前赶,总是向前面赶,我们把审美存在与实际存在混淆起来,我们整章整章地跳过去,或者合上书本,那兴奋的情绪依然变得难以忍受。然而,这种强烈的情感是使人陶醉的。文学作家每当在开始描绘朦胧的环境,或者熟练地将矛盾推迟解决时,他就很重视这种情况。在作家所安排的同情就要达其高潮时尤其是如此。加入小说中一个人物的命运里去,这就发展为一种人类情趣。要求解脱的渴望吸引读者去有意识地缩短阅读时间,或吸引他去猜想事情的结局,从而结束由另一些新的、未知的情况所带来的痛苦。无数的希望与恐惧,祝愿与焦虑在其上方飞舞。但所有这些基本上都在审美的范畴之外。

除悬念以外,在经验的时间进程中只有几种规律性的东西。首先使我们想到的就是不稳定性。它不应被称为注

---

① 《紧张的美学意义》,见《美学与一般艺术科学》第 3 期,第 253 页。

意的游移而是整个意识忽前忽后的汹涌。一些人在活动的情感中，在心理能力的增加上，在一旦我们把握住对象时它所传达给我们的东西里看见了审美经验的独特特征。另一些人把我们沉溺于各种想法，偶或感到一种震颤，仿佛该对象在我们身上撕下一块肉那样一种梦幻状态当作是基本要素。不论这两种情绪中哪一个为主，心灵是在这两者之间摆动的。顺便说一下，我个人发现想象的游戏与有适当审美价值的东西极相近似，因为构成和重新构成的想象在内心生活的意义里带来了愉快（虽然这与理查·穆勒·费勒恩费尔斯〔Richard Müller-Freienfels〕的著作《艺术心理学》① 所论及的移情和沉思的概念很相近，但有一个同样的差别〔合作者和旁观者〕）。第二，观念和情感的进程倾向于上升到强度的高峰这一点似乎是肯定的。没有预见到的障碍，只要他们成功地加以克服，便会增强他们的能量。否则注意就转向了内心自我并产生出毁掉艺术品统一并从审美愉悦偏离的情感。如果达到了那一顶峰，那么这种情感便很容易转向一种对立的情感。对于第一种一般规律，我们可加上一句，作为一点有意义的经验：在主动与被动的心理状态之间应常插入一个停顿——心灵往往要喘一口气——一个实际上的，虽然是简短的中断。如果梦幻状态率先出一，那么注意便随着一个震颤而集中起来，形象又以更大的力量开始出现。如果主动阶段结束了，那么疲劳或者一种限制下的自由便会出现。然后心理运动一

---

① 见《艺术心理学》，1922年，第2版，第1章，第66页。

般都转向反省。在第二种规律里牵涉到打扰和个性。据说这会瓦解印象而不会加深印象。但只有当个人的思想有一种愉快或不愉快的心境并存留于个性色彩的同情之外时才是这种情况。另一方面，如果一个人回忆的想象被唤醒，从而使他早先的经验复苏——如果情况只是这样——那么他的意识便会停留在审美的沉思之中（汉瑞其·乌兹〔Heinrich Wirtz〕不仅描述了包含在对所有刺激物的察觉中的一般活动，而且还描述了对象中指向审美的并入："在审美反应进程中，实际的情感发展了，它们呈现出美的价值并确保其效果。这一活动有许多个阶段和许多个强化的程度。创造的冲动就是最高的程度之一。"①)。

经验在其时间进程中的主要特征与音乐、诗歌作品中为其各部分的连贯所设立的规则不同。不仅因为这些规则随着诗歌与音乐种类的不同而变化（即使如此，每一个变化又有例外），而且还因为我们内部的时间进程与所谓时间性艺术品的秩序非常不同。内心运动与给定对象之间的关系完全不同于反映形象与该对象之间的关系，然而有着一致的因素。我们看出那一活动和紧张的注意不能一直停留在同一个高度上。诗人与作曲家解决这个问题的技巧就是，在复杂作品中包括许多不太重要的段落或需要想象的自由活动的段落。在行为的描述之后，或者在彻底打动我们、深深地（可以说是）陶冶了审美领域的音乐表达的形式以后，其他东西便跟上来，它们引起精神上一种轻松的宁静

---

① 《美学与一般艺术科学》第 8 期，第 554 页。

和审美领域的扩大,而且甚至还让灵魂游荡到它的界线以外。高潮与力求最高强度是一致的,戏剧性行为的障碍与圆满克服障碍是一致的。但我再重复一次,这种一致不应使我们错误地相信主观与客观进程总是恰好相合的。

如果一个人不考虑时间进程而审查典型经验的话,他几乎总会发现有三组原因。卡尔·凡·卢模(Karl von Rumohr)区别说:第一,"在看的方面纯粹的美感愉悦的原因";第二,"形式与线条固定的关系与安排";第三,是他用如下的方式所描述的事件的等级:"但那最有意义的美存在于自然中给予的而非基于人类意志的形式的象征手段上。通过这一象征手段,这些固定结合中的形式就化成符号,我们一看见这些符号就必然会回想起某些形象和概念,并且还意识到潜伏在我们心中的某种情感"[①]。如果把这一分类稍扩大或更改一下,它就会与我们内心发现的情况相一致。实际上,有了审美欣赏以及处于审美欣赏之中,我们就有混合着一般感觉和各个特殊感官感觉的感觉情感。除了这些以外,我们发现还有与时间空间关系相联系的并取决于每一个这种直觉媒介物内相似物与近似物的形式的情感。最后,和所有这些观念以及立即随之而来的情感相一致,我们有了大量的解释、联想和相互关联的判断。这不是由于偶然,而是由于它们是半美感半逻辑情感的,所以那(通常称为最初的)审美形式的情感就处于中心。更准确地说,这些都是由内容的密切关系或安排所引导出来,

---

[①] 见《意大利研究》,1827年,第1章,第138页以下部分。

而且当然也由内部互相关系与外部互相关系的结合所引导出来的情感。在声音和颜色中的质的关系产生出和谐的情感；空间与时间里的秩序唤起匀称的情感；这两种倾向的混合就产生出审美复杂的情感。我们将最后一种主要的情感称作为内容的情感。

我们把对于这些判断的更详尽的解释留到下一节里去解决。现在，再谈一谈迈克斯·得雷（Max Deri）的研究结果。在他的研究结果中，情感的根源分为三个部分：感觉情感的媒介物、内容以及由于内容的限制而产生的客观形式（首先出现在《美学与一般艺术科学》第6期里的《艺术心理学调查》中）。有了这三组原因，就能产生出一个完全可靠的自然主义艺术品，以作为自然中美的东西的纯粹的复制。但是艺术家也能偏离自然。他设计出颜色和声音的新的结合；发明出离奇的材料；改变事物与事件的形式与轮廓，给它们以表达价值并使它们作为情感的象征。另外，远远偏离自然的艺术品能够详尽地表现人型（米开朗基罗）或"用以表达个人变更的最微细的差别"（丢勒〔Dürer〕）。但这些情况都不贴切。只有三重的划分才与上面提到的这一种相近。在试验分析中获得了一种不同的结论，主要因为研究者的态度和研究目的不同。爱玛·凡·利托克（Emma von Ritook）强调说，一方面，有效因素划分为直接的与相对的；另一方面，是移情问题的阐明（"以时间更替法分析审美作用"，此处所用的奥斯俄得·库尔普〔Oswald Külpe〕的观点在他的《美学基础》一书中得到了详述）。她发现正当的划分和评价经常只取决于直接感官感觉（当然，这种提法就包括了对于形式的认识，比如长方形和圆形）。当我们理性地掌握了形式的含义、态度和表达运动（即内容）时，我们便达到了相对因素而接近于客观移情。有了主观移情，直觉与联想便表现为重要的了。此外再加上"反应情感来作为移情作用的反映"（同情、恐惧、爱），作为联想的动情反映，或者动情移情（情绪），并且作为标准情感的反映（羡慕、蔑视）。这里所区分的这些因素显然也能分为感官的情感、形式的情感或内容的情感。同时我们将丢掉这一点而提出这样的问题：所有这些审美欣赏的根源的汇合会产生出什么呢？

这里产生出一道溪流，唯有其外貌的多样化才向目光敏锐的人显出其许多泉水的源头。所有那些心理过程都经常融合成完全相同的性质。这里，正如人们早就注意到的，全部的效果将不由特殊部分的单纯构成从数量上和质量上去加以解释。只有当引进特殊精神内容的东西比这些内容在心理上可能具备的要多时，列举该组合的过程以及在它们当中建立起逻辑关系，才达到了这一科学目的。那就是，倘若功效的剩余物无形中附属于以上所提到的构成成份——一种否则即不应属于它们的剩余物——那么确实，它们的结合便使得活跃的审美接纳的情感显而易见。然而，倘若一个人避免这种对于构成成份无根据的过高估价，那么整体便不会浮现出来。此处包含了构成心理学所常见的困难。然而公正则要求我们也看看情况的另一面。缺乏表现生动整体的能力来作为好几个成份的结果，就关系到一切人文主义的研究。这在我们这个领域中是令人痛苦的明显，而且在处理这一特殊问题时不应将它用来与我们审美经验的处理相冲突。在任何情况下，对于几组制约因素的研究都保有特殊的价值。

由于此处的问题关系到审美欣赏的全部特征，所以我们下一步就应问，它是否像传统上的称法那样应被称为愉悦。对于丑的和悲的所产生的愉快时常受到责问，因为它们产生出来的痛苦似乎多于快乐。这是一个字面上的争论。当然，任何将悲剧情绪与一点儿甜美食品引起的些许快乐之间画上等号的打算都是十分荒唐的。甚至简单的对称所引起的满足与"脱列斯坦"①（Tristan）序曲那令人心醉神迷的快乐比较起来都是天差地别的。因此我们可以——如果愿意的话——将"愉悦"这个字限制在更平常的印象之上，但在其他地方就像上面所提出的，说我们经验了感觉价值。然而不论如何，另外一种叫法也是允许的。那就是，倘若我们扩大了愉悦的概念，使之包含程度与种类的话，那么使我们感兴趣的情感状态就同样可以包括在内。通过专心于我们直观所获价值而达到的内心丰富的那种经验以及内心自我得到提高的意识——它们虽然并未明显地被定义、被标明为愉悦，但它们仍是高一级感官的愉快。更被动和更主动的享受——我们在讨论时间的流逝时所区别的——都应有这一属性。当然，我们不会徒然地试图在相对栏里加上愉悦和不愉悦的存在单位来证明它的正确，我们是通过理性的反省来寻求明晰。要记住愉悦和不愉悦是互相渗

---

① 脱列斯坦是中世纪悲剧《罗曼丝》中国王的侄子，因喝了"爱之水"而与叔叔的新娘恋爱。——译者注

透的。甚至古代的心理现象学家以及后来的科学心理学家都注意到烦恼与痛苦是如何包含着点滴的愉悦。谁又不知道痛苦之极——不论精神的或肉体的——的滋味呢？当痛苦施于另一个人的身上时，最起码的一种活跃的情感便易于产生出来，但这仅因为该痛苦被同情地得到感受之故。那就是说，它已经被感受到了。毫无疑问，在许多情况下对于绝大多数人来说，亲见到的另一个人身上的痛苦具有愉悦价值，因为它赋予了一种优越感的快乐。一个人——几乎可以这么说——只有在辱骂、侮辱与损害中才意识到自己的存在。他甚至会转向自己的肉体和灵魂。谁要害怕自己的身体感觉迟钝，谁就用针扎到自己的肉里去；谁若感到精神空虚，谁便用苦恼和耻辱来折磨自己。没有任何东西能像不愉悦那样强烈地唤起生的力量。现在，语言习语和心理学允许我们将这个结果——活跃的内心活动——称为愉悦，因为确实，没有什么能够阻碍我们，使我们不去假设有愉悦的不同程度与不同特质存在。

倘若我们想进一步深化这个初步结果，即审美欣赏具体的精神状态同样能被称作是愉悦或被提高了的活跃情感，那有两种方法可行。一种方法是从观念或感觉中进行合成的方法。绝大多数美学家都采用这一方法，这我们已经谈过了。另一种方法引向一种观点，按照这一观点，心灵不再被当作是一大堆观念的，甚至不再被当作是独立官能的舞台，而被当作是一种力的活动，或者更确切地说，是对于活动的支配全体。那运动着的力就叫自我，这个自我就像心脏一样，从它那儿流出了大的和小的循环。其中一个循环使整个儿意识领域都活跃起来；另一个则停留在中心附近。丢掉这个譬喻，这种心理学所等同于精神生活的自我的活动就从一个方向扩展到与外在世界从外围开始的关系；另一个方向则扩展到与内在世界的关系。后者有着独有的特征，即它们之间的相互关系是为了直接反省的。猜出一个谜语以及结果所产生的愉快，或者苦恼以及随之产生的行动，它们之间是什么关系呢？这个问题无须解释，因为答案就在其中。在这种必然的联系当中，自我的自发行为已经表现出来了（黑格尔把必然和自由已经说成是具体的精神确定）。无疑心理学在处理即刻的经验方面更接近其论题。而且，当这个经验从创造性主题开始时，比当它形成观念时更多地证明我们体验到和如何体验到的东西。但仅此还不会是明确的。当然，问题在于自发的观念的作者是否能使价值的每一种内在经验（如同每另一组精神状态）像它确定的特殊模式那样明白易懂。但是美学则不能给这一点下判断。

因此，可以用双重的观点去看待审美经验：或者当作其构成成份——通过抽象而成为可分的——能从下方看出的一种精神状态；或者当作是必须从上方观察的并且在其各别倾向中被仿效的一种自我的活动。第二种方法无疑更正确，但它很难加以运用，因而第一种就是必不可少的了。

2．感觉情感

想象一下，在一间灯光明亮的音乐厅里，绝大多数观众都很冷淡、厌倦，或因某种愚蠢的玩笑而转移注意——这是一种令人不快的情景。但观众席里也有人表现出极度的热情与狂喜，他们闭上眼睛或向空中凝视，他们让肌肉忽紧忽松。这种紧张状态一次又一次地传染到其他人们中去，仿佛像电击一样震撼了灵魂与肉体。

这种审美反射包含了一般的感觉。这"一般感觉"的提法在此处不是表示运动，而被选用来引出一般肉体情感的作用。诚然，到处存在着反射活动。当我们看见一个匆匆的行人突然跌倒时，我们用反射的大笑来作出视觉印象的反应。大体上说，我们随时都会以笑声或其他突然的运动对面前滑稽可笑的事物作出反应。人类的愚蠢以及与本能的一致性都植根于这些最原始的反应。其他的一切都渐渐地从这些深处显现出来。我们在审美方面所体验到的东西从我们的动物性延伸到我们神圣的天性（所以艺术创作植根于肉体状态、预感、情绪、朦胧的声音和形状中，它从深层上升为纯净与明晰）。这种身体的回声对于审美欣赏来说意味着什么呢？首先，它不会进入欣赏者的活动的情感里去。脊骨透凉的感觉、欲大笑的冲动、热泪盈眶、吞咽口水的需要、胸部的起伏、身体之冷热感——我们是将它们当作身体内偶然的现象来感受的。有意识的自我不是创造者。但我们似乎也不让这样的感觉超越我们身体的界线，即是说，我们不立刻将它们当作是外在事物的特质。简言之，我们将它们体验为心理物理学事件，在自我与世界之间的边沿地带有它们的位置（感觉的、活动的、联想的、理性的和审美欣赏的情绪因素已由理查·穆勒·费勒恩费尔斯在他的《艺术心理学》① 一书中详细地进行了讨论)。

但心理学美学已经使器官感觉更加接近于主体与客体了。第一个改变是从一个讨论许久的情绪的观点产生出来的。器官感觉在以前曾被当作是"伴随"情绪的现象。给一个人以快乐或恐惧的观念是作为主要的因素，而脉搏的改变、呼吸、体温等等都是作为伴随的结果。前一些时候流行了这样一种观点，即情绪是由一些一般感觉所组成的。看来最有说服力的依据就在于如同英格兰和苏格兰哲学家们曾用以摧毁物质的概念的那样一种抽象方法之中。就是说，倘若我们从一种情感状态出发去考虑一切的器官感觉，那么只会留下一种中性的观念。情绪在没有身体状态的感觉时便消逝了。这是真实的，然而证据却不对头。没有任何情感会单独从器官感觉里来，更何况审美情感。以后这个问题会说明得更清楚，许多其他的因素必须添加进去。诚然，比如说，一种生理的压力会发展为一种忧愁，但然后这种发展了的合成物又不是完全由这一压力所组成的。简言之，审美欣赏远在一般感觉的消极状态之上，所以这种理论是站不住脚的。

另外一些研究者用表明一般身体感觉不形成审美判断的基础而又与之完全相同这样的方法来——可以这么说——外化一般的身体感觉。当我们完全欣赏一种空间形式的时候，呼吸变化和一种平衡的情感应能特别感觉出来。

---

① 见该书，1922 年，第 2 版。

一把匀称的壶唤起一种可靠的平衡的舒适感,圆顶的形状引起脑袋里肌肉的收缩,等等。我不准备把它们一一列举出来。因为在我的经验里,确实有这样的感觉存在,但相当不规则。感觉固定形式的规则效果不可能由随着时间与人的不同而变幻不定的身体状态来解释。如果它们是持久的、总是一样的那该多好!那么我们便可理解到,它们因频频出现而被客观化了,同时器官感觉——在其他情绪里是活跃的——仍然是主观的,因为它们很少出现。但它们却不一样!这个理论最后便向艺术强加了生物学的根据而断言,因为艺术品把我们最原始的感觉带进了一种有益的统一体,故而它就提高了我们活跃的情感,证明它本身对生物学的发展有用,这么一来这个理论就完全错了。我觉得这似乎无异于把艺术与食品和药物并列起来。

因此,我们的观点就必须是我们先前所讨论的那一种。当我们测验特别的动觉感觉以确定其审美价值时,一种新的观点便出现了。自然中的实际运动以及艺术中所描绘的运动的欣赏无疑都被这样的感觉加深了。如下的观察就可用以进行对比。我们一旦闭上眼睛,想到一只正在飞行的鸟,我们的身体便会慢慢地、无意识地转向了想象中飞行的方向。我们站在一条急流的小溪旁,便立即感到那几乎意识不到的欲顺流而下的冲动。然而虽然有了审美经验,但还有另外的东西需要加以考虑。许多人都以运动的联想来伴随"一切"审美经验。肌肉调节和模仿运动的倾向是经常而又重要的。其主要的原因——一个极少为人注意的原因——是表现能力。一个握紧的拳头适合替代那些表现某些凝聚与紧张内容的无数的身体与精神活动。因此，当欣赏似乎与外观或者与这样一种精神状态的想象相联系时，许多人将会在那种简单的身体姿势里发现一种有效的激发这一欣赏的方式。喉头最小的运动所能获得的感应价值是极其惊人的，但最终要想描述这些运动则同样也是极其有益的。

肌肉感官与所谓高级感官的联系要强于与低级感官的联系。这些低级感官对于自然美来说是重要的。但要说看见一幅描绘热带风景的画，或者听到一段"热烈的"曲调，我们便感到体温上升，这种说法就荒唐了。如果说对新割刈的干草所作的文字描绘给我以非常生动的印象，那么，我仍然还没有意识到有任何嗅觉的幻觉。尽管有浓厚的情绪重压，这些感觉在艺术里仍然没有地位。高级感官的优越从何而来呢？视与听是审美生活最坚实的支撑，因为它们能够使较大范围的整体结构得以形成。嗅觉与味觉的各种样式均不能在心中产生出像旋律与形状这样独立与持久的整体。单独在其自身中，它们决不会产生出具备审美价值的客观特质；它们只是与其他因素结合起来去接近自然客体的审美意义。为什么没有相同意义与相同程度上和音调艺术、色彩艺术一样的触觉艺术呢？其根本原因就在于音调与色彩的不可替代性。当然，颜色不能由其他任何东西去表现，音调只有通过皮肤能感觉出来的震颤以暗示的方法去表现。但是那控制触觉的流动性与静止性也许能在音调与颜色中直接表现出来。当我们刚才把感应价值归因于最精细的动觉感觉时，当我们之后要去处理语言的感应价值时，我们并不认为原物与代替物甚至能产生出完全相同的经验，但认为尽管有偏离，一个还是被当作是另一个。视觉和听觉印象则有进一步的优点，就是更容易重新表现出来。它们最终是由其不受制于当时生活的要求以及不受制于与个人福利的关系这一能力所区别开来。它们愉悦和不愉悦的特质不像嗅觉与味觉那么突出。但总的来说，这些情绪色彩只有一种有限的意义。纵使当一个人不能全部感知它们而致使他的审美经验削弱，但整体也决不是简单地从它们当中产生出来。一个规则外形中的愉快决不是去分析特殊光感的愉悦价值得来的。节奏中的愉快也不是去分析特殊声音的愉悦价值而得来的。

附属于色彩和声音的感觉情感强烈地受着个性不同的影响。在颜色和声音问题上，有识别能力与无识别能力的人当然在审美敏感性方面也不一样。对于敏感的性格，每一种个别的颜色都有其特殊的特征；确实，不仅有冷或暖，而且还有浓或淡以及迷人的或刺耳的。而在一批颜色中由视觉搜寻最自然地选择出来的两种或两种以上的颜色，其最后的颜色结合可能是非常具有拟人特征的。颜色不受其事物中主要成份的影响，就正如在人类思想的发展过程中规则的符合性与固定现象（比如说星际运动）相分离一样。颜色本身就像人造的节奏一样能引起情绪，它们的变浓与变淡或者剧烈的对抗都用以表达精神生活。如果它们在艺术中被用来表现真实，那么就能自由地去这样做，使不同颜色受现实中不同形式的支配，或者致使引进好几种联想。红色，也许就联想到血、火、革命。至于声音，则更难判断它们的审美特质究竟属于感觉呢，还是从伴随的观念中产生出来。似乎多半是后者。因为否则即几乎不可能去理解判断的多样性——不仅在不同的民族和历史阶段中，而且甚至在我们这个社会不同的年龄当中。音乐里的七度音程有着刺耳的使人不快的特质，也许这是个一般经验的问题吧。空洞的五度音程可被感觉为沉重的或温和的等等。单独的音至多在音色方面有完全的感受价值，但在音高、强度或延续中则决不会有。

有一个与感觉情感相联系的，刚才已经稍稍触及的问题有必要特别讨论一下。文字，尤其是文学描绘使清晰的意象在各个器官组织里激起到何种程度呢？想一想左拉在描绘嗅觉时是如何洋洋得意，或者想一想郝夫（Hauff）是如何谈论那位贫穷得用克劳任（Clauren）对于宴会的描绘来装点自己那可怜饭食的食品鉴尝家吧，那么人们就能设想到嗅觉与味觉意象就是这样产生出来的。然而更仔细地观察一下，人们就会只发现嘴和鼻子的肌肉调节，而语言意象则在意识中飞舞。杰克逊①的 Niels Lyhne 中有一段关于一个庄园里房屋正面的描写——一种不可多得的描绘技巧，它必能唤起嗅觉意象。杰克逊写道："通向店堂的后门就在一个暗角里，这扇门与农民的房间、办公室和仆人的住房一起，形成了另外一个模糊的小天地。在这个小天地里，廉价烟草气味、发霉的地板味、杂货、酸臭的干鱼以及潮湿的门柱散发出来的气味混合在一起，使整个儿空气

---

① 杰克逊（Jacobson，1902—1971）：丹麦建筑家和设计家。——译者注

浓烈得几乎能舔得出味儿来。然而一旦走出办公室,走出那火漆的刺鼻气味,就来到了走廊里。这个走廊形成了公务与家庭的疆界。这里弥漫着女人们华丽服饰的香气,它使人感到马上就要闻到那闺房里柔和的花香味儿了。那不是一束花或真花的芳香,那是弥漫在每一个住户里神秘的、让人怀旧的气氛,谁也说不清它究竟从何而来。每一个住户都有自己的气氛,让人联想到许多种物件。旧炉子的气味呀,新扑克牌呀,或者开盖的钢琴;然而每一种又总是独特的。它可被香烟、香水和雪茄所淹没,但却不会湮灭。淹没后它又回转来,一如既往地待在那里。此外,它闻起来像花——不是紫罗兰、玫瑰或其他任何现存的花,而像我们想象中爬在旧瓷瓶中那些奇妙的暗蓝色百合花卷须所散发出来的芬芳。"这样生动有力的描绘,甚至在第一阶段就使我们进入了感觉想象。这类想象在音响领域进行得更其成功。吱嘎声、沙沙声、窸窣声和格格声能在我们心灵的耳朵里微微出现。至少对于某些人来说,语言直观地呈现出音响的高度、强度和音色。

至于视觉,我们则须区分固定不变的客体的描绘和暂存事件的描绘。作为固定事物的一个清楚综合的画面(风景、内景和人的外貌)几乎不可能只听一次描述便能获得。纵使是简单的东西,恰当的视觉意象也极少会不知不觉地发生。要想得到详细描绘的一个清晰的意象,我们就得去努力,直到随意想象的思想清晰了,我们才能偶或达到目标。另一方面,这个想象若在徘徊不定,那就常常会出现短暂、零碎的形状。特殊的上下文关系所唤起的意象时常有惊人的清晰。我最近读到这样的一段描写:"室外,眼前伸展着一片奇妙的雪的世界,一切都是白色的,炫目、雄伟而庄重。"这颜色的印象——也许书页上有视觉刺激物支持——强烈得仿佛要使人眼花,于是我将头从郝白纸上稍稍抬高了一点。在《爱菲布里斯特》(*Effi Briest*)一书中,冯泰尼说那些长颈鹿看起来像高尚的老侍女。我相信,如果长颈鹿那高贵的长颈以及那愚蠢茫然的眼神不在我们脑海里产生出倏疾的视觉意象,我们便会忽略这种议论的终极目标及其幽默了。但有许多明显的直观描绘则实际上抗拒肉体感觉。当我在简·保罗(Jean Paul)的书里读到关于骑兵队长的描写时——"他的脸是个用疼痛镂刻的盘子",我当然不会想象出一个镂刻的盘子。我在脑子里向自己说,那疼痛深深地持久刻印在他的面部,正像用碱性液体将它印在一个坚硬的金属盘子上一样。于是,我就意译了、欣赏了简·保罗那精炼的表达。这整个过程是用语言形式表现的。我不是从意向到意向,而是从语言到语言。这样,我就在情绪上受到了感动。所以,为了有效地表达情绪,作家们甚至会借用不可能具备任何直观价值的句子。

如下的情形有点儿相似,就是如果在不剥夺语言的审美意义的情况下,为了普遍的洞察而牺牲直接性。这种方法的最好的例证,即是说,一个具体的核心由好几种抽象的包裹物遮盖——混合着深思熟虑——还是出自简·保罗的作品。他的描绘倾向于概括地开头和结尾。比如说在《看不见的包厢》(*Unsichtbare Loge*)的第六章里,关于格斯托夫（Gustav）的美，有一段最后的评论："但是一切美的东西都温柔；所以最美的民族就最安宁；所以最狂热的劳动也会使贫穷的儿童与民族变丑。"但同时，接下去，描述便平稳地转向了反照。这样的段落又出现在同一个地方，"他的眼睛是无云的天空，那就是你在一千个五岁的眼睛以及仅仅十个五十岁的眼睛里所能见到的那一种"。谁若敏感地读到这些话，谁的心就扩大了，正如一支合奏的旋律就要分成和声，正如分离的个体从孤独中释放出来，被引向事物组合中的地位一样。然而却几乎没有给他以任何恰当的直观。

现在我们来谈谈第二点，看得见的情况的描绘。对于暂时之先后的描绘比对于一个并存的描绘更与意识过程的进程相一致，这已是旧说了。其原因并不在于说、写、读的短暂性而在于意识的流动性，在于我们用一个部分一个部分带进视觉中心的方法来统觉巨大结构的必要性——因为整体不可能同时被统觉。但要在语言中间去发现诗歌的特殊特征——以后要加以说明的——那么整体意识的特殊性、全部精神过程的暂时展露就不能被当作是决定性的了。当我的目光在一张巨幅画的细节上游移的时候，我就把并存的变为先后的，恰如我要用语言来描述这张画时一样。但我们的要点还不在于此。事件的文字描述所唤起的视觉意向倾向于不如静物的文字描述所唤起的那么频繁。尽快了解该事件的下文的欲望过于强烈，致使许多直观因素不能引进。当作者和他笔下的人物非常激动地和我们说话时，这种情况便尤其明显。特别是在最紧张部分的扣人心弦的段落中，我们大口地吞进语句，而无暇让自己去产生视觉意向。然而整个精神与肉体的反应强烈得仿佛我们极清楚地看见了一切。我们读着丰富的文字描述，得到了正确的印象，获得了恰当的情绪态度。音乐也是如此。一切可能的情况都在总谱中，但我们只听见其中之一，而且大体上与之相关。

绝大多数人声称，可见行为的描绘导致动觉感觉及意象远多于其导致视觉形状。实际的运动（纵使是无意义的）及其纯粹的再现均能模仿所描绘的行为，或者均能与其作用于自我的效果相一致。当我们读到一段剧烈汹涌的波浪的感人的描绘时，我们便在实际上或想象中与这些波浪一道行动起来，或者畏缩着，仿佛浪头就要打到我们身上一样。我们在这四种情况的任何一种里都不需要视觉形状先前的外貌。而且效果范围仍然以其调节和适应而分布开来，像我们早先看进的那样。然而一个人不应当说只有通过动觉感觉的沉思才能产生出充分的艺术欣赏。当我读到关于一种情感的表达运动的时候，我无须在心中激起任何模仿运动，即使最微小的初期阶段都不需要。我从各种经验中知道所描绘的肌肉运动的精神意义，从而就能足够生动地与心理状态相一致。无须任何类似的中间条件，对于这些事情的一般知识就掺入语言及其所表达的心理状态中去了。因此，没有一条不可抗拒的规律说明一个作家所描绘的行为需要我们动觉的帮助。

3．形式的情感

我们已经了解了审美对象的好几种特性。其中一些包含在和谐、匀称和节奏中，另一些则包含在绝对的空间数量、时间或强度里。如果我们能将这些现象都称作形式，那么由它们所引导出来的情感就应当叫作形式的情感。至少，我们说到"形式的情感"，意思是指这样的情感及其结合——只要它们被当作是不受内容影响的。

关于和谐的情感，个别的事实已经准确地加以研究了。我们现在的主要问题是，和谐的情感是由特殊感觉情感的结合所导致的呢，还是独立于它们的。因为一般说来，看见一种灰褐的颜色易于产生不愉悦，看见一种鲜明的颜色就产生愉悦，所以两种情感的并存就会产生出第三种——它们之间对立的情感。再不，和谐的情感可能通过两种鲜明颜色的愉悦价值的结合而产生出来。我们的例证已经表明它不可能做到这样。因为并非任意两种颜色，不论它们多鲜艳、多浓都不能做到，而是只有当某些颜色并列的时候才会引起和谐情感。因此，和谐的情感受各别颜色的关系的支配——就说它是一种亲缘关系吧——这种关系与颜色一道被领会，甚至是同时被领会，但又与之清楚地分离开来。而且唯其如此，我们在理论上才有权将和谐情感与感觉情感区别开来。不然，它们就会是复杂的情感。声音也是一样。这是我们已经提到过好几次的非常一般的问题。

一支曲子里的音，轮廓里的线条，总之，一个审美对象的各个部分，只要它是纯粹的形式，就会处于相互之间的某种关系中。刚刚听到的音高于前一个，低于下一个；一条直线的上半部分与下半部分相等（不是靠丈量而是靠印象）等等。那么，与伴随的内容之间的关系已经在特殊观念本身中既定了呢，还是需要一个相对的判断去理解它们呢？我觉得经验和认识论的需要似乎都同样迫使我们去取第二种见解。在听到的 A 调里有许多变化，但这些变化并非是比降 A 调高这一事实。没有人能在绿的颜色中"看出"它不是红的（像它邻近的颜色那样），但它是，而且继续是独特的绿色，差异由思想的活动在心灵里建立起来。外延和内含的量的同等或不同等只有在对比中才能显示出来。从互不关联的内容里，关系作为与这些内容截然不同的事实——另一种秩序的事实——而被建立起来。感知和对比的活动——经常是微弱和波动的——弥漫在审美经验的各个部分。它们常常贯穿始终；诚然，它们常常又是推断的。在任何情况下，这些理性过程对于形式的情感来说都是不可或缺的。

说到匀称的情感，我们特别注意到，尽管内容迥然相异，但一个空间形式的两半可被感觉为对称的。这个难点已由下面的问题被译成心理试验的语言了。如果有一个方块，在它中心的一侧任选一个离开中心的位置，放上一条一定长度的直线；那么另一条两倍于这一直线的线必须放在另一边的什么地方才能使这一安排使人满意呢？如果一条线在左边，那么两条或两条以上的线应当放在右边什么地方？当直线的方向不同时，怎么处理最好呢？如果除了颜色的协调以外，按照亮度如何才能把颜色安排得最适当呢？这些问题可以无限地增加下去。答案则依赖于我们对审美对象的要求。如果我们想要它唤起舒适的视觉运动，就用一种方法去判定；如果想要它有持久的魅力，那我们就用另一种方法。为此，就要明确而强调地表明，我们在这一时刻只关心先前所描绘的等力的心理部分。那就是说，尽管左右两边的部分并不相等，但我们假定它们被感觉为相等的，并且我们要求得到解释（即使这两半被感觉为不等时，该形式是否会保持它的美，这个问题与此处无关）。我们所有的最详细的理论谈到观察所需要的目光运动时，将其运动的量无意识地转换为直线和两维度图像以作为对重要性的衡量。比如，我们在目光集中的中心附近看见一条长线，就作一个目光的扫视运动。这条线在此与另一条较远较短的线相对称，因为要看见它就必须有一个相等的目光扫视运动，而且相比较的只有目光运动的量而无目光运动的方向。因为这两边导致了相同的运动数量，所以安排就是协调的。

那么这样，总体上的一切内容都应当是维持平衡的。因为其他应变的感觉——尤其是与注意相联系的感觉，都已包括在内。一种颜色距离中心愈远，它就愈鲜明得引起注意，这样便用相等的东西与其他部分的形式及颜色相对抗。甚至行为的描绘所激起的那一实际的加入都能与这种颜色相平衡，因为吸引注意的内容的每一特征都在动觉过程中有其心理基础。我们必须将一幅画的表面视为一个靶子，这个靶子上的每一点都有标明的价值，然而这些价值不光是由其距离中心的远近所决定，而且还由其强度所决定。这种想法正与以后就要出现的一种理论相合，按照那一理论，一幅画的愉悦与这幅画所依据的那种外形上美的样品相联系。只是很不幸，还没有为这种标明的程序建立起固定的规则。一个人可以将较大价值分配给中心部分以及表面以外的部分。因为为了使图画明显地溢出其中心而至于无限，艺术家便须将有力的线条、鲜明的颜色，以及现实中重要的一切都集中在中心，而当他画至边缘时，颜色就渐渐地变淡，形状渐渐地就不重要了。另一方面，因为一个刺激物各点都均等地吸引目光，所以鲜明的颜色与重要的形状都须放置在界线分明的表面以外的部分。实际上，在绘画的杰作中两种程序的例子都有。所以要确定这一问题——只要有这种确定的可能——除了此处所说的以外，还需要其他的观点。

我们在任何情况下都要将目光运动的舒适与构图的平衡区别开来。一种空间安排（不管是偶然出现的还是艺术创作的），如果目光能平稳而舒适地从中找到运行路线，那么它就有审美价值。但目光的这种定向工作并非完全与目光运动中的舒适程度相联系。否则每一条竖线就必定比每一条横线难看，从左到右的运动方向（书写活动已使我们习惯之）就必定比反方向使人愉快，一个长方形锯齿形线的审美价值就远不如波浪形直线。实际上并非如此。所以罗兹似乎是对的，他断言我们把目光运动的努力当然地视作与审美方面无关的。另一个原因——已经普遍成立——就是，观察者的目光很少一点一点地追随一条直线。结果，这种目光运动搜寻的趋势就应当导入基本美学的计算之中去。而且那就会将该问题从生理学转至心理学。当然，在那种情况下，我们所处理的便不是完整的目光运动，而是注意的方向，或者更广泛地说，是认识活动的方向了。

正如我们已经看到的，一种不可避免的视觉幻觉使得直线的对称划分不愉悦。现在我们再补充一句，纵使在不精确的数学比率的情况下——不过我们觉得它似乎是1∶1的比率——也不会产生显著的印象。1∶2的比率和黄金分割就很为人喜爱。我们可用图9里的四条直线为例来使自己信服。图中的a线的中点按照数学划分，b线按照视觉判断划分，c线表现了黄金分割而d线的比率是1∶2。

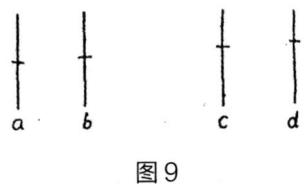

图9

为什么此处主观上正确的平分点使我们不中意呢？它在简单的直线中是单调的，在充分的审美对象中则实际上是令人生厌的。按照早期的分析，我们可能会怀疑其原因是，各部分在竖方向上决不会呈现出平衡状态。我们根据经验了解到，只有互相作用的"相傍"的力才能获得平衡，我们从对一个立柱的各因素的审美判断里就能看出这一经验的效果。为什么其余的比率就使人愉快呢？这不是平衡造成的，而是凭着较大部分决定整体的基本性质而将其清晰地分隔为两部分的那种划分所造成的。立普斯的分析提出了如下的观点：在按照黄金分割构成的长方形图中，当横的两边较长时，就产生出一种静止的形状的印象，然而另外两边则以某种独立作为其对应物而显现出来。我们如果进一步将这两条线缩短，就会得出一种似乎会使许多观察者不悦的长方形。但对我个人来说，它并非没有形式上的吸引力。较长两边竖着的长方形将自身增高或伸长了（见图10）；它不只是可怜的两根线条瘦小孤独地立在那里（顺便提一下，这种双线条同样也有其审美价值），而是通过其横边的无误的力量获得某种完满或形体存在。

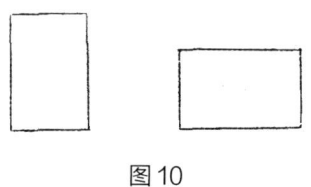

图10

有了以上论述，科学就必须在理论概括上极其小心。如果长方形要满足双重的审美要求，要既体现固定的形状又体现出一种变化，那就不可能避免接近于黄金分割。这就是说，我再重复一遍，一种更为普遍的审美规律——不是数学对称——决定了图形。但是正如我们原先看到的那样，由于一个长方形两个不等边的数目并不像它们各各分开那样被直接领悟，所以全体的形式的印象便接近于被称为组合的形式（见图11）。表现出组合的影响的最简单最熟悉的例子是将一个圆形与正方形组合起来（见图12）。当圆形内接在正方形之中时，其图形就比正方形内接在圆形之中时使人愉快得多。内接的正方形看起来很僵硬，因为其直线显得突出，还因为那外包的圆形使人感到不稳定。但在另一种情况之中。那方形尖尖的四个角看上去几乎像是减弱了。在所有这些情形之中，两个部分都是相互影响的，而且随着空间安排的不同而激起一种不同的审美情感。这在下图的圆形与三角形组合中也是一样的（见图13）。

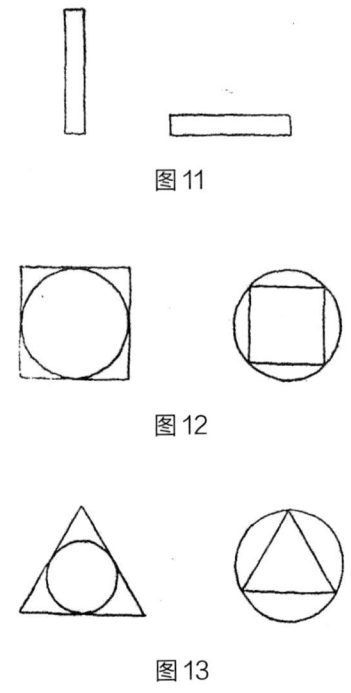

图11

图12

图13

现在我们必须了解一下节奏和节拍所激起的形式感。它们一般与运动中的愉快相联系。

感觉器官里的运动，如同身体的其余部分一样，能很容易地获得一种愉悦价值。然而这与审美价值无关。长期的休息之后，每一个运动都是愉悦的。对于身体和精神的痛苦来说，紧张的身体运动被证明是一种有用的药方。拜伦在母亲逝世时，用拳击来缓和自己的悲痛（多么典型的英格兰人，又是多么典型的人啊！）。快速切实地导致一个目的的运动，而且纵使是载在一辆飞奔的车子上的那种被动状态，都给人以极大的愉快。我们感到自己超脱于惯性规律的束缚，战胜了地心的引力，便在这样的运动中欢欣，而且也在实践飞行技术的梦想中欢欣。然而这些感觉都不是审美形式感。形式感唯与"节奏的"运动相联系，有大量的运动存在于艺术之外，尤其是在工作与说话中其节奏是作为一个构成过程，作为接合题材和便于精神活动的东西而被欣赏的。这样的节奏可以被照搬到艺术中去。但在此处还有原始的节奏存在吗？我问的不是关于早期理论家们所欲从中得到节奏的动物身体的那些周期性运动。因为蒙昧的人对于呼吸与心跳周期的无知使他们几乎不可能将它们当作自己节奏创作的基础。那么工作和玩耍中的无意识节奏运动和有意识被领悟的运动这种情况是如何成立的呢？听觉节奏的根源就存在于其中吗？节奏那恰当的轨迹能在运动的感觉中寻得到吗？诚然，我们有些理论谈到了这一点，但仍然没有真正明确的研究。所以如下的提法我们便不知是否正确：运动的节奏为根源，而声音的节奏为运动节奏的效果。我们只有一条是肯定的：这两根发展线有时齐头并进，有时互相融合。同样可以肯定，从运动的节奏起始是没有用处的，因为只有在一个人的自身运动中才能充分地感觉到它。所以，我们首先主要讨论声音的节奏。

人们提出了这样的问题：我们究竟是在心理实验的基本形式中还是在艺术创作中能更清晰地捕捉这一节奏呢？新的因素一旦加进去，其感人的性质似乎必然会减色。音乐中同时的和相继的和谐就是一例。实际上，我们正是在音乐与诗歌形式中最长久切实地欣赏到节奏的。因为当我们暴露在一系列纯粹的声音印象中时，注意和欣赏流逝得很快。所以，让我们在听音乐和听诗歌的实践中去测验一下自己吧。

紧张与松弛交替的暂时连续已经作为如此而产生的节奏印象的基本特征被指明了。但我倒觉得这一判断似乎在条件的限制下才能够成立。作为一种规则，我们不是全意识地等着下一个重音的到来，并且将它感觉为一种紧张的松弛，而是只去发现我们自己心中的一般的起落运动。这种内心活动有高点与低点——如此而已。再进一步将它们分析为两个完全不同的过程，那么整体便会分解为互不关联的部分。节奏中实际呈现的一高一低，就导致了更加模糊的心理美学学生去将它与许多情绪的波动进行比较。从节奏与情绪在其暂时过程中形式上的相似性来看，这一比较就使我们能易于理解节奏形式在引起情绪方面的审美价值。然而我们应当反对这种对比。首先，因为节奏无须有任何较强的情绪便能被欣赏；其次，因为节奏的严格的秩序与情绪的概念是迥然相异的。

那么节奏格局的速度对于审美印象的性质有什么重要性呢？我们通过这个问题来大略地考虑一下有争议的难点。人人都知道，在演奏音乐作品和朗诵诗歌作品时都有一个增加速度的自然倾向。原始人和文明人在舞蹈中都倾向于越来越加速的运动。作曲家们也考虑到这种加速的必要，几乎总是用一个快速、活泼的乐章来结束一篇由好几个乐章组成的作品。这种速度的改变对于该作品的审美特点有着特佳的效果，其效果比音强的任何变化都要显著。一段音乐在演奏时先柔和、后响亮，其差别是很大的。一旦速度变化之后，这种差别就增加了。如果用快得多或慢得多的速度重新演奏这一段曲子，它就会面目全非了。讲话也是一样的，在台上的发音速度至关重要。每一位演员，不论他是早期流派还是最新流派的，都应当懂得为什么一百年前的剧场指导要手拿指挥棒去指挥诗剧的演出。确实，对于音乐来说，仍要考虑一种速度与音强之间的联系。著名理论家们有一种观点："音质的增加及渐次减少和音强的增加及音响的绝对发展相联系，突然的抑制就标志着音响的极点。从高潮向音质正常量的转移则与音响的弱化相并进。"[①]然而必须强调指出，谱曲的作曲家和演奏的艺术家双方都经常打破这种单调的联系。

现在我们重新回到节奏的本质上来。前面业已考虑的那种整体一致的力量使得节奏成为集许多印象为一体并正确感知这种暂时连续的一种手段，但不用赋予相同的重要性，即是说，不用给每个个别的节拍以相同的关注。对于节奏情感来说，无疑很根本的是，尽管所分配的注意不等，仍应确切地把握其秩序。非重音和非重音音节无须我们去

---

① 雨果·瑞曼的《音乐美学基本原理》，1900年版，第76页。

关注，但其间的统一及各组间的统一则保持完全的清晰。固然在日常的经验里我们也集中那些异质的以及仅以意识行为的统一性而集合在一块的东西。有了节奏格局，我们便感到摆脱了偶发事件的偶然性，因为事件的进程与我们自然的期待正相一致。

  关于与绝对的质相联系的特殊情感，我要说的绝大多数在审美对象一节里已经说过。空间的占有、时间的延长及强度激起了最终可发展为持续的审美情绪的特殊情感。按规律，对象愈大，我们便愈加全力地去理解之。因为我们只有通过努力才能将其部分视为一个整体。然而纵使是简短粗略的小事情或小事件，倘若它们作为审美愉快的汩汩的清泉，那么它们便能以某种愉快的方式使心灵快乐。但我们来进一步研究一下（就我们此处用基本样式所能做到的这样），当和谐的情感与形状的情感相结合的时候会产生什么样的经验。音的和谐与节奏相结合，颜色的和谐与匀称相结合。我们将这种结合的过程称为一种复合，随之产生的情感则称为"复合的情感"。当这两个部分一起存在的时候，质的组成部分一般就提供多样性，而节奏与形状就提供统一性。当音变化的时候，节奏保持原样，在颜色的复合中，空间秩序就是结合的因素。除了音乐与绘画中所熟悉的这种结合以外，还有节奏与匀称的结合，它给我们以美的运动的经验。身体姿势一旦发生于清晰的节奏连续之中，它们便呈现出一种明显的审美价值，很像装饰价值和更抽象的音乐形式的价值那样。这种舞蹈即使在不表达精神的过程，尤其在不表达情绪的情况下也同样使我们愉快。在这三种我们刚刚提到的复合中，构成成份一般都维持其独立的功效，以其联合获得已经如此经常涉及的审美价值的剩余物。其结果是贫乏的，但无论如何是确实的。当然，我们有更加自命不凡的理论，但唯有当我们预想了某种情感心理学的前提下，它们才能够适用。所以，比如说，我们假定情感在三个对立的方面起作用：愉悦——不愉悦，兴奋——镇静，紧张——松弛。那么愉悦与不愉悦的等级就应产生于音的和谐与不和谐。兴奋与镇静的程度得自于节奏，而紧张与松弛的程度——就消释不和谐以得出和谐而言——则从节奏与和谐两者产生出来。虽然这种分析很巧妙，但当它被运用的时候，却成了累赘的图式，而且还歪曲了音乐的实际。然而其要点是，可区别情感的那种多样性将不会屈从于这三重的束缚。

往回看，我们发现形式感的魅力范围伸展得又远又广。在具体艺术中，它能获得力量而以激情使沉思的艺术家和冷静的美学家们失却自制。福楼拜曾经写道："我记得，当我在默想着古雅典卫城的光墙——通向城门入口的大道左侧那一堵光墙时，我感到了心脏剧烈的跳动和极端的喜悦。噢，我向自己发问，一本书除了它所说的之外，难道就不能生出如此的效应么？在写作的精密中，构成部分之珍贵，表面之推敲，整体之和谐，不是存在着一种内在的价值，一种天赋的力量，一种像原理一样永恒的东西吗？"①

---

① 《给乔治·桑的信》，第274页。

4. 内容的情感

歌德在1785年关于斯宾诺莎（Spinoza）的一篇论文里曾轻蔑地附带谈到对于匀称身体的衡量问题。他说空间的与表面获得的标准让脑袋与整个身体之间的关系降格为简单的数学比率。弗里德里奇·西奥多·费舍尔（Friedrich Theodor Vischer）提出了反对运用黄金分割的相似的意见。他说将脑袋下降为次要部分是荒唐的。我引用这些例证借以表明目的的情感以及构成形式的含义是如何与最精确的数学式外形考虑相对立的。

我们来大略地看看人体的各个部分吧。一只小手是令人喜爱的——但并非指那种又长又细的形状。它惹人喜爱，因为它似乎是文雅的，它不善从事粗暴的举动，它是由熟悉上层生活的心灵所造就的。它不会去抓任何粗糙的东西，也不提重物。轻快、娇嫩的脚使人喜欢，因为它纯粹是个支撑点，适于徘徊而不适宜于远涉。大的招风耳很难看，因为这种耳朵强求一种（打个比方说吧）它们所不具备的意义；它们逗引我们将脑袋当作水壶一样去抓住壶把。鼻子是额头到嘴巴的桥梁，倘若它像一个趾高气扬的乡巴佬一样伸展出来，那它不仅将自己推出了直线以外，而且还似乎要求获得一种它所不应有的地位。我们发现在男性身上好看的形态，在女性身上就不好看，反之亦然。其原因也许是，我们认为男性可以有某种生硬、粗糙、特别强壮的形态，而我们对于女性特点的观念却与之不合。这种内容的情感导致我们时常说到无耻的鼻子、高傲的前额、忧郁的眼睛（"心灵的窗户"），说到许多压缩为一律适用于该特殊情况的实际经验。这种对于形式的直觉的判断，就像语言的情感一样，总是涉及形式的含义，而且发生得又快又切实。但是它一旦受阻并充满了有意识的反省时，该形式就不再是精神内容的自然迹象，而成为象征的（如同一些哲学家们所说）或者是寓言式（如同另一些哲学家们所解释的那样）的了。也许第二种说法比第一种更恰当。概念的一切拟人化（正像阿佩莱斯〔Apelles〕即代表诽谤一样）都暗含着有所指的概念①。然而当我们考虑一种从中发现了艺术的寓言和自然的象征并存的情况时，它就显得更加清楚了。摩里兹·凯里埃（Moritz Carriere）曾经分析了利西浦斯（Lysippos）所赋予Kairos——黄金时刻的再现——的特点。该塑像有翅膀，而且描绘出一个匆忙的轮廓。前额上的头发很厚，头发的后面削短了。这位财神匆匆而过啦，我们得抓住时机呀。这也许就是希腊观者们心里的话，因之，也似乎就是该艺术品所要表达的意思——虽然实际上很难这么说。但即使是希腊的鉴赏家们也不得不估摸一下这位青年手里的剃刀和天平秤是什么意思。当然，这不会说明此人是位理发师或者商贩。但它让人想起了"财运歇在刀口上"这一谚语，而那杆秤则从未完全平衡过。

因而在审美经验中，真实的观念及内容的情感或者与对象的形式完全融合而活跃，或者以松散的结合而活跃。

---

① 阿佩莱斯是古希腊纪元前以神话为主题的画家。但他的作品一部也没有流传下来。——译者注

但为明确起见,我再说一遍,知道了这一点之后,感觉情感与形式的情感不应不加考虑。头发的颜色招我们喜爱,却不用我们将它看成是健康或年轻的体现。不考虑大小,不考虑耳朵和鼻子的形状好与不好,也就不会赋予它们任何精神内容了。哪一种观点在审美意识中居支配地位,部分依赖于接受者的个性;有些人喜爱形式的情感,绝大多数人则喜爱内容的情感。但只要这些情感依靠审美对象固定的特质,个性便不会成为支配因素。内在的经验对象化了。

一个横边相对较长的长方形仿佛是躺着。倘若我们看着它旁边竖边相对较长的长方形,便仿佛感到一个躺着的图形自个儿立起来了一样。一个大三角,向下开口,在审美方面不仅联系到它的大小和两边的长度来看,而且还看作仿佛其两条直线挤在一处似的,或者就像两根立柱一样维持着平衡。因为一条直线是由运动产生出来的,所以它就继续是个运动,而且是力的展开。但不论是转移为其他线段的进程或者限制之反倾向都使它那内含的延伸的需要很快得到了满足。在这种情况下,而且任何场合中,当我们并非机械地而是动态地去看待直线、表面和空间时,我们就有了意志活动的形式,我们就不由自主地转变为叔本华派了。我们即使与费希特也在如下的感觉上相一致,即感到无论什么获得平衡的东西都既表现出扩张活动,产生空间,又表现出收缩活动,设置限制。这整个力的作用保持着——可以说是——抽象,只表现出各种形式的意志的希求与控制,而没有具体的事件。这种力的方向在其自身内就存在着生活的基本特征,所以无须与任何植物或动物的形状相联系。

我们所说的这种活动都注入在图形之中,而绝非是呈现在图形之外的观念。这些活动的证据还不足以使我们将审美方面愉悦的、不愉悦的和中性的区别开来。然而它确实使我们得以在语言上捕获一个事件,并给它以理性的解释。我们必须注意,除了器官和肌肉感觉以外,还有其他的东西,就是包缠在隐喻的运用中的精神活动。这样所引起的情感是弱的,不确定的。它们在节奏的情况里可有兴奋向前的特质或趋于停止的特质。但它们能表现出更精细的差别,成为——我们就说是——仇视和愤怒攻击的情感或者勇敢和胜利攻击的情感。直线的形式也一样。倘若我在一条横线的中间竖一条直线,这一简单的数学图形就呈现出毫不动摇的稳定性这一情感特质。倒过来的图形(T形)被古埃及人用以表现生与死的力量。此处的直线似乎向上升腾,只是等待着被一种平静的、不可遏止的必然所突然割断(我不敢肯定保罗·克劳浦伏〔Paul Klopfer〕在《美学与一般艺术科学》第 13 期第 135—149 页中所维护的观点,即空间静止由竖线表达,空间运动由横线表达的观点。当然,目光虽倾向于沿横线直达其深处,但这一运动——总在发生的运动——仍不能使这种直线成为运动的表达)。即使在这种更明显的形式与内容分开的情况下,内容的情感也并非意味着疯狂的骑兵攻击的真实观念或者一个审判庭的真实观念会与节奏或直线形式的感觉一道突然出现在意识当中。我们也不会在把那个长方形看成是自个儿升高时便在心中看见一个人或一条狗正站立起来。相反，只要有意识过程的同样的刺激以及对于以上所用到的那些泛灵论言词的喜爱（语言的特点使之易懂），我便能被底线中间的一条竖线所感动。我仿佛站在广阔原野上的一棵孤树旁，感到这拔地而起的一条直线就像是一个人，自豪地高高站立起来。每一种情况里我们都有着同样的关系，在下的土地与挣脱它而向上的东西这两者间的关系。只要这关系的一种情况给定了，另一种则隐隐地暗示出来。我们不记得这另一种，但我们连同这给定的，并在这给定的情况里占有着它。那么既然语言喜欢按照我们心理物理的自身的经验来解释一切并给一切命名，既然语言必须给一种东西赋予人性以使之生动，那么语言就是通过内在去解释外在的。歌德说，人类意识不到自己是何等的拟人化。或者更确切地说，他说起话来是何等的拟人化。我们将内心经验再现为实际的移情作用，从而不给它以最精确的科学的描绘。那条竖线没有拔地而起，没有自豪地高高立起。它从头至尾都是一根直线形式。但是它与它之下的横线的关系和其他我们所熟悉的关系相一致。所以当这种关系被感觉时，它——打个比方说——从经验的水库中集拢了一切与之相似的东西，或者，它化为与之相近似的观念。每一个过程在其求生存的斗争中——甚至意识过程也在进行着这种斗争——都寻求帮助。它用与之相似的东西来增补并巩固自己。没有东西能像意味着生活之幽密的一句话那样更能有效地获得一定的精神过程，或更能有力地使之突出。

倘若空间形式审美地被看作是在实际争取某种目标,躺倒、起身、振作精神,那么我们便不是在欣赏它们,而是沉浸在幻想之中了。那不可能是移情的含义,或者不可能是移情理论家的观点。我们不会把任何静止的东西改变为运动的东西,我们也不会把任何机械运动变成一个有目的的事件。然而作为整体的审美态度具有向那种描绘的模式提供支持的一面。我指的是大体上的情感方面以及情感与对象之间的关系。在施莱尔马赫(Schleiermacher)的作品中有一段话和这里很相像:"放弃自己同时又发现自己即是虔诚之本质,在此本质中将自己化入整体中的人同样也为此牺牲而欢欣。因之,宗教既不是知也不是行,而是感,是整体的一般生活的、我自身的一种情感。"从这个意义说,公众的仰慕和纯情绪也能被称作审美态度;此处即包含其大部分的尊严。在一切高一级的精神努力中,也在美与艺术的处理中,化入对象中去就同时意味着自我的拔高。我们也能在此处认识到爱的奇迹;谁若让自己受制于值得爱的东西,谁便会获得双重的自己。当处理最高一级的审美价值、艺术价值时,我们可以从这个意义上来谈到移情作用。

但是我们应停下来考虑一下特殊的事实。为了更清楚地掌握移情的意义,有些人将它与所谓"意指"和"表达"相比较。关于第一个概念,至少在某种运用上,几句话便足够说明了。一间房屋的透视画"意指"着一间大得多的三维度的房屋,但它并非表达了这一建筑,而这一建筑也并非是移情地注入在这幅画当中。其区别是显而易见的。

这幅画是可见对象的视觉再现；另一方面，表达和移情就包含着可见物与不可见物的融合。当精神内容用"语言"表达出来的时候，情况就更复杂了。我已经谈到过这一点，而且以后还要谈到。

再说说表现。在我们所熟悉的表现惊讶、气愤、快乐等动作方面有着最好的例子。就假定它们很短暂，以致不引出任何实际目的，不暗示任何目标。当一种情绪偶然迸发出来的时候，它们既能强化情绪，又能弱化情绪。倘若我在怒不可遏的情况下扑向对手的喉头，或将一封信撕得粉碎，这些行为是用来惩罚敌手或摧毁一种与人无关的愤怒的根源的。这种表现的时刻与我们无关。但如果我在狂怒时乱砸东西，把身边的一切都砸得粉碎；如果我大声吼叫，无人听见或自以为无人听见，那么这样的任性就将情绪煽到了最高峰，或者同样能弱化它、消除它。我们既在心理现象学方面从内心经验去了解，又在心理学方面通过分析去了解。但这种外在表象仍无审美价值。唯有当这种表现是被寻找出来并为其本身而被提供出来时，它们才具有这种价值。外在方面不应当是纯粹偶然的，而必须是主要事实。审美的感觉性质就要求于此。表达与内心过程必须是可分的，正如语言之于思想；我们必须明白该事件的两个方面属于两个不同的领域或安排系列。一个发怒的人是完全统一的，照此他就是可鄙的、难弄的、滑稽的——视情形而定。但审美欣赏与我们所看见的以及我们对其隐含义思的了解这两个方面的区别相联系。倘若我们将两者相混淆，我们便会给审美表现以自然主义的曲解：从符号中得出粗糙的现实（或甚至虚幻的替代）。

让我们来更仔细地审查一下，当我们积极地解释表现动作，而又不去一个一个地分析其他美学家所发现的那些次变种时，我们干了些什么（伏尔盖特在他的《美学体系》第1章第282页中说："审美移情……不能被化为同一个基本公式。目标总是一样的：融合器官感觉和心境、渴求、情绪、激情。但有各种不同的达到目的的方法。人类的精神生活为达到这种融合提供了好几种基本不同的可能性。我把这些方法称为身体沉思的移情，联想的移情，直接的移情。在立普斯的《美学》一书中〔第1章第150页以下部分〕，我也发现有这三重的划分，即便是用其他提法表现出来的。"）。假定我们同情一种用动作表达的悲痛，所包含的内心经验像如下这样描绘出来："我瞧见了此人的举止，所以我便感到产生一种内心态度或心理调节——这种人人都称之为悲痛的倾向或冲动。"会传染的呵欠是咱们都熟悉的小事，但很能说明问题。这个例子用同样的研究描绘出来："对于我来说呵欠的身体过程发生了，是因为我的精神懒散，是因为我有这种心境、意向以及一般态度，以致导使这种身体过程，外表可见的呵欠运动自然地产生出来。看见另一个人打呵欠，我的这种内心状态便产生了。我不向自己描述这一内心状态，但我经历过它。"（西奥多·立普斯所著的《心理学文献集》[1]）情况实际上不像是这样的。当我们模仿坐在对面的一个人打呵欠时，最仔细的反省也

---

[1] 见该书，1905年版，第4部分，第467、482—483页。

不显露任何厌倦和疲劳的内心经验。我们反射地打个呵欠，然后就说——如果要说的话，"多难耐的烦闷啊！"这种反射和表达的语言可以去核实，但我们据说所经验的这种内心状态则无法核实。倘若通过自己的核实，读者能清楚这种情形的话，那他也会向第一个例子提出质疑。我瞧见了悲痛时的面部表情和运动。如果我惊呆了，或者如果我故意去获得一种被动接纳的客观现实的状态，那么这些表达的形式就只是形式而已。正如此，立在我们面前的这个东西，倘若梦幻般地去看它，或只将它看成是一个可见物，那么它就是一个明亮的半黄半绿的东西——书桌上的灯。但对于必不可少的自然的领悟来说，那种姿势的模仿则极不费力地被暗示出来，经常还不是身体性的；身体内部的过程再加上去，意识中还闪过一大群观念。那么说这种同情的经验——它并不真正影响整个个性，甚至也不影响当时的状态——被称作为移情，是不是表达上一种碰巧的措辞呢？人类中的情感共鸣完全植根于纯粹的器官活动——相同物种的动物当中的一种反射联系。当其中的一个看见另一个兴奋起来，吼叫、大笑或者打呵欠时，它就照样这么做，而且请注意，那设想的情绪状态不会介入进去。而且在审美欣赏中有同样的直接性，所以我说到了审美反射。

任何情况下对于外表显示的心灵状态的"认识"都能成为同情的经验，它一般比反射开始得晚。因为一切的认识都有成为一种完全内心经验的自然倾向。我们原始的心理就易于相信每一种判断，服从每一个命令；正是这种特性使每一个纯粹的观念倾向于展露成感官方面恰当的再现，尤其是这观念所给定的精神内容的恰当再现。但意识的这种必不可少的推动只在儿童、原始人、文明人的反常条件中才能达其目的。一般来说，路途上的障碍又多又大，致使观念仍为观念。从演员或塑像所表达的激情的无约束的同情经验这一意义上说，只有当我们自己处于一种十分易感的心境时，移情才会发生。这种心境被当作目标来看呢，还是当作审美态度的庸俗化来看，这要看我们的总观点是什么了。审美移情在任何情况下都必须维持那种失去个性以及通过化入而使个人丰富这两者之间的分界线。

而在移情里，我们被引进一个对象或一个人的内心生活中去，审美对象的作用所激起的"联想"则——可以说是——依傍着它。这种始终与我们相接触的二元论在此处成为独有的了：每一个人都察觉到我们从自己的内心生活中引出了联合的补充。为此原因，人们从十八世纪以来常常提到"相对"美或"依附"美的问题。我们来想想看，费希纳就是将直接因素与联想因素区别开来的。直接因素包括了形式的愉悦关系，感官上愉快的印象以及从内容涌现出来的愉悦情感——只要这些都以直观欣赏为先决条件。联想因素则基于观察和经验。所有的感觉、思想和情感，不论是由构成材料部分激起的还是由一个美的对象作为含义丰富的整体所激起的，都使我们心中那帮助确定审美经验的情感复苏。这种心理的区别招致了合理的反对，即是说，这两个因素互相联系得太紧密，致使这种理论上的划分似乎没有什么用处。比如说，按照费希纳的观点，音乐所产生的印象应当隶属于直接因素。无须任何联想，悲哀的音乐会使我们悲哀，快乐的音乐会使我们快乐。但由于许多时代和民族都有使我们听起来觉得悲哀的战歌和舞曲，所以确实，我们即使在这里都处理着习惯与传统已使之特别强烈的联想。无论如何，也许在此处——而且总的来说——很难区别联想部分与直接因素的部分。除了这些方法论的担忧以外，还出现了另外两种反对意见。依据费希纳的设想，一切附属于记忆观念的情感，尤其是愉悦的情感，在性质上就必须是审美的。但是有意义的观念的联想结合无须呈现出些微的审美色彩便会是有教益的甚至是愉快的。我们在分离了很长时间之后，见到一封重要的来信，便会涌出很多种思绪，然而这些思绪不会向这封信赋予任何审美价值。那么，在审美欣赏中，像上文提到的事件与类似事件接近的程度就必然甚于各种审美兴奋之间的接近程度。这种不可避免的推断与事实是不合的。因为实际上审美经验相互之间比一般有意义的记忆观念与审美经验中的联想因素之间更其相似。

其他的难点——通常在联想美学中去处理——是纯心理学的，因此就无须考虑了。对于我们来说，最重要的事情就是要认识到固定的移情和自由联想之间的区别。当所谓必然产生的联想在考虑之列时，这种区别就变成含糊的了。绿的颜色，似乎必然会唤起关于春天和生命之开端的思想。然而实际情形却并非如此。从这一范畴所产生的任何观念都不需要复苏。但如果在思想上加进这一类的东西，联想的情感也可能是相反的。按照奥斯加·王尔德（Oscar Wilde）的说法，绿色，对于爱好这种颜色的人来说是颓废的象征。红色被当作是血的颜色，当作是象征生活中热烈欢乐的颜色。但谁若想一想秋天森林里的红叶，他就必然会产生出别一种想法了。当我们观察一幅深夜展开的风景画时，可能会涌出充满沉闷情感的死亡与恐怖的观念，或者产生宁静休息的舒适的观念。总之，也许在审美经验中很难指出任何明确的必然的联想。至少，我们不知道有任何原理能使我们借以从整个可能的联想中选出审美目的的必不可少的联想。要想对舞台剧的高潮部分作出恰当的判断，我们当然就必须用该剧前面部分的联想来增补它。只是我们在许多恰当的观念中说不出哪一个应当复苏。音乐就是最明显的情况。但若从模仿艺术即是表现这一意义上说，音乐即是一种表现的话，那么它就模仿人类的哭泣和动物的自然声音。至于其表现能力就是另一回事了。许多原因使得音乐增强我们的想象力，激起那种最五光十色的联想在意识中震颤的奇妙状态。

然而我们不否认联想在审美欣赏中起着极大的作用。正是那些最属于个人的联想——我们感到是我们所独有的那些联想——提高审美经验的魅力。这样的联想就像威尼斯小夜曲的夜景一样，在那儿感动我们的倒不是无足轻重的音乐，而是其迷人的环境。自我的自由联想活动，而非审美对象，在独有的审美认识中就是这样进行的（不论内心经验的贮存和艺术印象中有什么东西活跃起来都是如此）。相应地说，联想对于经验及欣赏，而非对于对象和实际判断，是必不可少的。只要能够区分——只要有一点儿趣味修养就行——对象中的东西和我们自己所供给的，那么我们除了对于主观感觉的东西有一个转述以外，对客观呈现的东西便有一个判断。审美经验在其普遍有影响的性质方面确实是一元性的，而且我承认，它在自身中，也在与对象的密切联系方面是一元性的。但它在主要的成份里都暗藏着二元性，而且还甚至暗藏着区别客体与主体的可能性——它以批评家的评价与一个人自己的解答之间的差异而达到最高点。

除了联想之外，还有另外一些没有化入对象中去的东西，一种结合的情感；固然，这种情感只在与活物的关系中，尤其是与小说、戏剧或电影里的人物之间的关系中才明显地存在。我们怜悯他们，为他们感到恐惧，爱他们或者咒诅他们——总之，我们以那种决不会移情地投射到这些人物身上的情感在其艺术表现的方式里伴随着他们。当然，任何一个引起我们怜悯的人也会怜悯他自己，但是一般地说来我们分享的情感不重复另一个人心灵状态里的任何东西。我们可以说，虽然这样的情感属于审美经验，但并不靠它们来确定审美经验。在简单的快乐与不快乐情形中的愉悦与不愉悦状态是相同的，只要它们是独自的以及这一时刻的表达。欣赏的无法预言的浮动能力则不能与活的经验的审美价值相混淆。否则我们就会放弃每一个标准。只有我们注意到联想之前所讨论的那种情感才会公正地对待审美形式的意义。只有这些情感才能转入完全决定对象及其价值的判断，转入关于一种非理论价值的理论叙述。

康纳得·费得勒拒绝承认美学的那一著名论点就基于如下的假设,即:审美的完全包含在愉悦与不愉悦的情感之中,因而也就包含在主观状态之中,它解释不了艺术与客观规律的一致,而且它和为真理而作的斗争比较起来是毫无价值的。用他的话来说:"谁若仍然持那种他应将愉悦的标准运用到艺术品中去的观点,谁就不懂得这些艺术品的含义……一件艺术品可以使人不悦,然而却不失为好的艺术品。"① 此处,一个正确的洞悉总体上被夸大了,而忽略了客观情感与保持主观的情感的区别(说类似的过头话已成为当今的习惯。华尔特·斯却奇〔Walter Strich〕声称:"美学是按照美的规律去寻找或者实则是试图去证明艺术中使人愉悦的东西——用一种更空洞的说法就是'引起愉悦'——它只能片面地、主观地、武断地与历史对立,流入品尝变化的将人引入歧途的琐事中去。但是这种美学自己本身就应当被历史地去理解,而且确如一个最轻浮的时代所表达的那样,它只要求艺术提供愉悦、慰藉、娱乐以及一种高尚东西的幻觉来将它从其内在的苦痛中引开。至于那种人类渴求获得愉悦以及艺术品引起愉悦的荒谬的心理学理论,我在此处就不谈了。"② 这些话该用到哪一种当今十分活跃的美学中去呢?)。

虽然我们用纯属个人的方式发现事物使人愉快,而不去顾及这些事物的实际价值,但我们不应取消总的情感,不应无视感觉情感、形式的情感、内容的情感,而且不应

---

① 见《艺术手迹》中的第九警言。
② 《孪生上帝》,文科年鉴。

当宣布一种理论认识（尽管是一种特殊的认识）来作为艺术上正确的认识。我们在审美方面欣赏的一切都是对象的实际价值。纵使愉悦可能是第一情感，这一活动的根源则存在于对象的自身中。

四

基本审美形式

1. 美

我们不仅能在审美对象方面识别诸如匀称或节奏；我们还能考虑这些方面的特别的修饰给整体以什么样的特点。所以比如说，我们可以考虑色彩的渗透性和谐，考虑节拍迅速变化中的节奏，或者考虑大范围里的绝对量。这就形成了截然不同的、独特的审美特征。整个审美情感的结构也能照同样的方式——打个比方说——呈现出各种各样的色彩。我们将这些情绪态度看成是总体上审美意识的可能的形式。我们将那些基本特征看成是一种审美对象所具有的最综合的属性。这些审美意识的形式作为独特的精神情绪而适用于内心经验，这种精神情绪的表现是由对象所导致或引导的。并且，它们也是由那种为某种理解提供异常能力的艺术技巧所导致的。

若要给基本的审美形式分类并安排之，我们可以（就像狄尔泰〔Dilthey〕的诗歌理论那样）从那种作为与内心活动完全一致并使精神完全得到满足的美的定义开始。然后我们可以在一边加上一些情感群（这些情感群从对象那压倒一切的巨大的尺寸上获取特征，而在另一边的精神状态中，主体则感到对象是在自身之上）。这条直线的中心即标志着理想的美的，其两半部分表现出使人愉快的东西的混合（这一观点明显地来自保罗·郝夫曼〔Paul Hofmann〕在《美学与一般艺术科学》第9期第468页中的研究。当美的对象在一种适意的、规则的、自由的运动中被领悟的时候，悲之中的主导方面就是一种情绪的反抗〔反抗一种价值被摧毁〕，而在滑稽之中的主导方面就是对于所要尊重的未得到保证的要求的惊讶）。

早期美学家们一般把美的和崇高的放在极点处，利用转换从滑稽的获取崇高的（顺便说一下，即使现在，在现代理论中也要注意辩证法的运用。这些现代理论在它们那崇高离荒谬只有一步之差的命题中追随黑格尔学派的从纯存在向不存在所进行的典型转换）。一个人不妨把崇高的和滑稽的当作基本典型，将美的当作是一种向另一种的过渡。将基本形式安排得使一种形式向其两个相邻形式过渡时带有概念的明晰。而且那些内容相对的就在相反的位置上，这样的安排也许最有用。图14就适应这种要求。

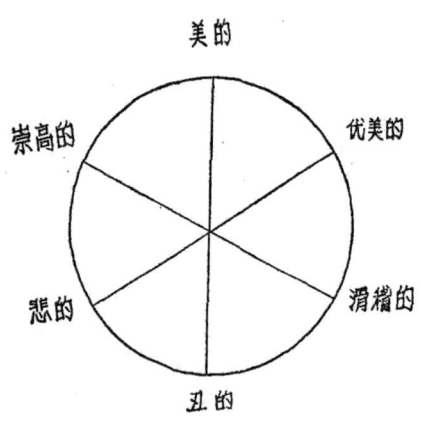

图14 从美的到丑的

美的总与古典艺术密切联系；所以美学也是一样，它将美看作是最可理解的概念，或者是唯一的概念。但我们不应当像有些人那样在总的方面指责美学，说它出于对美的概念的偏爱便阻挠其他艺术形式——比如哥特体——的欣赏。因为在最重要的体系中存在着一种洞悉，即美的是审美对象的一个特殊种类，所以就是受到限制的。但是美的在一切唯心主义体系中确实形成了中心。罗兹写道："某种受人喜爱的现象里的任何地方，只要在应当符合于观念的现象与机械论的需要所造就它们的结果这两者之间存在着一种协调（这种协调不必普遍发生），那么我们便能在那儿发现美。"这种观念（价值世界）必须弥漫在现实（形式世界）中，这在三种条件相遇，并符合于我们心中的三条标准时才会发生。第一条，对象必须使感官愉快——生理条件。第二条，该对象必须符合我们精神生活的规律——心理条件。加上最后一条，该对象还必须使涉及世界的含义及世界的有规则统一的观念得到满足——先验的条件。罗兹认为此处的观点表达得很清楚。该问题涉及对象的和谐以及审美欣赏的自我的特性——一种三重的特性。我们甚至在罗斯金的高超的学说中都能看到这一洞悉的痕迹。他把一切在其特性上保留与天赐属性的相像，而且结果能将自然的天赐部分拉向自己东西都叫作美的。所以统一就是上帝包罗万象的本质的象征，静止就是上帝的不变与永恒的象征，对称是上帝公正的象征，纯洁是上帝意志的象征。谁若能看清并重现出这些天赐的完美，谁便是伟大的艺术家。

用如下的方式也许能表达得简单一些。理想的美是直接显现的形式的统一，这个统一不仅与内心活动的自然进程相合，而且与内心状态的和谐的共存相合。这样，美就要求分成重要的、次要的、附带的和无关紧要的这些等级，它们与意识的特性相一致，并且确保顺利地被接受。哺乳动物和鸟类以其有关节的身体构造比起那些头、尾、躯干混在一起的鲸和鱼要美一些。像河马那样巨大的脑袋和拱嘴，像辣椒鸟那样的鸟嘴便使人不快，因为它们不适当地将视线从主要的部分即躯干转移开来。倘若其构成部分可见地——或者可听见地——相互一致并与整体一致，倘若这种一致是明晰的、未用强制手段而获得的（比如鲜明的对比），我们便可同样说它是美的。树的情况就是如此。它的躯干、枝杈和树叶是一个统一体。最后，美的就有了充实和深度，它们制造一种持久的兴趣。此处已然表明了对象为经验的人干了些什么。

虽然在完全美的例子中，我们的快乐与对象的特性密切联系，然而只有在纯美的独特的经验首次发生之后，我们才会知道有哪些特殊的客观特质激起了它。我重复一遍，欣赏的自我在没有任何干扰或不快的情况下所欣赏的是一种独特的经验及这种经验的与众不同的特征。"美的形式似乎在爱抚一个人"，一位英格兰人曾经说过。倘若亚里士多德在《形而上学》一书中所给予的那种纯沉思的感悟的描绘运用到情感生活之中，那么就会产生出这一内心过程的勉强恰当的图画。与一切实际活动相对立，从一切痛苦的重负与愿望下解脱出来，逃出反复无常的现实的桎梏——所有这些亚里士多德所强调的特征都成为欣赏美的特征。美的概念几乎是势不可当地扩张到审美的概念中去，因为美在一切类型中是最少与事物关于存在的含义相联系的。美的这一概念以同等的活力竭力追求与艺术统一，与最大限度地占有直接来自情感中的必要性的美统一，与丰富的对称的形式统一。这种情感散发着快乐的自信、内心一致以及自由飘浮的宁静的与自身的和谐。一位美学家曾艳羡地描绘了美的东西的宁静、明了与蓬勃的吸力："什么东西要想充分使我们满足并给我们全然的愉悦，那它就必须：第一，不能扰乱我们的才能与能力；第二，要把这些才能和能力置于充满活力的活动中。"① 赫蒙·科恩（Hermann Cohen）所称的——包括的范围太广——艺术世界里那种原发性动作适合于美的："在观者的灵魂与艺术品的灵魂之间发生了一种感人的对话。"② 在纪念简·保罗的演讲里，伯恩（Börne）狂喜地惊呼诗歌（实际上仅仅符合于完全美的）呈现出"一个决不会腐败的黄金时代，一个决不会消失的春天——明朗的愉快与永恒的青春"了。在讲这一段话时他也表明了如上的意思。

很可惜，我们并不用美的这个词来专门说明这种特定类型的情感和对象的相应的特性。我们说一幅画是美的，虽然我们并不说绘画者是美的。我们显然在这里指的是审美价值。但纵使在审美价值的判断——这是我们在"美的"这个词里想要包含的——之中，都能发现有好几种细微的差别。极常见的是，这种颂扬的属性只涉及艺术品的一部

---

① 卡尔·科林斯：《美学》，1869年版，第69、75页。
② 参见《纯情感美学观》，1912年版，第1部分，第394页以下各页。

分或其倾向，但不自觉地延伸到整体中去了。这就证明了人性的众多特点之一，我们——像别人在修辞学中说的那样——将部分当成整体；有了色彩的绚丽便忘却了绘画的缺陷；有了曲调之韵律，或想起一段辉煌成功的插曲并归之于整个作品，便忘却了器乐手段之贫乏。强烈的各别印象为上下文起到帮助的作用，诚如一个人的好几次预言得到印证之后，尽管他胡说八道，也被人们荣耀地冠以预言家的称号一样。倘若特殊的美收集太多，整体便失去了恬静和统一，因而其效果一般就削弱了。

第二点，美的就意味着一部作品是其同类作品中的佼佼者。倘若这种对比的判断基于历史知识，那么它也涉及从现在的情趣看来是差的或甚至令人生厌的作品。我们亲见的许多例子可证明如下的说法：每一种艺术史学家，乃至那些可见艺术品的收藏家们都把最差的，以及质量低劣的作品热烈地加以颂扬，说是美的。专门技艺的方向亦是如此，它使我们熟悉一种特殊艺术的局限。小提琴的某种音色是美的，而用人的声音去表达，其结果就并非是这样。有些效果在平版画上得到赞扬而到了蚀刻画上却受到非议。总之，此处的美是受到压缩的对比判断。而最终"美的"这个词的基本含义包括了一种规范的观念，一种从未被认识的绝对价值。那么美的便意味着近似于完美的东西，至多是由完美的所成就的。既然美的因而作为各种审美价值的一种朦胧的模糊的说法，那么便无怪乎这种引起联想的字也用于其他的估价上了。我们在习惯用法上常常将它转用到我们所尝、所嗅和所触的东西上，虽然它引申到伦理性质时已不像从前那样在我们的讲话中那么自然了。

倘若我们问一下"美的"这个词是否单指自然中一定的对象及其复制品，是否能单拟出一个美的清单，那么我们必须给这个问题以肯定的答复——历史的变化只施以稍稍的限定。杰拉·得·莱勒塞（Gerard de Lairesse）在这方面开诚布公地表达了他的观点，他揭示了（按照都·得发夫人〔Mme du Deffand〕的说法，也如同海尔威透斯〔Helvetius〕所做的那样）"每一个人的秘密"。什么是美的呢？"一处风景，它有着笔直的树木，可爱的远景，蔚蓝的天空，装饰讲究的喷泉，具有正规建筑式样的庄严的宫殿，有礼貌的人以及营养充足的牛羊。"什么是丑的呢？"奇形怪状的树木，带有又老又皱又裂的树身；没有路的荒地、陡坡、过高的山；拙劣的歪歪倒倒的建筑，其废墟堆在一处；沼泽般的池塘；满是阴云的天空；平地上有瘦小的牛群和难看的游民——这样的地方不可能被当成是一种美景。"① 从通常的趣味来说，莱勒塞无疑是对的，因为先列举出来的那些特点一般都会引起一种宁静的审美享受。

倘若我们从纯粹的描绘转为分析，我们便会到处发现那些其自身中与结合中均不协调的构成成份。一种发亮的颜色，丰富的音质，吸引人的曲线会毫无冲突地激起愉悦感。和谐的空间与音的形式在其自身中便具有可理解性，恰当地被称为美的——一种自然的浮动，它没有限制，没有斗争，没有粗暴的障碍，没有不确定。移情只介绍了愉

---

① 莱勒塞：《大画家本·奇》，1728年版，第183页以下部分。

快的解释，联想只使人想起愉快的观念。正因为它没有骚扰，所以纯粹的美的价值便总保持为一种表面价值。加之——虽然这并非缺陷——这一价值限定在美的对象上面，而真与善的价值则超出其自身以外指向一种认识与道德行为的统一。

然而在柏拉图哲学中，美的应归于真与善的一类。而且在已经——可以说是——很普遍的柏拉图思想体系中，典型的辅助概念用以表示美的特性。恰如真理在普遍观念的概念同化中将自己公之于众，美也在直观上明显成为现象的含义。故而每一件美的东西都必须是典型的。因为我们把一种其间种类与种类的目的显而易见的对象叫作典型的。按照这一观点，我们便有一种一切东西的种类概念，对于所领悟的事物的完全一致，而且这一概念产生出审美满足。因而典型的事物便会是符合于种类并反映出种类特点的东西。这一观点遇到了一些困难。自然中包含着尽管充分赋予了普遍特征却仍然是丑的现象——确实，它为即使丑的东西也能产生的审美享受制造了阻碍。而且，这种理论几乎有必要消除个性特征：个性越少，特征便越普遍，价值便越高，这种平均水准当真就是我们所称之为美的那种高贵的东西吗？

这些疑虑当然不会消除。能够被压缩为如下这个问题的反对意见的情况就不同了，这个问题是，种与类的概念及平庸的陈腐观念能否使审美印象强烈呢？这样的问题是基于误解的。审美典型绝不是空洞的普遍形式。相反，它们是广泛经验的结果，而且这种广泛经验满溢到了边儿。

十八世纪时，人们偶或把美的定义为在最短时间内供给大量观念的外观事件。实际上，每一种形式，只要它既是效果又是同一种特多的观念的根源，那么它就是典型。诚然，互相关联的细节必须都属于一组确定的观点。它们不是可见的即是可听的，再不就是联成一个富于想象力的整体的那种语言特点。但正是这些细节使得审美典型与逻辑概念相区别。当我们判断一个角斗士的塑像中某种特征缺乏典型性的时候，我们并非是把我们所见的与角斗士的普遍概念相比较；我们因这一特征与塑像的其他细节相矛盾而不愉快。可见形式的典型联系或视觉形象对于统一的努力被歪曲了。

规范性与目的性密切相联。上文提到的那些细节总是选以获取那种印象的目标的。我们再来考虑一下逻辑。普通语言和普通科学能够制造出成千上万种逻辑上无可争辩的种类的概念，只要它们并非是无意义无目的的。从这种可能性的游戏中去抽取本质的也就是强调目的性。这一判断也适用于审美典型。我们从刚刚建立起来的观点出发，便可理解为什么在美的哲学中（尤其自康德以来），目的的概念被指定起着领导作用。这两个概念的结合，美与目的，在以下的假定中成为可理解的：假定目的的考虑允许我们将应当是什么与是什么，将理智的与真实的结合起来，然后，或者在持久的联系中表明这两个世界（它们离开了各自的对立面便毫无意义），或者将其中的一个解释为向另一个的发展。目的一旦在——甚至无须自身闯入——向它所控制的整体的成份传递一种有机的统一时便成为基本审美的了。正如一个人指不出他所爱的那个人身上有什么合理的理由使他爱着一样。一个人赞赏美的和谐，而说不出其原因——被目的所支配了。也许这就是康德的没有目的的目的性。

我们在艺术理论中将会更加熟悉美的与有用的这两者间的关系。我在此仅先提一提，美的在许多情况下来自有用的。也许倒过来的情况也常发生。生活之忙碌包含在需要的不断扩张之中——它是一个与免除欲望的微不足道的道德理想相矛盾的事实——从审美的向实用要求的转化可作为这一发展的一个方面而发生。倘若我们第一次想得到一个新的东西，那么在我们看来这个东西就是美的、理想的。一旦这种欲望得到重复的满足以后，这东西便成为极重要的一种必需品了。如果某东西是个没有达到的目标，它就是美的。但我们一旦因为它已转为实用需要的系统而致使我们对它失去了兴趣，它便也会失去其嬉戏的、自由的、欢乐的、主观的以及想象的特质——那些一般见解视之为恰当的审美的特质。不论它是否在大多数情况下如此发生，或者是否颠倒过来而从有用的产生出美；完成的作品在任何情况下作为现在的过去也好，作为现在的将来也好，都代表了目的的意图。这显然也适用于制成艺术品的器皿。艺术家在制作它们的时候必须受规范的要求——目的——的引导。如果一眼就能看清某个对象服务于某种目的，那么我们便感到它是美的。一个酒杯应当立即表现出我们能用它来喝酒才行。毫无疑问，个人经验、教养及环境向这样的判断施以决定性的影响。在居民们受爬虫、猛兽，尤其是地震威胁的区域里，活动住房和湖上住屋就被看作是有效的。但对于我们来说，毫无用处的感觉便会阻止产生任何美的印象。而且如下的情况非常可能：在有用的艺术中，实用需要导致了似乎是美的某种形式，而将其原始的低级形式早就忘光了。最终，人体形状的美也与其物种的实用需要仍然有关，这一点看来是可能的。不论如何，目的与用途对于美有着这样或那样的影响。

因此，对于没有功利性与表面性，对于经常出现的廉价虚饰的危险得以避免的美的情况来说，我们用另一个词加以表达似乎是恰当的。我感到可以向美学引进优雅（gentility）这个词用以表明一个特殊的范畴。它与美紧密相联，实则本质上仅仅是在美的事物中占主导地位的那种和谐的不炫耀性。换言之，它是审美生活中的自我满足，以节制和淡漠暗示出来。这个词在形容性情和行为方式时，或在形容门第和家庭成员时一直是这样用的。现在我们把它用到艺术中去。美的，为了守住自己的特点，当抛弃已与之历史地缠结在一起的那些含义与形式时，便成为优雅的了。

整个世界都有一种表面的美，而且它具备所有美的特点。但这种由时代和群众的偏爱所认识与建立起来的美滥用了它自己：它以一种暴发户的欢欣呼唤我们，吹嘘其色彩与形状、音调与韵律是何等的完美无瑕。我们则更喜爱有效的技巧，而且更为那种宁静的需要而欢欣——一位艺术家就带着这种需要以一种极非寻常的方式画一道线，而又不使之丧失其使人快乐的形式。确实，我们甚至将这种艺术风格称作为"分离的",而且我们以那种比理性估价所起的作用更加精细的直觉确定去把它与蓄意的奇形怪状区分开来。谦虚掩盖了真正的能力;沉默经常比行动需要更多的勇气和决心。限制与确定在何处联合起来,优雅便在何处产生。优雅的严肃性是和一切喧嚣与虚饰相对立的。它通过柔和音与色彩,通过宁静与精美而获得其效果。优雅一旦限制在小限度与弱强度中,它便向装饰性靠近。日本艺术就提供了头等的例证。从装饰性再向前走一小段路,便引向了我们图式中"优美"的概念。

在爱得蒙·博克(Edmund Burke)关于美和崇高的那一研究中,有一个部分题为"美的对象小"(3:13)。要点是这样的:对象首先打动我们的是其大小。如果是美的事物,我们便能从通常的对于它们的规范大小的表现中去了解。在绝大多数语言中,爱称不仅仅用于那些我们所爱的,而且还用于美的事物。赞美与爱是有差别的。"崇高的——它是前者的根源——总是寓于巨大的对象中,而且令人生畏;后者则寓于小的对象中,使人愉快。我们顺从我们所赞美的,但我们爱那些顺从于我们的;一种情形中是被迫的,在另一种情形中我们由满足而至于顺从。"这一番话便向我们交代了为什么这一章会有这样一个引人注目的标题。由于博克在总体上只认识了两种审美范畴,美与崇高,而且崇高无疑是与非凡的巨大相联系,所以他通过对比就达到了这样一个结论,即:美的事物是相对小的。其次,他先前曾试图证明过,我们的美感包含在一种与我们的社交冲动而最终与性爱相联系的愉悦之中。相应的,那些表达我们温柔的情感所用的爱称即可直接转用到美的对象中去（在《美感》一书中，乔治·桑塔耶纳〔George Santayana〕研究了审美敏感性和性发展之间的关系）。

要认识到这一情形的更加复杂性，我们只须回想一下，爱称是多么经常地用以表达另一种情感——怪诞与轻蔑就行了。一方面小的东西以其不矫饰性以及赋予观者的那种高级的舒适情感而令人愉快；另一方面，它也给人一种印象，就是不必太认真地对待这一印象。因此我们这两种完全不同的高级情感的色彩来自对象的同一个质的结构。这就说明为什么人们把小的艺术品同时称为优美与滑稽了。审美价值的某种东西——但局限在小的限度里——是优美的，而在我们满以为会有一个大的对象的位置上出现了小的，便产生出一种滑稽的效果。在这一点上，装饰的、优美的与纯美的都是共同的：它们都缺乏深度。倘若加上嬉戏活泼的安排，便会出现雅致，就像罗可可时代的乡村少女与牧羊姑娘所极高雅地表现出的那种情况一样。

我们重新回想一下分层观和泛美主义的反对意见。现在，我们比以前更加看清了这整个的对比。我们知道了美是不可分割地与审美的本质密切联系在一起的。我们已与美的不同特征以及美的审美邻居们熟悉了。现在我们就要表明，从审美领域里放射出来的一定的东西能与其余基本形式结合在一起。以后我们就会明白，艺术并非是审美愉悦的结合，而是一种经验内容的综合性重新制作。

2. 崇高与悲剧性

在我们认为是崇高的那些情形里，对象的巨大尤其使我们印象深刻。金字塔、哥特式大教堂、暴风雨以及狂暴的群众革命，对于死亡的蔑视与英雄的激情都依其巨大与力量而表现为崇高。这种面临力量与斗争的情绪无疑与美所带来的狂喜是不同的。现在产生一个问题，就是其特殊的心理性质的根源问题。当然，这一性质是从这样一个事实，即：特定的一种无限与无穷即可扩大我们的灵魂这一事实中涌现出来的。从外部看来，艺术品很自然地限定在一个小的范围里，即使星空的景象和迅即消逝的阵雷的声响都不例外。但在这种审美对象的一致和巨大之中，有某种使之越出自身，又使我们越出自身的东西。量的方面总是基本的。如果我们限制自己对它们的反照，我们便会在艺术领域中发现自古以来就引起哲学思考的一种既成的事实。一粒小麦，加上五粒，便出现一堆这样一个它们原先所不具备的质。诚然，纵使在这种情况下其他条件也在考虑之列——这些东西必须堆在一起，并且没有安排——然而主要的一点仍然是数字。它通过一粒小麦的增加，便成为一个不再是立即可明白的数目。我加在九十九公分之上的一公分并不比加在二十公分上的一公分要长，然而它却产生出一种公尺的新的概念。黑格尔从相似的例子里抽象出一种"丈量关系的波节线"。当说到水的固态、液态和气态时，他说："这些不同的状态并非逐渐形成的，而是其温度变化的纯粹的渐进突然受到了这些点的中断与妨碍，并且不同状态的出现是一种突然的转化。"① 在我们的思考方式中，用一滴水与大洋相比较就更恰当一些。这一滴水与大洋是一样的东西，然而它却不能掀起风暴。或者，我们可与黑格尔一道想起那道德范例：甜只须量的增加便能超越那不稳的限度而出现完全不同的事物，犯罪——正确转而成为谬误，德行转而成为罪恶。② 这样，在不能更精确地表示出来的某一点上，审美价值的一个对象或一个事件便成为崇高的了。

在十八世纪，人们给美的与崇高的以相等的地位，把它们当作同等重要的概念。关于崇高的最著名的文学作品是希腊无名氏的书《论崇高》（περι ὕψους）和博克的《求索》（Inquiry）。无名氏的书论及了我们应当如何称呼悲哀的作品和演说。他还反对那些要求有严谨精确的风格的作者。其一般的思考没有什么特殊价值。而另一方面，我们应将那最重要的洞悉归功于博克，他的观点是，崇高的情感总包含着惊讶与恐惧，因而也就包含有痛苦，而且这些情感能够升华为崇高。崇高即意味着对象中有一种压倒一切的力量，它大得能使一个人的许多恐惧情感都在灵魂中消失掉。显然这种对象的力量所产生的自我忘却在遇有艺术崇高的情况下能极轻易无疑地产生出来。因为当一个人面临优势力量时，自我忘却所必要的相反条件或多或少仍然是无意识的安全感。我们用以保护自己、使自己不遭生活中的危险的聪明作法——不论这种危险是大还是小——

---

① 见《逻辑学》，第1部，第313页。
② 见《逻辑学》，第1部，第314页。

在这里都全然无用。因此,其基本情绪不光是对于此种强大的力量的一种屈服,而且也是一种信心。正如已经说过的那样,与自然中的对象比较起来,艺术品必然更易引起这种情绪。人们也能将它表达得可以显示出——照弗里德里奇·西奥多·费舍尔的说法——崇高情感自身即包含了对抗,而美的情感则没有一切的不协调和纷乱。这可作为内心经验的事实而指出来,但费舍尔的先验的解释并没有向我们说明什么问题。他断言说:那观念从那宁静的统一——该观念在这种统一里曾与形式融合,它超越于形式之外,又将自己本身的无限展示给那一有限的形式——中挣脱出来。这一判断在表现一种正确的情感是如何被解释为先验的隐喻从而便剥夺了它的一般科学的效用方面是有益的。

早期,一个人的体力也许是审美鉴赏的唯一对象。这一有限的情感便渐渐地在一切领域中扩张到对于崇高的情感中去了。我们不值得按照费舍尔美学中的示范去列举主观崇高与客观崇高的形式。一切在生活中庄严的物质与精神之巨大都在艺术形式里产生出一种了解它们的人的愉快。但尺寸与力量需要一定程度的绝对的巨大才能达到崇高。要想使一个对象崇高,仅使它比周围的对象大得多是不够的。它必须大得与无限接界,而且这只在一定的最小量之上才有可能。没有一位诗人会说三岁孩子的生活是崇高的,虽然与一只苍蝇的生活比较起来,它覆盖了极长的一段时间。但在恰当的艺术表现中一位百岁老人——其年龄似乎又回到了永恒——会引起全然的尊敬。当然,这些巨大只适用于人类的认识,而且在这一程度上是相对的。然而这类思考显然以人类中心说为假定观点。这种相对必须更加限制在历史波动这一意义上。在我们这个时代里，当相对多的人们已很熟悉大海和阿尔卑斯山，而且早就习惯于广大限度的情况下，崇高的特质便须满足一个特别大的标准了。诚然，从前的人们在小一些的印象中也能得到同样的内心兴奋，但我们需要广大的远景。这样，仿佛艺术中的崇高将会愈来愈多地抛弃形式美。所以那无形状的巨大物使我们立刻感到它的崇高。因为形状上——即使在最大的形状中——我们能极明了地看出其目的。我们目光的训练已经十分发达，所以当细看一座钢铁结构的建筑，甚至最有力的一种建筑时，那种没有表达出来的忧虑情感——它在经验升起之开端便已悄悄地爬入——不复存在了。我们比过去的艺术趣味需要更大的宏伟。最终就像一贯的情形那样，崇高的价值仅仅是直感的，而不是理性的。从逻辑上看，它们意味着自我没有能力画出一条明显的界线，意味着一种思想的挫败，它在优势力量的面前感到眩晕。然而这种软弱无能在何处威胁思想，欣赏便在何处召唤直感感觉。这一欣赏通过关节的松弛感与表皮的战栗感呈现出生理的条件色彩。但这个过程的纯精神方面更加重要。我们过去称之为升华。一个人能胆怯地顺从优势力量，或者也能简慢地无视它。这两种情况中都不会出现崇高的印象。要想出现这种印象，人就必须超越自己而又忘却他自己。谁若有了一种真正的崇高感，谁便不会感到他自己是个和谐世界中和谐的人。相反，他必须将他所碰到的令人吃惊的东西理解为他自身中的人类基本特点。那个人作为人是我们通过崇高的强有力的经验和悲的类似经验所了解到的无限的存在。而且它们表明热爱美的人是如何片面地滑过难解的迷惑，如何片面地只看见那天赐的宁静并以此来介绍宇宙之含义的。悲的意识就是对于一切善的所注定逃不脱的痛苦的认识，就是与那种从这统一中赢得最高升华状态的力量相联合的认识。

要发现悲的本质，一开始就会受到两种障碍。第一个障碍在这样的疑问中，就是什么样的真实形式与艺术形式才代表悲——它当然基本上是主观所进行的东西。这个疑问又与另一个疑问相联系，即：是存在着一个一般的悲呢还是只有戏剧的悲。这两个问题都扩大为审美与伦理间相互关系的详尽的讨论。亚里士多德依靠一种心理的与真实的基础。因为悲的独特特征——通过艺术对于情感的净化而得到缓解——是一种精神过程。亚里士多德为了解释这种情况的发生，便假定通常的非审美心灵状态不断地被一种恐惧与怜悯的紧张所控制。当然，我们的心理学不承认作为持久情绪状态的恐惧与怜悯会形成灵魂的模糊的背景。然而这么说并非全部是捏造。许多人，尤其是孩子和艺术家显然没有任何正当理由地长期被一种原始的惧怕所压迫。其他人只有在无眠之夜可怕的时刻里才了解的那种未可认识与未可表达的恐惧不断在这种人的灵魂里震颤。而且一种泛滥的温和情绪，一种抚爱人类、动物、植物与石头的柔情冲动充斥了一些人的心，其程度使我们有理由认为他们已被怜悯所控制。但我们找不出这种一般来说很少见的气质向审美的转变过程。因为这种情绪在悲的欣赏中不会达到任何实际解脱精神的真正的净化。任何音乐的和谐都不会消释实际环境里噪音的不协调。诚然，当我们从报上读到沉船中可怕的痛苦时，那些恐惧与怜悯的紧张便会得到解脱。但如果我们与脱列斯坦一道经受其命运的痛苦时，就不会唤起那种恐惧与怜悯，它们也不会得到净化。恐惧与怜悯就像关怀一样；它们把人与世俗的东西捆缚在一起，控制他的高一级自我，而非释放之——正像这一理论所要求与必需要求的那样。

倘若有人断定慰藉的效果随之即会出现，以此来安慰我们的话，那么——顺便提一下，这与早期美学家正好一致——我们就应要他注意这样一个事实，即，欣赏确实是与最悲痛的情感的发生同时被经验的。激动我们的悲的力量不可能从以后也许会发生的事情中获取意义。但我们仅需回忆一下早先的察觉用以弄清悲的力量并不妨碍审美愉快就行了。基本的心理事实就是那种我们以之使我们的想象在生活的深度与广度里自由驰骋的愉悦。灵魂力求无拘无束地度过它所塑造的想象世界。它不会在最可怕的事情面前畏缩，它寻找这些可怕的事情，为了能欣赏激烈的兴奋。因为一定的死的方式，一定的病痛以及其他的不幸实际上并没有我们所想象的那么痛苦，所以反转过来，最痛苦的事情也就成为可以忍受的，当它进入幻影世界时甚至会变成愉悦的了。还是别让字句把我们引入歧途吧。悲痛生活中被称作悲的确实是使人悲痛的，但它并不是审美意义的悲。艺术的悲是宏伟的、壮丽的。当作者让一种坚强、充实的生活在其顶峰结束时，它便是悲的。但是只有当我们不合理地将传统观念引进审美世界时，它才会唤起我们的怜悯。讣告中说某人在八十岁这个"尊贵的年龄"上逝世了。一个人可以用相同的看法为悲剧中早逝的英雄惋惜。然而这位英雄连同其作者本人根本就未想唤起任何惋惜。他们觉得这就像使燃烧尽净的蜡烛变得崇高一样寓然。蜡烛若不燃成明亮的光当然可以维持无数个年头。但我们能把这称为完整的生命吗？亚里士多德用这个提法并非意指一个伟大的年龄，而是意指一种未受干扰的自我发展。然而悲剧英雄生命的完整也在其衰落的方式上表现出来。当我们寻找同情英雄而产生的个人情感时，提到的是艳羡和敬佩，而不是恐惧与怜悯。这在任何情况下都不应排斥悲痛的意义。以后，当考虑艺术的人时，便会极深刻地向我们表现出悲痛正是提高个性价值的状态。我几乎可以说悲痛是真正首次创造出这种价值的。通过这种悲痛的方式，人就真正成为人，而且没有任何导致悲痛的罪过能剥夺他的人性。当然，它依赖于这种悲痛的根源。如果是日常的小事，我们便对他的失望而一笑置之；如果那是已经不为我们所理解的礼仪的规则——像西班牙戏剧里常见的那样——我们便摇一摇头；如果在另一方面，它关系到使生活有价值的事情，那我们便会产生同情了。

一旦资产阶级伦理学的标准大胆地被运用之后，净化理论便更混乱了。倘若我们用如下的事实来解释我们愉快的心绪：我们正经历着我们生活中所惧怕的最大限度的恶，而不受其侵害，因为它存在于另一个人的灵魂中；那么这实则比"谢谢上帝，这不是我"的说法好不了多少。这正是老太太读侦探小说的方法。说上面那句话的美学家还说:"在悲剧中,一般的福利,社会福利,应当保留。"此处,普遍心灵的崇高——每一个有限的巨大都在它面前消逝——都蓄意转向文明社会。社会秩序——就像永恒的世界秩序的袖珍画一样——允许我们瞟一眼它的伟大,而且给我们以令人敬畏的愉快!不。如果我们开始这样一条思路的话,那么我们就应当说我们以最大的震惊经验了一种价值的消灭,从而极深刻地知道了它的真实性。或者,我们来识别那必然寓于我们的一切可能性中的毁灭的危险吧。("当我们看见一条连续的线,一条我们感到躺在我们的可能性行列中的线被切断之后,我们便感到一种悲的震惊,所以这条线的完全毁灭便使我们像遇到自己可能的命运一样而惊恐。"——克里斯朵夫·史万特〔Christoph Schwantke〕的《论悲剧》)

再谈谈悲剧的客观方面。通常的描述将审美的这一特殊形式限制在固定的一种诗歌里。而且它要求有一位英雄,这位英雄又有罪过,这罪过就是对于导致悲痛与毁灭的好的东西的一种失去平衡的忠诚。

无疑最适于悲剧这种类型的地方当然是某种戏剧形式。但我们也能以一些正当的理由将这一观念转移到其他艺术领域中去,比如音乐领域。序曲和交响乐都反复被称作是悲的。建筑上是否有相似之处,还不能肯定。但有许多绘画以及造型艺术品表现悲的主题。每一种艺术都以其自己的样式,并与其媒介相一致地表现出悲,这是一个显见的实际情况,我们就不用多费笔墨了。空间艺术只能困难地揭示悲的事件的渐进；而小说则将它表现得极其清晰。能充分表达斗争情况的地方仍是在戏剧之中。同等合理与相等力量的斗争双方愈是尖锐地突出出来，这一斗争在人类价值与艺术效果上便会愈是剧烈。这样所表明的对抗极生动地唤起我们的兴趣。一个英雄似乎并不是绝对需要的，因为正如许多悲剧作品所表现的那样，即使没有一个中心人物也照样能达到注意的集中（比如格哈特·郝普特曼〔Gerhart Hauptmann〕的《织工》）。而且必须加以说明，把帮派行为和感情用事说成是邪恶的，并以失败加以惩罚，这从来就不是真正悲剧的含义。那些表达方式、悲的罪过、内心净化以及理想的赏与罚，所有这些都旨在使悲剧成为虚构道德的后果。但是我们不带偏见地去审查一下最伟大的作者们，就会发现他们并没有给我们传下什么道德方面的判定。《李尔王》并不比巴哈的赋格曲包含更多的道德；麦克佩斯在死去之前，实际上是得到了谅解，而不是受到谴责。莎士比亚对一切有关事实的敏感性过于强烈，致使他不能采取任何道德立场。首先，他初期作品中的英雄都是那样冲动地追随自己的欲望，他们是那样顺理成章的自私的产儿，而且他们又那样快地改变自己的情感与观点，所以一种固定的规范，也许连基督教的博爱都不会在他们心中扎根。他们没有错误感，也没有道德心。他们的创作者从不谴责他们。我不能说通常悲剧理论的伦理规则会适用于他的《亨利四世》。纵使我们不能在学术意义上将整个这部剧当作是悲剧，但它的倾向却是悲的。

每一种悲剧都必须导致和解，这种要求是误解造成的。作为一种道德规范的动态平衡以及理想美的样板给了这样一种观点,即纠纷纵使在悲剧里也必须得到解决这种观点提供了理由。这也许对严肃的舞台剧来说是真实的,但真正的悲剧最终并不解决对抗。这种悲剧证明了在世界上、生活中存在着什么都不能使之消除的对抗——伟大的性格、战场上的英雄主义、罪过和天真都不能消除它,甚至连死亡都不能消除它。痛苦和毁灭的种子正存在于人的最高价值之中。在上帝极其慷慨的宽恕之上站立着无情的命运。在这个世界上有一种强有力的严厉的东西,就是残酷的公正。它形成了悲剧的黑色的精髓。所以这种悲大体上可称为命运的悲剧。因为只有当命运使我们受挫的时候我们才意识到它,所以揭示命运的支配的悲剧是基于不幸的。一旦人类的弱点在对付大的难题时显现出来,我们就会发现它。有什么东西比包容在动物肉体里异想天开的观念更可怕呢?然而我们都是处在这类似的情况里。我们感觉到我们的弱点,而且命运决不允许我们越出这个界线。命运为低一级进化机体充分消耗自己所允许的那种外在环境与内在结构,我们人类都得不到。这种自我与世界间的斗争或甚至自我内部因素之间的斗争——一种公认为漫无止境的斗争,一种作为世界潜在的非凡的不和谐而被人们所惊叹的斗争——这就构成了悲的客观内容。只有承认人和客观世界是不协调的,我们才能理解悲剧。谁若躲在普遍和谐的和平观念之中,在纯美中度日,谁就必然会在原则上废除悲的。悲剧似乎不可能与那种浮动在最精美的灵魂面前的文化与人性的理想相结合。诚然,惊恐与宝剑之撞击,残杀与血腥只关系到过去的悲剧的历史发展,而不是其含义的不变的本质。然而一切固有的悲,如果值得这么称呼的话,都永远与严厉、残酷和不协调密切关联。乔治·西蒙尔(Georg Simmel)接受了这种思想并在他死后出版的一书《爱的断想》中追随了这种思想:"罗密欧与朱丽叶的悲是由他们的爱来衡量的。经验主义的世界里没有这种容积的空间。但因为爱来自这个世界并且必将其真正的发展包括在这个世界的偶然性当中,所以它从一开始就受到致命的矛盾的折磨。倘若悲剧并非简单地意味着对立的观念、目的或要求的冲突,而意味着:毁灭生活的东西正从这一生活的一种最高需要中产生出来,意味着世界的悲的矛盾就自我来说归根结底是一种自我矛盾,那么它就折磨一切在理念水准生活的人。在世界之上或与世界对立的东西并非从这样一个事实,即世界不能容忍它、世界与它斗争并且也许要消灭它这样一个事实里取得其悲的面目——这只会是令人伤心与惊奇的。其悲的面目来自如下的事实:它——作为理念和带有理念的人——为了它的起源与供养而从这个没有它立足之地的世界里获得了力量。"①

还有一种与这个论据充足的观点相对立的观点,我已经提到过不止一次了。艾德伯特·斯第佛特尔(Adalbert Stifter)用下面这一段话表达了它:"正如它处在外部自然中一样,它也处在内部的,人性之中。整个公正、单纯和

---

① 见乔治·西蒙尔:《爱的断想》。

自我约束的生活，整个理智的生活，在人的群体中有效的生活，艳羡美的生活，以及整个宁静的具有光辉志向的生活——我把这些视为伟大的。剧烈的精神混沌，可怕的暴跳如雷；渴望复仇、追求改变的，从事破坏、毁灭活动的炽烈心灵以及那种处于常会毁掉自己生命的激动之中的心灵——我并非视之为更伟大的，而视之为更卑劣的。因为它们与风暴、火山及地震那样分离紊乱的力量的产物是一样的。我们所寻求的是指引人类生活的文明法则。"这些话运用到悲，意思就是说悲的核心并非戏剧形式里达到顶点的对抗，并非命运所造成的压倒一切的毁灭，而是这种注定的对立的超然存在。只要这种攻击是指向悲的那些粗糙的、过了时的形式，我便觉得它是完全合理的。然而它犯了把欣赏的心绪稀释为温和的冷笑的心绪这样一个严重错误。近代研究者们以感染力的形式将悲剧与讽刺短诗及机智诙谐的反论进行比较。这当中有许多真实。但悲的矛盾没有解决，这种对照的戏剧所激起的笑声是失望的笑声。

上文的区别还可以说得更清楚一些。如果经过艺术加工的人类生活的不谐是轻微的，如果只有在它们很严重的情况下才造成悲，那么这种不谐就是幽默的。而且，不谐的特点随程度的增加而改变。常常在同样一个事实的面前赫拉克利特想哭，而德谟克利特则想笑。我们可以把斯特林伯格（Stringberg）的《死的舞蹈》里发生的事情也想象成幽默小说的主题。这些事件只对那种"现代"人的提高了的敏感性来说，才算描绘了威胁生活的命运。打个比方说，在幽默和悲之间有一道门槛，对抗只有在越过一定的程度时才肯定会获得悲的效果。倘若这个对抗不是渐进而是突然闯进的，那么这一效果便会进一步得到加强。古代的戏剧实践有充分的理由偏爱大的灾难——突发的猛烈的事件。倘若我们把它们分割成最小的因素，将它们分散开来成为长长的暂存的连续，那它们便难于跨过悲剧的门槛了。

3. 丑陋与滑稽

和悲一样，丑是由不谐造成的。要想弄清丑的与非审美的不应互相等同这一事实，我们只须回顾一下在丑的价值方面我们是如何评价自然主义的就行了。一方面像事实所深刻表明的那样，丑甚至能够被欣赏，能被艺术地加以利用；另一方面，非审美的无论如何不必是丑的（诚然，过去人们坚持认为艺术不像对待其他东西那样随便地给丑以地位。亚当·史密斯〔Adam Smith〕认为"一个丑的、残废人，像伊索或史开伦〔Scarron〕的像也许不会装饰成一件使人不悦的家具，而其塑像则不然，纵使一个粗俗普通的男人或女人，像我们以极大的兴味加以欣赏的伦勃朗的画中那样，做着粗俗普通的动作，纵使这些东西对于雕像来说都是极低劣的主题"[①]）。淫秽的图画可以表现出最美的身体，然而它却落到审美范畴以外去了。日常生活中有成千上万个对象和事件，虽然不是丑的，却极少使我们有理由去审美地看待它们。丑的仅仅是相反于美的对立

[①] 《作品》，1811年，第5章第250页。

物，不论一个人将它视为价值或非价值，这在任何情况下都是明确的。这一方面，它好像坏的，但又因其更高的价值而优于坏的。虽然它与悲的和滑稽的有着亲缘关系，但它以其不稳定性和不连贯性而与美的相区别。总之，丑是一种基本的审美概念，是其他审美概念中的一种，而主要问题是要把它放在什么位置上。我们美学在其他地方不讨论位置这种问题，但位置对于这些基本形式来说几乎已成为——总的来说，与形式本身一样重要的问题了。

图像艺术与戏剧经常表明，加上了丑便给崇高与悲以一种压倒一切的特点。这一类的丑以其强度的不同而互相区别。有些东西，我们不可能喜欢它们，但它们却不断吸引我们的注意。这种丑有着地狱一般的吸引力。纵使在一般生活中，丑的变形、令人作呕的东西实际上都能使我们着迷，其原因不仅是由于它以突然的一击而唤起我们的敏感，而且也由于它痛苦地刺激我们作为整体的生活。病痛者决不厌倦于对着镜子注视自己的残疾。确实，他们可能会对于自己突然出现而具有招引别人注意的强大吸引力而感到某种骄傲呢。艺术大师们在他们的作品里仅为艺术的目的而体现出这种刺激，人们都认为是合理的。生活中的那些现象无一不能为某种艺术形式提供素材。想一想索福克勒斯的悲剧《俄狄浦斯王》里面的乱伦吧。看一看荷尔拜因（Holbein）的绘画《圣·伊丽莎白》中满身创伤的麻风病跛子吧。

使人愉快的和理想美的东西产生一点小小的变化可能获得某种独立丑的东西。稍稍扭曲一个正方形或圆形，或把不相容的两种颜色混合起来都会产生出丑的效果。如果这种效果是艺术家缺乏技巧所造成的,我们就不必去考虑它们;用一种自然结果无意义地去干扰决非合理。但艺术上可以允许并使它成为美的陪衬。正如黑暗一样,绚丽的光从中照射出来;正如沼泽一样,奇妙的艳丽芳香的花朵盛开起来;或者如同恶势力一样,善的力量与之进行斗争。更重要的则是丑从自身中获取审美价值的能力。眼睛和耳朵在欣赏常见的形式和内容时,深藏其内部的精神核心只能困难地从外在表象中解脱出来。当我们处理这些事情的时候,认识在感觉不到其内部的炽烈火焰的情况下而顺利移动着。但是一旦放弃了通常的与和谐的,而且一旦形式的不平常的选择强烈吸引我们的注意时,我们便能领会到,那激发美感的东西表现了藏在内部的有价值的精神生活。传统的美过快地变为毫无意义;一般说来,丑如果突然出现,就会含义深长。所以倘若艺术家们有意识地提高表达力,他们就必定会从那些感官上满足的和审美方面愉快的转移开来。尤其是当他们要揭示不属于现实世界的领域时,就必须回避美的,而代之以丑的那些无言贫瘠的形式。一切种类的美——严格的形式美,欢快的色彩美,悦耳的音乐和谐美——都可以说是花费了极大的精力去炫耀其外部,所以就没有任何余力去表现其内部了。人们都认为它们就像这个世界的孩子一样,那是它们的权利,是它们合适的目的。然而如果艺术家欲表达自己心中深深的思念,表现内心最深处最属于精神的东西,那么丑便与优雅一起提供了表达的合适方式。

美学教科书特别喜欢阐述这样的论点,即人体美是人体健康的明显体现,四肢的力量与轻快就给它们以那种高于纯形式的动态美。绝对地这么说显然不对。因为周围许多人都有红润的面庞、强健的肌肉,而且基本上都有非常健康的身体,然而却没有因之而成为美的。在男子宽大的嘴巴上长着一只小狮子鼻,大耳朵配上小眼睛、短脖子和宽大厚实的手,这些即使表现了最强健的体格也不会从审美方面使人愉快。但是健康可成为必不可少的条件。所以在任何情况下病体都是丑的。健康的身体是使人愉快的外貌的必不可少的前提,虽然要成为美的还需有其他的因素。可是该论点即使这样说也是不合适的。有些堪称是破了相的疾病却被艺术家作为极丑的范例而加以利用(在赫蒙·林格〔Hermann Lingg〕的《黑人之死》里表现的瘟疫和左拉的《生活之乐》里所表现的浮肿病)。还有另外一些长期而且也许永远是视觉所看不见的疾病,因生理失调而导致的突然的死亡。但最后,也有的疾病——不带偏见的观察者都会承认——经常使病人变美。我们甚至能在肺结核的病例中看到这种变形的美——纤细的身材,发亮的眼睛以及透明、均匀而苍白的皮肤。那就是自然以外的美,一种揭示灵魂的美,而且比身体里显示数量的颜色与形式的称颂更高一层。谁若认为身体的健康是审美方面必不可少的,谁也许就会去描绘那种鲁本斯(Rubens)式的母亲来表现母性的幸福:宽大的臀部,象哺乳期的母亲一样有乳汁丰盛的胸脯。另一方面,更为敏感的艺术家则略带怜悯与轻蔑地小视这种作为健康的动物母亲的幸福——一种他们认为是兽性的,不必与精神发展相联系的幸福。简·佛朗西斯·米勒（Jean Francis Millet）说："我在画一个母亲的时候，就设法只表现她看她孩子的样子而使她显得美。"

丑的终极便转向滑稽。如果丑得异常，便会在某种条件下进入滑稽。亚里士多德把滑稽的定为不讨厌的丑，即暗指了这一点。卢梭反对喜剧，因为喜剧要求我们同情低级的行为和低级的性格——像亚里士多德在同样情况下所说的那样：可鄙的（Ψαῦλον）。因而有文雅性格的人便不可能去欣然接受什么大多数人觉得好笑的事情。那些有插图的滑稽报纸对于张三或李四玩的恶作剧从他们那儿得不到笑声。所有那些狐狸雷纳德（Renard the fox）的恶作剧对于读者来说难道是合适的消遣么？一个人在读到莫里哀的《乔治·但丁》和《愤世人》时能真的笑得起来么？达福勒斯在《残废人的幻想》（*L'Invalide imaginaire*）里夸奖他的傻儿子托马斯说："他从未产生过我们从旁人身上看到的那种活跃的想象或那种精神。在他小的时候，他从来就不是像我们所说的那样，活泼而顽皮。他总显得文雅、安静、沉默寡言。他从不说一句话，也从未参加过任何所谓男孩子的游戏。教他识字是很困难的。到了九岁上还不认得字母。'好呀'，我心里捉摸着，'迟长的树会结出最甜的果，大理石上挖洞是要比沙土里挖洞难的啊。'"像这样的描述一般都要激起哄堂大笑，但我并不感到好笑，却对这种父爱而感慨。作者的这种不人道的欢乐，从人性的变形产生出来的轻蔑的讪笑给我们造成了一种痛苦和丑的印象，而不是好笑的印象。许多当作笑话的东西都和残忍的悲一样低劣，形成了对立的概念。过去，王子们曾经豢养一些白痴、矮人和丑八怪来取乐。诚然，他们一方面欣赏这些人不拘朝廷约束的突然的思想闪光；但另一方面，王子们觉得这些怪样子就是很好的娱乐对象。纵使现在，一些孩子和粗俗的成人们还在讥笑醉汉、驼背和跛子呢。庞奇和朱迪（Punch and Judy）①表演中表演者的击拳和挨打就是根据那种原始愿望中暴力战胜敌手的愉快。在这一点上，悲的与滑稽的这两者间那种隐蔽的导致不幸的亲缘关系暴露了出来。这两种范畴里的内含的东西是耀眼地照亮我们的基本骚乱的东西。即使是滑稽的，我再重复一遍，也只有在我们记住人的无节制性时才在整个儿范围内是可理解的。崇高的和丑的，悲的和滑稽的，可同样包含那种表现出畸形的奇异的特征。

我们还是按照人的本来面目去看人吧。对于人来说最重要的是欲望的满足。倘若我们不谈饥饿和爱情，那么好奇和对于权力的追求便占首位了。那种一切场合都要亲见的欲望使得可敬的长者变成焦躁的孩子，使得最文雅的女人丧失理智。当有什么事情发生的时候，他们不在场就觉得难受。倘若一个节日的行列或暴乱需要他们在场，他们会不遗余力不怕危险地去那样做。同样的好奇心驱使他们去看戏，去参观画廊。已在行使一种权力的感觉安慰着他们，使他们不为存在的一切缺点难过。这种感觉唆使伤残者使那些周围的人担心，它促使地位高的人辱骂他的侍从。人的外在和内在的生活都充满了获得感化的渴望。但是人

---

① 传统儿童木偶戏里的主要人物。——译者注

类那种根本的、普遍的想干出荒唐行为的欲望会爆发出来。不服约束的行为中有积极性愉快，胡说八道中也有被动性愉快。这就确保了对滑稽产生出最强烈的反应。整个一大群滑稽剧的炮制者们——作者、剧场指导和演员们——就靠这种胡说八道所造成的愉快过日子。我在一张滑稽报上读到一篇神话故事，是这样起头的："从前有一位王子，叫阿格尼斯，他半夜跑到教堂墓地里去称王，而且蓄起了胡子。他在那儿碰见一个人，这人假装是那位夭逝的科龙威尔，并喊道：'啊，转过身！转过身！'但王子以为他喊的是'啊，我的天！我的天！'就哭着拐进了石竹丛中，石竹的花萼里立刻就形成了一颗露珠，露珠看起来像一只火烈鸟，当这个蛇怪在镜子里瞧见自己的时候，它见到和自己那么相像的东西实际上给吓坏了。"这真是彻头彻尾的胡言乱语，没有一点儿智慧的痕迹。然而这种对逻辑的极端蔑视却逗乐了许多人。而且就在它对于真实之羁绊的解脱中存在着将这种胡言与智慧、与娱乐乃至与艺术相联系的东西——尤其是滑稽，它确实能产生出极大的愉悦，然而却不会出现深刻的内心快乐。在《圣诞晨星》（*Christian Morgenstern*）里，有时诗歌完全靠韵或音产生的愉快，而没有任何含义。比如"Gruselett"（Gingganz 16）：

Der Flügelflogel gaustertert durchs Wiruwaruwoiz
Die rote Fingur plaustert und grausig putztder Golz[①]

---

① 此诗没有含义，故翻译从略。——译者注

理论家们长期想在笑的基础上解释滑稽。那是不会成功的。因为一方面笑本身也由其他身体或精神事件所激起；另一方面，有趣的经验却常常不会产生笑。更有希望达到目的的方法是描绘内心经验和外在场合。滑稽就像每一个其他范畴一样可以被视为一种特殊的情绪，由对象的一种特质所决定。所以，它有它主观与客观的方面。主观的过程按照各人基本的心理学观点可作不同解释。有一种长期被接受的理论曾经把滑稽的经验描绘成一个情感的竞赛。但既然现代心理学不会承认好几种情感的共存，那么它就把这个经验化为自我的整体情感中好几个方面的区别。更明确地说，观者指望有伟大而重要的东西出现时，恰恰出现了不值一提的渺小的东西。立普斯说滑稽就是小的东西在行为举止上像大的东西，然后又突然消失而成为原来的样子。我们的印象就包含着模糊及随后的领悟，这种意念的运动一次一次地重复及至最后消失。滑稽的特殊情感就会相应地被看成是一种失望——心灵等待着强的印象，却反而出现了弱印象的这种失望。情感的这种愉快的特点就会由这样的事实去解释，即：如同每一个内心力量的优越一样，精神力量的剩余部分便感到愉快。表达得稍稍不同一点：滑稽中的愉悦就是注意的高度紧张所涌现出来的愉悦。若从其他心理学的观点来看，就可以照样有理由说，这里存在着意识的短暂的高度紧张。但从主要的转为不值一提的，这种转变是否会激起意念的来回运动和所谓精神压力的抑制，这还是个问题（按照贝澳得〔Baerwald〕的研究,这种摆动确实存在,但只作为许多人的一种特殊性而存在;所以他并没有进一步支持这种抑制理论①)。

所能观察到的东西已被另外解释为整个滑稽格局在强度上的一种波动,解释为力的增加与减少,就像沉思时或听音乐时所发生的情况一样。在这些情况里,只会涉及时间间歇而不会涉及过程的质的特殊性。第二种理论似乎比第一种更合乎公正的观察。在任何情形中,既然对心灵里进行的东西所作的描述和解释完全依赖一个人的整个心理观,那么这个问题在一种寻求独立的美学中几乎是解决不了的了。

对于美学来说更重要的还是,首先去确定艺术中与艺术之外的、导致滑稽印象的那些客观条件,然后去洞悉滑稽在大体上深一层的含义。第一个任务更困难些,因为个别的历史的差别确实比任何其他领域都要明显。我们已经讨论了为什么对于文雅的和有教养的人来说滑稽的范畴必须缩小。现在我们就会回想起好笑的东西多么神速地就会变成陈腐不堪的东西了。智能方面的滑稽(妙语与双关)只须要几年便失去其味道,纵使滑稽画也会从好笑的范畴神速地降格为枯燥乏味的。然而也有几种持久型的。我们说感性滑稽对象就是指任何一个仅通过感官感觉激起滑稽情感的事物或事件。两种情况应加以区别。首先,我们看见对于一种熟悉的规则的无害与无理的侵犯,或者当一件无关紧要的东西挤出一个重要的期待对象时,我们就产生

---

① 《美学与一般艺术科学》,第 2 期,第 224 页以下部分。

了笑。在歌舞杂耍舞台上，人们有时会看到这样一个小小的滑稽：一个人试图从舞台看不见的入口处拖一匹马，他拖不动；所以他唤第二个人来帮忙；然后第三个，直到后来有六个人拉成一排。他们喘着气，汗流浃背地拖着一根粗绳，后台传来马蹄声和马的嘶叫声。最后，一个十足是大力神模样的人加在第六个人的后面帮着拖，绳子动了。从后台拖出的是一匹极小的小木马。这件事很可笑。因为花费的力气与所获得的效果这两者间的规则关系被扰乱了。我们直接看见了相对小的东西代替了相对大的东西。所有这些的先决条件是，感受到假的或无意义的东西时所含有的不愉悦情感依然是薄弱的，而无价值的东西带有明显的理由在眼前出现，它既快又确定地使人想起与之关联的相反物——那个恰当的东西。

这种情况可以像法国哲学家所做的那样，用如下的事实去解释：一种障碍物的摧毁导致了一个人的优越和自由的情感。然而即使是相反的偶发事件也可能让人觉得滑稽。一个人只要做出一个机械式动作，他就使我们觉得可笑。倘若我们遇到一个我们上面提到的那一种人，相信他离我们很远，我们就说：真好笑！此处可能是一种否则即难预测的机械化或者活物的机械替代物在其无价值与无效用情况中使观者觉得可笑。感觉的直接性对于这两者来说总是主要的先决条件。因此要用语言去形容或者传达这种感觉上的滑稽，只会是困难的。我们得亲身去感觉或从制图员笔下的描绘中去了解。

至于说到妙语——我们将它作为第二种类型的滑

稽——其规则仍然是：它虽有在那一时刻使我们感到可笑的强度，然而却被忘却得很快。每重复一次，其魅力就减少一层，除非那个叙述的人以随后的笑声来赞美他虚荣心的成功。妙语表达诱使那种突然消失的含义意象的形成。我在一家乡村客栈的床头墙上看见过如下用大写字母书写的友好的忠告：

"如果你爬上这张床，别忘了把另一条腿也搁进这床被。"（Und steigst du in dies Bett hinein, ／ So zieh auch nach das andere Bein.）

这一句打趣话从感觉上的滑稽转向词语的滑稽，它要求一种意象的形成，而这种形成一旦得到之后便会失去其身体的重要性。这种有人会忘记把第二只脚也放上床的意念——尤其是作为图像表现出来——就以其与通常情况相矛盾这一事实使我们直接感到可笑。我再说一种纯智慧的例子。很久以前一位院士将大学教师分为 ordinarian、extraodinarian 和 dinarian① 这三个等级。最后一等就包括那些有钱的、不取薪金、能设置豪华宴会的教师。倘若 dinarian 这个词存在的话，即使只在"基本上的主人"这一意义上存在，它用在这个例子里或许会使人产生深刻的印象，但并不滑稽。使得这句话显得可笑的是那种既自由又受制于语音格局的单字构成，连同其讥诮的伴随的含义。

---

① 这三个字都是生造的，为"普通教师""特约教师""进步教师"，后面 narian 为谐音。——译者注

这样，妙语的才能便包含了一种语言的精通。这确实是与诗人的天才很相近的一种创造能力。而且其效果为一种隐含的目的所提高了。这种隐含的目的一般或多或少就是个暗藏的"讥讽"（纵使在不礼貌的笑话中亦是如此）。但我们还是来详细地考虑一下妙语的技巧吧。

在纯语音相似的运用中，尤其表现了一种非预期的联系的嬉戏产物。汉斯·凡·比罗就是这样的。他把舞台上两名领唱演员——明显的过度肥胖的女演员——称作为两个 Primatonnen（领头的水缸），并且把舞台监督及其谱曲的妻子称作是 Kulisses 和 Mausikaa（将舞台侧翼布景一词〔Kulisse〕用以引喻希腊神尤里西斯〔Ulysses〕；将音乐一词用以引喻希腊神娜西卡〔Nausicaa〕）。在其他语言游戏中，我们可以提一提双关的运用。一位读书的姑娘写一篇文章，谈论奥里昂斯的少女，描述了她的狂想与幻象，结束语是这样的："从这些我们就能看出这位少女是处于一种 übernatürlicher（'超自然'或'怪诞'的意思）的状态中。"其双关的含义就在 übernatürlicher 这个字里。

另一种妙语不是戏弄词语和语音，而是戏弄真实世界里的事物与安排。一个爱打趣的人让一个小孩子来描绘音乐会上得到的印象："一位妇人尖叫起来了，因为她忘记穿上她的袖子，而且一个听差在为她弹钢琴。"这句话的第一个部分包含了一个谬误的随意解释，第二部分则包含了一种谬误的类比判断。它来源于演员的燕尾服所产生的印象。自然和社会关系的这种分裂便引起我们一种优越感，当它被思想的闪电攫住时，便使得异常变为愉悦的了。一位教师结束了他对于响尾蛇(Klapperschlang)的描述之后问道:"谁还知道相类似的一种我们所不应信任的动物吗?"学生回答说:"鹳鸟(Klapperstorch)。"这其中不仅语言的相似性可以说是笑声的原因,而且想象的自由驰骋也占很大的比重。我们把那些能够随处看出预料之外的相似性,并能用精练的语言甚至在语音上明白易懂地将它传达给我们的人称为滑稽多智的人。所以十八世纪的人把妙语定为一种单独的精神本领就不显得那么荒唐了。因为通过发现惊人的相似性,通过在极不相干的事物中建立联系并存在着一种转移,即是从我们所熟悉的字句含义领域中机智心灵的柔韧性稳步上升为促进科学或艺术的能力的转移。

我感到妙语对于生活的价值似乎包含在这样一个事实中,它至少暂时地鼓舞我们,使我们跳出现实的一贯秩序。妙语改造这种现实。这种现实在某些方面低于妙语就恰如它在其他方面高于妙语一样。所以好的笑话并非是不齿的,它对于制造这种妙语的人来说是一种艺术表演,而对于接纳者来说则是一种美的欣赏。神秘曾经被当作是艺术的基本成份。而且鲍姆加登(Baumgarten)曾经在"美的魔术"这一标题下广泛地对这一论题发表了自己的观点。剩给我们的就只有去评价惊人的艺术了,而且在滑稽中我们有着最确定最熟悉的这样做的方式。谁若能从玩笑中获取艺术,那么直觉便能将行为的滑稽部分当作是通向最高艺术的落脚点,当这种艺术处理的是感觉对象时,情形尤其如此。这在绘画方面显然是成立的。在音乐方面也成立,因为一个旋律和节拍的突然反向,预料之外的音色的进入,所有这些肯定只呈现给耳朵。但即使在语言方面的滑稽中，也极大地依赖于语言和语音的选择。

倘若我们顺着这条转移线直到它的尽头，我们就会碰到一种与命运的概念（它是悲的基础）相对立的概念。然而它与前者很相似，与哲学讨论无关。我指的是机会。人们可以说每一种滑稽的事情——将不同的因素结合起来，将严肃的东西与荒唐的东西嬉戏地混淆起来——是对于机会法则的一种集中而惊人的描绘。三个杂技演员身穿燕尾服，手拿高帽，当他们向尊敬的观众自我介绍的时候，被妥玛斯·塞奥多·海茵缠结成一种有效的装饰。这样，不可能的事情便通过命运的无常与艺术代理人而实现了。而现在，甚至就如同每一种机会的情况最终都要以某种隐蔽的方式成为合法的一样，每一种好笑的情况和每一个笑话也必须有一个临时的基础和解释。可与实际存在的结合进行比较的那些无数个任意的结合中，只有少数是好笑的，它们正是那些最终重又指向某种一致性的结合。所以，即使最苛刻的批评家都不想去反对妙语的一切生存下去的权利。正像迷信一样，它是值得有并保留这种权利的。迷信活动在进行着，就连最有知识的人都易于在它的祭坛上秘密地烧上一炷香——我在想着一条成语："敲木以除厄运"[①]——它根据半意识的确信：一方面，人能够去影响显然独立于人的事件与进程；另一方面，纵使相互间最不相干的事物都有一种暗藏的联系。迷信就像妙语一样，它

---

① **Knock on wood**：迷信说法，意即敲一敲木制的东西便能除去厄运。——译者注

建立起一种人类主观无约束地展开的世界，而且这个世界里没有距离的差别，最不相干的对象就像邻近对象那样容易地集合到一处去。所有这些都与神话故事里幻想的游戏密切关联。所以神话故事默许了最乏味的"好笑的"事件和最拙劣的语言歪曲。公主向小丑说，"别打扰（Störe）我的沉思"，他回答说，"我不是鲟鱼（Stör）呀，我是个朝廷侍从（Reisemarschall）"。在布仑塔罗（Brentano）的神话故事中，祖先（Altvordern）竟与年轻的跟班（Junghintern）相比较！

要想举例说明机会和语言精神在滑稽世界中所实施的控制，几乎再没有比《圣诞晨星》更好的例证了。我们发现一头四夸特的猪与一只扑腾的猫头鹰在一块儿跳舞。相差极远的对象结合到一处去了。自来水笔上的诗文中说，"把自来水笔随身带！（可知道：／这就是一贯正直之路。）"（Tag einem Füll drum！〔du verstehst：／Damit du immer aufrecht gehst〕）当我们读到这些东西时，它们都被倒立过来了（用其本身修辞手法来说）。至于存在物，《晨星》设计了一些对应或对立的东西：Nähe（接近），它扩张为Näherin（女裁缝）；Sitzfleisch（勤奋），它用来与Sitzgeist（久坐的精神）相比；而Oste（东方）是属于Weste（西方、背心）的，哪一天所有吹毛求疵的绅士们都会穿上它。它以极大的放任去歪曲语法规则，歪曲语序和句子结构。它常常放弃语言的含义而落入达达派文艺思潮中去。所以在我们所熟悉的《绞架兄弟之歌》(*Bundeslied der Galgenbrüder*) 的末尾是这样写的：

O Greule, Greule, Wüste Oreule!

Hört ihr den Rufe der Silbergäule?

Es Schreit der Kauz: pardauz! pardauz!

Da taut's, da graut's, da braut's, da blaut's!（啊，恐怖，恐怖，凄凉的恐怖！你们可曾听到银马的喊声？猫头鹰在叫唤：哎呀！哎呀！陶茨，格劳茨，贝劳茨，贝劳茨！）

在这里，人类已经很难找到价值和情理了。无生命的事物变为有生命的——一个铃声试图引进另一个铃声——而且又创造了新的存在：一个怪物（Klabautermann）从他的妻子（Klabauterfrau）那儿得到一封信；从人类中走出一个叫托尔蒙德（Toulemond）的生物，他与外星人一起到过月球，而对于这个月球，甚至连Mondkalb（笨蛋）都觉得奇怪。当狼人想要老师拒绝他入学，或者处于交战状态的标点符号建立起反对分号的大同盟时，现实与语言缠结得多么怪诞与神奇啊！一种最不可能的事件被人用严肃的方式，客观地然而同情地，经常还带有阴郁的神情进行描绘。《晨星》通过各种各样奇幻热闹的滑稽引导我们进入两种我们这门科学特别喜欢研究的方式：漫画和幽默。

哪儿有易感对象，哪儿怪诞的歪曲就最有效应。画家和作者只应使那些已经有点儿滑稽的事物滑稽化。漫画家从中捉住一种明确形式的中空的镜子，一旦已经存在一点儿滑稽的迹象，那么歪曲它就一律会产生出滑稽的效果。这种情况在人头改为动物头的漫画里表现得最为明显。政治漫画中，人们发明了一种特殊的技巧。这种漫画家若不是模仿伟大的艺术品便是用他们主要靠修辞手法所获得的那些象征去再现事件与方案——一般的抽象概念。比如，我们用"吊在某人衣服后摆上"的短语来表现依附关系，那么漫画家也就这样画出来。甚至连熟悉的寓言和动物寓言都用以为他的目的服务。图画中真正的艺术关系——空间价值和形状的比例——都为真实内容及说教的目的服务。倘若其目的，比如说，是为了说明一个政治州的重要性以及另一个政治州的非重要性，那么漫画家会不惜将第一个州的统治者画得比第二个州的统治者大出三倍。我们谈的是当形式（在滑稽模仿中）或内容（在歪曲模仿中）被其相似但又变更了的情形之中的保留物所嘲弄时的滑稽模仿或歪曲模仿。马勒（Mahler）的"第一交响乐"里有一段嬉戏的葬礼进行曲，这里面两种情况都运用到音乐上了。而滑稽的在其自由创造的狂想上却抛弃了一切标准，在滑稽剧这一公认的形式中，不是将普通的提到崇高的高度便是将英雄的降格为简单的平庸。当然，还要加上一切能激起笑声的手段。像诗文《意大利！》，阿克狄斯（Achates）[①]率先呼喊。／他的同志们用欢叫声向意大利致敬，在布洛漠（Blumauer）的《阿那斯》（Äneis）里是这样写的：

[①] 代表忠实的朋友。

> 突然，从自己的床铺上
> 阿克狄斯呼唤道，"意大利！"
> "意大利！"喊声回荡着船头，
> "意大利！"喊声回荡着船尾，
> "意大利！"船身喊道。

幽默是个心灵的框架。一个人在这个框架中了解自己的意义，同时又了解自己的微不足道。对于一个人永恒价值以及与之缠结的情感的认识，对于一个人无价值的认识，这些都已被人们指明是宗教情感的两个方面。优越感和局限性的相同混合就划分出幽默家和他的作品。作为一个作家，他描绘了人物和场景，其重要性不因掺和了滑稽可笑的东西而被毁掉，却因之而被提高了。在自我放弃和自我肯定的奇怪结合中，生活的两个方面形成了一种不合理性的减少趋势，而且激起了当一个人最终面临合理的生存竞争时所必然经验的那种痛苦的宁静情感。类似的结合在视觉艺术中也很常见。艺术家画一个脸上有大狮子鼻的男人，手里拿着一根香肠，从而使线条结合成奇妙的阿拉伯图案；或者画一个国王，以最夸耀的姿态大步走进，脸上流着鼻涕；这其中的幽默就在于如下的事实里：就连最粗俗的东西都已闯进美术这一纯洁领域中，生活中最崇高的也能在任何时刻堕入为可笑的。克莱蒙斯·布仑塔罗的一篇神话故事以非常愉快的结尾说，"潘彭国王拿起一把刀子，把他的国土切为两半，然后就问克劳仆斯托克老师说：'要这一半还是要那一半？'他说：'这一半。'于是潘彭就把刀口外的一半给了他。"幽默最喜爱待在神话世界里。倘若它被逐入没有那么多自由的土地上，它仍然会一直把目光盯着那一个领域。在《萨尔多·瑞萨突斯》(*Sartor Resartus*)里，卡莱利想象在宫廷礼仪的盛大集会上，所有参加者的服装都突然被揭去。国王与听差再也不能相区别，那些合乎礼仪规定的一切约束都被打破。像这种寓言般的图画中就有着真正的幽默，它炫耀和嘲弄了服装的威力。纵使在卡莱利的心里，在所有这些嘲弄的背后，也闪耀出对人类的伟大的爱。幽默从不涉及不幸——它并非总是被妙语略去。谁若描绘了伟大的东西的渺小而又不贬低其伟大，谁若表现了生活的非逻辑性而又不否定其合理性，那么这位魔术师便是一位幽默艺术家。将来，当存在的奥秘什么报偿都没有的时候，也就不会有幽默了。因为生活中与世界中若没有了欢乐，幽默便不能够呼吸。反转过来，那些在疯狂的求生欲望中耗尽自己精力的那些时代与人民也需要幽默艺术。

幽默从偶然性的背后看到了命运。它把有限与无限结合起来，而且教会我们如何用微笑来征服命运。所以在我们这个天地间的特殊家务之中，幽默是用于不时之需的必不可少的一枚金币。

五

艺术家的创作活动

1. 时间进程与整体特征

我们在美学上已面临的两个普通艺术科学的基本问题都涉及艺术与现实以及艺术与审美存在的关系。艺术决不纯粹重复已经给定的东西，这一点可以当作是一条定论。但是，当乔格·西蒙尔以"各个领域完全自管自，两者都同样有权威性"这一点为根据，进而拒绝考虑这两个领域间大体上的关系时，我们则应当反对这种对于一个基本上站得住脚的信条的夸大。倘若在与自然、与人的斗争中那些对于我们来说是关键的价值在艺术中并非关键，那么艺术便只会成为一个无关紧要、与世无缘的经验领域。倘若艺术品在某种意义上并非属于普遍真实，倘若事实未被吸收到艺术中来，那么我们就绝不应当——像我们实际所做的那样——穿越这两个领域，进入最深奥的层面，就连西蒙尔也承认，这一层面确实存在，它是存在和发生、死亡与命运的所在。

在艺术品和一般特性中的审美对象之间同样有一种关系。日用的东西在某种环境下会产生出审美愉悦，然而如果它们不激起这样的情感，它们自身的意义就是无损的。另一方面，艺术品需要审美判断。所以，美学和艺术的系统理论不能完全分离开来。甚至连康德都不能成功地将认识论完全从形而上学解脱出来。但是我们以某种他形成一般认识理论的方式——这种认识理论超越于对形而上学系统之对立——正在寻求一种将要超越审美问题的一般艺术理论。若为艺术理论提供自由运动，那就必须打破联结，必须松弛那种密切的联合。因为艺术在根本上并非是纯粹培植美的。自然的美，不论它是多么风雅和使人愉快，却仍然像自然的丑一样，待在艺术的大门之外。艺术不是通过审美的浓缩而产生的。现在我们就要参照艺术家的特性以及艺术的起源、特点和效果证明这个无害的真实——很可惜，那些最正直敏感的人却拒绝接受它——为合理的。我们从研究艺术家的创作活动入手，因为这种活动的存在不仅仅使艺术成为可能，而且作为与审美生活相区别的活动，在其本身中就首先吸引注意。谁都不能拒绝承认（除了形式感和好的趣味）理性、情感、审慎以及——首要的是——形成能力都在制造艺术品的过程中起着作用。仅仅审美趣味还不足以衡量一个人的艺术能力。业余艺术家和艺术批评家可有最高的欣赏趣味，而像格莱比（Grabbe）和波克林（Böcklin）那样的大艺术家有时候却表现出奇异的审美趣味之缺乏。我们欣赏艺术品的人所产生的快乐，是艺术家的个人趣味引起的，是他克服那种桀骜不驯的材料的可见的成功所引起的，是他用以深入现实的核心的那个确定的目标引起的，是内容的充实及其生命力所引起的——总之，是被那些在审美检查中可以忽视的特点所引起的（我向读者竭力推荐一本爱弥儿·尤的兹的重要的有帮助的书《普通艺术科学基础》，共两卷，1914年和1920年版，尤其是第二卷的第160—284页上与我们这里极有关的关于艺术家的一节）。

人们大体上提出了三种艺术创作理论。我们可把它们叫作灵感理论、强化理论和优良技巧判断理论。按照第一种理论，艺术家在一种隐秘的梦幻状态中进行创作，它最终就像处理普通意识进程一样是费解与中断的。所以古代诗人乞灵于缪斯，而且相信，像奥威德（Ovid）说的那样："有一个神在我们心中主宰着。"按照第二种理论，艺术家是一种具有高级本领的人，他有活跃的思想，较强的移情能力，更丰富的想象，而且，用《西东合集》这本书中所表达的话来说，他的创作活动是一种"狂热的情绪"。第三种观点则认为艺术能力就存在于技巧之中——灵巧的手、绝对的音准等等，就存在于勤勉、耐心、审慎以及对于自己突然出现的意念采取批评态度的才能之中。"那么，在整个人的身上什么东西又能被称作是原始的呢？"歌德曾经这样问道。

这三种理论并非是完全不相容的，但它们的不同在于，它们分别强调了创作活动短暂发展中的不同阶段。美的创造的短暂过程是那种科学分析能够区别为好几个阶段的过程。用爱德华·文·哈特曼的话来说，我们称第一阶段为创作情绪。一般说，它不待艺术家去寻找便已出现在他的心中了。它可能在任何时间与地点出现；它并非倾向于以一种兴高采烈的客人的姿态降临，而是沉重、突然地降落到艺术家的灵魂上。"就像突然涌出来的眼泪一样，歌曲也就这么流出来了。"歌德在谈及拜伦时说："他获得自己的主题就像女人生出美丽的孩子一样。他们没有去想这件事，也不知道这是怎么干成的。"靠分析并不能解决什么问题。它诚然是显露了这样或那样不明确的形象，但与以后的工作没有联系。这些形象所属的领域经常与完成的作品所属的领域不同。在艺术家的力量存在于哪一个领域的问题上所经常发生的判断错误，也许可以追溯到这种替代的感觉活动中去。倘若一个音乐家的心中没有产生旋律，却出现了诗句，或者倘若一个处在这种情绪中的画家看不见色彩，却听到了音调，那么我们就可了解，他们的内心状态已经引导他们把自己看成与他们的外表及实际情况不同的人了。

整体地看，这种创作的准备是一种情感和热情的汹涌。各种力量在灵魂中互相斗争；其工作仍然是处在诞生的阶段。创造性艺术家像一个面临道德抉择的人一样感到一种不定的摇摆，这种摇摆可能上升为一种肉体的痛苦。模糊和无秩序将艺术创作中的理性状态与直觉行为中的理性状态相区别。与直觉进行比较——过去非常普遍——我倒觉得不仅没有用处，而且还不合情理。它没有用处，是因为它使得一个难以理解的东西变得更加难以理解了。它没有看出直觉是以绝对的确定并以最大的一致性进行活动的。然而在艺术创作的早期阶段，一切都是不确定的，各种各样的。这种情绪的折磨，由于担心有用的东西能否从这种模糊中出现而强化了。甚至那种经常是完全被类似的骚扰所震动的艺术家都一次又一次地怀疑，从这种骚扰中会不会产生出什么有用的东西。他从极少欺骗他的焦虑的自信所产生的情感中找到慰藉。他已经从远处听到了微微的声音，然而仍不能推测这声音的含义。他还没有听到那特定的旋律，或者还没有充分地把握住色彩与形式的搭配。但是他从微小的迹象中窥见了一种希望。一系列的远景展现出来，就像梦幻世界那么广阔，那么丰富。它显示出，梦境消释了这种紧张，觉醒中的灵魂突然清晰地面临一切并急忙地去表达它。倘若这种消释不出现，那么其挫折便是个严酷的打击。奥陀·拉得维格（Otto Ludwig）伤心地说："我就像一个分娩时的妇女一样，阵痛总不出现。"而雨果·文·郝夫曼塞尔（Hugo von Hofmannsthal）承认说：

> 可怕啊，艺术！
> 我向自己吐丝，其轨迹
> 正是我，穿云过雾的道路。

整个巨大的器官骚动使人想起性兴奋。但我们不应把艺术的天才看成是极度性感的独立分枝，因为性感不包含那种将形式构造出来的强制。我们在本阶段讨论的主要点是，狂喜的状态出现在艺术创造和性产生之前。而且类推法在下面这个范围内似乎是正确的，就是在最终成功的创造行为之后，随之而来的是内心空虚和疲劳的阶段。当联结的需要迫切时，所有的感觉便呈现出一种特别的色彩。我们观察自然界中情绪的高涨与交媾过程，我们听到鸟儿交尾的欢叫声，沉睡在我们灵魂中的所有的回忆及对未来的梦想便都涌现出来。接着，我们的心理状态就发生了猛烈的变化。那些不容我们有一刻宁静的意念现在就消逝了。倘若我们不嫌麻烦而使它们重现的话，它们便会显得苍白无力。过去把我们折磨得发疯的东西，现在就成了一种模糊的东西而飞落到意识之外去了。因为艺术创作中的条件是很相似的，所以我们可以说创作过程的第二阶段就体现了一种从那些以压倒一切的力量充斥灵魂的东西中的解脱。就像春天里大量积雪消融之后从山巅上汹涌奔腾而下进入山谷里去一样。但这里所考虑的过程并非发生得这么突然，相反，它分成了好几个步骤。

首先，我们得把早期描述中占优势的两种观点作为不正确的东西加以抛弃。与第一种观点相反，一个人自身的这种解放并不意味着与别人的交流。这样的情况是可以想象得到的——而且实际也发生了，就是当艺术家最终清楚地表达了他作品的观念之后，他便紧张地不敢公开表露自己的观念。诚然，有一种欲望迫使艺术家从孤独状态进入交流，但这种欲望到后来才开始出现。在这一点上所表现的需要与那种想影响别人的渴望并没有共同之处。它是当一个人在眼前的东西有溜走的危险时所产生的慌忙与忧虑，而现在又知道这东西跑不掉了，于是就松一口气。第二点，这种自我的解放是理性课题中一般能找到的东西，并非局限在艺术创作中。就连哲学思想都能搅得一个人好多个夜晚不能成眠，使他疲劳不堪，只有当这些思想在心中成熟并上升为明晰的概念时，他才能康复过来。那种想使自己解除负担的需要是人人皆有的。我们心中的某种事情仿佛直到我们将它从意识的桎梏中解放出来并给它一种固定的形式时，才算完成。因而区别艺术的不仅是这一点，还有一种特别的分类表达。创作情绪使创造性艺术家与一切从高一级意义上说精神上活跃的人结合起来。所有的直接创作都是在不确定的朦胧状态下产生的。就连分析的科学的认识都不是理性能力最原始最完整的表达形式。所以结论就是，只有那些准备阶段涌现出来的被制作对象的特性才能确定该创造活动是艺术活动还是其他一种活动。

在"概念的形成时刻"这个传统的说法中，我们指的是，该过程获得了外在形式，从而表现出它就是艺术之构成过程的那一时刻。这就是表达与不确定的内容相结合的时刻，就是诗人的激情在语言上达到顶点，画家想象的图画在色彩中得到完善的时刻。内心的观念成为可以表现的，即，按照克罗齐的说法，是成熟了的"被表达的直觉"（intuizioni espresse）。我们把这个事件叫作艺术概念的形成。按照艺术家自己的印证看来，我们是不能强使这种概念形成的，但能以试验性努力去帮助它形成。很奇怪的是，这时候所进行的工作在注意的集中点上一般没有效应，然而却在完全不同的、不注意的地方产生了清晰的形式。艺术家的摸索与探求当然会使他抓住这样或那样的东西，但在绝大多数情况下都不是他所预期的东西。创造性活动开始时没有任何计划——或者也可以说它是无意识发生的。因为整体尚未找到一种形式。但这种无计划性决非无用。倘若艺术家持，门外汉的不确定的倨傲态度，他便会中止试验下去，他在绝大多数情况下就会阻碍事件的进程，甚至会使得该事件的完成变为不确定。这种工作为迄今不连贯的东西的联合提供了机会。特殊的精神创造力求获得一种特定的形式。还需要一种新的经验来使相对自由的任性的意识活动变为一种可靠的统一体。容易引起激动的材料准备好了，一旦有一粒火星落到上面，那么一闪之间，羽毛丰满的戏剧便在诗人心中出现，旋律的格局便在作曲家耳边震响，画家便看见他的图画，雕刻家则见到了他的雕塑。

当然，完整仅仅是外观上的。真正的完整在这一阶段就像无中生有的创作那样不可思议。实际上一切都已准备就绪，只要加上最后一个刺激就行了。创造开始时应该带有的那种外在事实，已经作为其功效的先决条件而预想了某种心灵的框架。西奥多·斯托姆（Theodor Storm）将这种情况贴切地称为"钟摆的刺激"，而且用他自己文学活动的内心经验加以阐明。艺术家碰巧看见和听见的东西只对他这专门为此准备的特殊的个性有意义。威伯（Weber）看见堆起来的一些椅子便获得了一个音乐主题。迈克斯·郝尔勃（Max Halbe）曾经描述过他的戏剧《青年》在什么样的情况下孕育成熟的，"这是最不值一提的情况，几乎什么也不是，然而却足以使得后来形成的那出戏剧的整个意念突然出现"。我们看见二月的天空，听到远处手摇风琴如泣如诉的声音就激起九年以前的经验，而现在，一闪之间这就成了一首诗的情节。总的说来，我们说不出我们的日常经验什么时候在艺术上又有多大用处。一个经验的日期与创作的开始之间，或者一个生活过程和一连串相联系的作品之间在任何情况下都没有一个简单的关系。然而记忆里一种丰富的想象显然比那种手头没有什么材料的想象更适于利用最微小的暗示。模糊的发展力求完整起来，并且发现这种完整处在一种否则即很无关紧要的局面里。所以人类的历史就在个体中重复。艺术的成长及其现状就表现了它的不确定与不完整组织。现在所出现的并建立起一个新时期的那些伟大艺术家就像钟摆刺激一样，使得面前的东西卓有成效地运转起来。

但艺术家即使到现在还是不能绝对肯定他的创作会有什么结果。那要看下一步的发展进程了——这是他心中来自其他源头和达到其他目的的成熟的东西与后来从外部撞击他的东西这两者的发展进程。因为新的支持的观念总在不断出现。我们诚然会把创造性活动的下一步进程描述成仿佛只是个推敲的过程。但对于那些断言他们一开始就在面前看到一个恰如后来制成品整体的样子的艺术家来说，这是一个错误——当然，这是个可以理解的错误。实际上，许多条道路都敞开着，从被发现的起点就把我们引导下去。因之，原有的观念会发生或多或少的变化，而且经常会转向其反面。一些新鲜的经验闯了进来，使得旧的统一被打破，而形成新的统一。或者第一个计划保留下来，但以后形成的概念发展为分离的活的存在。这样，艺术品就产生了插曲、双重情节和枝节，而首要的是它变长了。最后就出现了混乱，而且作为整体的作品就变得没完没了。

在正常的步骤连续中，概念的形成之后就是作品的草样，它被改制成外在的东西。概念经常只在草样中发展。许多艺术种类都为其即将成为现实的机体存在而从这种外部获取活力。试图在弹奏钢琴时形成主题的作曲家，是由实际的声音引向新的结构的。当画家制作草图时，那些线条都在指引着他。当纸上的字句面对着诗人时，他突然感到思想奔放起来。我们向自己解释这种关系时一般都说，完成的作品需要草样只是为了能紧紧地被把握住。但有许多艺术家——虽然并非全体——还由于草样对内心幻象的反作用而珍视它。这种创造能力的一致以及来自草样的启示通常都被感受为愉快的事情。艺术创造在这种时候就给予最纯粹最强烈的欢欣。主观想象的东西与客观表达的东西的集聚就点燃了一种能力感和有所成就的意识。举世无双的艺术研究者，弗里德里奇·黑伯尔（Friedrich Hebbel）曾经表达过类似的洞察："一位艺术家要表现自己对理想的热情，就只能通过努力去体现它们的方式，并且利用一切他的艺术以及他所能调动的方式去达到这个目的。当一位狂喜的画家看着云彩惊呼着说，'我看见一位多美的仙女啊！'，这不会给他的画布带来什么仙女。确实的，他甚至根本就没有见到什么仙女，他只是通过绘画才得到仙女的。倘若他已经看清仙女的面目，那他这一辈子就不会再用他的画笔了。"[①] 画家只有通过绘画才得到他的仙女，这个真理涉及一个基本的精神生活的特殊性：创作对于表达的依靠。那种要我们在说与写之前便把事情想个明白的旧学派的规则提出了某种人常常是根本达不到的要求。在任何情况下说与写都帮助思想变得更加清晰，而且它们常是使之成为可能的必要条件。你试一试，只用看的方式去捉住一件复杂对象的细节，你是不可能抓住其全部的。你不去画

---

① 见《作品》，第 10 章，第 175 页。

它，就不能真正地看清它。所以我们都通过教书而学得了东西，并且在大胆地断言之后就开始怀疑起来。所以说诗人们在创造出一个灵魂之后便理解它了。那种似乎是明显可以理解的短暂的秩序——认识以后的表达——决不总是实际的秩序。这两个作用短时地互相渗透并能交换其位置。

当艺术品涉及的范围最小时，这种草样可能会结束创作过程，因为草样在此处会意味着完成的东西，意味着既不需要又不能加以改进的东西，而且它就是艺术家能力的特定成果。但对于大一些的作品来说，紧接着的就是其制作——或者更确切地说，是内心完成。这样，全部的形式就出现在创作者的心灵里了。他画在纸上的每一根线条，创作的每一段乐句，写出的每一个戏剧场景都是已经存在的一个整体的一部分。该部分从它与这个整体的关系中获得其独具的特点。刚刚出现的东西不断地与目标进行比较。虽然那些反复无常的美学家们很乐意把它作为偶然的东西而排开，然而这种完成的劳动却像揭示艺术家的伟大的那一过程一样，是必不可少的。那些具有"灵感"的天才艺术家并非十分少见。创作情绪——确实，甚至偶然出现的出色的概念——经常高涨起来，尤其是在青年人当中。但这仍然不是一件艺术品。到目前为止在想象中徘徊的东西必须以工匠们一丝不苟的技艺去将它变为实际。每一部伟大艺术家的传记里都提到了使这种无休止工作所必需进行下去的诱因。这些人都从自己的经验中懂得了，要想成就什么事情，就必须牢牢把握住自己。他不应当等待那种处于合适情绪中的时刻，而应当不顾条件与题材中的障碍去促成这种时刻的到来。

过去的人们相信,艺术家通过灵感进行创作——他们仿佛在上天的启示下突然在心中发现了一个完成的艺术品——这种看法与莱辛那最引人注目的表述"没有手的拉菲尔"中所体现的观念是有联系的。这种不幸的美学教条断言了真正的艺术品包含在内在形式中,无须任何帮助便能成功。这种观点(它现在还很盛行)否定了任何灵感时刻前后的东西,它不仅贬低了技巧的作用,而且还要取消一切心理解释。然而创造性想象如果没有理性的安排与指导加以协助,其本身是不会成就什么东西的。艺术家必须立即捉住每一个露头的有意义的有细微差别的东西,把它安放在恰当的地方。诗人与作曲家的笔记本,画家的草稿本就证明了这一点。在艺术家的创作中活跃着一种无意识的东西——或者恰当地说,是潜意识的东西;那些意念仿佛是独立地、并非不断加重意识负担地进行着工作。但艺术家必须不时地查看这些意念发展的程度,以便在它们正当成熟的那一时刻抓住它们。形象、语言、对比、零碎的旋律以及形式的格局方面已经同时收集了如此众多的东西,这就需要具备非常准确的判断去发现好的和有用的因素,果断地将其他因素丢掉,以免它们会阻碍进一步的工作。艺术家光具有特殊的天资是不够的,还要最大程度地去利用这些天资。他们当中最大多数人都在这一点上失败了。他们天生的能力如果能更认真地加以利用,那就足够了。有许许多多什么也未完成而且在内心也没有进展的艺术家不承认自己是多么地疏忽了自己的才能。但是倘若我们观察他，就会发现，他听任最好的意念被弃置，他不能集中这些意念，而且不愿意在组织工作上花气力。光有杰出的意念是不够的。一小段旋律可能很美，但是六个小节不会构成一个艺术品。单独一句格言又有光彩又有价值，然而纵使有好几十句这样的格言而没有内在的连续性，就不会形成一个整体。伟大艺术家的题材可能是很轻微的。他们的能力就植根于这样的一个事实中，即他们检查了他们特点中任意出现的以及强烈情感的行为，从而通过意志和理解力的合作而上升为一种严肃的造诣。

上文描述的过程在一切精神活动的领域中都能观察得到。此处应强调一下，这只是由于艺术家在幻想中自由放纵的诱惑面前常常是软弱的，而且比其他人更暴露在这种诱惑之下的缘故。确实，美学早就使他们相信他们就是那种一切都必会自然出现在他们心中的幸运儿。实际上，他们的天才，一部分在于创作情绪和概念的形成上，一部分又在于内心完成的通畅与速度之上。然而有了天才并非就不需劳动。我已经提出了，艺术家必须与对象的抵制作斗争。对象几乎在出现的时候便开始自行其是了，其坚定性常常甚于其创作者。它强使创作者按它的意愿前进。一本书不仅有自己的命运，而且还有自己的个性。一本小说中的先后次序不受作者选择的控制，就像男女后代的先后次序不受父亲的决定所影响一样。成熟的艺术品通过这种独立的个性偶或与艺术家发生冲突，它不能获得真正的统一，而保持含糊。艺术创作就像开始于性概念的过程一样，以生出一个新的存在而告终。这个新的存在能极自由地脱离作者的约束，因而它能被另一位艺术家去改制或继续下去，它能转给其他领域的艺术家（音乐作品转为戏剧等等），并且给观者以各种各样转换的天地。创造性艺术家的作品对于他自己来说可能是很陌生的。倘若有人深思一下这个问题，他就会说：要完成一件伟大的艺术品该需要多大的勇气啊！要想重新争取那特定的成就——如同亚里士多德的上帝一样，这是意味着一切变化之目标的成就，或者如同黑格尔的绝对精神一样，这是代表了艺术家向上斗争之理性自由的成就——该需要多大的热情啊！

最后我们要说一说对象化的问题。这个问题的讨论属于特殊艺术理论的范畴，因为随着艺术种类的不同，其造诣的模式便不同。所以我们只注意一下音乐占了特殊的地位这个问题就行了。每一种文学作品在写出来之后便算完成了——我们以后再给戏剧下定论——对于视觉艺术品来说，艺术家一旦脱了手，它便算一个完整的艺术品。而作曲家在其全部的总谱中除了指示以外，几乎什么也没有提供。他需要演奏者去把真正的艺术品变为现实。纸上的音符与音乐无关，就像字母与诗歌无关一样。

作为整体的艺术创作的特点里有一些在我们观察中没有充分显露出来的特性。首先就是与现实的关系。丰富的经验就构成了一切艺术成就的基础。我们说丰富的经验，并非像旅行所表明的那样，指经验的广度。人的这种获得知识的外在方法与那种能从他安静的角落里看清花样的艺术家的方法没有共同之处。首先，在他心中居留着一种心醉神迷的形式世界。他的作品简直就是最使他激动的冒险。

（郝夫曼塞尔在他的短文《小说戏剧之人物个性》中有一段巴尔扎克谈文学作家的普遍弊病："他除了有那种作为自己存在的经验之外，就没有什么经验了……但艺术家整个生活中的工作是如此完整与独特，以致他在全部世界上只能感觉到他在工作的折磨与欢欣中所一般经验到的状态的相对应物。"）但生活的艺术经验也在种类方面与通常称为生活经验的东西相区别。艺术经验并非真正是一种观察，而是比观察偶然得多的东西——一种直觉的目睹与记忆。观察能力，在集中注意以及为某种目的而细看的能力这一意义上来说，对于物理学家和侦探都比对于艺术家来得重要。我们来考虑以下这一点吧。对于自然的观察能力已经被原始人发展到惊人的程度了，虽然他还不知道如何用同样的方式去艺术地看待周围的环境。人类只有离开了自然，才能在美学的意义上去掌握自然。艺术洞悉并非得自于给定东西的制作上，而得自于闲暇的时候。确实，当我们爬山遇到生命危险时，我们无意中收入并保留了所有的印象，不管这些印象是怎样没有意义。当我们充满苦痛的时候，我们看见并注意到最微不足道的细节，与任何其他指向某种目标的有意图的观察比较起来，这些情况与诗人特别的感觉能力相距更近。其原因正由于诗人是不带特别目的去看去听的，相反，在一种神秘的感官承受中，一种完整真实的印象便保留下来，日后他便可任意选用。泰纳在一个地方谈到莎士比亚时说："他是整块整块地想，而我们却是零零碎碎地思考。"这就是说，每一个所谓观察的行为改变并打破了它的对象，而这些对象则作为一个一个的整体进入无目标地经验着的艺术家的灵魂中。

甚至连艺术家的记忆都不是为警觉和精确而设计的,像对待经验的生活统一那样——这种统一使得记忆的内容成为个性的组成部分。自我所具备的不是储存的事实数目,而是一种内在宝藏,就连细节都有着热情与充实。一旦真正的创作活动开始了——它是对于被经验的东西的改造——就会证实记忆图像的完整是特别有价值的。因为这种完整就使得任何任意的重新安排和重新建构成为可能。其构成成份一会儿这一个一会儿又那一个率先呈现出来,仿佛它就是其基本特征。所以,这种经验的相对小的数目包含了无穷无尽的丰富材料。在这些材料中,每一个细节都与其他细节相关联。正像制图员自信地画上第一条线,而这条线只从艺术家心中看不见的意念系统中获得意义和存在的理由那样,所以作者想象和运用的第一个特征便进入内心形式的全部图画中去了。艺术创作并不是结合、编排与计算。这些过程是需要的,但它们基本上属于科学的程序模式。按照 J. 米尔桑(J. Milsand)的观点,我们可以假定一位想完成一个既定任务的画家从自己想象材料的积累中寻找合适的经验并达到一个理想的效果。他画一棵树,想给它一种愉快的形状。他画出第一根枝条之后就再画第二根去与之平衡。但为了引进花样,他就故意使它的形状与第一根不同。然而纯粹的艺术想象决不是这样干的。它并不是将零碎的东西拼在一起,而是使完全呈现在面前的东西成为细节上可见的。它将整体当作是先于部分的东西。它把一切都立刻创造出来,再向世界引进一种其机体不过是逐渐出现的组织。各部分的协调并不是来自判断和对比；这种协调事先便已存在，它使得所有的不完整可以得到原谅。因为它们靠囊括它们的那种生气勃勃的统一来互相消除。我们用诞生来形容艺术品的完成，这不只是一个隐喻而已。或者用更接近的类比来说，这个过程就像说话一样。当我开始说一句话的时候，思想就作为一个整体在我脑子里徘徊了。然而我还不知道那些只有在说话时才显露出来的特殊的字，我就像听话的人一样，通过这些字去领悟思想的构成部分。倘若不是如此，倘若说话就是一种把事先考虑好的各别的字放在一起的意识活动，那就几乎不可能圆满地完成一句话了。这种艺术创作与说话的类似性也表明了为什么语言之精通对于文学家来说是重要的。心灵在这两种情况下都极确定地达到一种非预期的目标，因为我们在这里所进行的——可以说——是一种理解自身的努力。

　　这一洞悉暗示着另外一种后果。当全部的观念展开为语言所表明的一系列观念时，很明显，这个系列不必与对象中的时间连续或空间因素恰好符合。语言与实际因素没有相似之处。相反，在我们心中发展着的概念世界表明了对于给定事物的改造。在情绪、事件与人物的艺术描绘上也是如此。这种描绘就是整个直觉的逐渐展现，是一种纯粹的内心过程，它的好几个因素和结合的规则是不受外在世界控制的。在它要得到清楚阐明的渴望中，心灵里容易激动的活力被对象所点燃了。从自我最深层的欢乐所产生出来的幻想中的创造物就在如实再现的现实的伪装下展现出来。这种想象创造的直觉特点和它的那种几乎完全不受外在世界控制的独立性是一致的。因为第一，这种美的感受性与自然的不同。第二，感官感觉以及与之相联系的记忆形象不仅是外在事物的迹象，而且还是内在事物的象征。当一个雏形服务于真正的艺术目的时，它只是一种内心事实获得表达的方式而已。这一原则体现于诗歌里并不亚于体现在绘画中。在我们美学中，每一个创作，如果与真实的对象相同，就似乎是一种复制。但我们应该从音乐中了解到，艺术过程就正像是把精神的东西转译为身体的形式一样。存在的对象一旦遇到艺术家心中现成的东西，就会去唤醒他。这种对象虽然对于所有的艺术来说是必不可少的，而且是非常重要的，但它不过是一种手段而已。

2. 能力的差别

那些接受能力的一般信条的人，他们所说的能力是指特定指向的活动气质，它由适当的刺激物释放出来并且联成一个相当稳定的结合。不论两种才能是立即结合在一起的还是得自一个共同来源，它们都形成一个整体。在如下两个方面有一种自然的亲缘关系：（1）在理念（作为立即结合的）的丰富性和流动性方面的某些差别；（2）对于这些理念（作为产生于共同来源的）的联想力和想象力。然而艺术家最一般的能力不能与他的其他能力相等同，而首先只应当表示为否定的。它不是（逻辑的）对于理解的意愿，它不是（伦理的）对于自由与平等的意愿，它不是

（审美的）对于高级趣味的意愿，而是对于形成的意愿，对于只由事实和创造的心灵所决定的那种结构的创作意愿。

形成能力的特性必须更细地逐渐阐述清楚。此处我们不得不反对那种经过一些世纪的各种起伏之后仍在沿用的用语。外行人，甚至连美学家都喜欢把艺术家称为天才。这种称呼既包含了对艺术家过分的褒奖，也包含了对于他特出才能的忽略。天才表现在一切理性活动的领域，而且到处都有着同样的特色。但是天才的形式随着它所表露的领域不同而各异。

天才之于别人，正如一个清醒的人之于半睡眠状态的人一样。自由与创造力仅以其存在在他的心中流淌。这里，我们有一种柏格森式的生活，"一种冲动，一种主动性，一种使得物质制造出东西来的努力，这种东西若依靠物质自身的力量是不会制造出来的"。更确切地说，天才因一种高出别人的理性能力而著称。有才能的人能轻易地去完成那些无才能的人花很大的力气才能完成的事情。而天才则制造出其他人，甚至其他人当中最优秀者所决不能制造出来的东西。他在精神键盘上所掌握的音比我们高出一个音阶。科学和艺术上的一般工作沿一条直线缓慢切实地前进。但天才的工作却是三线度的，它不断从左从右吸取能量，又向上向下放射能量。打个比方说，在天才的心中，身体对于任何进入它的东西的适应能力与组织能力达到了尽善尽美的地步。确实，伟大的心灵在他们对于充分理解之领域的驾驭上，在他们对于根本与非根本的东西自信的划分上，都具有某种无所不在的能力。其他人则缺乏这一点。天才尤其具有一种独创能力，有一种直接与经验有关，与自然和心灵的事实有关的精神能力，还有一种从这些事实的文化吸收中获取灵感的能力。所以它是科学的。对于第一手材料有才能的人从他们与现实的接触中获得洞悉；对于第二手材料有才能的人则从他们处理前人以及处理研究过程中问题之状态中获取洞悉。艺术中亦是如此。一批人从自然和生活中进行创作；另一批人则受早期大师们的制约，继续培植这些大师们的风格，或者采取一种有意识的对立态度。我们甚至可以把第一批人想象成处在原始状态中的，而后一批人只是处在特定的文化阶段上。当然，第一批人也主张旧的真理，但他们自发地——不知不觉地——把它们当作是新的发现去主张它们，而第二批人却只是重复这些旧的真理。天才的决定性标准是：（1）与现实的直接接触；（2）毫不犹豫地抓住事物的核心以及熟练地从主要印象出发制成伟大的东西这样双重的本领。天才就像鸟儿一样飞来飞去，从丰富的生活中攫取点滴养料，然后便匆忙飞回到安静的巢中去慢慢地吞咽起来。

还有必要区别一下。我们的评论到目前为止只涉及创造性艺术家。我们还须考虑一下所谓再现的艺术家。这里有一个语言方面的困难。虽然我们从早期美学家把艺术能力与天才相等同这一事实出发，但我们现在就应看出，照一般的说法，重新创造的艺术家——比如演员、歌唱家、小提琴家和钢琴家——通常都被称为艺术家。他们具有双重的能力：（1）对那种赋予他们的工作的艺术目的有最精细的敏感；（2）具有艺术表演的技巧。但他们的创造力，或者——如果允许这样说的话——他们的发明能力则可能完全缺乏而丝毫不为人所知。

仅有趣味和精湛的技巧是不会产生出任何艺术品的。我们想要寻找的难以描绘和不可或缺的第三因素是一种个性的伟大。我们可能会注意到当一个全面、多重的个性去尝试艺术创造时,它必然会制作出有趣的东西。但这种意义上的个性比起作曲家、画家和诗人的特殊个性——比起它们个别的形成能力来说,后者则更能决定艺术价值。我们知道,极其独特的和重要的特征保持在艺术的一个极端,而另一方面,许多杰出的创造性艺术家决不是作为有意义的个性的人而给同时代人以深刻印象。这在音乐家和画家的情形中是很好理解的。当一个人整个被存在的一个方面所掩盖时,他就不能将自己扩张到其他方面去了。所以只有不大快乐的因素留给了日常的事务,尤其是那些艺术所禁用的琐事。作家照例是最使人印象深刻最讨人欢喜的,因为他们所必须掌握的材料正与生活的丰富性相吻合。但他们当中也有许多软弱易溶的特性。他们普遍是那样易于兴奋,这就仿佛所有的个性都被驱除了一样。他们对于色彩与音调世界的爱,对于不落俗套的人的爱表现了一种极强的适应性。他们的艺术从他们为生活所深深感动的一种被动状态下涌现出来;从那种最终找到了应用与形式的模糊的渴望中涌现出来。这种艺术就像幻想的爱情一样,开始时是一种很一般的向往,只是在悄悄地坚持向往了很长一段时间之后,才集中到一个人的身上。所以这样的艺术家在生活中极难保持自己,因为他们倾向于抛弃自己,或者让其他东西来征服自己。他们的目的是去理解一切，然而若带着特性便会产生误解。

　　这样，艺术品的人的方面便与艺术家独特的个性相联系了。这种个性寄寓在该作品最小和最大的因素中。斯威登保格（Swedenborg）曾经在同质的一种难以理解的学说中说过："每一个打动人的突然产生的观念，每一种情绪——确实，每一种情绪最小的部分——都是一幅画，是他本人的精确的图画。从单独一个思想便能看出一个人的心灵。"这是完全正确的。从一小节乐曲，或者至少从一个旋律的短句便能识别一个作曲家，几句诗便足以判明一个作者。匆匆地勾上两笔，便能把制图者及其个性显露出来。在1401年，佛罗伦萨公布了一项装饰洗礼教堂的铜门这一竞赛。布朗奈勒斯科（Brunnellesco）和季培尔蒂（Ghiberti）交出了大致一样的镶板。"那布局、人物数目、动作以及式样的框架都是规定了的。然而在微小的细节上两件艺术品的差别简直使人震惊。但这一切都是由两位艺术家气质的不同所决定的。在布朗奈勒斯科的画中，一种建设性心灵、坚韧的力量以及对于真理狂热的追求在起着作用。我们从季培尔蒂的画中除了看出人体解剖的全面研究和现实主义世界观以外，还看出了他对于优美线条和形式之表面性的爱好。所以布朗奈勒斯科选择了关键的时刻。他表现了亚拉伯罕搁在以撒脖子上的祭刀，那颤抖的身体，以及安琪儿阻止高潮到来的有力的一握。季培尔蒂只比他早一秒钟。那刀子离脖子还有一手宽的距离，安琪儿就在身旁，但他还没有开始行动。结果，以撒仍可询问地向上望着，表现了他年轻的身体在恬静中的充分的美。艺术家的情感在此处起到了决定的作用。对于这一位来说，戏剧性悬念便是一切；对于那一位来说，年轻身体的美以及沉迷于线条和谐的良机则是一切。"① 但从另一种意义上说，艺术品也有个性。这种我们几乎没有遇见过，然而却作为一种理想出现在我们面前的个性就包含在其精神组成部分那完整的相互关系中。当这些部分都非常协调，以至每一个偶发事件都表现了同样的倾向时，我们便说它是有突出个性的。一件好的艺术品便是如此。它表现了所有那几个部分完整的一致性，以及个性对于共性的依附。当然，每一件艺术品都在其风格上表现出这些东西，这个风格就是艺术家的风格。这样，我们好几百年以来都把艺术品称作微观世界，而宏观世界——对于泛神论的直觉来说，即是无所不包的本体的天赐个性——便是通过它而向我们接近的。因为有泛神论的情感，同时又把牢上帝的个性，这两者之间并没有矛盾。只要我们避免将天赐的个性当成和人类的一样，我们就必然会承认世界上的统一和密切关系是无与伦比的，因而个性的基本特征就包含在世界之中。艺术品的天赐性质就在于此。它就像整个世界一样无所不包，然而它又是个人的。

还有一个问题，即个人的艺术个性是如何与传统相适应的问题。这个一般性问题对于音乐家、空间艺术家和作家来说都有特殊的含义。当音乐家生活在一个传统只与个

---

① 见西奥多·瓦尔伯：《造型艺术结构与生命力》，1905年版，第95页以下部分。

人创造相对抗的世界之中时，画家与作家同样也要去对付现实，只是方式不同罢了。图像艺术家所处理的空间现实是已经形成了的，但是动态和特征——创造者的素材——处在不定之中。它们只在传统和历史中才是定形的。这种传统形式根本就不去检查文学艺术家的创造才能。他的艺术才能就在于他所从事的有价值——目的论的价值——种类的工作上。我们还是别去建立任何关于独创的夸大的观念吧。如果拼命去寻找新的材料，这个事实本身就表明了才能之低下，它多半是依靠激起公众对于刺激情感的事物的渴望。那种说一切都已陈腐不堪的女人的哀叹就暴露了哀叹者的弱点。确实，进步并非在于前所未闻事物之发现上，而在于将常见的东西变得极有意义。所用的材料与我们愈熟悉，该艺术品便能变得愈伟大。文学史中对于原始材料的每一个分析，音乐史中对于旋律的每一个比较以及形象艺术史中的每一个研究，都表现了最伟大的艺术家在何种程度上依靠着前人的遗产。在这个问题上艺术家不像学者那么胆小，学者们不倦地进行着关于优先权的辩论和剽窃的争吵。艺术家的态度则更加客观更加平静。实际上，一个艺术主题的创造者并不是偶然首次运用它的那个人，而是懂得如何使之有价值的那个人。前者就像一个沉船中的水手，被迫离开自己原有的方向而来到一个陌生的海岸上；而后者就像有进取精神的海员，他真正地发现了这一块土地。

我之前说过，使一个人成为伟大艺术家的并非是突然产生的快乐的观念，而是将事物有规则地集合到一起的才能，是那种运用它们又以它们为创作基础的才能。现在，我们比以往更清楚地看出其原因了。理查·瓦格纳谈到过，他的怪癖之一就是具有最微妙的情感，这个情感"为我指明了最激烈情绪的互相转换中所有时刻的传递和内在联系"。他谈到这种转换的需要在他的生活与社交中是如何控制他的。① 这是天才的系统行动者的需要，他力求不仅通过划分和分界而且还通过波动和转化进行工作。瓦格纳的方法和黑格尔的一样，两人都不愿忍受不连贯性。他们的性格就迫使他们到处建立联系，这就使得真实的随便的连续似乎是可能的了。他们的方法可被称为演绎法。诚然，我们的教科书对于艺术家的归纳活动谈得更多。因为现代询问者的心灵发觉与那些通过客观现实的观察与事实的集中而导向艺术成就的才能更加趣味相投。但还有一种不那么依赖经验的能力。歌德向艾克蒙（Eckermann）说，当他写葛兹（Götz）和维特（Werther）的时候，他实际上并不了解世界，然而他忠实地描绘了世界。他还为这一评论附加了一个意味深长的论断，说诗人天生便有一幅世界的图画。巴尔扎克也有和库维埃（Cuvier）相同的演绎天才。确实——不仅如此——他有一种先天的世界图画，现实只不过是加以补充和充实罢了。让思想稍稍离题一点来说，这向我们清楚地表明了我们能在何处找到那种感伤与天真的基本区别，或者——用奥陀·拉得维格的话说②——是主观作家与客观作家之间的基本区别。主观作家只能用连

---

① 参见《致 M·韦森东的信》，1904 年第 4 版，第 189 页。
② 见《全集》，第 5 卷，第 320 页。

同表达自己持久存在的自我的方式去表达内心现实。所有为这些作家所创造的人物都有一种十分清楚的家族相似性，一种血缘的特点。他们由作家制作出来，就像诸神按照自己的形象制作的一样。同一类型的其他艺术家又显露了他们的补充性格。他们从自己的渴望中为自己构成了特定的类型，一遍又一遍地给它加上微小的变化。另一方面，客观作家创造了显然是无穷无尽的人物类型。当各种主观作家再现其他特点而最终只是认识自己的时候，客观作家则去理解自身以外的人，而且获得了这些人自己的独特生活。但是其分界线是模糊的，谁也说不清被创作的人物在何处从作者的心灵控制中释放出来，而其释放的程度又足以使我们认真地去把它当作客观文学。诗人自己的血就沾在他所用以征服世界的宝剑上。

还有一个差别基于各种艺术成就中技巧的作用。过去，艺术成就的高低一般都按照所克服的困难的原则进行判断。艺术家就是技术上有所成就的人，是能干的人，是具有精湛技艺的人，他能以明显的轻松去克服困难。就连现在的写实艺术家都经常是以这种标准被衡量的。钢琴家和小提琴家们若能一气呵成地清除障碍，他们便受到普遍的欢迎。就创造性艺术家而言，虽然这一点作为区别艺术与纯粹审美的一个特征而总是有效的，但目前还不那么看重它。比如说，我们已经明白，诗歌的存在并非只是为了指出节拍与语言上的困难从而表明克服这些困难的可能性。我们不让诗人像音乐家们（就说是）在集成曲的音乐会上那样互相竞赛。然而这个原则即使现在都从两个方向上被人们所尊重。即兴画家们用一两天的时间在画布上画上一匹马或一个和谐画（就像佛罗门汀〔Formentin〕或惠斯勒〔Whistler〕所做的那样），然后去标卖很高的价钱，人们向他们表示出惊讶，因为这样简短的不困难的工作与其要价似乎是那样不相称。再则，人们遵循着这样一个原则，认为对困难的有意识的征服——与任何机械化与自动化的东西相反——大体上就是艺术的显著特点。因此，大多数人都喜欢那些人工的而不喜欢机制的织物、装潢及装饰品。在手工作品中付出的努力能持久地让人看得出来；有意识的艺术技巧甚至能表现个人的情感；这些都是他们视为极珍贵的。另一方面，机器制作有一种同时生产许多产品的低劣性。确实，一件艺术品应当总是统一的、独特的、不重复的东西。然而机器制品不论多么精确与雅观却总有千篇一律的毛病。因为以后还有机会谈到这个问题，所以我现在只谈一点，以作为第一点的补充，即是在各种不同的艺术中，困难与技巧有着不同程度的重要性。绘图员、画家、雕塑家和建筑家要想学得他们艺术创作所有必备的本领就需要有辛勤的学徒期。就连音乐家，除了他们天赋的才能以外，都需要通过学习掌握许多本领。然而对于作家来说，艺术技巧并不那样精细而必不可少到非在固定形式及多年的实践中才能学得不可。再创造性艺术中也有类似的差别。我们把那种从很小就得不停练习技巧的音乐家和不那么重视机械性练习的演员相比较就知道了。

  但我们还是继续讨论本题吧。各种艺术能力的特殊性都在那种对于一切心灵都很平常的东西中有其终极的根源。

我们能从建筑师的身上极易看出，他们的艺术才能并非是完全不可思议的。因为建筑师所必须有的对于建筑的鉴赏是我们许多人天生具备的，或者说，至少是我们所能理解的（在 H. 海特纳〔Hettner〕的《艺术哲学之开端》①中的雨果·斯卑查〔Hugo Spitzer〕怀疑这种天然的建筑能力是否是建筑师必不可少的。他认为不需要特殊才能便能获得的纯技术，连同培养出来的趣味便足以形成这一领域中的艺术能力了）。甚至连制图员和画家所必备的那种敏锐的感觉与精确的记忆都是每一个人所固有的。但并非每一个人都具有这样的特质，即一切进入他心灵的东西都必然是通过他的眼睛而进入的，任何呈现出更清晰形式的意识内容都自动成为线条与色彩。乌尔夫林批评了左拉所下的艺术品的定义——通过某种气质而见到的自然物——因为"这种说法假定了看见即是无须证明的事实，而实际上这正是艺术力量所必须表现自己的地方"②。勃克林大概在什么地方说过这样一句话，不论什么在画家灵魂中回响的东西都必须与轮廓与色彩相结合，如此便获得了特定的形式。就连诗的事件都会立即被画家作为一种具有一切形状与色彩之基本因素的图画所接纳。它到后来决不会变成一种空间感觉的。当作家和画家欲表达相同的观念时，这个观念对于作家来说并不是一幅特定的图画，而是一种语言交流的倾向。同时画家则立即给它以空间的形式和色彩，作为他心灵状态的自然而直接的表达（我们无需进一步加以区别。

---

① 见《艺术哲学之开端》，1903年版，第1章，第327页。
② 见《丢勒》，第1版，第294页。

迈克斯·利伯曼〔Max Liebermann〕断言了委拉斯开兹〔Velasquez〕是以空间眼光看待事物，伦勃朗是以光线之明暗的眼光看待事物，第莘则以色彩的眼光看待事物，而那种"超凡脱俗的爱"则由一个裸体女人的身体去与一个穿着服装的人之间鲜明的对比效果所反映的艳丽观念产生出来的——见《绘画中的想象》）。所以图像艺术家一旦能动手便开始作起画来。我们必须为自己想象出比我们实际具备的更加决断的形式及色彩感，更加清晰的记忆和更加灵巧的手。谁都不能证实任何高妙的东西在我们自身中找不到其萌芽状态。我们闭上眼睛就能看到各色各样稀奇古怪的身影。它们以奇特的速度变化着。其形状和色彩可能是迷人的，但存在的时间很短促，我们正要去重现它们时，它们就不见了。才能有限的人被这一段从脑到手的路程中的障碍完全击溃了。他经历的内在的东西何等的多，然而变为外在的又何等的少啊！他经常感到仿佛他只须进入自己的灵魂，把最优美的图画取出来就行了，但他一伸出手去，这些图画就不见了。它们没有那种具体化所需要的稳定性。在艺术家心中，这些内在的图像达到了——可以说——一种牢固的最高状态，因而也就能转变为现实。

我们用类似的方式来考虑一下画家的记忆。他有我们也许缺乏的那种形式和色彩的特殊语言，但这没有多大关系。当然这种技术知识是有用的，但并非至关重要。我们已经否定了艺术家必须具有非同寻常的记忆力这种错误看法。想反，他的记忆力只在创作问题上才对他的各方面起作用。而且，为了让自己的脑子能获取新鲜的印象和成果，他就得忘却先前的东西。但另一种特点可以区别出艺术家的记忆力。有创造力的人，他的记忆保留那些与自身有联系并对自己有用的东西。而我们则保留印象中偶然出现的任何东西。艺术家的记忆力不光是联想的，而且是分析的。只要我们懂得如何去保持并重现我们所见到的东西的一切精妙特征，我们就会谨慎小心地牢记这些东西了。但是画家研究自然并非直接去利用它。在斯却兹（Stratz）论及女人身体美的有名的一本书中，把克林杰尔（Klinger）的沐浴女人塑像与其模特儿进行了比较。观者立刻便能看出，身体的毛发都略去了，头发风格化了，而且微小的缺陷都进行了调整。但他还注意到那种大胆的姿态到了艺术家手中变得多么统一多么自然。在原模特儿身上，站立的姿势是弯曲的，身体几乎是支离破碎的。而在这得自于一种观念，并把模特儿只当成有帮助的实体加以利用的艺术品中，这身体就是一个优雅统一的整体了。人们一眼即能看出那宁静以及对于目标的某种持久的追求。当艺术家灵魂中一种幻象产生时，总会出现一种基本特征，一切其他的东西都附属于这个基本特征。我们得自于记忆与幻想的观念相对来说是未成形的。如同具有形象化心灵的数学家一样，他的心中有一块书写板，在这块板上，可以说是，各种数字都自动排列并解释它们自己；同样，画家的心中也有一块书写板，在这块板上，各种形状和色彩连成了最使人惊叹的结合，然而都是与其内在规律性相一致的。

在音乐中情况就更难了，因为有些人没有音乐才能。他们与那些——打个比方说——把音乐观念带进世界来的艺术家之间横亘着一条鸿沟。幸运得很，我们有一个表达它的词（可惜在其他艺术领域中没有相应的词）；我们将那些有鉴赏力的听者以及作曲家、演奏家称为"音乐通"。确实，我们有可能斥责一位演奏家，说他是个非音乐通，虽然他有着精湛的演奏技巧；我们声称自己有较高的音乐才能，虽然我们也许从未接触过任何乐器。这种才能作为整体而植根于心灵之中。听觉的灵敏只构成它的基础，因为有的作曲家听力很差，最终还成了聋子，他们缺乏绝对的音准，而且确实，他们对演奏的不适当，尤其是不纯净很不敏感。这不必使我们怎样吃惊，因为许多优秀的画家是近视眼，而且有些甚至还有点儿色盲。但我们应当意识到艺术上的敏感性与生活中的敏感性不是一回事。而且感觉之敏锐在艺术上与在心理学和医学上是不完全一样的。现在我们再回到主题上来——本能地用音及音乐形式去表达所有的内心经验是有音乐才能的人的特点。尤其是，激发他情感的不是语言表达的东西而是旋律表达的东西。因而他需要音乐，如果没有音乐他便会用自身的经验去编上一段。他的意识里充满了音乐形式。一段旋律日日夜夜在他心中停留着，读书写字时便在他心中闪过，甚至睡觉时都不离开他，突然醒来的时候，他发现这旋律已完成了一半。一般来说一幅画和一段诗文不会以这种本能与非概念化的力量爬进人的心灵，所以就不会不为一切其他的观念所影响。音乐在所有的艺术中是最顽强固执的一种。它除了自身以外什么都不能容忍。它吸收心灵的全部能量。那种与现实复杂地缠结在一起的丰富的想象生活不利于音乐天资，或者更确切地说，不利于音乐创作。因为音的图画有被各种联想所埋葬的危险。完全从声音在他们心中所激起的惬意的观念中获得愉悦的那些音乐才能较少的人经常发生这种情况。

我们再来谈一谈作家。在作家问题上，作为整体的人的个性与特殊才能相混淆的危险尤其严重。但这种才能主要包含在大量的表达手法上，包含在非常丰富的词汇上。形象艺术家的记忆依赖于形式和色彩，音乐家的意识不断由突然出现和互相支撑的和谐所填充，而作家的想象则存在于文字和语言形式之中。当然，他可能在不损害自己的艺术的独特性的情况下更喜爱如画的形式，或更喜爱音乐的形式。确实，这种偏爱是有客观证据的。写书和读稿件的作家们在字的形状和句子里可见的节奏中发现了对他们创作活动的支持。那些口述的并听到别人向他们朗读其作品的作家们则被那声音以及耳听的节奏引向了文字的优美。福楼拜最自豪的莫过于他作品中适于朗诵的某种效果。有一次他向龚古尔兄弟俩说他差不多快完成他的小说《萨朗波》了，只是最后十页还没写完，他已为它们定好了完整的句子。重音、声调和节奏能起到如此的作用，这不是很发人深省的吗？理查·瓦格纳的情况则更其复杂，用尼采的话说，"他的艺术将他带往两个方向，从音乐世界进入那神秘地等待着的戏剧世界，然后又反转过来。"音乐与诗简直就是他的心房的两个心室。要说哪一样对这位戏剧先驱那伟大的形成欲望影响更强烈，则是很难定夺的。

我们的讨论到目前为止，还没有涉及所有那些才能。

对于作家来说，还加上一些东西，这些东西就连其他艺术的代表们都不应完全缺乏的。一位艺术家，尤其是作家，必须熟悉人民，因为通过图画、音调和文字，他必须向我们描绘他们的悲与欢。

3．艺术家对于人性的理解

许多艺术家对于他们早年的生活阶段具有非常鲜明准确的记忆，这种事实与我们先前的思考密切相关。比如说，读一读郝夫曼塞尔所写的维克多·雨果的传记中头十二页，那些后来成为他文学作品成份的、书中所描述的作者儿童时代的地点、人物与事件吧。但是早期经验的影响则延伸得更远。谁若回忆起儿童时代的心理状态，谁便了解儿童，谁便了解与之相类似的未开化的性格。这也提供了一个通向女人心灵的钥匙。女人的许多讨厌特点都是我们在成熟的青年时代所有的，而且甚至她向丈夫羞涩地抬眼一瞥都是我们青春期以来所熟悉的。作家在认识人性方面与一般人所不同的地方就是他对于一切可能发生的事情——他在青年时代就经历过这些事情——的迅速可靠的记忆。一般人却很快便忘记了他在早期条件下的感觉。然而虽然生活所制造的许多可能性事件是无价值的、不充分的，想象现在却远远超出了它们的范围。过去的复活不能使偶或要成为另一个人的需要得到满足。一个作家从他所生活的那一小部分里得不到所需要的那种自我的数目与变化。所以想象便成了新的经验和个性。我们常常观察到非常激动的人采取那些与他们所确信的决然相反的观点。但这种态度从偶然想扮演一种——在矛盾状态下——未受才能与教育影响的角色这一愿望产生出来。采纳和保护这种异己的观点便形成了萌芽状态的新的自我，因此，便可立即把这些观点加在另一个人的身上。弗里德里奇·海伯尔（Friedrich Hebbel）谈他自己的情况说："我经常讲述关于人的故事，虽然这些事情从未发生过；我经常给人们加上他们从未用过的腔调，等等。但这既不是出于恶意也不是从谎言之卑劣的愉悦中产生出来，而是我文学才能的表现。当我说到我所认识的人，尤其当我希望其他人也了解我们的时候，我心中就进行了与我在纸上描绘人物时同样的过程。表达这种人内在自我的语言出现了，而且这些语言就以极自然的方式立即使我联想到故事……但我的目的并不是赞扬这种怪僻。"① 我所提到的经验在这一段表白中从另一个方向被带进了意识，并且进一步发展了。

我们一旦对这类联想注意起来，类似的情况便以惊人的丰富出现了。对于不是艺术家的人来说，最熟悉的情况是与他儿童时代联系在一起的。诗人——确实，他一辈子都是小孩——为自己保留了处在原始范围里的与我们一道逐渐消逝的一种内心世界。这种灵魂深处的世界在每一个人心中被无数个戏剧式的梦透露出来，被偶或闪过我们心中的荒诞的愿望透露出来，被某种无意识行为、情绪之变化、忧虑情感、不祥之预感——总之，被我们通常所忽略

---

① 见《日记》，1885年版，第1部分，第120页。

的，而且对实际生活目的来说亦完全如此的那些模糊感觉出来的事实所透露出来。科学，这种与最清醒的意识以及最直接的生活重要性密切相关的学问就适应于这种忽略态度。但正是那种了解儿童和青少年精神特点的目的迫使我们去考虑这些事情。对于儿童和青少年则还要加上白日梦，加上想象中将自己置身于一切可能存在的环境所带来的愉悦，还要加上那种自己即是浪漫故事中的英雄这一愉悦感。纵使最没有诗意的人都存有这种情况的痕迹。在成眠之前，在纯粹的机械运动使我们的思想得以随意漫游的时候，谁又不会在心中与人物和命运嬉戏呢？这种幻想很少有结局，而是经常延续下去。一个孩子会一次又一次地返回到这样的思想中来：他是个无情的暴君，或者是个永远不幸的人，而且还全心地怜悯自己。这种自我改造一旦开始，便会持续多年，虽然生活的变迁会自然地去修正它。形成了这种幻想的个性——其主观价值与虚构的环境相对抗——可能十分严重地冲破现实的意识，以至那种实际的关系，比如与父母的关系，受到了怀疑。世上有着比我们估计的还要多的孩子们，在他们小心保护的灵魂圣所里珍藏着这样的思想：他们真的有一对高贵富有的爸爸妈妈。

这种幻想向艺术的转化是不难理解的。当这么多人力图在眼前闪过的图画之中逃避自己、逃避环境的时候，他们正开始进行着艺术所荣耀地使之完善的工作，因为人所梦见的而不说出来的东西逃到艺术中去寻找最后的避难。几乎所有伟大的悲剧都植根于一个地位高的人与那种阻止他充分实现自己的环境所进行的斗争中，所以这些悲剧也描绘了作者自己的命运。那种从环境的敌意与平庸中，从所给定的千篇一律懒散乏味的生活中——总之，从接近的东西的压制中所受的痛苦比任何痛苦都尖锐。而最接近最逃不脱的便是自己的性格。就像我们特别喜欢在闲暇时进行的怪诞游戏中改造我们自己一样，作家的需要和快乐就是去完全改变自己的情感。他——可以说是——向那种终身将他与同样乏味的个体、与自身捆缚在一起的命运发出抗议。

现在我们开始理解了，这种想象的非真实的创造形成了作家认识人性的实际起点。那种成为另一个人的愉悦甚至比记忆中实际经历的个性改变更能尖锐地洞察其他心灵。所以我们断定其原始因素便是改变与分离中的快乐，而不是透视他人心灵的欲望。那种迄今把这种欲望当成明显的出发点的人使自己误入了歧途；只要其观点基于所推测的心理过程的重建，那么其原因一半是由于该问题与理论之需要相混淆，一半是由于模仿学说的影响。但在想象性格中，除了实际的个性以外还有另外一种个性。倘若忽视这另外一种个性，那么作者便须服从一个不可能的要求：他必须既是易怒的又是迟钝的；他必须是一个能创造出英雄的英雄！相反，我倒倾向于相信，正是那些弱者比英雄本人对英雄行为具有更美好的情感，英雄行为之于英雄，就像心跳的节奏那样自然。而弱者则在闲暇的时候经常梦想自己是个有坚强意志的人。有些屈从于恶习之引诱的艺术家，涉足淫秽、伤风败俗的艺术家能创作出最纯洁精美的作品来，这是有案可查的。能把爱情描绘得最优美的人并不是爱得最持久的恋人。那些被恋爱的痛苦逼得自杀的人，他们的情感该是多么强烈，然而他们当中又有几人是真正的诗人呢！不，诗人显见的特点及其外在经验的特质并非是基本的东西。他对于人所能谈论的一切是从他青少年时期，从他的幻想游戏中获得的。唯其如此，要像画出流弹的进程一样去画出诗人想象的路线是无用的。

在观察上文所描述的想象活动的进展时，我们发现其产物多年以后就变得越来越具体了。作者把这一点归之于他作为诗人的经验（他自己的和别人的）所获得的技巧之改进，但更归之于生活的影响。个人增长的经验甚至会渗透到这种想象领域中去，使得早先不明确的观念渐渐地接近于真实对象了。苍白的理想从环境中获取更强烈的色彩，如此便转而与现存事物有关。总之，自身向外的实践同时又成为自身渗入别人心中的实践。原本纯粹是作为想象中自身个性的变化而被进行的东西扩展成向实际人的移情。但作家并不是到此为止。主观可塑性必须与判断的极端客观性相结合，这样才可能出现艺术欣赏和艺术作品。如果作家没有完成这一附加成就，他便总是一个在个性改变中迷恋的人，让另一个人着迷的人，但他既不能批评又不能创作。

我们现在提出的要求可简洁地表达如下：另外一个人必须保持为一个客体。不仅客体的概念是以主体的概念为前提，并且一个客体的经验就依赖其与主体之对立的直接经验。吸收在我的自我中的另一个自我必须专注于与剩下的我进行的某种斗争，这样它就能被当作客体来处理了。淹没在另一个人之中,这种淹没必须得到自身个性保留的补充与修正。当我之前说到作家凭同情而不是凭科学剖析来理解的时候,我的话是为了暗示某种与自我丢失不同的东西。而我刚刚说过,弱者正是那种能培植对英雄之伟大怀有最优美情感的人,当我说这些时,我心里想的就是这种客体与主体的对应游戏。确实,我们基本上只须更清楚地去理解那种把人类精神和世界上一切其他东西相分离的根本事实;那就是自我意识,或是将自己客观化的能力。假定这种情况依附于从早期生活所复活的观念,这些观念若与当时的心灵状态无直接关系,那么这些记忆的观念群便形成分离的单位,便像自发地一样发展为被想象的人。作家简直就不用费心去把这样所获得的观念群统一起来。一种可靠的直觉在警告他,因为每一个这样的企图都会弱化他的个性,而使他一无所获。正像所有的颜色混合起来便形成白色一样,所有艺术家心中内在的个性混合起来便会得出一个空白的表面。想象创造出来的个性显然也是如此。心灵的潜意识活动涌现出来的全部形象财富只包含在与稳定、支配的超自我的那种对立之中("即使是双重自我的假设也是从多种观察得来的抽象概括,每一个这种观察都可能要求其自己的特殊解释。""当我用'超意识'和'下意识'这些说法时,我脑子里想的不是像地质学上地层那样的东西。我选用这些术语只当作即时可以理解的比喻罢了。"[①])。恰如一个孩子在游戏时不全部进入自己的

---

① 见马克斯·德索:《双重自我》,1896年,第2版,第48、13页。

幻想，或演员不全部进入角色一样，作家也与那另一个人所表明的整体精神创造保持距离。我们过去总认为，被联想改变为其他人或精神媒介的入迷的主体以及幻想自己妖魔缠身的歇斯底里病人都必定经验了一种完全的改造，纵使只是短暂的改造也罢。最近的研究表明，他们并不完全失去他们对自身的意识。

对另一个人心灵的了解所涌现出来的一切移情就像受洗一样。你被一个新的生活所接纳了，然而不需要任何自我放弃。作家创作活动中的各种因素只能用这种分离去加以解释。注意，作为一种惯例，在对于年轻和天真的描绘中总要加上一点儿悲哀，这种情况实际的心灵状态肯定是没有的，它部分来自感伤的回顾，部分来自我们对将来的认识。当诗人说他们从非常简朴的灵魂中发现神秘，在一个单调乏味的存在里发现美的时候，这就是他们自己内心生活的回声。同时，他也表达了事件的道德意义。所有真正的艺术家都有好福气，他们把人看成是美妙的，而不看成是只构成平凡的肮脏粗俗的灵魂。庸人就用这种卑下的方式去看待他的邻居，而他自己也同样的卑下而不自知。但在艺术中，纵使对于人性的理解也是明朗的。因为明朗就表示了我们能力的自由施展，正像生活之胁迫与科学之严厉所不允许我们做到的那样。而且这种自由施展唤醒了我们对另一种人的兴趣。

到目前为止我们所讨论的是某种经验及其历史。那种经验就是对其他人的精神过程的直接理解——我们通常不知道任何从身体现象到精神根源的推断。这种理解在作家的心中已经得到了完善。对一个人早期阶段的个性之精确回忆以及以自身为材料去创造另一个个体的想象之需要，这两者在发展创造性的诗的人性理解方面起着根本作用。在成熟艺术家的情况中，梦与愿望——我们借此翱翔于现实之外——汲取了那样多的现实构成因素，以致它们从荒诞的创造中变成潜在的人的象征。还有第二个限制条件，不论作家能多么容易地改变自己，他都会保留自身的意识，因而便能作为一个陌生人去面对那另一个人物。

既然我们现在想科学地——从其构成因素——去解释对另一个人进行洞悉的特殊情况，我们就应当更谨慎地注意身体的作用。这是到目前为止尚未考虑的一个方面。从科学观点来看，身体事实是首先呈现给观察者的，虽然我们并非以这样的方式去经验这种关系。若想去解释这一点，我们就必须问一问自己，为什么一个重音或一个肌肉运动会在观察者心中唤起与导致此种重音与运动的人同样的心灵状态呢？而且不论有什么已从初级阶段及相似性上为我们所熟悉的东西，我们都必须离开这个难点愈远愈好，因为只有通过这种人工抽象才能获得有限的但清晰的认识。顺便说一下，之前对这个题目的心理学研究几乎完全依靠这种入门的方式。立普斯提出的著名理论也是这样。而且沙利（Sully）更早就这样提出："当一个人亲见另一个人心里的愉悦情感的现象时，他便在一种理想形式中重新体验到一些他自己的幸福因素，那就是说，对于另一种快乐的感觉本身便是一种快乐的意识。"

我们来回顾一下那种激情理论。这种理论不仅认为激情是伴以身体表现的感觉，而且还认为激情正包含在这种器官感觉之中。此处我不打算去细查一般的情况。但就艺术家的情况来说，我想我必须指出一个更好的区别。我们从艺术家自述的各种材料中了解到，他们被迫不自觉地产生出所要描绘的情感模仿表现或其他表现。想到他们的主人公的愤怒，他们甚至会握紧拳头等等。愤怒的观念所导致的拳头紧握，它主要的正是意味着带有一种精神过程的固有的和一般的运动联想。然而在作家的情形中，手势也有一种特殊的器械价值。它可起动一种精神兴奋，这种兴奋可能会非常激烈，但又不致扰乱艺术家的创作活动。这种兴奋并非与所经历的实际愤怒情感相等同。不论实际的愤怒是激起器官感觉还是由这些器官感觉所组成，这种兴奋都是不确定的。但艺术兴奋是这些运动的结果，它已经——譬如说——消化了它们，因而在创作时便不再被它们或与它们相联系的器官感觉所扰乱。身体过程为有力的描绘保留了足够的热情，但它们失去了那种必然使文学创作及自由枯竭下去的炽烈情感。因此作家的独特情绪通过对所感觉对象的反应产生出来。谁若感到这很奇怪，谁就应当想一想邻近领域中的类似现象。在动人的情景中一些演员真的流下了眼泪。若把这种现象当作是内心深处的骚动便是彻底的荒唐。这里只有通常联想的一种特别迅速的作用。演员们易于被感动得流泪，就像我们易于发表议论一样。但这又有其优越的地方。因为这些反应的眼泪转而产生出一种情绪，这种情绪并不像真正的悲哀那样使演员丧失其自制力，然而它确实给演员以感染观众的魔力。当一位小提琴大师深深叩击我们的心弦时，在我们所有人的心中便发生了同样的过程。感染他的也是那些同样的音。画家不仅被他所看见或回忆起来的色彩所陶醉，而且也被他所涂上的色彩所陶醉。作家最重要的财产便是他对语言的精通。他心中的文字出现得愈多，思想便愈丰富。文字唤醒了处于休眠状态的图画。他只有通过文字才能征服另一个灵魂深处的城堡，并充分让自己的内心过程进行到底。于是我们便得出结论说，在艺术家与自然的关系中，表达是多于直觉的。

但有一个限定条件。像我们迄今所假定的那样，激烈的精神状态并不发生在一切艺术家心中。纵使发生在一切艺术家心中，那也不足以称为规则。经常在没有这种我所描绘的身体加入的情况下，该过程照样在进行。我们来举这样一种不会成为可见的，其题材又不会以身体形式出现在我们面前的记忆与想象的精神结构为例吧。想象在这种情形下便会创造出一个相应的图画。那想象中的人便在我的心灵面前出现了，我听到他的声音，看见他的动作，也许会加上这样的解释和评价："是的，那就是真正的快乐；快乐的人还是有的。"此处，它们所导致的动作与情感只须作为最微小的倾向呈现出来。因为充满心灵的是快乐的直觉画面，而不仅是快乐的概念而已，所以即使在这种情况下，那种带有精神身体统一的实际的人都会被保留下来。但由于此处的器官感觉与情感的参与程度较小。所以，第一，有可能附加多得多的观念；第二，有可能更易于产生抑制（这一条也许同样重要）。

说到第一点,我们必须强调一下,在艺术创作中抽象的观念与意识的直觉内容是相结合的。一个愤怒者的图画,其中正成为直觉的那一特性不必在文字上再现其一切特色,但可通过文字和概念去象征地再现之。正被解释的个体的许多精妙之处从未用相应的文字与概念在意识中再现过,只是以朦胧的类似以及与某类似物之间的模糊关系而再现的,甚至还会出现不协调的象征。诗人在谈及他们自己的时候经常提到旋律以及色彩结合。倘若所有这些都不得不像书中的插图一样在文字与感觉上再现出来,那么文学想象的无拘束性与流动性便是不可思议的了。

我的第二点谈的是抑制。这些抑制允许一种自我封闭的意识统一从纯粹的灵魂骚乱中出现。要想弄清这一点,就得考虑一下喝醉者的对立精神条件。酒精的运用消除了否则即行使规则调节的那种抑制。所出现的观念(此处与其他地方一样)并不能得到通常的估价。作家的情绪处在最强烈的时候可能是如此。意识中所有矫正的抑制的因素都退去了,精神能量只集中在一个点上。但在创造劳动的其他阶段中,相互对抗的观念是活跃的,它们帮助那种多方面的而确实又是没有穷尽的艺术品出现。然而这种艺术品是保持统一、拒绝分裂的。

这些从反省中涌现出来的对抗的观念也指示自我的谨慎活动。我们已经了解到作家在想象为另一个人时并不完全丧失自己——完全的自我忘却是病态的。相反,对于那种快乐地说话或愤怒地行动的某人的形象——它由无数个联想所包围——他采取了一种态度。他通过模仿动作而分享其欢乐或愤怒，但总与所涉及的对象的判断相联系，比如，"确实啊，幸运的一种性格！"这样的判断。伴随这种判断的情感愈强烈，那么这些判断便愈明确地阻碍真正的自我改造。因为这些情感是与连续的自我相联系的，没有这种联系，便不存在什么欲望和厌恶了。精神过程的停顿也产生出相同的效果，这种停顿的重要性我早先在分析审美印象时就提到过了。因为我一次又一次无意识地重新退却到我的自身中，故而对另一种东西所有的同情理解间歇地增长起来。即使在增长的过程中，我一般都对我自己的身体条件和环境保持清醒，而正是这种意识使我不致将主体融化到客体中去。与所谓典型的客体化相联系的入迷的主体所作的观察便提供了这种意识的令人信服的证据。

到目前为止我们假定了在人性中要去理解的东西是一种单独的心灵状态。但在理解一种短暂的明朗状态或愤怒状态之中，我们尚未获得许多结果。我们主要的对象仍然是整个角色，在我们面前只有这一角色的片断表达。诚如狄尔泰和立普斯所表明的那样，这一角色由依靠其系统统一的单独的表达显露出来。我必须知道另一个人在何时嘲笑什么，然后抓住他欢闹及其细节的微小差别，以获取对于他的情绪的理解观念。此处，有意识表达还不如无意识表达那么有价值。只有在运动中，在举止与腔调中，该个性最本质的生活才会暴露出来。列·托尔斯泰用一句生动的话描绘了一对分开而又离别多年的同胞兄弟会面的情景："起初，神秘而难以言传的、意味深长的目光交接发生了，一切都是真诚的；接着，当开始说话时，这种真诚便早已不见了。"① 灵魂最深处发生的事件有某种对转变为语言进行抗拒的东西。但除了人没有随意表达内心的每一种细枝末节的能力以外，他还觉得这种企图是讨厌的。亨利希·海涅的诗中说："把话说出来是可耻的；沉默是爱的高洁的花蕾。"我们的灵魂像身体一样暴露得那么少；我们觉得一个人似乎同另一个人同样地可耻。我们也本能地感到公开的讨论便会突然剥夺灵魂的隐秘之价值。而最终，自我保留的欲望便迫使我们说出个人生活中这样或那样的谎言，而对于我们自身直截了当的披露便会使之不可信了。

无意识表达的全部——某种隐藏的东西在这种表达里暴露出来——被当作是个性的可见的方面。精神个性极易用其构成因素——在一切心灵中普遍存在——的各种结合及其强化弱化的提法来进行表达。作家通过照应这些结合及其增加与减少，便成为人性这个精神仓库的保管员了。对于他来说，一般人各种变化的活动以及英雄最值得赞扬的行为都有着同样的价值。的确，自然倾向导致诗人们（就像历史学家们一样）去描绘英雄，而且这是合适的。因为向伟大进行的拔高是纯人类的，而且非常之存在是一种显著的精神特征，这是自然——因之还有自然科学——所缺乏的。但纵使是未开化的或破相的、不愉悦的或丑的角色都会吸引他。这种情况不仅因为他在充分发掘这些特质的过程中超越了自己的气质——用歌德的话来说——而且主要还由于伴随着对这种特性之认识的那种强烈兴奋迅速

---

① 见奥费斯特亨译：《阿·海斯》（*A. Hess*），第 473 页。

地除去了有可能产生的任何厌恶情感。说人总在寻求理想美和理想和谐，这是对人的诽谤。人所想要的不是纯粹的愉悦，而是生活、兴奋与斗争。这种情感就促使莎士比亚去塑造不道德和残忍的角色。倘若相信这种灵魂显然由相对少的因素所组成，倘若懂得如何从每一个角度去判断世界，那他便会干得更不费力了。

但对于个体了解的需要并不在上文提到的三种类型中得到满足，也不在诉诸各种不同的结合、个体灵魂中意识内容的强化与弱化中得到满足——这个灵魂有可能在某些方向上是未开化的，而在其他方面却是普通的或甚至是杰出的。还必须考虑进一步的观点——当然，照我看来，主要是由巴恩桑（Bahnsen）提出的那些观点。第一条就是关于个体心灵的内容对刺激物的依赖，这一条又分解为两个小点。首先，总体上的天赋与环境对个体起着不同程度的作用。伟大的作家非常仔细地区分那种对内在冲动与环境影响有稍稍抵制的被动性格和那种克服自己与克服世界的主动性格。他们一般以此来将一种不一致结合到无常与持续的个性中去，这种持久的成份一般在第一种情况下（被动）与天赋相一致，在第二种情况下（主动）则与目标的奋斗相一致——这是文学传统制定出来的一致，但逻辑上并非详尽无遗。莎士比亚把那种接纳的女性特征视为天生倾向于稳定的；他们简单的心灵一次又一次地回到平衡状态，在生活进程中改变甚少。一个男孩的精神生活的回忆无疑为这一点提供了证据，因为那种生活唯有当脱去其女性性质时才会改变。另一方面，在那些只追随眼前的印象而不顾过去与将来的男人心中，不稳定因素则居支配地位。莎士比亚加上反应情感的力量以作为解释的基础。因为这种情感愈强烈，它持续的时间一般就愈短暂。对于主动性格来说，软弱便是最大的罪恶。在他的历史画卷中，有伟大行为的人都在现实世界中把力争获取外在的成功作为他们持久的目标。从哈姆雷特以后的后期作品中，莎士比亚体现了一种更高的目的，即一个人灵魂的完善。此后，这便构成他晚期对于高尚者的行为的观点和衡量尺码。

其次，特殊的印象对于一个人有某种刺激力，而对另一个人则有另一种刺激力。想一想天赋的才能吧。① 相应地说，在英雄诗和戏剧诗中，一个人对单独经验的评价就有助于显露一个角色的特质。诗人从这里便获得了两种艺术手段；他若不表现相同的主旨——其效验随个体之不同而变化，便表现一个单独个体之各种主旨的含义。这样，不同个体对相同外在抵制作出不同反应的方式对于它们相互的偏差来说，是高度指示性的。另一方面，一个人能通过他在各类印象中发现的刺激价值而被描绘出来。

倘若个体心灵的内容能用所有这些手段明确判定的话，那么心灵的工作方式便能得以澄清了，而且精神功能的执行便用一种双重的方法得到解释。首先，我们认为这些过程的暂时连续以及伴随的环境对于个性是有意义的，而且，我们又发现这些过程十分强烈。由于只有一个固定的精神能量的总数才合用，所以该个体便以他在这种或那

---

① 参照 F.C. 普列斯科特的心理学资料《诗的心灵》，1922年，纽约版。

种功能上所花费的片断能量表现其特征。确实,正是那个总数——随个体的不同而不同——可被当作基本标志而加以运用。所有那些提到的个性格局都在莎士比亚戏剧的主要人物身上得到了极清楚的证实。歌德在谈及闪过的精神过程之形式与关系时评论说,莎士比亚的人物就像钟一样,"有着玻璃的表面与盒子"。至于精神能量的分配,莎士比亚采取了让热情吸引最大部分能量的原则。然后,他便联系到热情的性质(野心、爱情)以及其他精神动力中剩余力量的分配来描绘他的人物。

4. 艺术家的精神结构

谈了这么多艺术创作的心理学和艺术家对于人的理解之后,似乎在这一节的标题下再也没有什么好谈了。然而艺术家心灵的永久结构,尤其是涉及道德和社会条件的结构还根本没有被恰当地论述过。确实,我即使在这一节里也不可能把一切都说完;许多东西要留到本书的最后几节再谈。

我们在每一个时期都把艺术家与常人进行比较。我们总在两种观点之间徘徊。第一种观点认为——浪漫主义艺术家将它提高为普遍规律——在艺术天才的身上看到了真正的人,或者至少是一个幸福、有志气的例外的人。倘若我们判断的是作品而不是人,这当然是正确的。同样被证实为站得住脚的一种浪漫主义观点认为,艺术家就像孩子,因为自我和世界的原始统一——一种在创作活动中重新获得的统一——确实是儿童时期的一个特征。但是分离尚未降临到孩子身上，而创造性艺术家则必须首先重新建立联系。第二种观点把艺术家归为精神病患者的近邻，因而甚至在实践中都把他当作是微有精神错乱的人那样待以宽容和油滑的仁慈。实际上，倘若平常人去设立标准的话，那么他几乎受不了内科医生和社会学家的询问。艺术家对于自己的角色的认识——我们刚刚讨论的一点——在许多方面已然包含了那种暗示灵魂之特殊萌发的特征，知情者们从内部经验到并描绘出来了（"我一生中都有一种与人类在一起的特殊情感。我整个忘却了我自己，经常还忘却了我周围的环境，我似乎从周围人的言行背后看见了另一个自我在拉着引线，使木偶们跳舞。他们嘴里说出的话与其他无声的话奇怪地融合在一起。大脑的工作程序似乎像钟的机械一样横陈在我的面前，人们在社交场合中的言谈、动作与举止只不过是钟面上指针的运动而已。在那些我们偶然碰到的人面前，我感到一种——根据情形而定——奇怪的吸力或厌恶。甚至：我每每沿街行走时，坐在火车上，或在剧院里及其他地方混在人群之中时，必会产生出人类的希望与恐惧、快乐与痛苦的情感。我仿佛感觉到他们灵魂的脉搏。有时候整个真相就如同一页书一样展现在我的面前——其差别就是，我听见了〔以什么方式呢？〕看见了〔用别的眼睛〕我从未接触过的文字、音调、色彩、形状和地点，从未遇到过的面孔，以及从来未见过的服饰。一系列的画面以比活动画或电影更多的花样和更快的速度从我眼前滑过。而且在每一种我所能研究的情况里，它的结果都与那些幻象出现在其面前的一人或数人相联系。"①)。

还存在那种从精神病患者内心生活的分裂所产生的错乱（布洛娄〔Bleuler〕将它称为精神分裂症）以及从情绪骚动，比如心灵从不知道的声音产生出来的错乱。倘若我们看看汉斯·普林兹翁（Hans Prinzhorn）所收集的精神病患者的艺术，其作品与表现主义作品之相似便会使我们感到惊讶。② 我们只是渐渐地才发现对自然的无常的侵犯和对自然的蓄意的偏离之间，病态的象征和价值的含蓄深度之间的差别。在一些重要情况下，断然地划一道界线是完全不可能的。对于这样的事实，如下友好的提法并不能帮助我们什么：说病理现象按规则与精神伟大没有偶然的联系，它使精神能力的广大领域保持不动。当然，像左拉那种有害的说法，"那种向无生命物质灌输生命之神秘偏爱"，只是玩笑式的胡说而已。但是当我们读到左拉的变态，读到他强制计算、一次又一次地关上抽屉和门，以及强制只用右脚越过障碍物等等，当读到这些时，我们就会同意罗姆布洛索（Lombroso）的观点，认为从医学上看，作家就是歇斯底里癫痫病患者。做梦和恐惧的原始情感，内心谛听和隐秘的惧怕，坐卧不安以及精神系统的严重失调，使得许多——倘不是所有的——艺术家看来就像病人一样。人们痛惜这些事实，甚至试图用诡辩的方式解释这些现象以避免这种严重的后果。如此便更有必要去理解在这一点

---

① K. E. 亨利·安得森（Henry Anderson）：《知情者的经验》。
② 见《精神病人的雕塑艺术》，1922 年柏林版。

上必然出现的解释了。从外部看，天才和精神病患者可能像两兄弟。但他们当中有一个根本区别。确实，是一种目的论的区别：天才指向前方，精神病患者则指向后方。倘若我们把正常这一提法运用到目的论方面富有意义的东西上，而非运用到数字方面的平常的东西上，那么尽管天才有所有那些怪僻与病理症候，我们还是可以称之为正常的。因为我们最后所关心的事情并非是某人的体质或情感，而是其成就。

　　人类中有一种差别。在道德宗教里，因而也在基督教中，明显有信徒和非信徒之分。柏拉图说到感官与精神的爱，说到对物质东西的欲望与精神东西的向往。古代思想和基督教思想都以一个人与一种高一级的力以及一种独立的精神世界的关系来判断人。这种对比直到现在仍然有效。它不一定是数量上的，一方人多一方人少，而主要是质量上的。一些人来到这个世界上是为了保留他们自己和他们的家族。另一些人则生来是为了有所成就的。第一类人觉得第二类人是傻瓜，第二类人则认为第一类人是废物。倘若我们承认其基本差异，我们便可把这两种对待生活的态度视为同等合理的。差异就是对立性，有着无数个转移点和混合状态。白的和黑的虽然融合成灰色的，但它们不仍然是对立的两种颜色吗？所以生殖的人和出成就的人就像黑与白的对比一样，他们在生活的持续的趋向中，在生存的任务和目标中准确无误地分叉开来。

　　当我们接受出成就的人这一观点时，我们一开始就必须了解，他是不可能达到一般健康要求的。至少我们会同意,身体与精神能量并不是简单比例上的不同,一个可能会增加,但它并不是另一个。当然,有人会提出异议,说理想的东西要求有完善的相互关系,这只是运气不好带来的。强烈的情感促使我们去争取生活统一的这两个方面达到平衡,但我们反复思量一下这个观念,便会发现它站不住脚。比如说我吧,我就不可能既有康德的心灵又有拳击家的身体。在人体结构中,正像在其他组织中一样,一个部分增加其作用,其他部分则必然会减少。进步中必要的大脑活动削弱了其他的身体作用,正如角的生长损害了门牙一样。没有相应的萎缩,过度的肥大是不可能的。心灵是身体的寄生物。我们可在生物学上把意识解释为活的身体的一种渐渐的恶化,恰如完好的生命所不受其害的那种致命病症一样。我们可以推测出对于蚯蚓来说,甚至连狗都是神经衰弱的。确实,应当断然地说,我们不应去争取身体与心灵的平衡发展的统一。我们只关心心灵的高一级发展,这与身体功能的增长几乎和谐不起来。一切伟大的东西都从病态的环境中产生出来,因而其本身也常有足够的理由被人们称为病态的。比如说,一个女人无意中怀孕了。她不是应当将她身体的一切现象,从第一次不适到最后临盆都当作是重病的症候么?但唯其如此,一个孩子才能降生。精神成果同样也在这种正常构造的错乱中,在气质和神经系统的骚乱中成熟的,这些错乱和骚乱只有当工作结束时才会停止。谁若出于对健康的爱而放弃艺术创作或科学发明,谁就如同一个小孩因怕牙痛而宁愿自己没有牙齿一样。谁若因临产前的现象而将高一级精神生活称为不正常，他就得把牙齿也称为不健全的。因为出乳牙时当然也伴以疼痛和发热。由于有成就的人从不会停止他的思考和构思，所以他就从不会停止他的痛苦。我们那些伟大的人物在传记中用平常的语言说话。真的，这样一种生活是"无人充分计划的，是糟糕得无法让人去伤心的"。（卢·安却斯·萨罗姆〔Lou Andreas—Salom'e〕强调说："创作态度愈容易成功地出现成果，它便愈无情地经常与一个人的精神和身体条件的其他方面作斗争。在这一点上，艺术品实则像胎儿一样，其成就导致了其余器官的错乱和痛苦，或者将母亲的毒物循环在它的血管中。艺术家不无经常地从恍惚中醒来，仿佛从困扰中醒来一样，带有一种解放的情感去重新想他所爱想的，去听任自己的思想在个人和普遍有趣的事情上自由驰骋。"）

把健康当作是坏的东西来谈论，这似乎是荒谬的。然而这种观点也有些理由。至少，健康之好是有条件的，而非绝对的。这一点可以肯定。但痛苦与难受作为精神展露必要的伴随物是合乎人的愿望的，其地位便似乎有理了，而且它们还有助于深化灵魂。这样，其结论便显而易见了。当生殖的人为达到健康的目的而不惜一切代价的时候，出成就的人则旨在将健康限制在必不可少的最低限度。倘若要使任何有成果的理性工作成为可能，身体则必须不能使我们失败。而另一方面，当目标规定为我们所表示的这样时，它便要求得到自己应有的一切权利。对于生殖的人来说，强健的身体便是他的目标，生活中大多数其他目标则是附属于它的。旺盛精力的剩余部分并非用以精神化，而是重又花费在身体功能的目的上，因之是降低而非升高。精神的发展得不到动刀，因为对于幸福的任何侵扰的担惊受怕的防范阻止了精神自发行为的发生。知识分子只要乐于采纳医嘱而放弃创造活动，只要他们乐意去过麻木的生活而不去过表露自己的生活，那么他们的职业病——他们就像矿工有职业病一样——便是可以避免的。然而在一切环境中都避免我们自身的身体痛苦和解除别人的身体痛苦，这并非是道德上值得称赞的事情。道德顾问通常的处方是：倘若你将病痛、欲望和苦难都置于世界之外，你就做对了。这种说法是令人生厌的天真。

在一本被称为堕落之悲哀史的现代小说中，主人公说一种可气的颜色结合使他所受的痛苦就同旁人因家庭灾难所受的痛苦一样。这种极端敏感性在我们这个不和谐的世界上产生了不好的后果。医生和公众都向这种神经衰弱进行不疲倦的斗争。但它在使我们的生活更文雅方面确实是必不可少的。谁若感到房间里家具的陈设是友好的或敌意的，谁若在熟悉的交谈中因一个虚假的口气而纠正自己的一种情感，他便至少是在避免无情的粗野。更精细的敏感性首先就使得现代人从求生存的生活转向求进步的生活。与这种转移相联系的痛苦很少得到正确的判断。这些痛苦对一些人来说是病理现象，要想与之对抗，就得是迟钝的、麻木的，如同音乐的耳朵一样，被长时期虐待之后，最终甚至连最糟糕的音奏出的旋律都能使之满足。对另一些人来说，敏感灵魂的轻声叹息与挨饿受冻者的呻吟相比是微不足道的。但问题只是，有了这种身体和精神的构造是否就能有所成就。我认为回答是肯定的。罗姆布洛索从他的研究中所收集的事实也支持了这一回答。最好的例子是奥格斯特·斯特林伯格（August Strindberg），他是个标准的男子汉，然而一辈子却是个颤抖的小孩。他的作品出色，而人却受精神病恶魔的缠身之苦。回顾起他给我的印象，当我在罗拉·汉森、罗拉·马合姆、斯坦尼斯拉斯·什比泽乌斯基这些朋友中认识他时，我与弗里德里奇·凯斯勒（Friedrich Kayssler）有相同的经验。他曾经说过，一想起斯特林伯格的相貌，心里就出现斯特林伯格自己的作品《格斯托夫·阿道夫》（Gustav Adolf）里十二岁的小号手。这孩子受了致命伤之后被一个十五岁的小旗手背到一张床上，在他弥留之际照料他。"两个都是三十年代战争中的孩子，他们从未尝过父母的爱。小旗手冒昧而羞怯地爱抚他一下，那个更小的倔强的小号手粗鲁地把他挡开了。"

现在，要说明出成就的人的精神特点，我用高特伏拉得·凯勒（Gottfried Keller）的话来起头："总的来说，任何一个认识与存在先于生计问题的人多少都是悲哀的。但不论如何，谁又愿没有这种少了它便不会有正当快乐的悄然的悲哀暗流呢？纵使当这种悲哀表现为肉体的痛苦时也可能是一种幸事而非灾难。它可能是防止小过失的避风港。"最高尚的人们已经无数次地表达过同样的思想。耶稣教导说，我们不应躲避痛苦和烦恼，但应抓住其更深的含义而克服它们。梅斯特·艾哈特（Meister Eckhart）提醒我们说"痛苦便是能把你带入完善的最快的坐骑"。我们从歌德的诗《伊菲革涅亚》（Iphigenia）中读道：

> 我向痛苦呼救，
>
> 因为它是我的朋友，
>
> 它的劝告最有用处。

甚至在尼采的一篇自述中都有着类似的口气。"我的人格"，他在1888年说，"并非存在于我对人类状况的同情之中，而存在于我对同情的忍受之中"。总之，受苦的能力便是精神的人的标志。他没有那种"有幸福时刻的"动物的人所得到的无数满足与报偿。精神的人的道路伸向远方，但并非伸向幸福。这种人完全致力于自己的工作，他被身体的困扰所折磨，他被剥夺了生殖的人所享有的舒适的动物生活，他不满足于自己的成就，他心中充满了无言的伤感——他过着从根本上与一般标准不同的生活，然而又是具有无限价值的生活。

我们的出生始于母亲的痛苦，接着就是我们自己的痛苦。我们时代较高尚的人，他的内心苦恼深深植根于他的各种需要与奋斗的不稳定性中。他的心灵又进行了十分精细的划分，使他能感觉到一种才能与目标的局限，作为对他那丰富性格的一种侵犯。他的认识发展为使人伤心的巨大量。他的热情使他受折磨，因为这些热情从模糊的深处涌现出来，它们与大多数人的那种抄袭的热情不一样。理查·瓦格纳称自己为感叹的人，还说，感叹号即是他一旦离开声音世界之后唯一满足的标点。这样的人在我们这平凡规则的社会中将会干什么呢？对于实际生活与想象生活间斗争的不断认识使他痛苦。但内心矛盾以及我们对他们的态度是人类灵魂中的决定因素。天生的能力、教育与环境之间，给定世界与那种斗争中将要赢得的世界之间，兽性的东西与艺术特性中使人愉快的东西之间不可避免地产生出来的敌意，人们显然能以拒绝正视它们的方式而加以调整。普通人就是这么干的。他将自己的头脑分为好几个空格，向每一个空格塞进一种不同的能力，而且确保他在所有情感中最喜欢的那种舒适情感。自然冲动和精神渴求绝不会在他心中争斗，因为它们从不碰面。但具有高级心灵的人则寻找自己的综合物。他们不怕丢弃那种被广泛接受而且对他本人已是宝贵的偏见，虽然它们像被截去的肢体一样，以后仍会带来病痛。他寻求内在的冲突，因为没有这种冲突他便不能发展。所有这类痛苦都是好事，因为这类痛苦将他带往前进。因此，去怜悯那些痛苦挣扎着的艺术家，而且将他与病人归为一类是根本错误的。"世上的工作由世上的病人所完成。"

因为艺术家的社会活动常常是微量的，所以就将他们当作是不齿的人来看待，这种作法支持了同样荒唐的观点。所有那些真正属于艺术的人都是孤立的。他们那焦躁不安的丰沛和内心痛苦将他们与愉快的社交切断了联系。我指的不是许多有眼力或有配合技巧的那些手工艺人，而指的是那些由理念的爱神所指引的艺术家。他们存在的价值就在他们的工作之中。他们并非将自己所能贡献的最好的东西贡献给邻人或妻子，而是将它们贡献给他们的时代或未来的时代。不会有什么日常的恼怒和狂乱领域里的东西转而成为艺术品，这是尽人皆知的。而且可以证明，大多数形象艺术家和音乐家——确实，甚至还有许多作家——生活中最重要的事件对他们的艺术没有任何明显的影响。他们的艺术风格保持固定或者进行变化，这都不依赖于那些深深关系到人本身的事件。作品中所表达的自我以及向普遍有效所展示的自我不是社会自我，就如同其认可并非是一种社会认可一样。这样的艺术家不是来自我们普通世界的，所以他们对生活的唯一要求就是不干预他们的工作。这种特征在通常的意义上是无用的。两个搬运工在适当的条件下倒会更有用处。但谁若把目光集中于永恒的东西上，而且还感到自己的灵魂由精神的东西的世界所充斥，那么谁便只在戏剧中才能享有生殖的人的活动——用苏格拉底的话说。艺术家亦是如此。再引一下高特伏拉德·凯特的话："静止吸引生活，骚动则排斥生活。上帝就像一只小老鼠一样静止不动，所以世界就在他的周围运动。把这一条运用到艺术家的身上，那么艺术家就应当忍耐和观察，并听由事物照它们的样子在眼前经过，而不是去追踪它们。因为在辉煌行列中行进的艺术家不可能像一个站在路旁的人那样去描绘它。"超个人领域里的居民极易变成那种不能给日常的需求、周围人的愿望或者外部存在的自然与社会条件以恰当注意的人。过分忠于通常的职责便威胁到他思想的丰富并摧毁那种没有它便无以成为他自己的守护神。一般来说，艺术活动与感官活动是不相容的。

歌德说得好，他表达为"我的存在的防线"，他在这里意指着他特殊才能和能力的边界线。了解自己的才能是创造的人的长处。古人讲授了道德和理性教育间的一种联系，用德行即知识的原则来解释这一理论。这就包含了那种不存在任何本能道德的洞悉。在那些本能所居留的朦胧领域中，真正的道德是不可能生存的，因为真正的道德以洞悉好与坏的区别而为先决条件。天真也许低于这一洞悉，但决不是道德。然而还有一种包含在我们对自己才能的识别中的道德，以及与之相结合后那种我们尽可能利用这些才能的最迫切的期望。我们可称之为艺术家的良心，虽然这种表达很庸俗，带有陈腐的味道。此处，要凭良心干并非是天真地遵照这样或那样的规则，而是诚实地独立地发自内心地干。精神方面创造的人，当从事某种不属于他的生活使命的事情时总是心中不安的。当然，他会暂时忘却他所为之存在的任务，但宁静一旦使他有了机会，他的内心活动便重新开始，负疚心促使他进一步创造下去。所以说有负疚心是一种幸事，没有负疚心的惩罚，任何伟大的东西都不会产生。当不成熟的东西试图越过自我的防线时，良心则以不同的方式活动。因为这种试图的失败便以不同的思想状态激起一种较温和的自我谴责。我们应当提高标准，大胆争取不可能的以获取可能的，争取不可信的以实现可信的。想获得伟大成就的艺术家不应将自己视为一时的，而应视为确定的。

到目前为止，我们仿佛是孤立地考虑艺术家的精神结构。我们将艺术家其人看作是一个存在物，为自身而存在的，而且把他的艺术能力看作是自由翱翔的生活的倾向。然而既然艺术家绝非真正在完全超然的情况下进行创作，而与环境、种族、家庭保持联系，所以我们现在就应在总的情况里研究这些因素。环境施加的影响是难以察觉的，如同一个小孩的伙伴们的方言对他的语言所产生的影响一样。尽管这个小孩最亲近的人都说一种标准的纯德语，而且他与其他地方的人几乎没有接触，然而他的语言仍然总是染上色彩的。此处的情况亦是如此。外在世界影响的最微妙的趋向和看不见的波束以十分神秘的方式影响着艺术家的内心世界，尤其当他年轻的时候。但如果我们根据这些资料来计算艺术家的个性，就像根据两边与夹角计算三角形那样，这是不可能的。因为先天的气质总是一种未知但有效的力量。我们马上就要回到遗传能力上来。但我们应当先问一问艺术家与艺术环境的关系。在某个时期的艺术实践中，一个人一般能看出两个相对立的运动，年轻艺术家必须在这两者之间作出选择。倘若他是一个真正的艺术家，而且也是个幸运儿的话，他便参加到这个将来所属的派别斗争中去并将它引向胜利。一些解释者把这些情况看成是对天才之出现有用的、几乎是设计好的背景。按照另一种观点，艺术家的伟大归诸他所出生的动乱与丰产年代的偶然环境。事实是，我们看到了诸如莎士比亚和拉斐尔这样由许多天才人物所环绕的艺术家，却没有一部可信的传记会忽略这种环境。

　　许多作家、画家和音乐家的传记都明显地表现出，他们首先效法特定的榜样，目的是最终发掘自己的东西。新的东西主要是对于个体来说是惯例的那些东西的分离，但不必是那些周围人们从未听说过的东西。相反的情况也会发生，一个艺术个性从开始便采取一种与趣味潮流相反的方针，然而它又由联想和惯例建立起来。一个个体在一生中成就的东西，他并不感到是新的，然而他的同时代人感到它是新的。对于常规的偏离在这两种情况中都不应过高地估价，它毕竟只是相对微小的变更。一般的艺术家，如果他激烈地偏离同时代的方针，那么他至少是未能有效地利用他的个性和创造力。

毫无疑问，就艺术品所显露出来的情况而言，艺术家的个性表现了种族特征。然而没有一个总的理论能使我发现其广度以及这一相依性的规则。因为一个民族总是许多种族的混合，而且从个体特点向民族或种族独特性的追溯中，错误是很普遍的。在《理查·瓦格纳以后的音乐》一书中，华尔特·倪曼（Walter Niemann）写到了关于"种族情感、种族成员以及风景的音乐表达。"（第275页）但他限定在决定性情形中："当然，迈赫勒的音乐并非是德国式的；它经常是难耐的伤感、讨厌、虚假，任性的痉挛，冷静的计算，而且有表面的戏剧性。但这一点并不迫使我们将他的音乐唤作为犹太人的音乐。"（第140页）

然而我们赞同理查·斯科克尔（Richard Schaukal）关于德国诗人中最能体现德国特点的路德维格·乌兰德（Ludwig Uhland）的评论："他那显然是简单诗的诗力得自于三种真正德国人特质：虔诚、修养，还有音乐的耳朵。虔诚即是相信上帝、忠诚与精神方面的深度；修养即是系统知识及一种构成表达的切实能力；音乐的耳朵则是音乐情感、协调以及意识之精妙。"① 因此，虽然我们也许并不赞同，但却理解鲍姆加登在《美学》中的评论：唯有崇高才能说明德国的民族天才。至于家庭，我们则应尤其小心，不要将生物的家庭与名义上的家庭相混淆。人们易出现大错，就由于他们忽略了如下的事实，即一般在婚后便改名的妇女对其后代的艺术家血管中流动的血起一半的作用。P.J.莫比说，艺术天才是从父亲遗传下来的，并能作为一种次要的性特点算为男性特质。但一位卓越的妇女，她生下一个儿子，其天才显然受她的遗传，这种情况并非少见。我们不能肯定艺术天资更易于传递给第一胎或是以后几胎。时兴的观点认为第一胎有较多的遗传天资。然而莫扎特却排行第七，而布瓦罗（Boileau）则排行第十五。

唯有传记家的本领才能弄清在个别的特殊情形中，那些最真实最属精神的因素、传递下来的能力、生活之机运以及家世与个人遭遇之偶然事件——所有这些是如何混合为一个艺术上统一的灵魂的。艺术理论仅仅承认这一难点便应当满足了。当然，就连我们都能看得出一些。我们注意到同样的外部环境给予人们的影响却是不同的。穷困与需要使一些人消沉却使另一些人振奋。有些天才人物就像陀螺一样，迫切需要苦痛的鞭挞，否则即不能直立。但许多天才就如同一只滚箍，击一下之后便轻快平稳地滚动起来，唯等最后倒下而终止。一些人不停地发展，展示其天才的新的方向，并且一会儿在这里，一会儿又在那里进行

---

① 见《实践真知》，1918年版，第151页。

着试验。倘若他们非常多才多艺的话，他们便能在许多领域里洒下种子而获得丰收。再者，其他人停留在他们开始的地方。他们扎实地追随同一条路线，在那里充分地实现他们自己，然而却从不敢放弃之。这后一种有天才的人能更快更可靠地获得成功，因为与那些动摇不定的天才比较起来，公众则更易习惯于他们。那种成功与声誉、当时的承认与永久的价值常常背道而驰的老话，我们就不必详述了。可悲的经验总表现为：短暂的成功都落在那些死后无人继续提及的人的身上，而声誉的太阳却只在更优秀的人们的墓碑之上升起。这是一件憾事。如果公众的承认是即时的，而且又是真切而普遍的，那么它便能增加生产能力。当然，成功——尤其是过早的与过分的成功——会将艺术家引向易得的浅薄与懒散。但是艺术家所得到的公认是一种促进，促他向前。这是个规律。对于一个谨慎的人来说，公众的承认确使他比竞争与日常的紧张状态——通常所允许一个正在奋斗的人——有更多的悠闲与休息，有更多的新鲜力量。那些经年无效地进行奋斗的人最终萎谢了，他们在整个一生中几乎没有成就到他们应能成就的十分之一。而且我觉得这是时常出现的成功的分配不公的最可悲的一个方面。它包含了非常众多的精神能力与外在成就的损失。产生这种损失的原由，部分是由于某种东西唯有通过更高的能力或者一种领导地位，或者通过更多人的参加才能使之实现；部分又由于任何一个命中注定总要拉第二提琴的人最终失去了必要的新鲜与驰骋的幻想。

当然，尽管有所有这些不幸，但仍有一种获得恰当精神状态的方法。一个人通过提高自尊心便能超越同时代人赋予他的承认。但这一保护性措施并非令人愉快，它在某种形式中成为古怪的高傲。我只想从心理学方面解释一下为什么这么多迄今没有成就的人要如此轻蔑地贬低成功者。倘若他们的心中没有这种信念，倘若没有这种对敌手的溢于言词的轻蔑，那么他们可能就活不下去了。留给他们去做的唯一的事情就存在于这种生物方面的防御手段上。而且，一种坚定的自信实则是成功的最主要的特质之一。只有那些认为生活为自己服务，年龄服从于自己的人才能获得巨大的成果。谁若不愿培植这种信念谁就靠边站。我们说一个人是刀枪不入的，这种观念里有其合理因素。这种观念使战士在危险中穿越，否则他便不能幸存下来。因为在社会生活的一切战场上，许多胜利只有在极鲁莽的不顾常情的情况下才能获得。与此密切相联的是坚韧不拔。那些有志向的人，他们的主要格言是"不要气馁"，免得把那些不尊重你、不承认你的人当成是合理的。当然，为获得成功而整日经年地进行不倦的斗争需要有巨大的勇气和力量。但那些能坚持的人便有成功的好机会。突然间，成功出现了。我们自己都没有看明白为什么这缓慢的增长会在此时此刻达到了目标。

除了这些个人特质而外，外在环境应当有利。我们喜欢用一个外国的说法，就是"保护"，这种保护极确定地给予那些具有上述特质的人们，而且这些人也能充满信心地接受这种保护。最后还有一条，我们都毫无例外的是互相依存的人，个人间的关系决不能忽略。只要偏爱不致构成使完全无价值的人成功的那种偏见，那我们便应当满足。与人力无关的公理，它作为一种实现了的理想，会牺牲许多有价值的优秀特征而达到机械的一致。当一个权威的领导班子作出有倾向性的共同决定时，我们首先便真正感到了那种不公平的偏爱和忽视，因为我们所期望于此的是完全的公正。而且，当今社会上的某些机关已经不合理地成为中心了。政府机关在任何情况下对于创造性个人都起决定性影响，虽然创造价值的是这种个人而非那种执行管理职能的政府部门。但在大多数情况下，艺术成就的成功必须主要依靠那种靠艺术家的活动而生存的——而且并非生活在贫困中的——商人（剧务主任、出版商、艺术品交易人和其他人）的恩赐，这是一种严酷的反常现象。

六

艺术的起源及艺术体系

1. 儿童的艺术

史前时代的遗物已经反映出艺术的开端，而且，就连今天所正在了解的儿童和原始人的情况也为这种开端提供了线索。首先，应当研究一下这些事实，并将它们当作是关于艺术起源的推断的基础。我们从一开始便须小心，别将这三个探讨的领域看成是相等同的。因为今天的儿童与早期人类生活的条件极不相同（甚至与现存未开化的民族所生活的条件也极不相同），所以现今儿童艺术的发展要概括人类的艺术发展是完全不可能的。实际上，儿童简单的涂抹与哼唱和原始人的石画及音乐显然相去甚远。

如果我们不能重新建立起早期的朦胧状态，如果我们不懂得与一切事物相融合的个体中那种熟悉的情感，没有对时间与空间的认识，如果我们不能将当今生活的零碎特点与那种早期存在及艺术存在的全面的完整进行对比，如果我们不能在强烈的生活经验的激情中融化过去、现在与将来之间的区别，那么我们就根本理解不了儿童的艺术。在儿童时代里，一切事情都是互相渗透的——自我与外界，梦与清醒，现实与幻想，昨日与明日，概念与迹象，思想与感觉。对于受到更大激励的儿童来说，几何图形不光是可见的概念，而且还是外在世界的客体，是神秘力量的象征。成人几乎再也理解不了一对有意义的直线会有怎样惊人的力量。但对于成长中的儿童来说，他所得出的简单轮廊——与一切低于人类的动物形成对照——即意味着一个完整的世界。与模型相一致的精确的欢乐只有到后来才会发展。首先，儿童从模糊中发现一种无止境的迷人的源泉。因为他的活跃的想象力在那些未确定未定形的事物中更受刺激、更入迷。这种态度中有一种真正艺术的东西。这种与神秘事物的亲密排除了一切对知识的渴求，审美态度亦是如此。当儿童们用自己的内心生活来解释任何使他们的感觉入迷的东西时，他们便借用现实以外的东西。他们用自己微少的经验衡量一切，向它们灌输热情与生命。他们用比喻来说话。把一顶小帽子当作是一位亲爱的老朋友，撞在桌子上便惩罚那张桌子，他们怜悯那些老是待在一个地方的石头子儿。他们创造出世界，并且还添进与真人及艺术形象同样生动的人物。他们在这个王国里逃避现实的束缚和成人的限制。生活领域间的界线被抹去了，或者毋宁说还没有建立起来。因此，几乎有一半的孩子都有联觉，某种声音伴有某种色彩形象。

但这种模糊也导致孩子相反的态度。因为存在与似乎存在混合起来了，所以真实的与想象的对象也服从于同样的要求。神话故事，不论是由孩子们自编的——这是罕见而更难成立的情况——还是由大人向他们讲述的，在任何情况下都不能作细节上的改动。故事的内容涉及实际存在，这种存在当然可以重复，但却不能改动。其形式就代表了该儿童的经验的样式，它一经确定便成定局。这两种原因便使得该故事就必须是原来的样子。图片被看成与非艺术品的对象一样。学龄前儿童只对真实的能叫得出名字的东西感兴趣。情绪、色彩魅力、成份、构图对于他那简单的直觉就像诗歌结构与性格描绘之准确一样毫不相干（威廉·斯特恩〔William Stern〕描绘了因注意而显出的图画的细节如何在开始时是任意安排的。也许从一个孩子五岁开始的时候起，关系便包括进去，但那些包含在图片里的东西却被这个孩子自由编造的以及从自身的背景中引入图画的关系所遮盖了。"孩子主要是利用一张图画来表明自己的解释与创造活动，而不是将里面给定的东西取走。"）①

儿童故事和儿童图片中使我们陶醉的那种轻松的嬉闹与高贵的天真被视为理所当然的事情，所以对孩子来说便是无关紧要的。但他渴望有所行动，而且渴望有最冒险的行动以及有新的印象与启发。他是一个观念的渴求者，一个不安的、认识的动物。肯定地说，满足他那活动的需要的东西是小说。非娇惯的孩子所喜爱的，并将自己微薄的能力运用其中的艺术是一种特殊的艺术。孩子们需要他们自己的肉体与精神食粮的样式。他们有自己的一套欣赏与创造方法。他们对悲剧懂得些什么呢？他们遇到复杂的情节会作何处理呢？据观察，孩子们对花朵的兴趣高于风景；他们注意一幅画的部分而不注意其全体；他们不加区别地欣赏色彩，只欣赏一种颜色的新奇而不欣赏那影响其价值的特质。这就反映了他们经验与意识的不足。而且，甚至在这里孩子的自我主义都典型地表现出来。比如，有一个小姑娘说："这位天使最美了，她有和我一样的卷发。"还

---

① 见《儿童早期心理学》，1914 年版，第 137 页以下部分。

有，我们到处都能发现他们对于活动的需要，所以一般的孩子都是吵嚷、喧闹、不讲规矩的。总之，孩子的艺术是他的特殊的生活方式与愉悦形式之一。

在孩子生活经验的世界中，我们开始时所提出的模糊在两点上转入主体与客体的划分。第一点，有微弱的早期性感形式，它——至少在大体上——将一个人自己的身体与环境划分开来。其次就是那些引起幻觉清晰的视觉意象——科学早已了解它，当然，只是最近才更仔细地研究了它对于精神生活发展的意义[①]。虽然这些形象轮廓上的清晰及色彩的生动与知觉对象无异，但它们极少与实际事物相混淆。相反，正如性别秘密的内情一样，它们常被感到是纯属个人所有的，而且以一种心领神会的沉默将其掩盖起来。有一个狐狸的形象在我儿时的生活中起过相当的作用。我现在不清楚自己头一次是怎样遇到狐狸的了，但我还记得我与它一同经历过最不寻常的冒险活动。那时我与一个朋友一道在花园里急切地挖着洞，因为我们听说谁若能把洞挖到地球的另一边，谁便能遇到奇怪的地方和奇怪的人。我每当闭起眼睛便看到那狐狸在洞的前面挖着，而且最后，它到达了黑人那一边。我意识到这些幻想是不真实的，将它们藏在心里，但它们给了我极大的快乐。就在同时，我相信我曾经从我家楼梯上飞奔下来好几次，而且这种思想迷得我经常试着重复这种花招。有一次——最后一次——发生了很不幸的后果。所以说，我那时处在一种

---

① E. R. 杨森：《感知世界之形成及其青春期结构》。

使界线模糊的朦胧状态中。然而并非所有的清晰形象都这样受到影响。这种类似的情况不光在许多儿童心中有，而且那些传达预言的占卜师和巫师们也有。这些人需要具有一种区别与选择的能力，从他们那飞旋的内心幻想及语言描绘之形象的点滴中去发现将会拥有什么或者什么东西是隐藏的现实。艺术家必须以同样的方法检取神秘的生活碎片并重新将它们装进被打散的那个整体中去。

当孩子们自发地画画时，他们不照搬手头常见的东西——为什么要再现已经现成的东西呢？他们却力图在纸上画出对象在他们记忆中的形象。然而这些形象并非是真正的复制品，而是简化了的图解，它从解释的简化过程产生出来，由大的结构线所组成。孩子们总是为四条腿的动物画上四条腿，虽然他们常常只看见两条。他们将鞋子尽量涂得很黑，因为他们知道鞋子是黑色的，但他们却忘记了鞋子上反射出多少亮光，甚至白光。他们很少像艺术家那样力图使他们所见的东西去适合他们情感的需要，并且精确地描绘他们在想象中所经历的。相反，孩子们是理念的真正的描画者。他们只须几笔便画出一件事物的概念——唯其如此，它才不是一幅面。按照逻辑传统，概念和语言表达事物的性质，所以只应在经久的基本特点的限度内去理解它们（显然是因为其他特点可在固定关系的基础上从这些基本特点推导出来的缘故）。我们同样可将人类早期绘画中的辅助线说成是图解的固定基本特征。孩子只是渐渐地才越来越领悟我们的环境中色彩和形式的价值，并取材大自然来作画。而且孩子们（在这一方面，他们就像不成熟的民族一样）只是慢慢地才能正确地将细节附于整体。孩子们画房子，通过其正面便能见到房内。他们把人画得比房子还高。他们在正面看去的侧面脑袋上填上一只眼睛。这种支离破碎的现象不仅在原始人的艺术中出现，而且在古埃及和古希腊的艺术中也出现过。某些片断仿佛是孤立处理的，而且并未十分认真将它们与其余部分结合起来。

人们对孩子们图画的研究比对他们其他艺术表现的方式的研究要仔细一些。对于我们这种显然有不幸的片面性的知识来说，不难找到其产生的原因。孩子们的图画比他们文字方面的努力更可取，是因为他们能够毋须任何影响地起始和发展；而当我们考虑他们的顺口溜、考虑他们唱的歌以及编出的故事时，我们则不可能知道有多少是他们自己独创的。并且图画的作品能够保持下来，能不加变化地重新制出好多份。在这一方面它就优于哼、唱以及其他自编音乐形式。因此，更加密切地追溯孩子们作画的发展过程便会卓有成效了。顺便说一下，这个问题与通过艺术进行教育以及为艺术而进行的教育根本没有关系，虽然这三者一般是混淆的。

绘画起始于肌肉活动和娱乐运动。孩子胡乱涂画，即是说，他无目的地作出标记。他用自己的手模糊地表达着，似乎在模仿大人们作画时的身体动作。这就同仿效说话一样。孩子不加理解地重复听到的声音——或者更精确地说是模仿说话器官的运动。[①]但其中并非总是模仿。曲线无目的地混杂在一起，这就是欲让肌肉活动的生理需要所造成的。如果我们成人手里握一支铅笔，笔尖放在纸上，而同时又在随意想着其他的事情，那么过两三分钟之后，我们一般会对那铅笔显然的自发运动感到吃惊。倘若我们听任这只铅笔自由运动的话，那么曲线便会出现。它在很多人笔下会成为无意识的书写。我们偶或也会观察到孩子有同样的现象。但是在他们这种情况中运动一般是由意识所引导的，是愉快的。其可见的后果比琐碎的活动更能吸引他。当这个孩子的创作因身体疲劳而结束时，下一步便是给这种偶然形成的图案规定一个专断的含义了。我们的小朋友以其丰富的想象的魔力，一会儿在那胡乱涂抹的图案中看见一头母牛，过五分钟又看见一幢房屋——我们则应当相信两者都是。但这并不持久，因为不久以后，某种模糊的概念便高于这种乱写乱画了。到后来，孩子便想要表达一种思想。为了达到这种目的，他在任何意义上并非去画那种曾经引申出思想的对象。纵使那种对象已经事先为他画好，他仍然只从中取其是什么，而不取其如何画，但表现出他在线条象征中的特别知识。

用铅笔来展示他的知识、来罗列、来累计他所知道的一切，这种工作造成了很多有意义的后果，尤其是当它与那种理所当然的笨拙的技巧结合在一起的时候。首先，它解释了这种绘画的某种怪诞之处。我已经提到过那种被画

[①] 参见威尔赫姆·温特：《大众心理学问题》，1921年第2版，第206页。

出了四条腿的动物,虽然它们只处在能看见两条腿的位置上。或者从正面看去的人脸上画出了附在侧面像上的第二只鼻子。因为这个孩子知道鼻子是突出来的,不这样画便反映不出这个突出的部分。耳朵被轻蔑地忽略了。臂膀和腿被随便画了出来,或者干脆缩成了手和脚。大体上说,他只勾出几个部分,而且是由当时最方便的线条反映出来的。这位小小的制图员似乎在说:"我知道,那儿有个东西。"此处,我们也应注意不透明物体的透明画。我们看见帽子底下的头盖骨,裙子里面的腿和房屋墙后的家具。孩子们正是缺乏那种给可理解的对象以及可描述的事物以图画形式的空间想象。他们缺乏对于绘画表现的特殊特征及缺陷的洞悉。而正是这一点决定着该图画的艺术特点。所以,孩子们在不知其中困难的这种高兴状态中便干起了他们所干不了的事情。一直到九岁的时候(或者按照另一种估计是十四岁的时候)他们的笔下似乎才可能描绘一切事物。他们对自己的工作很自豪,而且不喜欢别人去修改。但是这位小艺术家一旦开始产生艺术趣味的时候,他便羞于自己的艺术成果,通常便放弃作画好多年。经过这个间隔以后,又重新开始。但到了那时,便已经不是什么儿童艺术了。

　　有两点值得美学家特别加以注意。第一,倘若孩子们总是"自己动脑筋"去作画的话,那么我们在此处便触到了如同我们联系到艺术家对人性的认识时所发现了的东西,即想象的产物与形成的冲动一开始便已存在了。这样,模仿理论又受到另一个沉重的打击。当然,还有几个可以算是支持这种理论的报告。艾克曼在他的《歌德谈话录》的序言中说，他儿时在一个烟草包上看见一匹马的画，便感到一种欲描摹下来的难以抑制的冲动。"我画完之后，似乎觉得我的画完美地再现了原作，而且我体验到一种前所未有的欢乐……从那以后，对于感觉再现的这种曾经苏醒了的冲动便再也没有离开过我。"这样的反省是少见的，而且也许在回忆中被歪曲了。一般来说，一种相似性唤起快乐感，因为试图进行图解的线条仅仅是偶然地与实物或模特儿大致相合。第二个一般来说是更重要的结果则基于画中的交流。这些便向我们提供了关于绘画与写作、图像艺术与语言之间的联系的进一步的观点。孩子们的图画便是交流，其中的线条既表现总的概念和语言又表现书写的特点。这种图画清楚地表现出这些功能之间原始的关系，表现出一种我们直到后来才能估计到其意义的关系。有一个很好的例子——诚然，它不是孩子们设计的，而是为孩子们设计的——是通过叙述性绘画渐渐构成的动物画。这种天真而有启发性的小玩意儿，我从华尔特·克莱恩（Walter Crane）的《线条与形式》①中举两个例子。

"根据托儿所传统进行的现代绘画写作"。图15是按进程顺序画的，数字表示发展的阶段。图15右上方："小人与他的房子及领地"。这个小人建成了（1）自己住的小房子和（2）一扇窗，他筑起了（3）一条宽大蜿蜒的道路，伸向（4）一个优美的池塘，塘里储满了（5）鱼儿。这样

---

① 见《线条与形式》，1940年伦敦版，第28页。

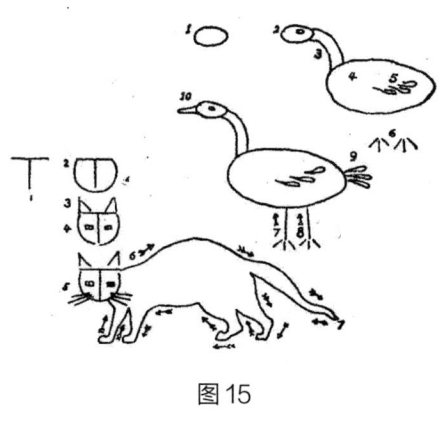

图15

可观的财产激起了某些穷邻居的嫉妒，或者，某一天强盗们在一起开会，他们（6）分成了两组，每组三人，集中在池塘附近。他们决定分两条（7、8）路向池塘去，但他们一到达池塘，鱼儿受了惊，并且（9）跳出了水外。接着（10）小人儿听到了响声便惊慌失措地逃走了。——因而可以说"鹅就作成了"。

图15左下方："妥玛斯和查尔斯"（1）T代表妥玛斯（2）T下面的C代表查尔斯，两位伙伴建起一座房子，有（3）两个烟囱，并且还有（4）两扇窗户。他们在门前（5）种了草。盖好房子之后，查尔斯和妥玛斯便（6）出发去旅行了。过了一些时，他们到达了（7）世界的尽头，他们感到该回去了。路上经历许多险境，至少跌倒过四次，他们最后还是回到了家中，随后便在我们所见到的这个形式中幸福的生活。

到目前为止我们只考虑了绘画，这种情形中的事实便说明，我们忽略色彩与造型艺术是情有可原的。我们所观察的孩子们极少模仿和利用颜色，虽然其他时代、其他国家的孩子们也许不一样。一个孩子刚开始时似乎并没有用颜色作画的渴望，他会觉得黑白两种颜色就足够了。用水彩的想法只是渐渐产生出来的。开始时作装饰用，接着就复制现实，最后就用于艺术调和。然而很难说这在多大程度上是教育的结果。我宁可认为小孩子喜爱泥塑甚于作画。但是其中的实际困难阻碍了广泛的研究。我们甚至不能够更普遍地了解到，在人类艺术发展史中，是图解艺术还是造型艺术开始得早一些。按照推测，如下的事实造成了不同的发现和不同的结论：某个地方可以利用石头和动物骨头，而另一个地方则能利用可塑材料（赫蒙·克拉兹〔Hermann Claatsch〕在《原始艺术与宗教之起源》①一书中利用了有关早期旧石器时代的发现作为依据，来证实自己的主张：艺术是从绘画向雕塑发展的）。并且，我似乎可以肯定——虽然这与普遍承认的理论相对立——儿童的微不足道的音乐并非来自兴奋，而来自较温和的情绪。至少当孩子们坐在一个角落里，无声地陶醉时，他们便会唱起歌来。或者当他们静静地走动时，他们会轻声地哼起歌子。但我们却极难听到苦痛和快乐的音乐表达。这是很好理解的，因为这些情绪需要迅速而确切的交流。无疑与艺术相联系的游戏便是从那些较安静的情绪以及那种令人艳羡的青春活力而来的。

美学理论常常追踪到儿童的游戏中去，借以解释艺术特征。这种回归的目的是要在普遍的人类才能中去找到那种试图进行艺术创作与艺术欣赏的非常使人迷乱的事件的根源，要从基本和普遍的人性特质中获取艺术感。席勒把

---

① 见该书，1913年版，第10页。

这一点作为最主要的评论说，艺术家用给定的东西进行工作，以完全的自由去修作它，这正如孩子们在游戏中并非以逻辑需要的方式去处理实际事物一样。创造性艺术家就同玩耍中的孩子一样，站在事物之上。所以艺术家应被称作是真正的人，因为人只有在这个称呼之最充分意义下作为一个人时，他才玩耍。

但一定会有反对这种创作与玩耍相比较的意见。创作活动中有交流的需要，而玩耍则没有。虽然创造的（甚至还有再创造的）艺术家转向其他人——至少转向想象中理想的公众，但孩子在独自玩耍或与伙伴们一起玩耍时则根本不关心表达自己或制造印象的问题。每一个人在玩耍时都对当时的活动很满足，将它看作是一种暂时的娱乐，然而艺术家则旨在产生出一种持久的作品。其中还是有很大差别的。

但与艺术创作比较起来，也许玩耍要更像审美愉快。卡尔·格鲁斯（Karl Groos）尤其谈到了这种相似性。他认为，我们自发地进入一切玩耍活动中，而且在让我们自身去实践戏剧性行为时也表现了同样的自发性。这两种情况下的第一步都不带任何强制。甚至以后的几个阶段中我们都在听任自己入迷于玩耍的魔力（普通的或艺术的魔力）而使自己在超脱于竞争目的这一意义上仍保持为自由的。首先，我们不像在工作中那样想到其最后的目标。至少是一般说来——因为有例外——我们严肃的行为由将要达到的目标所决定着，其程度使人们感到这些行为只是达到目标的手段而已。另一方面，我们在艺术与玩耍中的快乐也就是其无目的性所给我们带来的快乐。当我们进入这两种领域时，我们便到达了一种"无忧无虑"的境界，并且卸掉了严肃生活中的重担。

我认为这一观点应当稍加修改。艺术是"无忧无虑"的，这我同意。然而从忧虑中的解脱不能误解为放纵和任性。艺术与玩耍把人带进了一个新的法则世界，从而使人从现实的压力下解脱出来。混乱在任何意义上都不在玩耍中占主导地位。纵使最简单的儿童游戏都表现出，他们倾向于制定自己的规则。比如说在运动游戏中，必须允许一个孩子先跑，或者一个特定的地方作为他的避难所，或者只能用一只脚蹦等等。儿童游戏的书籍里包括无数种这样的规则。这同样也适用于成人的娱乐活动。摔跤运动员有一整套准许与不准许的限制，而在战争中当然什么都是允许的，或者至少可以说道德界线大大地被推移了。在打扑克时和在赌桌上，扑克牌和赌牌都指定了某种价值，它们之间的关系又由严格的规则所控制。同样一些牌的组合在这一盘使我赢了一点钱，而在另一盘却使我输光。倘若有人试图打破这种神圣的规则，那么别人就不愿同他赌了。

除了条件的这种既定系统以外，通常还有一个对手。他的技巧同样地必须考虑进去，因为他会作出或多或少的对抗。这样，便向该游戏提供了易变的因素，虽然我们必须立即加上一条：其易变性限制在游戏的规则之中。总之这就产生了两种派别。这两种派别之间的相互作用通常并非无限期地进行下去，却是在事先定好的一点上结束。然而这个终点不是通过捷径或自己所喜爱的路径而抵达的，是按照双方的行动，通过游戏的规则所制定的路径而抵达的。

现在，倘若我们用同样的方式来观察空间艺术和语言艺术的话，那么将被描绘的自然的原型便可称为艺术家的对手了。作家致力于作品所依赖的情节，画家则致力于自己的模特儿。他们就像游戏中的行家一样，必须知道他们是否与对手匹敌，而且知道如何对付它们。材料中即包含了——作为常变的量——帮助与妨碍。艺术家通过这些便达到其目的。正像游戏中的对手一样，一些材料可以简单处理，另一些材料则需要长久苦干。在任何情况下，比如说，一出戏剧的含义，并非只是达到目标而已——这个目标在悲剧中一般指死亡，喜剧中指订婚——而实际上是引向这一目标的戏剧性命运的转折点。

其次，至于"游戏中的规则"，它们以艺术家所选择的艺术种类的形成原则的形式来传达给艺术家。每一种戏剧都在作者、读者与观众无疑必须遵守的特定规则上与小说不同。倘若一位作曲家决定写一部管弦乐曲，他便开始受管弦乐技巧的控制。倘若他用人的声音，也相应如此。在成为雕刻家的需要方面大理石与青铜或木料是不同的；油画与蚀刻又有不同的"游戏规则"。总之，媒介的特性——艺术家的幻想似乎能在其中自由实现——实际上极严格地控制着艺术家的想象。确实，纸上的水彩画的规则显然比下棋与网球的规则更加客观，因为绘画的规则牢固地植根于媒介的特性之中。

这种比较在其他方面可被推进一步。正如我们都知道的，要想使一个游戏玩得快乐，玩游戏的人仅仅熟悉并牢记其规则是不够的，他还得对这种规则有一种情感。世上有许多聪明人从未学好下棋。同样，也有许多艺术家从未越过作为一种手艺的艺术实践，因为他们不能在其规则的界线之内自由自在地、惬意地活动。谁若继续感到这些技巧性要求是桎梏，那么谁便天生不是在这种规则王国里生活的人。

游戏作为一种具有其自身规律的特别领域告诉我们，孩子与事物的相互作用会继续导致他去编造故事。许多孩子有一种永无休止的渴望，去描绘他们所经历的（或没有经历的）事情以及描绘他们对未来的期求。纵使当他们编撰木偶故事或者神话故事的时候，其中一般也会联系到他们自己的。所以小一些的孩子喜欢编布娃娃的故事，大一些的孩子喜欢编神话故事，再以后就是印第安故事和仿照《鲁滨孙漂流记》一类的故事了。这些故事易于与他们自己的生活和愿望相联系。其主要的魅力就在于悬念上（纵使这故事已听过数遍，其魅力依然不变）以及快乐的结局上。奇怪的事件生动虚饰地、接二连三地发生着；被魔法所迷与解除魔法的情形相继发生着；低级动物与人相互间变化着。国王沦为乞丐，牧鹅姑娘变成公主，等等。神话故事对孩子们的想象生活比对我们的想象生活更具感染力。因为我们喜爱明喻和隐喻，而这一点，简单的神话故事中是没有的。

2．原始人和史前时代的艺术

我们能在总的方面肯定原始艺术是存在的吗？当一个原始人精细地修作和加工他的工具时，其目的也许是要让工具更有用。当他舞蹈和歌唱时，他也许只是在表达他们共有的感情。但是我们若进一步考虑一下，这种想法便不存在了。因为所有这些成就与我们艺术品之间的外在相似性允许我们把艺术概念运用到它们身上去。而且艺术在任何时代任何环境中都不仅仅是美的对象或者审美魅力永恒的积累，"艺术是精神生活和社会生活的一种形式"。正因为如此，我们有理由去设想它像宗教、科学与法律一样在原始人群中是存在着的。我们的任务只是要获得一个原始艺术之特征的真正的图画。只要去看上一眼那种与我们有种族差异的，然而已吸收我们的文化好几十年的、高度发展了的日本艺术，我们便会明白这项任务是何等艰巨了。我们了解并热爱那种精巧而怪诞的日本特质，它常常转而成为一种对于敏锐观察而来的现实的技巧娴熟的再现。但有眼力的日本人说这是一个严重的误解。他们从自己的艺术中看出了那种亚洲精神的有力体现——更精确地说，是中国学问和印度信仰的有力体现。它不是昂贵的古玩，不是花、鸟，不是怒放的梅花，而是龙，是对于死的蔑视，是构成他们总的理想而同时又是艺术理想的佛教献身。以我本人来说，我无权发表意见，但我相信，对于如此可以公开检验的东西又坚持如此基本相左的观点，这就说明了我们关于原始艺术的解释很可能是不正确的。然而我们必须设法描绘出人类文化学者所收集的,而部分由历史上的学者们、部分由哲学家们所阐明的那些材料。

首先我们将考虑那种旨在成为视觉艺术的手工制作品。这种图像艺术的制作是为了描绘人类世界与动物世界的。低级文化水准中的人类感到自身与这个世界的联系甚于与其他环境的联系。这对于打猎与打鱼为生的部落,对于澳大利亚人,对于南非卡拉哈里沙漠中的游牧部落以及北极区的居民来说,确是如此。其艺术家爱将自己的艺术活动指向自己的身体。最初的最简单的身体装饰是可以擦掉可以更改的胡乱涂抹。接着就以画斑痕或纹身的方式在身上刻印出持久的图案。最后就形成可以移动的装饰品以及多种华丽的服饰了。这三类装饰中的任何一种都不是用以衬托一般的裸体美的。这种化妆艺术与美毫无关系,它作为一个人财产的装饰,来自对财富与差异的喜悦。它吸引异性,恫吓敌人,但从护身物这一意义上说,尤其被当成保护性装饰。在《剑桥大学向托里斯·斯切特(Torris Strait)远征调查的人类学研究报告》中甚至有这样的断言:"在导致土著居民进行身体装饰的六种理由里只有一种是真正的装饰,其余的则依赖于社会条件(图腾标记、社会阶层、兄弟符号、医药及魔法标记等等)。"但正如这些活动与迷信观念相联系那样是理所当然的,审美标准(对称的需要等)也毫无疑问在这些活动中形成了。因为此处主要关心的绝不是人体与动物体的再现,而是装饰与图案。在原始人的这种修饰中,更广义地说,在他们的图像艺术中,有一些世界各地的部落都采用的最原始的装饰主题,虽然究竟谁抄袭了谁还无从确定（精神病患者的艺术与原始雕刻之间形式与表达方面的密切关系也是反对转换理论的一个证据）。既然那些说都兰话的牧民们不可能从秘鲁印第安人那儿借用装饰品，或者反转过来，后者不可能向前者借用，那么我们在此处处理的便是以同样的方式然而却到处是独立产生的图案。这种明显出现在纺织中的装饰的原始形式被一些研究者们当成是普遍拜火教的象征，这种崇拜一度遍及全球。这一设想与如下的事实，即最早的神话与史诗同样也表现出对光与太阳的崇拜这样一个事实相符合。但其特殊之形式及其一系列的联系物只以很勉强的方式才能追溯到太阳与火祭坛等等的复制品去。而且要从拜火教的实践中去获取所有的或甚至一部分复制品就更其困难了。

所以我们必须更详尽地审查一下这个问题。此处涉及的图像常给人一种几何图像的印象。其中有三角形、圆形、长方形、平行线和角。同样的图像重复好多次，或者不同的图像交替出现。这些设计便使我们面临着双重的任务。我们必须判断其个体形状以及它们的连续原则。倘若这一原则表现出某种规律，也许甚至是一种明显的一致性，那么就应当把这种规则看成是从对称与节奏中，从一个单位的规律重复中所引起的欢欣产生出来的。对称图形常在那种我们不能假定材料已施以任何强制或者自然原型已施以任何影响的地方找到。再者，最初不对称的图案在其发展或衰落中变为完全对称的了。那么，我们能否假定这种多重性统一中的愉悦是该过程的一种配合因素呢？就连非常普通的曲线都是节奏接合的图示，倘若其中有一种自然快乐的话，那么这种连续组合便是易于理解的了。然而由此在重复中出现的个体形状仍不能使人明白易懂。

有三种关系到这些形状的理论被提了出来。按照第一种，人类有一种几何形状的固有感觉。他就是从这一感觉出发来制成装饰品的。正如孩子完全出自自己的智能去画出直线、平行线、圆圈、四边形和三角形一样，据说原始人装饰其身体或者用木棍在沙中划一道沟时，这种线条是由本能所引导的。人们进一步断言，自然对象的图画，尤其是人体的图画就是从这些图像发展而来的。一个圆圈变成了人脸，一个锥形就成了人身。一根横线条再加上两端两个直勾，便代表了祈祷姿势中的手臂。渐渐的，这些几何符号就更加自然，更加合理了。

另一种理论断言产生了一种反方向的转移。现在以几何形状出现的东西就是最初——按照这一理论的说法——真实对象的复制品。原始人想复制太阳，便画了一个圆圈。他试图仿制巨蟒的样子，于是一条带有断断续续黑点的起伏线便形成了。他想再现一个女人的裙子，便设计了三角形。因而几何风格便是自然主义风格在图解方面僵直的晚期形式。最早的艺术家的低级技巧以及经常重复的需要是会产生出这样丰富的形式的。至于新几内亚岛，我们有严格的证据说明高度风格化了的问号以及图案中的火焰真地代表了人体和鳄鱼的形状。"鸟类的脑袋成了梯形、半圆形、三角形和初步的螺旋形……在人的变形方面，我们清楚地看出各个中间阶段中脑袋是如何渐渐消失的。躯干变成了菱形，臂与腿转而成了直线，又在角上相碰。"① 但还有两点要加以考虑。在不同的部落里，甚至就在相同的和同一个部落之中，最不同的自然对象都收缩到同一个图案中去，这是值得注意的情况。这样一种规则转化或仅分解为几种几何形状的现象似乎就表明了对于仅此几种形状的一种自然倾向。其次，我们不应忘记，向表面的转化便包含了一种没有任何先例的创造成就。因为自然从未在某个表面向我们显示出三角形和四边形——至少，从未在原始人所了解的自然现象中显示出来。沙里画的、身上涂的或者石头上刻的那些有意义的线条是需要动脑筋的东西。它导致画画，同样也导致书写。就连图像的分解和歪曲都表示了有意的精神活动。格劳西（Grosse）向我们表明，自然主义雕塑就依赖于两个特点：观察之准确与手法之坚定。游牧民族在求生存的斗争中必须具备这些特点。但是这仍不能解释，对于所见之物的忠实模仿是如何能这么快、这么普遍地引向明显的线段几何运用的。迈克斯·佛尔文（Max Verworn）相信，这种转移是由"史前时代理论活动"的到来所产生的，这一理论活动在"灵魂的概念"，一般又在有利于"理念造型艺术"的宗教观念中再现。② 然而却很难使人相信，这一过程——纵使假定它按照猜想的发展——会产生形式上的效果。

玛西尼（Mycenae）的发现迫使我们得出了关于早期风格的结论。在多里安人迁居期间，帕来兹基安人（荷马

---

① 见乌尔曼：《艺术史》，第1卷，第53页。
② 参见《原始艺术中的心理学》，1908年版，第35页。

所说的阿克因人）实践了这种民族艺术。他们的陶制花瓶主要是由植物卷须来装饰的，而且也用鸟儿和四足动物来装饰。用孔兹（Conze）的话来说，这些花瓶"以一种几乎在（希腊）几何风格中已经完全绝迹了的植物修饰性运用为其特征；以一种对动物熟练的艺术描绘为其特征；以一种与几何风格中的系统化不同的、常常出现的人的再现为其特征，以装饰中各种自由勾画的曲线之普遍出现——与简单几何形动物形状之统一、谨严的绘画相对照——为其特征"了。然而这些发现根本不能证明自然主义风格必定普遍先于几何风格。布洛（Böhlau）的调查使如下的情况成为可能：即使在玛西尼文化之先，带有数学组合的装饰图案的一种早期欧洲农民艺术便已存在于同一个地方了。但这种优美丰富的帕来兹基安风格究竟是农民艺术通过独立发展而来的呢，还是受希腊克里特岛的埃及和腓尼基影响而来的呢，这还是专家中争论未决的问题。如下的推测有某种固有的似真性：在爱琴风格兴起之先，帕来兹基安人可能只有为数不多的修饰性几何图像。接着，腓尼基人带着他们高度发展的艺术及其图像艺术品来到了。倘若不是所谓多里安移民给他们带来了一种毁掉腓尼基艺术品移入后所产生的刺激的战争状态，这些腓尼基人便会把帕来兹基安人的艺术完全置于他们自己艺术的从属之下。那么，修饰的本地系统便重现了。

第三种，也就是最后一种观点在于原始人当中次要艺术之普遍性上，尤其当这种艺术与有用物件有关的时候。我们通过事实得出结论：一件事物的实际目的影响其装饰的形状和形式，或者——用另一种方式来看——该形式是该工作的无意识的副产品，并且按照惯性定律，它转入其他领域中去了。这样，其起源既不是真实对象之模仿，又不是对几何形状的原始欢乐，而应到技术需要中去才能找到它。这种说法支持了高特伏拉得·森泊尔（Gottfried Semper）的观察，他说，材料的结构规定了某种塑造，然后审美情感再依附于它。F. 爱达玛·凡·肖尔特玛（Adama Van Sheltema）稍稍不同地阐述了这一思想。他认为，装饰是"积极力量在被装饰对象中象征性的再现，这些力量共同决定着该有用物件的器械价值，并规定着它的形式"。然而史马索正确地评论这一观点，说它当然可以解释建筑部分的装饰形式（比如说，建筑上的叶板就表现了柱上楣最下部分的压力），但却几乎不能运用到那种仅其形式便恰当显示其功能的有用物件上去。对于这种由对象的目的所决定的显得重要的力量与形式来说，强调当然就甚于描绘了。例如，史马索把钉子的铁帽当作是装饰性圆圈的来源，因为这种圆圈在轮廓上重复了钉帽的必要形状。"当一种技术基调被采纳，激起价值的真实情感时，这种基调便提高到该装饰的审美领域中去了。"[①] 在柳条制品中有最熟悉的例子。在织布、在螺旋形卷绕、在砖石建筑的分层方面产生出来的图案转移到陶制器皿（"花边陶瓷"）上去，后来又转移到金属制品上去，再发展为其他变化。要想把两张皮缝在一起，就必须在空白的地方打上孔，再穿

---

① 见《美学与一般艺术科学》，第 15—16 期。

上线或者穿上皮条。这些点和穿过的线对于原始人来说也许获得了独立的价值和普遍的适用性。然而我们却只能说"也许",因为没有任何证据,有许多矛盾的事实还不知道。比如,陶制器皿的碗,人们都认为是仿制了早期的篮子,但它常没有任何线条装饰。处在我们目前的知识状态里几乎是不可能获得一个肯定结论的。然而毫无疑问,那种认为几何装饰可广泛追溯到对于自然的模仿的理论已经被我们推翻了。我感到同样可以肯定的是,对称与节奏中的快乐从一开始便已持续存在了,它在原始人的艺术企求中起着重要的作用。人类在这种快乐的刺激下装饰自己的产品,更生动地突出其有意义的部分。

土著澳大利亚人在树皮上画的煤炭画可以看成是我们绘画艺术最熟悉的原始阶段。这些画很逼真,尤其表现在运动的描绘方面,但细节不精确,而且没有透视和明暗搭配。与观画者最接近的物件画在底下,背景中的物件安排成横行,行的高度表示其物件的距离,在相对的大小方面没有任何变化。因为制图者按照自己所知来介绍事物,用自己超审美目的的艺术手段来描述它们。绘画在任何情况下都与理论观念相联系。科学与艺术的发端似乎是紧密关联的。有两个例子表明了艺术被用作交流方式的不寻常的情况。卡尔·文登·斯坦尼(Karl vonden Steinen)的报告中表明说话是如何伴以在沙中画出轮廓的手势的。迈勒锐(Mallery)描绘了在阿拉斯加人之间的对话中,他们把左手当成书写板,右手的食指在左手上画线。其他旅行者们惊讶地发现,未开化的人是多么有效地用绘画来表达他们通过语言所传达不清的东西,他们的图画又是多么经常用于表达思想,而非用于描摹物件的。这种可见的语言发展成表意文字和解说性绘画,发展成小画像和书的图解,甚至发展为肖像画。它以形式和色彩的语言告诉我们被描绘者的年龄、体质、天资和情绪。(按照卡尔·布勒〔Karl Bühler〕在《儿童智力之发展》①中的说法,图画发展成(1)书写〔句子、单字和字母〕;(2)图解装饰;(3)地图式的轮廓;(4)忠实的复制画。但这些东西又是那样不同,在某种程度上又是那样理所当然地可以追溯到其他根源上去,所以这种遗传学的归类法便不能用了。无论如何,装饰伴以一个人自己运动中的愉悦,这一点我们在儿童艺术中已经碰到了〔见上一节〕。哪里对象的形式改变方向,哪里运动的快乐就显然最强烈,而人们就喜欢把这些转移点用作修饰线。)而且,这一连串思想也把我们带回到之前讨论过的问题上来。人们认为,原始人用来装饰他们身体的那些粗糙的修饰不仅用以使观者印象深刻,而且还当成他自己的名字。美化他自己便是将他自己区分出来。所有的纹章学均源出于此。关于普拉捷拜堤和威克联盟的一个印第安传说便指出了区别房屋及其居住者的特别记号的重要性。科林斯人(Corinthian)的寺庙里三角墙上的浮雕原先不也只是标明其主人的微不足道的房屋标记吗?大多数造型装饰都是无用的纹章图像或者造型警言发展而来的。最后,我们应记住,难认的记号及符号的创造是同属一类的。

---

① 见该书,1921年第2版,第259页。

许多种族的第一批图画都是难以辨认的记号，同样也是手写的符号。在中国的传说中，据说大约公元前二千七百年的仓颉同时发明了图画与书写。这些史前时代的事实，这些可作模糊补充的事实同那种历史结论，即形象艺术之伟大复兴总与理性书写运动相联系的历史结论相符合。对于文艺复兴来说，不仅科学是一种"无拘无束的艺术"，而且艺术还是一种学术研究。列奥纳多和艾尔伯特（Alberti）都是学者，我们可从节奏、透视及身体部分可以算出的比例诸方面看出丢勒艺术的本质。

我们再考察一下原始人的诗歌，就从他们的史诗开始。这些都是小范围的，它们用很快的发展速度来叙述一些行为，其内容来自观察与传统。这些史诗喜爱冒险与胜利，从中赞美力量、勇气和智慧。那么很显然，史诗从开始时便不仅与历史相联系，而且还与对自然的认识相联系。若说戏剧、舞蹈和音乐形成了一组最初与宗教仪式相联系的节奏艺术，那么叙事显然便与历史及自然的研究相近。原始人分不清解释世界与颂扬世界之间的差别，就如同他们分不清是醒着还是在做梦，分不清是经验还是虚构一样。当他讲述故事时，他寻求获得资料与洞悉，同时也寻求去唤醒自己和别人。从我们自己文化的观点来看，我们可以说这种原始的自然观是奇异的，它用人类的愿望来解释永恒的事件；这种自然观又是拟人化的，它将无生命之物看成是有生命之物，并将正常与不健全的经验都归诸鬼怪。这两种看法在我们今天的言谈与诗歌中都还顽强地存在着。以欣赏——甚至是出现在最粗糙的诗歌尝试中的一种欣赏——这个词的魔力来说,实际上就包含了文学艺术的本质。对于原始的心灵来说,名字和其他字似乎就是那种人与物当中活跃的精神现实的本质部分。拥有这个字便拥有这件事实。这个字就像是人的精神;谁若是卷起这个字,把它装进口袋,那么谁便像有了一张这个人的画像一样掌握了这个人。因为拥有一张画,这其中就包括了拥有画中之物的神秘权力。这种单字与图画方面奇妙的权力便使牧师和艺术家们成了世界的主人,甚至到现在仍然还是如此。

除了叙事诗以外,人们认为抒情诗和戏剧诗应算是两种主要的诗歌了。咱们权且采纳这个观点,来找一找抒情诗的最初阶段。有一种曾经很盛行的发生性描述在重复之中寻得了抒情诗的萌芽状态。当一个原始人在兴奋中说话时,他也像我们现在的人常干的一样,他重复自己的主张,强调它,这样就使之在情感上更有效而且更有说服力了。同样,一首部落歌只是简单短句的单调重复。思想的重复现在就很容易压缩为这种思想的首要和最后部分的重复,而且其重复可能成为另一种形式下内容的复活。于是便产生了对应,随后又渐渐变化为格律和节奏。然而这种派生理论(尤其从欧洲诗歌的发展中提取出来)不符合其他人种学的事实。当然,重复属于最初的诗歌创作,因为它使一群统一起来,而且给作品带来秩序。但事实表现得很清楚,除了重复以外,节奏与节拍作为精神活动的最初成果也同样是独立出现的。节奏秩序并不是晚期产物,而是由人类最原始的精神能力之一所产生出来的。它也许是人类创造能力最早的表达。人性在什么地方得到发展，这种节奏能力便在什么地方与社会团体、与鬼怪信念、与语言一道展现出来。节奏、言谈、歌唱、奏乐、舞蹈、宗教仪式以及戏剧之间固有的内在联系从古希腊悲剧和德国古人的吟唱诗那个时代起，我们便与之非常熟悉了。这种统一已经刻印在人类的心上，所以它从未整个地失去过，它在每一种情况下都不过是由那些像理查·瓦格纳这样的现代人物使之从暂时的隐蔽下恢复过来。另一方面——而且这一点必须事先强调——艺术和上文提到的精神倾向在任何时代和任何种族中同时又是分别存在着的。

按照一种广泛接受的理论，节奏与劳动的联系非常密切。劳动的一切限制形式都在规则时间里一遍又一遍地重复，这就通过节奏控制获得了一种稳定。它们就因而变得容易一些，舒适一些。世界各地的人，当有节奏地牵拉重物或在地里一道挥舞镰刀时，他们都是要唱歌的。如果一个工作程序在单个或一组运动的末尾产生出一个声音，那么便开始了有声的节奏。倘若节奏的声音不能自然发生，人便呼出这种声音以代替之。手和脚在工作时总是很活跃的，手用以拍和击，脚用以跺和踏。这样，击掌与跺脚便出现在原始的音乐与诗歌中了。最早的歌曲是劳动号子，它用来减轻劳动和保存能量。但严酷与不可争辩的事实却使这种用经济效益的方式对节奏所作的解释站不住脚。也许读者已经看出，所引用的共同劳动的例子并不适用于狩猎与游牧的生活方式。甚至连养牛的人都不熟悉这样的劳动形式。纵使他们进行了这种形式的劳动，省力当然便是不相干的效益,因为这种文化阶层的人分散了他们的能量。音乐与诗歌的节奏基础唯有当它们存在之后才用以这种目的。群体的节奏运动是社会上有用的活动与矫正措施,主要是在战争训练方面。只有当运动是一种享受(倘能这样说的话)时,审美自由才得以开始,只有当节奏形式能固定与持久时,艺术才得以起步。

我们再进一步考虑一下。原始人也在他们闲暇时唱歌。他们纵使是处在最低级水平上,亦能将节奏音乐表达与一切其他活动分离开来并独立地培养它。所以他们在这个阶段很可能用某种声音格局来表达情感,这种表达又很可能使听者快乐而不涉及他们对劳动的任何兴趣。舞蹈的情况也一样。大群体的节奏运动在原始人的劳动中比在原始人娱乐和表演中少见得多。照许多旅行者的报告来看,这种集体的舞蹈有一种兴奋的特质。它们似乎是由狂欢运动组成的,其中压倒一切的情感力图表达出来,使舞蹈者进入更大的疯狂。战舞和爱情舞不可能从劳动的节奏中产生出来;模仿舞以及那些重现某种动物——比如袋鼠——的舞蹈同样也不会。模仿与重现中的快乐,表达自己与引起印象的渴望从一开始便如此呈现出来。音乐的情况必然也是一样的。倘若上文所提到的方面不能成立,那么音乐、舞蹈与戏剧便绝不会从它们与各种各样劳动和生活职能的联结中释放出来。它们作为个体与单独一门艺术的发展,又归诸其他原因。显然,开化民族中经常发生过——而且仍在发生着——这种情况,即在艺术节奏中有意无意地重复一种劳动节奏。海茵里奇·希德尔

（Heinrich Seidal）的《谐音集》（*Glockenspiel*）里面有这么一首小诗：

> 白玫瑰，白玫瑰！
> 颔首点头，
> 多沉醉。
> 白玫瑰，白玫瑰！
> 不要多久，
> 绿叶纷坠。
> 白玫瑰，白玫瑰！
> 暴雨将临，
> 乌云低垂。
> 悄悄地，悄悄地，
> 在你身上，
> 虫儿打洞。

希德尔说这首诗是他在学习切螺钉的时候想出来的。他把这一活动的完整节奏都放进诗文中去了。另一位作者，其本人就抡过大锤，把铁匠的三击拍节奏重现如下：

> "来啊，星期天！来啊，
> 星期天！"
> 铁锤叮当响，
> 压低声音把牢骚讲：
> "来啊，星期天！来啊，

星期天！"

"来啊，休息日！来啊，星期天！"

痛苦的战栗无数遍，

心里也听见。

"来啊，星期天！来啊，

星期天！"

假定纯粹的机械操作能够提高为节拍结构，那么更加有意义的手工劳动就会抵制机械规则。而且，在我们称作为工作（与原始活动极不相同）的活动中，工人们总是着眼于目标的，而艺术节奏则并不隶属于任何这种完成的观念。

旅行者经过验证的观察中还有另一个反对这种省力理论的论据：当原始人走到一起来，蹲下去开始合唱时，他们显然是在试图逃避现实，试图忘却他们的日常生活。这里，我们又遇到了我们不得不常常提起的一个真理（在我们考虑儿童艺术时也说到过），即艺术是我们从普通生活转移出来时所涌现的一种深化的存在模式。但请注意，原始诗歌总是预想了与同部落人的联合。当我们考虑有韵的谚语的一般根源以及快乐的即兴小曲，或者当我们想起即兴演奏的科西嘉哀悼曲时，我们便会理解那种唱歌群与舞蹈群了。首先那种呆滞地停顿在那里的，或者有节拍地移动着的有意识的共同群体构成了节奏的原始材料。有限形式（诗行与诗节）的发展与某种声音的重复有关。其内容来自狭窄陈腐的部落兴趣。的确，共同和本能情感的基本重要性受到了挑战。盖比瑞尔·得塔得（Gabriel de Tarde）争辩说：节奏在广义上是由特别有天才的个人所创造出来，只是别人加以模仿了的。他说，这种节奏并非来自群众的一致性，而是来自个人的天才以及原始的模仿能力。对于这一层，我们可以这样回答：虽然我们不知道它发生在诗歌起始的什么时候，但非常肯定的是，这种假设并不适用于当今未开化的人。在这些社会中，个人决不会再完全从头创造出一种实践的模式来，而只会去影响这种模式的表达，用特别的方式去改变它们，按某种计划去引导它们。这样，时间关系就必须反转过来了。个人在节日的场合里被唤醒，他从群体的共同精神中挣脱出来，去单独唱歌或单独说上几句话。然而他不过是继续群体已经开始的东西，他从始至终都是社会整体的一个成员。这一过程在欧洲文化的发展中同样也顽强地存在着，这就体现出它是如何坚实地植根于人性之中了。

这一领域中建立起来的各个阶段似乎完全与民族的文化水平无关。但在我们就要加以考虑的原始戏剧当中就存在着这种关系。戏剧在狩猎民族中简直就是动物的表意动作，伴以音乐，而无语言。这种动作在更加定居的部落中则更加多样化，虽然它总集中在最重要动物的习惯动作上，就连现在的希腊畜牧农民们都将它集中在公羊的动作上。合唱分为两组，演员插入简短的演说；集会的一部分人开始坐成圆圈，然后就成半圆，看着布景。这种发展就表明，戏剧是与节日与宗教典礼相联系的。古希腊戏剧与那种对于酒神狄俄里修斯的崇拜相结合。中世纪的基督教戏剧则与耶稣诞生及耶稣复活相联系。直到德国那种临时凑成的喜戏上演时，戏剧都完全与诗歌无关。纵使现在，戏剧的原始形式都是完全与说话相分离的。与之最亲近的一则是社会生活，二则是音乐节奏。因为没有前者便没有了内容，缺了后者便失去了形式。当文化人类学谈到了原始人的戏剧时，它意指整个部落所关心的事情，意指部落生活最重要的事件得以扮演和模仿的场合，意指一种使得共有的运动既可能又愉快的固定的声音节奏。而我们既不能从单字的重复中又不能从劳动的有效连接中找到这种节奏的根源。应当承认，这种节奏是社会的人的一种原始创作。

正像总体上的艺术一样，音乐在其较低级阶段也不过是一种公众生活的组成成份而已。纵使在科学的文化人类学产生之前，人们都认为原始音乐理所当然地是以歌曲为主，因为人的声音是人最可理解的工具。而且音乐曾被认为是社会化最有力的动因，它为公共娱乐而表演，原始的情感都因反作用而得到加强。就像道德观曾与习俗相混合那样，艺术也与共同情感相混合。打破这种联结花费了很长的时间。最终，音乐对原始人的影响——部分为抚慰性、部分为激励性的影响——为人们所知晓。但是近几十年的研究使我们了解了进一步的细节。我们已经获得了许多进展，尤其在斯坦夫（Stumpf）和霍堡斯特尔（Hornbostel）二人所完成的对比音乐研究中获得了许多进展。我们下一步的问题涉及音乐艺术可能产生的根源。① 以后我将谈到关于音乐是来自鸟儿求欢的叫声这一猜想，虽然我们应当否定这种猜想。并且，若认为音乐是从说话的兴奋方式发展而来，或者说它是对于节奏的精制，这些都站不住脚，虽然后一种理论无疑更有其可能性。人们最近提出的观点认为通过声音进行交流的需要在此起了作用，但这也不可能消除所有的困难。然而它确实指明了一个首要问题：人类是如何开始把自然流露的声音线用固定的间歇明确表达出来的；包含八音度、五音度和四音度的无意识产生的合唱曲乐段可能与节奏一道为这种变化起了作用——然而这一过程还不完全清楚。也许音乐有各种不同的来源。

3. 艺术的起源

仔细审查了儿童生活与原始生活中的艺术之后，现在来找一找艺术产生的根源。从总体上将儿童的艺术及原始人的艺术简单与艺术的开始阶段等同起来是不行的，因为这两种各自有其自己的形式的发展之间差别太大。当我们纵观文化人类学资料的庞大整体时，我们会发现原始人生活在一种与我们的儿童完全不同的条件中，因而两者不可能循着同一条路线发展。儿童的艺术特别缺乏任何与效用、财产、战争，任何与迷信、宗教象征及原始群体的情感之间的关系。原始人的艺术正是在这种关系之上兴旺起来的。

---

① 参见卡尔·斯坦夫：《音乐之起源》，1911年版，第21页。

对于个体发育与系统发育里每一种被断言的一致性,我们都可以无休止地列出那些没受注意的差别来(人们早就把儿童与原始人进行比较了。参照哥茨切德〔Gottsched〕的《批判的诗艺》①。卡尔·莱姆普赖〔Karl Lamprecht〕和琼纳斯·克莱兹玛〔Johannes Kretzschmar〕二位是主要使这种对比重新复活的人。②)

至于说到艺术活动的最早阶段及其意义,我们在没有更多资料的情况下则不可能从这一材料中得出任何结论。史前时代的人也许用过那些我们从当今未开化部落中找不到其类似物的艺术表达模式。纵使这些部落也在相同条件下生活,新鲜、活泼与年轻的种族所具有的情感与表达模式同那种断绝了发展的停滞与腐朽的种族所具有的情感与表达模式之间仍有相当的差别。有一位最有才华的专家把当今未开化的人称作是"早期人类之枯竭的残存者"。

在主要一点上,我们只好加以推测了。当然,关于艺术感的最早踪迹,我们只在空间艺术领域中才掌握真正的证据。史前时代洞穴的挖掘显示出,身体之修饰即标志着艺术开端。某些群体在冰河时期便能进行艺术活动了。那种完全自由模制的塑像先于绘画与装饰。在最低级文化阶段上就有人用减削法制作出小型象牙女雕像了。如 M. 霍尼斯(Hörnes)所称,这似乎证实为游猎时代和进步经济形式的时代。③ 在这些偶像或驱魔工具之后便出现了第一

---

① 见《批判的诗艺》,1937 年版,第 87 页。
② 参照《美学、一般艺术科学之讨论会报告》。
③ 见霍尼斯:《欧洲原始造型艺术史》,1915 年第 2 版。

个浮雕,接着就有了轮廓画,最后便是有几何图形的修饰艺术。这些发展过程可能是由某些材料的困难所造成的。人们喜欢说,这些猛犸时代的女性形状——顺便说一下,这些形状的零散部分严格地表现出躯干与脑袋的匀称——是由有爱情经验的男人所雕刻出来的。当然,这种判断并无事实根据。新石器时代也给我们留下了裸体女人的雕像,还有那些没有臂与腿,而且仅限于几个点、几条曲线与线条的石画人像。红铜、青铜和黄金时代留下的东西就更丰富了。因为这时,时代生活的自然主义复制以及象形符号的装饰已经开始了。然而关于实际情形与几何形状之时间顺序的争论仍然不明确地时起时伏。霍尼斯把自己研究的结果总结如下:"欧洲第一个高度专门化艺术是晚期旧石器时代游猎部落的作品。第二个是新石器时代、青铜时代和早期铁器时代农业氏族的产品。"① 一个的自然主义和另一个的几何化,这两者都在充分的单向性方面耗尽了自己,而且它在无益的限制中作为一种先锋运动而被削弱、被摧毁,或者被更强大的力量推到一边去了(我补充说明一下:晚期旧石器时代〔包括奥里根〈Aurignacian〉时期〕属于早期石器时代〔打制石器工具的时代〕,在这以后〔大约公元前 4000 年〕便是晚期石器时代〔磨制石器工具时代〕。青铜时代也许大约在公元前 3300 年便开始了〔在希腊克里特历史中分早期米诺时代:公元前 3300—前 2100 年,中期米诺时代:公元前 2100—前 1600 年和晚期米诺时代:

---

① 见霍尼斯:《欧洲原始造型艺术史》,1915 年第 2 版,第 576 页。

公元前1600—前1200年。]铁器时代大约从公元前1000年开始）。这些运动便是更高级艺术或历史艺术从其卓有成效的接触和渗透中得以产生的因素，这种艺术又是严格的几何风格归化原始自然主义形式的结果。根据保存下来的最老的艺术遗物可以证明，在发展初期当然也有一种微弱的、未经发展的几何化（出自技术的或其他根源，但不是来自外形的自然主义根源）。然而这种几何化极模糊地存留在强有力的原始自然主义背后，而且与伴随的以及最后的现象，与那种恰当的但并非完整的几何形式里图画主题之缩减与图解手法，没有共同之处。第二阶段就是这种艺术带有自然但并非经常性起落的技术根源的发展了的几何化，即几何式主题向图形再现的顺势转化，以及后者向前者的顺势转化。第三阶段就是中级自然主义，它在晚期史前艺术（克里特）领域中要少于历史艺术（东方和古希腊）领域。

最老的居住洞穴和茅屋是圆形的，但这肯定不是出于任何对圆形的审美偏爱。甚至湖上支起的住屋都是为实用目的而建的。并排放在一起奉献给敬神纪念的巨石（粗糙的石头巨柱）则颂扬了人的能力以及重负与负荷者的强烈对抗。另一方面，欧洲石器时代所保留下来的罐子和陶制器皿无疑都表现出艺术之目的，而且到了更有创造力的青铜时代还能看出这种目的。人们对于那些在特洛伊史前时代的地层中，在意大利中部和威斯托拉河西岸所发掘的面瓮有极大的兴趣。因为这种器皿的形状与人形连同其专门术语，比如；"直立、正面、背面、颈子、肚子"和"脚"，这些似乎便给移情理论提供了独立的证据。但实际上我们的表达模式与陶器结构的规则毫无关系。反过来说，这些规则并不使（能否说）器皿的肚子像人的肚子，而让它（作为入选装饰的表面）甚至偶然还显得像个脑袋。

当我们从史前模制的事实转而将艺术当作整体来考虑时，我们便会首先注意到这种发展理论为我们主题研究方面增加了多少困难。调查的领域被无限度地扩大了，而且美的、审美的和艺术的那种作为与终极之永恒形式相统一所引起的惬意的想象不再被认为合理了。历史比较观与分析、规律观并列。用康德的话来说，当后者"着手分析并从文明人开始"时，前者便试图在其领域中描摹出一个心灵的发展史。在这一点上我们须提醒自己，艺术对象与审美对象并非是一码事。否则我们怎么能谈到原始艺术与史前艺术呢？此处，有一部分是身体力量与灵活的展示，一部分是有用物件的创造，还有一部分是魔术表演。这些东西渐渐地退去了——从外部看，也许是由于装饰华丽的武器失去了用途，只剩下美丽；从内部看，也许是由于部落与自我的意识向精神事物的欣赏发展了。但是，倘若一开始没有另一个因素存在的话——也许这个因素起决定作用——那么它们是不会被丢弃的。我们马上就要回到这一点上来。若要对整个这些复杂问题进行彻底的研究，就要解决两个难点。第一个是，这几种艺术是从什么起源的、以什么样的时间顺序渐渐进化而来的？第二个难点与此相联，就是关于人类第一个艺术活动的内心过程。关于这种过程的精神特点，人们有如下几种看法：嬉戏的本能、模仿、表达与交流的需要、秩序感、吸引别人的冲动以及它的反面，恐吓别人的冲动。一种方法显然就要采用一种理论，而这一理论也许能用以解决第一个难点（起源与时间顺序）。比如说，倘若我们所理解的音乐从一开始就独立存在的话，我们便几乎不能把模仿当成是早期艺术的心理根源了。然而为了描述的连贯起见，这两个难点的顺序在此处要颠倒一下。这也不会引起反感，因为许多有关的考虑在之前的章节中已经谈到过了。

这就支持了美的是从有用的而来这种看法。它同这样一种观点相近：整个审美和艺术领域是通过几千年的净化过程而脱离功利性产生出来的。但这一观点遇到了困难。固有的价值在某些情况下超越了用途，比如，在气候使人不得不穿上服装（冰河时期之后气候变冷）之前，人们把服装当作是装饰品或战利品来穿。而且我们还须把事物与行为是对个体有用还是对部落有用这两者明确区别开来。上文所辩护的观点会更加依赖于后者。最后，我们还应区分出什么是史前时代的人自己可能认为有用的，什么是哲学思考所判定为生物上有利的。因为这些个方面不能分离开来，所以这种理论只能限于一种粗糙的概括，或是对于那种在某种程度上肯定真实的思想的蓄意歪曲。

若说艺术是求爱活动的副产品，那就更不能成立了。这种达尔文式的观点产生出（用本地话说）与纤维肝和脂肪心相类似的难题；我们一开始偶然把它诱导出来，接着又费工夫去消除它们。这是所谓动物音乐的情况。鸟儿的音乐表达能力被认为是当作一种吸引异性手段而获得的。然而鸟儿之啁啾并不限定在交尾季节，这一点必定使这些理论家们困惑起来。而且，它到底是不是音乐呢？虽然在纯感官形式上，产生和听见这种鸟儿啁啾的声音是愉快的，但这种混乱的音调却缺乏所有人类音乐中的基本因素——节奏与结构。我们可追溯一条连续的发展线，从原始音乐到今天的音乐。所有这一发展中的发明仅意味着不停地前进，是技巧之改进方面、乐器之构造方面、音乐记忆和精神结构方面的前进。反过来，我们看不出任何从所谓动物音乐到原始人的音调节奏及构造的转化。动物世界里相对较低级的鸟类竟有最为丰富的音乐，这是极端异常的现象。希克尔（Haeckel）固然谈到过一种印度类人猿——它能用纯净完美的音唱出一个音阶，但这种例外又能证明什么呢？我们宁愿在文化人类学方面去测验那种据称是性冲动与艺术冲动之间的关系。早先科学的热情动人的判断已经瓦解了。我们曾经猜想过，爱情诗是一切诗歌之开端，正像较早期的人类是从原始人那天堂一般的天真纯洁的善游离而来的一样。

当代的研究从最早的艺术中找不到什么性表现。我们曾经相信，当第一位艺术家在石墙上画出他的女友的不明晰的轮廓时，是爱情在指引着他。这种梦想已经消逝。诚然，我们到目前为止所发现的最早的全身像是女性小雕像，但这一事实并非明显隐含着一种性的根源。也许这是因其他缘故而给予女性形状的偶像。服装与装饰可能被用于赢得女人欢心的竞争之中，但情形绝非仅仅如此，甚至在大多数情况下都不是如此。

我们应在自己的情感中去重新体验原始人的迟钝、混乱的心灵状态，这一点是至关重要的。原始人感觉到那些青春期、性差异、交媾与生殖的神秘事件与魔力牢固地交织在一起。男人不敢去看别的男人的生殖器，也不敢暴露自己的，他们认为这些行为是危险的。女人们相信，如果不用遮盖物或护身符来保护自己，那么太阳光和落下的雨水会使她们怀孕。另一方面，性的欲望又是那样强烈，这就使得性部分的掩盖和提及都必会引起注意，挑动起行为。然而纯粹的生理机能绝不是关注对象，而是一种有魔力的因素。而且成熟期与交媾时刻都与某种不同于现在的社会变动相联系着。总之，我们不应在讨论这类题目时输入我们自己的观念。

性吸引常常以玩耍的形式出现。其相反的冲动，即恐吓别人的冲动同样出现在孩子们甚至成人的游戏中。它是一种人们所爱用的方式，有无数个程度不同的差别——从幽默的惊讶到野蛮的暴力——而且被引入艺术。愉悦在游戏中伴随着优越感——爱情与战争游戏中那种对有生命之物的优越感，或者感官与构成游戏中对无生命之物的优越感。据说，游戏与艺术在征服对抗方面获得了一种生物价值。它们使那些在生存斗争中取胜所必不可少的能力得到练习和完善。这是对的，但只是具有一半的表面真理。根据它所推出的那些重要结论并不成立。它们正像另一种生物解释的结论——已被排斥——一样过分。我们在小孩子身上能观察到，游戏中的人完全迷恋于自己并为自己而迷恋，但艺术创造通常却成为一种交流。孩子在玩游戏时，他感到有人旁观是一种扰人的影响，但一个人在装饰自己或在画画时，他想给人造成印象。游戏的目的在短暂的活动中即已达到，艺术则力求持久，甚至力求得到永恒。最后还有一点，我们应当认为艺术对于游戏的必然依赖性会使伟大的艺术家在青少年时期都是游戏的热烈爱好者。但从总体上看，情况并非如此，虽然有些活泼淘气的年轻人自然也喜欢快乐的游戏。一旦这些孩子们懂得了艺术，他们便倾向于给它们以极关切的注意。据说在贝多芬年轻时，他日常的活动就是音乐，而且总是音乐。人们是这样描述莫扎特的："从他与音乐结交的那一时刻起，他对一切惯常的游戏和儿童消遣都失却了兴趣。倘若他偶然要进行这类消遣，那就必须有音乐相伴。"而且，莫扎特在音乐领域之外似乎也显示出旺盛的想象活动，他对系统化有某种喜爱。黑伯尔（Hebbel）的想象力从一开始就是诗意的，而不是嬉戏的。关于摩利克，人们说得好，"他不想学习音乐，却更广泛地迷恋于一切孩提时代的游戏之中，被不断活跃的想象驱策向前"。他在 *Maler Nolten* 中说过："当别的孩子都在下面院子里玩耍时，我怎么能乐于坐在高高的顶窗内吃着下午的点心，起笔重新作画呢？"像黑伯尔的情况一样，我们也从摩利克的例子里发现这样的证据：神话故事在孩子的游戏与产生诗的开端之间建立了一种联系。儿童加入模仿与幻想游戏这种行为通常被描绘得使我们说不清究竟是一般的社会需要还是表达内心经验的第一个冲动所引起的。相当早的时候，也许所有的孩子都是从十岁到十五岁之间，就开始退出游戏活动而进入艺术领域中了。唯有戏剧演员们，从儿童游戏到舞台游戏之间似乎有一个渐进的稳步的转化过程。我曾经研究过下列伟大艺术家的传记中有关他们参加儿童时代游戏的能力与欲望的问题。下面就是某些传记中的有趣的部分：C. F. 普尔著的《约瑟夫·海顿》（*Joseph Haydn*）中的第1、13、67、70、78页，1875年出版；C. N. 冯·尼逊（Nissen）著的《W. A. 莫扎特》中的第16页，1828年出版；约翰·奥图（Otto）著的《W. A. 英扎特》，第1、29页，1856年版；J. W. 冯·瓦西里乌斯基（Wasielewski）著的《路德维希·凡·贝多芬》，第1、32、36节，1888年版；A. W. 萨伊尔（Thayer）著的《贝多芬生平》中第1节及第117页以后部分，1891年出版；格萨迈尔特（Gesammelte）整理的《理查德·瓦格纳自传》，第4页以后部分，1887年第2版；E. 库赫（Kuh）著的《黑伯尔》（*Hebbel*），第1、9、11、27节，1877年版；卡尔·费舍（Fischer）著的《爱德华·莫瑞克斯的生平及著作》（*Edward Mörikes*），第5、6、8、24页，1901年版；爱德华特·包豪斯（Boas）编的《席勒的青年时代》，第53、57、59、66、71页，1856年版；伊芙兰德（Iffland）著的《我的舞台生涯：戏剧表演》，第1、4、7、21、26、29、31、33、36页，1798年版；巴索尔德·李兹曼（Litzmann）著的《F. L. 史罗德》（*Schröder*），第50、70、98页，1890年版；赫尔曼·格雷姆（Grimm）著的《米查尔·安格罗斯》（*Angelos*），第1、73页，1898年第8版；H. A. 史密德著的《阿纳尔德·贝克林》，第7页，1898年版;H. 米德尔逊著《伯克林》(Böcklin),第20页,1901年版;汉斯·纽勒(Müller)著的《维尔海姆·考尔巴赫》(Kaulbach),第13页之后。谁若读一下这些内容——我承认,这个选择是很随便的,而且不总可靠——谁便会得出其本文中所集中阐述的结论。

游戏冲动就像模仿中的愉快一样,有这样一种优点(正如我已经说过的),即它能解释艺术感,其解释方式可使这种艺术感成为基本的和普遍流行的特点。虽然这种游戏冲动代表了某种终极的东西,但其文化人类学的形式既不是其全体而又不与游戏的本能相一致,因为原始人的游戏中有着孩子的游戏中所缺乏的活跃力量——尤其是魔法的力量。谁若在神秘主义者、招魂者和半接神主义者的圈子里转,谁若亲眼见过死人弥撒可怖的古怪行径,见过某些催眠者外表化的实验,谁若了解心灵占卜术的教义——沉思的心灵使之发展为一种洞察力,那么他就会同意杰·赫恩(Yrjoe Hirn)的观点而认为所有的哑剧游戏都是与迷信观念混合在一起的。我们不应当"只把这种追求中的魔法当成是纯粹戏剧艺术的样式",而必须熟悉这样一种假设:"不论距离有多远,如果模仿一件事物则必定会影响这件事物,那么一种水牛舞,即使是在营地里跳,也能迫使水牛进入猎人的狩猎圈。"巫术的原则——打个比方说——就是将自然哲学中的洞悉进行了歪曲模仿。魔法行为在远处歪曲地模仿一切事物与事件,甚至最遥远的事物与事件之间的联系。他们相信触摸一个人的头发,摸一下他衣服的零碎部分等便能揭示这个身体与精神结构的拥有者，这是对不断接触所产生的影响进行了夸张。那种模仿与咒语的强制力量以较为原始的方式代表了存在于图画与文字中的纯粹的精神力量。我们的艺术就在炽烈耗尽这些因素的提纯过程中得到了发展。但这些因素并没有失去。请注意造型艺术的历史时期中这样一个例子。我们都从埃及和希腊艺术中，也从文学中知道有一种人头鸟，叫塞壬。按照流行的看法，认为有一种神性或灵魂以一种动物的形体存在着，而且因为这种形体在原型中易与一般动物相混同，所以就必须给它安上人的脑袋以作为区分的标志。因此，这一具备如此特有之效力而又可进行这么多有价值的修改的艺术典型，并不是根据审美考虑创造出来的，而是来自以往幽灵的宗教崇拜，来自人与动物形象构成的艺术的局限之中；这些，只能被制作成可见的，却不能加以阐述。还有，当一个小浮雕改变翅膀与手臂的姿态时，这不是为了得到审美满足，而是由于其椭圆形框架需要如此。我们可从类似基本形状的历史中——希腊的胜利女神——以及许多建筑变化中看出，实际需要为进步起到了推动的作用。

　　这样，我们又抵达了在艺术之开端与发展中起决定作用的效用这一点上。这种效用所涉及的若不是意志活动就是理性活动。音乐与战争相互影响；歌与舞强化了战斗的渴望，而且它是从战斗中产生出来的。我们甚至还发现早期的军徽是从恐吓人的装饰演变而来的。哑剧中的部落训练自己去立军功或者纪念军功。至于理解力，其要求由哑剧，也由图画再现加以解决，这两者都力求有清晰的内容表达。确实，它们常常比语言表达得更清楚；当不同语言的人相遇时，当双方必须绝对不出声时，或者当声音达不到对方时尤其是这样。

要说的可真是太多了！总的结论很清楚，艺术从许多个源头汲取营养。原始的审美力就是其中之一——主要是感觉对象和形式魅力所产生的快乐——但即使在这些原始的审美力中都有着我们感到奇怪的色彩与结合。逻辑分析法和理性主义的科学说明不了它们。既然这种科学在这样的基础上建立起艺术的体系，那么它就承受了同样的命运，而且只有回到文明艺术中，它才得到更坚实的基础。

4．艺术体系

我们到目前为止所用的通过发展史考虑艺术的方式能帮助我们最终获得好几门艺术之间自然亲缘关系的大纲式的观点。这一家族分枝不必从两门艺术开始——理查德·瓦格纳会说，应从阳性和阴性艺术开始——而可能以单独一门艺术为其根源，它通过萌发和分裂使得整个家族活跃起来。倘若我们假定历史上所知道的各种艺术是从胚胎、阶段分裂之后形成的，那么问题就产生了：应当如何去构想这个阶段，而且这个阶段又像我们的哪一种艺术呢？亚当·史密斯（Adam Smith）认为是舞蹈。他想，因为我们能在所有未开化部落中看到舞蹈，而且发现它与音乐、诗歌紧密联系在一起。正因为离开了这些姊妹艺术舞蹈便难以想象，所以它就标志着艺术的起点。现在，我们实际上发现舞蹈中结合了最早艺术中出现的许多特征。爱情舞显示了性欲，表现出迷信观念的影响（想一想古代墨西哥人拿着模拟的繁殖力强的男性生殖器魔鬼跳舞的情形）。战舞为艺术的社会背景提供了线索。动物舞表现了人与自然环境的连续性。总的说来，舞蹈是来自"甜蜜的活动愉悦"的场面。舞蹈，尤其是集体舞需有节奏。所以在舞蹈之中和舞蹈之外，也许先是音乐，接着便是诗歌得到了发展。舞蹈的模仿力也许被转移到那种在经久材料上幻想出造型形状和轮廓画的运动上去。人们着重断定，装饰作为一种消失极快的表达运动的持久沉积物是来自模仿的。若把——比如说——项链当作是一种持久环绕物，这便是个有趣的观念。但我认为原始人感到被迫珍视这种爱抚的行为而持久保持它们，这似乎是不可能的。并且，人们假定最早的语言发音是模仿的，是用模仿运动的方式重新去造成实际印象。所以模仿便使我们能够理解所有的衍生物。但对于这种衍生物，我们并没有结论性证明，因为关于这种假定的舞蹈史前学没有提供任何证据，文化人类学只告诉我们那种分离的、完整的艺术。

另一些研究者相信，主要的艺术从一开始就是分离的，而且它们互不相关地产生出来。这种推测并非是说一种艺术绝不会产生于另一种艺术之后，而是说后一种艺术绝非从前一种艺术产生出来。若照 P. J. 莫比的观点，我们假定有三种原始艺术——机械（建筑与工程）被音乐和模仿艺术所抵销，那么它们之间的同时代性的存在便是可以想象的了。然而按惯例是把好几种艺术集中到一起，要不就作为是派生于同一根源的，要不就主张它们开始时没有任何联系。我引用斯宾塞（Spencer）的调和的观点来作为前一个过程的例证，即诗歌、音乐和舞蹈有一个共同的根源；书写、绘画、雕刻又有另一个。这一理论有说服力，因为其各类中的基本亲缘关系使我们欲假定有一个共同的源头。而且我们也能在这一领域中为全部不慎重的达尔文探究原则——同源即同——找到证据。但仍可能把两组结合起来，用哑剧加以连结。史马索从模仿开始，草拟了艺术的定义，试图公正地对待区别与转化。正如我所说过的，装饰艺术"只能概括和渲染价值对象，而不能代表它们"，它可被当作是模仿行为的沉积物。但是模仿运动也与固定的造型艺术相类似，"因为两者都依赖于感觉得到的人体整体"。作为人体建造者的造型艺术，再加上空间塑造者的建筑，人类创造活动发展的下一个阶段表现在绘画中，它有人体与空间之间的现象联系为其主题。而与其相对的，作为感官直觉的最佳果实的形象，就是语言（诗歌），它是高一级的精神成就，因为哑剧和单纯的声音不能长久满足确切表达的欲望。

霍尼斯（Hörnes）建立了一种更巧妙的分类。他把艺术分为三对，"第一类（身体装饰和舞蹈）是有关身体的；第二类（用具的装饰及自由造型艺术）代表了视觉的空间事物；第三类（音乐与诗歌）代表了最后要用听觉的事物。这三对的每一对中有关的两种艺术都表现出外部媒介的密切关系和内容的对立。唯其如此，它们才在我们这个因素间的结合方式多种多样的真实世界中极经常地结合在一起。外在的亲缘关系就在材料的关系之中：其描绘（1）是关于人体和利用人体的，（2）是关于无生命物质和在无生命物质之中的，（3）是利用声音的。其内在的对立如下：各对中的第一种艺术主要专注于抽象的审美形式，比如节奏等等；第二种艺术主要致力于具体自然的模仿。"（第5页）有一种新的观点使诺得·朗格想基于动物与儿童游戏而建立起一个艺术体系。运动、构成及感觉游戏是与舞蹈、音乐、抒情诗歌、建筑及装饰艺术相一致的。在文明社会中，幻想与模仿游戏是与幻想艺术——演出、戏剧、史诗、造型艺术及绘画相一致的。这种归纳很聪明，然而却触犯了事实。而且我似乎感到它是无效的，仿佛是解剖学家用阿米巴作标本来剖析人体一样。

这里讨论的问题中有一点长期以来引起人们广泛而认真的注意。它涉及说话与音乐之间的关系。或者更确切地说，便是音乐之产生于说话之灵魂的问题。卢梭把音乐定义为说话的情感升华，而且与他同一民族的另一位思想家道卜斯（他能言善辩，但对音乐一窍不通）则断言，"一切艺术都是从口头与书面语言派生出来的"。斯宾塞重复了这一思想，"音乐根本上是得自热情所激发出来的言语的节奏……歌曲一定是把情绪激动时言语的特点经过强调与提高发展而来的"。在我们国内，杰可勃·格利姆（Jakob Grimm）首先取同一观点："因为通过着重强调的节拍的语言吟诵，韵文与歌曲的旋律便产生了。然后又从韵文演变出其他形式的诗歌；而旋律，通过抽象提高之后便形成其他音乐。"接着威尔赫姆·焦丹（Wilhelm Jordan）又说，说话的性质包含了在每一种内心生活的提高和散文作品的礼仪性表演中呈现出的发音节奏，因之也就呈现出一种音乐因素。倘若没有节奏的记忆帮助，那么纵使是古希腊的狂诗吟诵者也不能保留和传播他的故事了。此外，在这一点上，节拍诗歌源自散文这一命题便提了出来。它对于当今的一些历史比较语言学家来说似乎已经证实了。人们料想古希腊人有一种旋律散文，我们听起来已不再熟悉，但它习惯于另一种说话模式。人们断定正是从这种散文中，一方面发展了一种规则诗歌，另一方面发展了一种不那么热情的演说家的节奏。

最新的研究完全推翻了这两种假设（音乐来源于说话以及音乐来源于散文）。请注意这些最令人信服的理由，它们反对认为说话的升华为音乐的观点：（1）许多部落完全缺乏朗诵调这种被认为是最早的音乐形式。（2）狩猎民族的音乐常常只是某个音的节奏运动，然而并不是从说话声音的任何音高与变调的改变产生出来的。因为第一批人类几乎没有我们现在意义上的交谈，所以他们不可能从情感的强调上获得音乐；或者不可能从一般谈话风格的提高上（诗的）获得音乐。亚当·史密斯有认清实际情形的洞察力。他看出说废话的原始特征仍然出现在民谣的叠句里，所以就得出结论说："在时代的连续中，如下的情况不可能不发生：那些无意义的和音乐式的语言，倘若我能这样称呼的话，在它们的位置上会出现表达某些意义或含义的替换词，而且这些替换词的发音恰与该调的速度与节拍相符合,就像那些音乐式语言曾经做到的那样,因而这便是韵文与诗歌的起源。"① 这是对的。最早的歌曲如同孩子们最简单的歌曲,根本没有词。为使人听得清楚,他们便用无意义的词,就像我们现在的颤音。歌词与朗诵者最先出现在高一级文化水准上,所以音乐不是从兴奋言谈的自然音调中起源的。这个难题的另一方面与诗歌的界线问题相一致。倘若把语言的节奏运用当作实际诗歌的区分标志,把语言的艺术当作高级的一般概念,我们便须记住,诗歌不是从散文而是从音乐派生出来的。其实际的连续与普遍假定的连续相反。我们可以将它向自己描述出来,像早先进行系统分析那样:从开端时便已存在着节拍轮廓;之后声音和单字才写了进去。对于儿童的观察以及原始文化的经验的观察表明,音乐填充要先于语言填充。最好在什么地方将诗歌作为节奏言谈的艺术而引入艺术系统呢?这个问题不能以发展史的观点来回答。因为原始群体所创作的诗歌与单个诗人为单个读者所创作的诗歌是极不相同的。

总的来说,我们现在来考虑艺术的异同而不顾及其起源便似乎是恰当的了。我们回顾一下从古代世界传递下来的意图,按照媒介、对象与描绘的模式来安排艺术。有一位晚期亚里士多德学派的人将艺术用三种一组,分为两组。生产性艺术(建筑、绘画和造型艺术)提供完成的作品;实用性艺术(音乐、诗歌和舞蹈)包括运动和速度。图像

---

① 见亚当·史密斯:《作品》,1881年版,第5卷,第267页。

艺术不需要演出者一次又一次地呈献作品，而演给观众的音乐、舞蹈和诗歌没有它们则不行。图像艺术和诗的艺术都隶属于一致性的总的形式规则；在于前者，便称作对称；在于后者，便称作节奏。建筑和音乐称作为主观的，自然界中没有范例。造型艺术和舞蹈则称作是客观的或者是模仿的。处于这两者之间的便是绘画和诗歌，是主客观的。

在这些精细复杂的区别之中，唯有静止与运动艺术之间的对比以及主观与模仿艺术之间的对比才保留为真正主要的。但是第一个区别只指明了艺术所运用于其中的感觉领域，或者领悟其产品所必备的条件。时间性艺术的术语，我们一般是指艺术的操作媒介，是将它们与一种直觉的康德式形式结合在一起，并指明它们是旨在服务于哪一些感觉的。但是很自然，定义并不涉及个别的方面，而且几乎完全忽略了在创造活动中起作用的精神力量。移情理论的拥护者们会反对说，真正的审美态度将一切空间的东西放到时间关系中去考虑。反过来，我们能指出这样的事实：在音乐这种时间性艺术中，我们必然会谈到高音、低音、音域的宽窄、起伏、集中与分离。至于主观与客观之间的区别，则用两种方式进行了缓和。联想美学家把带有不确定联想和确定联想的艺术这两者区分开来。建筑、装饰艺术和音乐属于前一组；造型艺术、绘画、模仿艺术和诗歌属于后一组。这种区分还能说得通。因为建筑和音乐形式允许有许许多多的联想，而相对来说很少出现，比如说，能够依附于狮子脑袋的造型范例或者依附于一只被描绘出来的女人的手的联想。但这种划分从根本上说还是那种旧的分法，就是分为模仿艺术和非模仿艺术，只是在心理学的伪装下断定了建筑、装饰艺术和音乐在真实世界中没有确定的范例。另一种发明意图则把主要重点放在非限定的、自由创造的艺术与应用艺术（建筑、手工艺品和装饰艺术）之间的对抗上。

理查德·瓦格纳的理论从我们所遇到的这两种主要思想的混合中产生出来。他相应地找出了三种纯粹人本主义的艺术（模仿艺术、音乐和诗歌）以及三种与自然密切联系的艺术（建筑、造型艺术和绘画）。时间运动是最重要的因素，因为它表达内在的人。由于图像艺术仅以求助于想象的方式产生这一运动，所以向我们提供的只是幻想而不是颤动的生活。"雕塑家的欲望只有当传递到模仿艺术家、歌唱家和演说家的灵魂中时，它才能真正得到满足。"但是瓦格纳在另一个场合中把艺术只划分为两个大类：阴性的，其易感性已完全在纯粹艺术经验（绘画与音乐）中耗尽；和阳性的，它通过吸收生活的真实而强化了自己，致使自己成为再生的，而且能够以构成形式进入生活本身（诗歌）。

黑格尔学派中有一种新的想法得到了公认。迈克斯·切斯勒（Max Schasler）按照艺术之精神内容的比率和感觉表面来安排艺术。他相信，在内容和材料之间重点的划分中有一个确定的层次——有一个渐进的等级，"从建筑开始而（用最重而且空间最广的材料，但又以最微妙的思想所进行的艺术活动）导致了诗歌（虽然只用最轻微的材料和表达明确的声音，但具有最丰富的思想）"。我们若认真地采纳这一观点,我们便必定会不断把一般认为来自不同艺术的作品混乱地编到一起去。造型艺术被认为是高于建筑的。这一点已经承认。然而由于许多雕塑品无疑在思想方面要低于建筑上的杰作,而且由于比率的统计上不可能加以确定,所以一旦放到事实的面前,这个原则便站不住脚了。因此,虽然在各个常例的艺术中这种观点对于价值的等级来说是有用的,但它并不能当成是艺术体系的分类基础。然而这样的方案以及其他类似的方案确实提出了自由与约束之间的差别。应当说,大多数艺术都规定用在真实世界的形式与内容方面;建筑与音乐为其自身制作了新的形式。但立刻又会产生一个矛盾。制图与绘画,雕塑与熟练手工艺这些艺术对那种现实中不存在的形式组合很熟悉,它们甚至能把得自于经验的形式与色彩从其自然作用中转移开来。难道它们因而就属于那种受约束支配的艺术么?诗歌,只要它制造出节拍、韵律和谐音,不是同样也被当作是非真实形式的艺术之美吗?我们足下的土地越来越滑了。因此,我们还是从建筑开始,去表现绘画与造型艺术中内容的构成成份是如何从外在同时又从内在现实进入的,表现诗歌中的深化过程是如何延续而直到后来,音乐中只有灵魂生活在向我们说话的。让我们画上一条线,把建筑(冻结的音乐)放在首端,音乐放在末端,然后把线卷成一个圆。这个象征法使我们得以理解两种互相敌对的观点,把音乐解释为一种纯艺术形式,把建筑解释为一种宝贵的内心生活的再现。

  情况是很复杂而又很不稳定的。似乎没有一种满足一切要求的体系。我们既没有从遗传历史中也没有从其他东西中找到一个无可厚非的分类。而且当考虑混合的形式时，我们确实会面临艰巨的困难。光说我们应当无视它们，这当然是很容易的事。但谁若谴责情节剧，那么谁便不应容忍音乐中打击乐与弦乐的谨慎结合。确实，他就得提倡从整体上取消戏剧艺术，因为戏剧只是提出了一大群其他艺术所精心表现的东西。总之，每一种艺术都以一些变种的形式与其他艺术相混合，致使我们难以为它们分类。因为美学家们有一种在不同领域间发现高度理性的相似性的癖好，又因为他们经过精密分析后把显然是类似的东西说成是不相似的，所以这种困难就变得更大了（路德维格·爱克哈特〔Ludwig Eckhardt〕的《美学先导》①；格利帕兹〔Grillparzer〕的《全集》②；M. 拉兹鲁斯〔Lazarus〕的《灵魂之生命》③，《艺术之融合及相互作用》；T. A. 梅尔的《诗的格律》④）。在实践中，我们这个时代也十分乐于在一种艺术中借助于另一种艺术的帮助而增加其表达方式。我们的实践适合于一百六十年前画出的现代内容的画："一个把文字放在车床上转动的世纪；试图用手（大规模地或小规模地）去体会思想，去抓住感觉的世纪；建造铜版画、书写木刻、围起音乐的世纪，这个世纪叫哲学世纪。这样的描绘是旨在把什么东西暴露给公众而加以嘲笑呢——是我

---

① 见该书，1865年版，第2卷，第223页。
② 见该书，第4版，第12卷，第204页。
③ 见该书，第3版，第3卷，第69—246页。
④ 见该书，1901年版，第120页以下部分。

们的时代呢,还是哲学?"(J. G. 海曼:《语言学家的交叉性格》①)

只有今天,我们才发现人们认真彻底地关心把好几种艺术结合起来以获取全部效果的工作。理查德·瓦格纳的音乐从整体上看就依赖于这样的假设,即通向隐喻的道路的诗歌是从音乐通向情景可见度的底层产生出来的;音乐是表达的主要媒介,戏剧是目的的主要媒介。在不动的无声的建筑中,造型与绘制品只作为使人印象深刻的多样式的精心制成品而通常在精神上附属于结构的含义。但也有用绘画的观点去建造楼房的成功的例子。对于大多数结合来说,这种原则认为,带有较少的确定联想的艺术应当占有最重要的地位——因此,建筑就应当在静态艺术中,音乐就应当在动态艺术中占有这种地位。另一方面,过去所流行的那种只有较低级的艺术种类才能在结合中幸存的观点,在我们想到歌曲和音乐剧时,很少会认真地加以考虑。

我们必须考虑两种艺术合作的可能性。不论是特殊方法与目的从其原先所属的和专门所属的——似乎如此——艺术过渡到另一种艺术里去,或者是几种艺术整体地结合在一处,都必定会有其中一种艺术倾向起着支配作用。但是总共有多少种艺术,而且我们能借以为这些艺术下定义的那些特殊性又是什么呢?当我们纵观各种分类的尝试时,我们碰到了手工工艺、修饰和装饰术。我们是否应把这些分离的艺术置于其他艺术之侧呢?我已经否定过了。以后

---

① 见该书,1762 年版,第 69 页。

在更合适的时候,我还要讨论其细节。因为既然这种决断将艺术从无数种审美技能、将艺术家从制造衣饰之类的娴熟的工人中区分出来,那我们便会满足于既定的艺术。所以,我们还有模仿艺术、音乐、诗歌、建筑、造型艺术以及绘画。倘若我们无视一切附加考虑,按照主要的传统观点来安排这些艺术的话,就会出现下列的图示了(见图16):我在最末一行提到了分类原则,这个原则,当我们意识到用遗传历史学的方法以及用概念结合的方法均不能最终产生有效的分类时,便乐于去使用它了。J. J. 得·尤里斯·Y. 爱兹拉(J. J. de Urries Y. Azara)在《美学杂志》(第15期第456页以下部分)里草制了一张艺术体系表,并且为之阐明了理由,这张表列得非常详细,但它并不能使人一目了然(见图17)。

	空间艺术 (静止和并列艺术)	时间性艺术 (运动连续的艺术)
真实形式的具有确定联想的模仿艺术	雕塑(造型艺术) 绘画	模仿艺术 诗歌
非真实形式的具有不确定联想的自由艺术	建筑	音乐
	图象艺术 (效应方式—空间形象)	诗歌艺术 (效应方式—听觉行为)

图16 德索艺术体系

面部表情，身体姿态与运动、声音、语言、抽象的空间形式以及图像都是艺术语言。艺术的独特性主要就是由这些表达方式所决定的。所有这些的后果将在下面进行阐述。

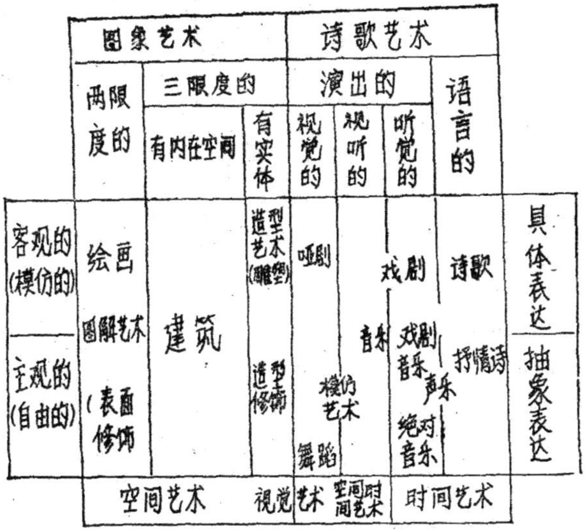

图17 尤里斯·Y. 爱兹拉艺术体系①

---

① 表中两处"限度"应为"线度"。——编者注

七

音乐与模仿艺术

1. 音乐手段

我们先讨论早期哲学家的三种判断：（1）一般先于特殊；（2）语言来自戏剧；（3）音乐在起源的那一时刻是一种行为。

就我们的目的而言，第一个判断是指艺术品得自于艺术能量的一般运动，只是渐渐才分散为细节的。第二个判断加上一点，想象的情景力图得到表达，并且找到了语言的表达方式。第三个判断则提醒我们那种音乐与部分艺术、部分社交的活动之间的联系。但音乐与模仿艺术只是在原始水准上才不互相依赖的，它们的联合一直延续到今天。音乐与舞蹈、声音与运动之愉悦及其他——我们怎能把它们分开呢？古典戏剧音乐的形式和十八世纪歌曲非常清楚地表现出舞蹈节奏的痕迹。而且，除了历史事实以外，有音乐才能的人大都是属于所谓运动型的。音乐指挥便是这样天然联系的可见表现。这样，其基本结合便使我们得以把这两种艺术模式放到一处。这种结合在鲁兹和希瓦斯所支持的那种观点里变得更加确定了。该观点是这样的：由人所制造的声音领域中，每一种艺术品，不论是音乐还是演讲，都由那种依赖于人体躯干的肌肉系统中典型的紧张差别的某种听觉常量所控制。倘若在事实上只有当再现艺术家对创作者的紧张型取某种态度时才有可能产生出一段乐曲的恰当再现，那么音乐和模仿艺术当然就紧挨在一起了。于是进一步说，模仿艺术大体上转向戏剧和文学艺术。在所有这些考虑中，我们应当记住这些因素绝非构成其根源或甚至现实的全部。我们现在想在音乐的一般轮廓中学会认识的东西应当被看作是各种各样的、音乐所借以操作的媒介，而不应当被看成是那种不带剩余物的音乐的构成成份的集中。

音乐的第一个操作媒介是"节奏"。但它并不是必不可少的。帕莱斯特里那的音乐主要由和音组成。肖翁伯的作品（比如，"作品"第十九）则完全基于谐音而无节奏或旋律。但节奏又是如此至关重要，所以我们必须首先谈到它。当然，已经说过的话就不再重复了。在音乐研究中，节奏理论倾向于形成一个主要部分，而且更精确地被定义为有关一篇作品的时间特征的其他规则的汇集和解释。我们——虽然其定义是极端限制的——把节奏定义为一个音乐单位的音值中延长与重音之间的关系，这就更好一些。这个单位，因而还有这些关系，都不是由小节固定下来的。巴赫已经创作了大量的不依赖小节的节奏形式。只要我们把这些垂直的划分线当作是重要的，那我们就无法对巴赫和其他任何古典主义音乐家进行评价了。在《克罗兹奏鸣曲》（*Kreutzer Sonata*）那熟悉的主旋律中，音乐单位及其中的节拍关系就由五线谱下面的线表示了出来：

或者在贝多芬 C 大调交响乐中，其含义要求清晰：

所以各个小节并不表示出一段的结尾，或另一段的开头。一般来说，它只表示出它后面的第一个音符是最强音，而且相邻小节之间的节拍间隔有相同的长度。所以我早先就告诫过要防止过分认真地看待小节。音乐的节拍器式的演奏更像是一个数学问题，而不像是真正的节奏表演（也许十五世纪的佛兰芒大师们具有一种适合于精确划分以及将部分合成为整体的"数学风格"。关于这些"抽象塑造者"，参照格多·爱德拉〔Guido Adler〕的《音乐的风格》①）。平庸的乐队指挥就像机器一样，准确但无生气无自由。他们至多是用相反的转换来解释每一个节拍转换，而且十分急于从每一个对应的节奏回复到主要节奏上来。但音乐大师们则不认为保留同样的节拍间隔和强调重音有什么价值，除非音乐逻辑需要如此。最近的作曲家甚至免去了音节，然而音节还是保留在音乐之内——比如，亚历山大·格勒斯切诺夫的《序曲，作品第61》中就是这样。

诚然，这是用当今的精神来谈的。但早期音乐理论家们也认为从恪守简单、严格的节拍偏向于节奏的不一致，这是个进步。罗伯特·舒曼的创作令人信服地反对了节拍的专制，钢琴协奏曲《狂欢节闹剧》的最后一个乐章里，

---

① 见该书，1911年版，第18页以下部分。

他创作了领悟中包含着非常显著的节奏情感的形式。我指的是这样一些乐符：其中切分音延续很长，恢复规则节拍因而便差不多会导致一种混乱的效果。比如，请看下图。

这种弱拍节奏的表达力能通过许许多多的方式而被感觉得到，而且决非仅限于那些有高度精确的感觉的人。在民歌中已经清楚地意识到切分音和二连音的价值，比如，受它们影响的那些黑人民歌以及美国作曲家们就是这样。合成节拍也从发展的节奏情感中产生出来，而且它们以一种自然的需要开始。有一种西班牙民族舞是五四拍的。如果有人在听到这种拍子时觉得有一半应当加快，或者另一半慢下来以平衡节拍间隔的话，那么他就是没有弄懂这种不对称现象的魅力所在。其魅力就在于，二与三相遇又不断交换，而且还各自保留其独立的存在。在这种不对称和弱拍结构的情形里，印象的积累和结合——记忆就通过它们而形成越来越高的统一——以绝对的肯定而出现。每一种有意义的时间与重音关系的组合，不论其是否与节拍一致，都为旋律结构提供了固定的框架。这样看来，节奏操作大师们与旋律创作者们是很相近的，因为节奏改变总是紧跟着旋律的改变，当然，并不是从三四拍转到四四拍等等诸如此类的转换。而且，从音乐演奏者的观点来看，节奏是基本的。可在这里，音乐以外的条件也包括了进去。比如说，指挥必须记住，他得事先向乐队指明节奏（及其他的）变化，甚至当速度减慢时也得打出拍子，而且把他自己的内心情绪通过暗示传递给听众。

除了节奏以外，我们应加上"音高"，作为表达的第二个手段。我相信我们从人的音域里抽出中等音来作为参照点，就如同我们用自己脉搏的速度作参考来衡量一件音乐作品的速度是快还是慢一样。女中音与男低音之间的差别太大了，从人的音域中去获取中间音的那一概念完全说明不了它。再则，像小提琴和笛子的 a2 和 b2 这样的音听起来并不算高，但女中音如果唱出来就相当高，大提琴奏出来就非常高了。深刻的证据表明，歌唱演员要想形成一个高音就必须使其声音器官的上部紧张。每一个人都体验到的唯一的事实是，要唱出高音就得增加紧张的程度，唱低音就减少紧张的程度。特别是在升高的连续中，这可能会对高的音高的质的意义起一些作用。但音的特质基本上使得音划分为两组。这种特质，部分依赖其产生器械，部分依赖其环境的影响。轻、细、运动的音显得高；重、宽、滞钝的音就显得低。在两个八度音的音域中，依据众所周知的音源的一般特征，依据该音与前面和同时发生的音之间的关系，相同的音能呈现出两套特点。

音高最重要的等级就是音阶。由于音程并非始终如一，所以其规则便不是精确的。因为虽然少于半音的音程在音乐中取消了，但仍有某种审美价值，所以其规则也并非在整个审美领域中是一致的。但音阶只属于艺术。它要求其内部的差别必须鲜明地、毫不含糊地加以固定。音高的不断变化（歌唱者的滑奏和弦乐中的滑音）显然是一种例外。音阶最突出的特点是八度音程这种让两个音保持差别的同度音程。另外再以熟悉的顺序给它加上五度音程、三度音程以及其他音。甚至连未开化的民族都用小音阶，因而它就和大音阶一样自然，而且只是在器乐发展中——正像威勒斯彻克（Wallaschek）得以证明推翻赫尔姆霍茨（Helmholtz）那样——才变得相当困难、相当少见。所以也许这两种音阶在历史性时代中首先获得了情感价值。纵使现在，各种民族的民族音乐都超越了这种僵死的区别。当斯堪的纳维亚人以短调和空五度音程的手法占支配地位时，斯拉夫的短剧则以偶然空三度音程、以增音程的手法、以音阶中半音位置的不规则为其特征。西班牙的马拉盖牙舞曲和包列罗舞曲就是在属音上结束的——或者实则是在我们已经失去的调子上结束的。当然，许多西班牙人把这些舞蹈诬之为摩尔人的舞蹈。二度音程和四度音程的延长是匈牙利音乐的特点。李斯特的第三狂想曲包含了全部匈牙利的（更确切地说，是印度的）小音阶。这也可称之为延长四度音程的和声小音阶。因此，有许多调子，其特殊的情感意义从它们具有民族特征的观念的习惯联想中产生出来。（对比一下迈得森〔Mattheson〕的《新办乐队》："C大调〔艾奥尼安〕有一种相当粗野无礼的特质，但它不会不适于表达愉快以及其他纵情欢乐的场面。然而一位聪明的作曲家,尤其是当他巧妙地选好伴奏乐器时,便能将它改造成迷人的,而且甚至在温和的情势里也合适的东西。F大调〔艾奥尼安的变调〕能表达对于世界的最美好的情感,不论是高尚、坚贞、爱情,或者任何其他在善行中名列前茅的东西。")但是倘若我们扩展早期的音乐审美,向通常的调子安排某些情感区域的话,那我们便会理解过多了。一旦有某位演唱者在无伴奏演唱中通过无须改变声区的音程而将旋律移调时,这种情况就很明显了。谁若缺乏绝对音高,一般来说,谁便感觉不到唱歌特点的任何变化。当然,他在乐器方面是能感觉到的。这是因为乐器的特点使我们得以识别每一种通过音质变化进行的变调。若用D大调写出的一篇作品降了半音,那么较嘹亮的、不用指按的琴弦便几乎完全没有用处了。

总的来说,"音色"——我们所考虑的另一个音乐表达手段——有着难以置信的广泛效果。但是在普通美学中,我们不像关心音色本身的概念那样对这一点加以关注。人们把许多敏锐的思想花费在这样的小问题上,诸如为什么"色"这种表明视觉印象基本特质的术语不用以标明音的基本特质,音高,却只用以说明其次等特性之一。有一些理论家为这种语言用法辩护,说没有颜色区分的画可能成立,那么没有音色区分的旋律同样也可能成立(但没有音高的变化就绝对不行了）。他们说，使之应与视觉颜色相比较的不是其不可缺少性，因为音高的变化与绘画中更易发生的色彩变化相比较更有说服力，也更有建设性。最后，据说音乐中没有音色（就像笛子的音里无泛音一样）和绘画中没有色彩都会产生出同样明亮精妙的印象。若将评论直接转向批评的，那么——强有力的黑白画和精细的彩粉画便立即与那种巧妙发明出来的有色彩的力与无色彩的弱之间的对比不一致。但这一难点大体上是从这样一个基本错误的观点产生出来的：一幅画的轮廓有根本的完整性，因而上色不上色都行。素描与油画作为两种不同的图像艺术决不能与第三种艺术手段中的两种特征进行比较。然而对于一位油画家来说，色彩正是表达与形式的源泉。所以要进行解释的企图便受了挫。再则，这一类的解释似乎不像那种更一般的洞悉——即所有这些推断均用于音乐而不适用于其他艺术——那么重要。我们将一个音的质称作色，但从不把一幅画的色称作为它的质。我们将旋律与素描相比，将和谐与色彩相比，但反过来相比的情况就没有了。我们将高低之间的空间区别运用到音阶中去，等等，而没有任何相应的音乐向空间与图像转移。所有这些均把我们引向如下的结论：在整个音乐史中，音乐之模糊与独立便导致从其他领域去采取辅助隐喻。这是关键的事实，而那些隐喻表达在某个特定时间里是否合适，这对于普通艺术科学来说是很重要的。

音色的艺术运用主要由于其普遍的可理解性（我就音乐曲调的特质问题插进一个注释。理查・韩宁〔Richard

Henning〕不仅断言有一组好几种曲调所特有的客观特质的存在,而且在《美学与一般艺术科学》第12期第35—38页中说,他自己,虽然没有绝对的音高,但能依照一个和弦说出他所不熟悉的一段音乐的调名,因为他能有把握地识别这个音的质是某个曲调的特质)。歌唱者唱到愉快的调子时嗓子便活跃起来,唱到严肃的调子时嗓子便阴沉下去。作曲家用乐器的许多,尤其是最高的泛音来表达欢快、灿烂和激动的情绪。而要达到相反的效果,他使用艰涩的、鼻音的、平淡的、沉闷的、刺耳的音色去表现。虽然内心状态的表达是最严肃的问题,但我们仍应借助于音色去记录其他乐器和自然声音的模仿。对于前者的模仿,小提琴手能奏出尖细、无泛音的音,这些音在演奏指导中一般标明为"如长笛音";我们在李斯特第十一钢琴狂想曲的开头就看见"如铙钹音"的说明。再现混乱和自然的声音时我们便谈到了音画。当然,这种说法也指其他音乐手段所表现的一切效果,我虽想很快能在一个恰当的地方讨论一下这个题目,但还是暂时强调一下这样的事实,即我们总是在处理着向音阶这种外语进行翻译的工作,因而也就在进行着能导致对对象的认识这样一种描绘(此中,我们已能窥见朴素的音画对于较小形式的影响,因为这种音乐运用过急地从固定音乐形式转向真实。理曼进一步批评了音画,说它"只把声音留作为一种短暂的过程,当这个声音被新的形式所取代时,其作用就结束了"。〔《美学、一般艺术科学会议报告》〕。现代作曲家更喜爱描绘外在事件的内心效果,而不是这种事件本身。例如,弗里德里克·代里欧〔Fredelik Delius〕在他的钢琴曲《春天的第一声布谷》中并不再现鸟儿的啼鸣，而是描绘了听者的情绪。这就直接导向了标题音乐，我们以后会谈到这一点的）。作坊里的轰鸣声、马蹄的得得声、铁匠铺的叮当声、雷声、风声、波浪的冲击声、公鸡的啼叫声——所有这些都并非从真实世界照样儿搬进音乐中来，而只是在音乐表现中恰当地进行了模仿。节奏经常就是转换的因素，而且甚至在对听不见的东西进行音乐表现时，节奏都能起到作用。因为作曲家可将属于另一种感官或心灵的东西转移为运动，因而便引进节奏。在布朗姆（Brahm）的《德国安魂曲》中，"因一切肉体均如同草芥"这句话在感官上是象征的，死亡的收获活动便由这种运动的节拍模仿音调描绘了出来。无情的收获者在四三拍的第三个四分之一出现，在头两个四分之一进行刈割。速度表示为"慢，如进行曲"。但音乐显然也能通过节奏以外的方式表现某种运动模式（比如，通过量的增加与减少来表现接近与远去的运动，因为听者立即就会将弱声联想到远，高声联想到近）。再则，我们对音阶的空间象征十分熟悉，这就使我们将每一种音的升高解释为一种实际的升高，把每一种从高音至低音的下落解释为空间下落。音程的长度看起来仿佛与我们（当然，很模糊）的平衡感觉有某种联系——确实，仿佛在音乐中描绘重与轻是允许的一样。类似的偶然转移致使我们将长的、延续的音符解释为静止不动的东西。李斯特的圣诞曲中，高音降 A 代表了固定的晚星。后来，当同样的主题重现时，音符 $C^{2)}$ 和 $F^{\#3)}$ 的颤音显然是要使这颗星星显出闪烁的样子。这种效果当然是达到了。顺便说一下，这是颤音在艺术上被认为是合理的那几种情况中的一种。它经常只是通向演奏技巧的一种方式，然后，两个相邻的音这种快速的交织使我们产生一种烟火在施放的印象。

现在，我得把读者引进和谐问题的迷宫中去。但我不能将他引入他会迷路的地方，虽然还远未涉及音乐理论。读者明白，单个的声音是由确定的音所组成的，而这些确定的音虽然可能处于某种条件之下，但通常在意识中是区分不出的。有一种协和音程和不协和音程的理论就基于这些泛音和拍子。这种理论强就强在它有确实的事实作根据，弱就弱在当它真地需要解释它所应解释的问题时，又不能胜任了。但假定泛音、有差别的音和拍子有着突出的影响，那么和谐的情感便会还原到音所产生的原有情感中去了。另一方面，还有一种理论，这种理论不是建筑在身体关系和简单的情感上，而是使得感觉和情感的对立面直接从或多或少混合在一起的设想中产生出来。每当两个或两个以上的声音同时出现时，它们便结合成一个从中多少仍易于将它们识别出来的统一体。它们若全部融合在一起，就像八度音程中一样，便是一个完整的协和音程。倘若它们根本融合不起来，那便称为不协和音程。这就不难想象，全部经验的统一体便是使人愉快的，非统一体便是使人不愉快的。第三种理论则试图将这种情感基于理性过程。有一种观点认为，在听的时候，心灵在无意识地细数其震动次数，从简单的数目关系中获得快乐，从复杂的数目关系中得到不快。这种观点是早期美学唯理论的最好例证之一。目前，这种观点就体现为如下的主张：处于简单比率中的规则的震动连续以及那些复合声音——其拍子结合起来形成简单的节奏——有一种内在的节奏共鸣，它们由于这种共鸣才被体验为和谐的和满足的。最后，我提一下那种认为各别声音与统一性整体之间的关系是起决定性作用的理论。这种关系若是固定的——它若不是感情上给定的，至少总是加进思想中去的——那么协和音程的印象便会产生出来。

我们在这里还是暂停一下。从这种观点出发，协和音程不再作为紧紧伴随音感内容的东西出现，而是作为所谓理性能力的一种主要前提出现。和谐并不靠协和音程，倒是协和音程依靠和谐；当音同属一种和谐、同属一个大调或小调的三和弦时，协和音程便出现了。音乐经验的基本特性在这一观念中显示出两个优点。首先，它适当地处理了那种存在着潜在和谐情感的事实。然而一个旋律表现出——同音表现、复音表现或带有伴奏——它有着一种连续的和谐。这种和谐或者调性，意指该旋律的构成成份都与那种潜藏在整体内的一个基本音或基本和音相联系。何时这样的旋律被当成一个单位，何时一个主要的音或和音便保留在记忆中。因此，莱谟（Rameau）将旋律称作暂时展开的和谐，而且有旋律的原始人也利用了和声伴奏。因此，那种认为只要是属于同一种基本和音的音均为协和音的理论将协和音程化为这种"潜在和谐的情感"了，这种情感是与音乐分不开的。第二个优点是，它认为如此产生的不协和音程是合理的。不协和音程决非仅是无意义的音的聚合而已。它们是音乐的形式，部分程度上服务于丑的目的,部分程度上有一种内在的价值。如果我们将不协和音程的音说成是属于不和谐的,说成是以一种可理解的方式而与和谐相矛盾的,那么,各个功能就都易于描绘了。在不协和的组合中,有一种结合于和谐中的好几个音与那种最后的、被认为是不相干的音之间的对抗。否则,不协和音程便使人生厌,就更谈不上需要了。纵使当我们考虑的不是典型和音,而是好几个用对位法指导的部分的配合,对于这些部分之多种运动的知晓仍会减少听觉印象的不快。我们对每一个有意义的不协和音程的意识态度都是对共鸣的一种否定。正如真理在判断中与主体及属性的一致相联系一样,纯美是与声音的一致相联系的。由于一种否定判断的属性被看作与主体内容互不相干,所以当听到一种大七度时,我们便认为第二音不适于第一音的和谐了。肯定与协和音程这两者都不意味着一个在另一个之中的消失;否定与不协和音程这两者都不意味着一个被另一个的毁灭。其构成部分在所有四种情况中都保留下来。而且不协和音程在另一方面就像相应的逻辑形式;唯有那些其属性(如能这样说的话)确实必须摒除的不协和音程才有价值,虽然这种推诿并非没有理由。倘若我把 c 音加进 dfa,那么其整体便具有一种与"幸福并不确保道德"这一意味深长的否定判断具有同样的价值。但如果我加进 b,其整体就太无意义了,我就应羞于从无价值的否定领域中写出一个对应物来。

有一个与我们观点密切关联的原则是,一件音乐作品应当保有主调音的统一,它尽管有调音的限制,尽管有许多偏离，但对艺术标准仍有足够的权威性（人们把这个原则用来与邪种妖魔鬼怪必须哪里进再从哪里出的规律相比较）。因为想回到原有和谐的欲望引起一种注意的运动，艺术品就是为这种注意所理解的，而且这一特定的乐段与一种为听觉建立起来的方向相联系。如果这个规则没有得到遵守，那就需要以其他方式获得与主调音的联系。这种液化作用决不会进行到使每一种形式都消失的程度。每当实际上清晰的音值变得模糊起来时（比如，升 G 变为降 A），这个音便转为一种新的调子，引起惊讶了。但是这样去把距离甚远的东西拢到一起来就需以极敏锐的音乐感为前提。对于不同音阶的和音的运用要求听者有很强的能力在意识中保留其整体的统一。另一方面，互相紧邻的音能通过半音靠得更近，该旋律可以说是，沉入无穷小之中去了。但是，倘若音高在一种完全是渐进的转移中不断变化，倘若其半音运动像一条线一样，将其所有的音点混合在一起，那便出现了模糊。分离的音阶在每一个音乐时代都是必不可少的，正如节奏活动也是必不可少的一样。只是我们应当意识到，在音乐发展中和谐与节奏已经证实是有伸缩性的了。

2．音乐形式

音乐形式同和谐与节奏一样，也能进行展开。在诸多变化的原由之中，为了讨论起见，我们只须考虑几种。发展中的技巧算一些原因。小提琴便是如此，虽然它在时间进程中变化不大。提琴弓的轻巧便使得抛弓断奏成为可能，因而便异常适于从一个主音移向另一个主音，适于表达怪诞的情绪；敏感的琴弦使我们得以自如地运用如笛声一样和谐的泛音；等等。这种技巧的发展在钢琴的情况中有着更为显著的影响。我只提一下钢琴踏板的发明。用了踏板之后，消除了制音器的压力，便增加了泛音，而且它的音也立即便获得了音色。因此，踏板的运用使旋律显得很愉快，获得一种更平稳的音的组合，有时伴奏起来十个指头均可不用，它可以发出模仿效果，像铃声一样或像暴风雨混沌的怒吼；它还给钢琴一种使人联想到管弦乐队的复音音乐。在管弦乐队本身中我们能极清楚地认识到物质器械在音乐形式之扩展中的影响。目前，音色的各别效果被利用的方式与早期实践大不相同了。现代作曲家从作曲之始便在心中存有异常大的管弦乐声响之构成区域，所以便能以一种新的方式去运用复奏和对奏。他们的想象若没有现代管弦乐提供的一切帮助，便会完全付诸东流；他们便会加入那些意识到空想之物并要求得到不可能之物的不幸的人们之中去。

还有另外一个因素。因为音乐越来越与抒情诗及舞蹈断绝了关系，所以音乐形式已经日益熔化了。我们那些模仿诗歌的古典音乐，以四拍一行和四行一节占支配地位，而现在奏鸣曲和咏叹调形式已经瓦解，为较自由的形式所取代，尤其为那些带有复现主题的形式所取代了。谁着想谈到无形式之形式，谁尽可以去谈。形式在任何情况下都是存在的，虽然它与精确定义的传统形式不相一致。确实，人们批评当今修辞学的实用主义无形式性，虽然它决非失去了形式，而只是改变了形式而已。较早的修辞学要求说话者提供确定的部分以及这些部分之间的确定转移。而我们这种修辞只要保持紧凑便更加适宜于自由展现的演讲。从此意义上说，康拜雷（Combarieu）也主张以突出的节奏来达到清晰："我将节奏——其构成部分（节拍、主题、主旋律、诗节等等）以鲜明的情感释放表现出来——当成是未经发展的艺术意识活动，由于太弱，这种艺术意识在连贯的全体中把握不住事物，所以就将这些事物化为小的关系，将它们分成片断以便更好地加以理解，重复某些部分以便更易于记住它们。总之，为其语言制造出人工关系。"[①]的确，我要给重复以更大的价值。重复很重要，不仅因为其审美效用，而且主要是因为同一个主题的重复出现——当然，完全以最初的形式复现——给演奏者一个有趣的任务，即通过量的、速度的与音色的细微差别引进一种仅能感觉得到的不同。再则，音乐重复是高度表达性的。它能使人联想到一个沉思的灵魂如何重又回到同一个思想上来；或者骄傲的快乐是如何无厌地赏玩其骄傲的对象；或者一个深受骚动的灵魂如何不断地回到一种摆脱不开的观点上来。我们似乎正在诗歌中寻找的那种语言重复与音乐结合起来就更为可取了，因为它正是那种直接反照我们内心生活过程的音乐形式。但音乐不仅仅是用于对比与追忆而已，它还消除单纯重复的枯燥与刺耳。因为敏感的人沉浸于自己的过去便感到窒息，他们只要有这种艺术形式

[①] 见《诗律理论》，1879年版，第8页。

的帮助便能从回忆中得到欢乐。

简单重复与那些熟悉的模仿形式、倒装形式以及无穷无尽难以形容的变化形式中的调节相结合。艺术理论对于那些保留的和不正常的特征的分配感兴趣，也许是对节奏与音程的存留、音高与和谐意义的改变这种事实感兴趣。因为我们能在音乐中精确地观察到何物存留与何物不存留，而我们在其他艺术中则不能如此精确地从细节上弄清相似之秘密。再则，构成部分及对应部分在两个不同旋律特点的常见对立中，比在戏剧中暴露得更其清楚。戏剧与音乐的复调音乐以同样的需要从那种一个运动音程不够用的创造想象中产生出来。这两种时间艺术均能成功地使对立起到作用，当然，这是由于前面所发生的仍还存留在记忆之中。但只有音乐才具备双重的优点：（1）以那种同时把对立因素聚到一起的方式提高对比与对抗。（2）在调节的乐段中从艺术上将其主题的构成因素交织成最混乱的结合。音乐风格就连同相伴的或和谐的旋律一道，进一步成功地利用了这两个优点，向个别的构成部分确保其自身内在的有趣存在。这种风格对于听者的接纳有极高的要求。谁若能在一篇赋格曲中听出的东西不只是一团模糊而已，那么谁便也能欣赏那种能够推敲出如此造作的形式的一种艺术的独特性。确实，对位法问题的解决太容易成为一种科学运用了。那些受其科学之规则约束的作曲家们（这些科学约束他们，但也帮助他们，正如同棋类规则约束与帮助棋手一样）几乎不再关心耳朵的需要。他们使其构成部分去满足读者的眼睛和心灵的需要。也许正因为如此，我们才常常感到卡农和赋格曲似乎是矫揉造作的。最近的音乐赋格运动（比如，幻想交响曲的回旋曲或《歌唱大师》的结尾）都由上下文从表达上加以合理化了。作曲家们在其他地方也许更喜欢巴赫的清唱剧中所表现的一种形式，比如像《艾克吐斯、特拉及库斯》（Actus Tragicus）那样——两种旋律同时出现，相互独立但不相互排斥。赋格技巧在《牧神的午后》的结尾、《歌唱大师》的前奏，以及在李斯特处理魔鬼诺玛和罗伯特的歌剧幻想中都审慎地加以避免了。

我们在这一概括性评述中一次又一次地碰到了旋律。这种特别的音乐形式非常之重要。因为它满足一切审美价值的需要，而且完全与和谐及节奏相结合。一个敏锐的训练有素的智者也许认识到旋律配合法之优美，但决不会发明出一种流动的旋律以暖人之心并强烈地感染一个人。独特旋律的直接性和不可压制性中有一种绝妙的东西。这不是人们常常所误以为的那种音乐思想。除了其非概念性以外，还有一种明显的差别，即思想的内容若有必要的话可用其他语言加以表达；而在音乐中，某种特定的形式则是必不可少的。当然，一个真正的旋律是一种不可比拟的、难以解释的创造。我们若观察一下，一个只有一般音乐才能的人，当他开始还原并记住自己所听到的旋律时，他起初只得到旋律线（可以这么说），得到不带任何音符价值的高低起伏；听第二遍之后，他便能哼出这个旋律了。但他若要高声唱出来，或在钢琴上将它演奏出来，他便得来回摸索，直到最后找到正确音符去代替先前弄错的地方。所以旋律就好像基于一种不确定的音的运动。

旋律若被分解为仍然可行的构成成份，那么这些较小的成份便成为丰饶的种子。我们称之为动机（Motifs），这个术语指的并非是抽象的或仅仅是单个的节拍而已，实际上表示了那些一切音乐手段均合作于其中的结构。它们实际上已经发展为一种自治了。从复现主题的意义上说，老式旋律可由动机的运用所取代。这种情况就像点画取代了大量施用的油彩一样。整个曲子一旦按生活规律从小细胞发展出来，便从建构的转化为组织的了。动机的复现提供了统一；其转化便产生出种类；其交织便用以表达内心深处的事件以及意识流中最隐秘的关系。因而瓦格纳的音乐剧或可当作音乐所扩展了的戏剧，或可当作其内容在表演中表达为视觉的交响乐。瓦格纳在他的许多作品里都声明他自己希望诗的因素能成为了解他的起点。但他在书信中更自然的表达里则体现出音乐因素是更加重要的。实际上，不论唱或表演如何，光是音乐剧的遣词便经常容易受到批评。（"想一想吧！当我刚刚作出与伊尔索塔的旋律相联系的愉快的牧歌时，突然想起了一点儿旋律。它表现得更加欢乐，几乎是英雄般的欢乐而又忠实于这些人的精神面貌。我正打算重新丢弃一切时，我又明白了，这段旋律并不属于脱列斯坦的牧人，而是希格伏里德〔Siegfried〕的血肉；我立即再看一看希格伏里德之于布林希尔德〔Brünnhilde〕皇后的结尾诗文，便意识到我的旋律与这样的话相一致：

她永远属于我，

永远，

天生属于我，及我之血肉，

唯属我一人……

这便显出惊人的勇敢与狂喜了……华尔沙〔Walther〕的歌中就没有这种旋律，而此处，它当然就是必不可少的东西。我在脑子里写上这些诗文去配上这一旋律——我相信这在于你是难以想象的。"① 对弗朗茨·劫克尔〔Franz Schreker〕来说，音乐因素当然就是起点。从这一起点出发，似乎出现一种戏剧形式，又从这一戏剧形式出发，文学因素作为戏剧所引发的一篇音乐的语言含义便得以形成。）

请注意，在戏剧创造活动中，两种艺术之间的这种常常是无意识的相互作用与那种为固定旋律而填词——人们在十七世纪为钢琴和小提琴奏鸣曲填词，甚至到十九世纪还为贝多芬的慢板填词——是不一样的，完全不一样的。

将一个可唱的旋律配到词上去，这种相反的过程长期以来就决定了该歌曲的一些主要特征。对于歌词的含义不作深入的考虑，每一个诗节都纳入三元式音乐中去，作曲家根据自己的需要任意地缩短、延长或重复诗人的语言。无怪乎四十年前的一位英国人将声乐语言唤作是"音乐支撑物"，而且敢于给歌唱家们下这样的断言："他们当中没有一个人试图表达歌词中包含的思想。这些歌词都被机械地唱了出来。"② 这是对现代歌曲及其所要求的那

---

① 见《R. 瓦格纳致 M. 韦森东的信》，1904 第 4 版，第 161、301 页。

② 见 W. R. 哥瓦斯（Gowers）:《脑疾诊断讲座》。

种技巧的恶毒诽谤。(难以想象而且可叹的是,像华拉斯切克〔Wallaschek〕这样的专家也同意这种观点①。许多年来,我很密切地观察了声乐演唱前的准备。从第一步到最后演唱,我可以证实这种观点是个严重的误解。一般说来——都在现代歌曲的音乐剧的情形里——优秀的歌手首先从背诵歌词着手进行钻研,在演唱前他不断使自己对诗的含义及情绪加深印象。在演唱中,他就像朗诵者或戏剧演员一样——其程度大小相等——保持着对词句意义的清醒意识。发音之清晰对于他来说是极端重要的。)

我们不应当总是认为一首歌曲即是老的意义上的诗文歌,是无须伴奏、无须与词搭配的原始设计出来并恒定复现的旋律,至少在第一段中必须如此。现在,我们并不想有一个固定的最终的旋律以使听者为之而忽略歌词。倒是音乐应当通过给钢琴以与声音同等地位的手段来传达诗人的内心情感,传达语言最微妙的秘密。渐渐发展了的艺术歌曲,若不是将旋律让给乐器,引进一种速度自由的朗诵声,便是运用主旋律的形成及转调艺术,抛弃诗行诗节形式的连接,但极其忠实于歌词含义中的内在结合。音乐是决不会破坏它的,从这一意义上说来,音乐是由这种含义所控制的。然而音乐并不是作为次种诗歌的一种抒情歌的完成,因为抒情歌自身就是完整的,但两种艺术肯定都从其结合体中获益。音乐想象从中得到激发和确定的支持;歌词配上好的音乐便能传播得快而又经久不忘,诗歌至少

---

① 参见《意象心理学及病理学》,1905年版,第30页。

可从这一点得到收益。因此，旋律有时会从其原词转移为其他词，诗文民歌则尤其是如此。

　　刚刚说了，诗歌能激发音乐创作，并为它指明确定的方向。这不仅在两种艺术携手并进的歌唱方面是如此，而且在连续合作方面亦是如此。在社会生活中，有音乐先于演说的，也有音乐后于演说。我们喜爱用音乐来开始一个重要的场面。宗教活动中的演说者对这种创造出恰当情绪的先行音乐总怀有感激之情。庄严的音乐于是便会产生出讲演的确定性。但也有后于演说的情况，音乐保持其魔力以补充和提高所作演说的价值。此处，我们正接近于标题音乐（歌词与音乐之间的另一种关系存在于标题和演出指导之中）。对于音量的指导主要关系到作品中的集合力和情感强度。对于速度的指导则关系到音乐〔连续〕阶段中的情感和意志态度。仅适用于表达的指导则指明了主要情感或占主导地位的情绪。我们从面前的标题或本文中就了解到该作品的创作动机，于是便在深入作品结构的同时紧跟这一构想。当然，该结构是完全按照音乐规则构成的，正如一张绘画作品是由空间、形式和色彩的关系所决定的那样。然而此处与彼处相同，对象为制作起到了作用。确实，任何一个音乐法则都不会绝对和僵硬到这种地步，致使这种音乐不受任何影响。谁若想从音乐中驱除一切异质的东西，谁就必得废除从一系列舞蹈中产生出来的奏鸣曲和交响乐，必得抛弃那些仅基于程式的弥撒音乐和大合唱——总之，就必得抛弃上一个世纪中全部最优秀的音乐。一个生动的经验（也许是亲爱的两兄弟道别的经验），一幅画面（考尔贝〔Kaulbach〕的《德国佬之役》或者斯坦尼尔对于圣·弗朗西斯浪上行走的描绘），一种诗的印象（戏剧或诗文），甚至一种统一的思想（约翰的 4：14 或者尼采的《查拉图什如是说》）以及情绪的内在含义（光明的黑夜）对于作曲家来说，都会成为一种迫使他表达出来的激动的启示。因为，为了将它们在音乐领域中表现出来，他就得从经验的无尽的模棱两可之中抽出其主导观念。但唯有当诗歌与音乐标题中有象征的东西时，音乐象征才能在恰当的意义上出现。这一象征被引导到感觉形式中抽象东西的再现，而且同时还充满着情感（参照雨果·高茨密特〔Hugo Goldschmidt〕的《声音之象征性》①）。

我们来看一个模仿音乐的例子，就是对于暴风雨最常见的描绘。任何无偏见的听者都能给它以正确的解释，但他也能把它看成是一个人愤怒的爆发，或当作战争的混乱场面（库勃勒〔Couperiu〕、舒曼和格里格〔Grieg〕的钢琴曲——都以"蝴蝶"为题——就表现了音乐里真实的成份是何等之少。参照保尔·麦斯〔Poul Mies〕的《音调之色彩》②）。正因为音乐所追求的是象征多于真实，所感受的是内在多于外在，所激起的不确定多于所暴露的确定，所以先验美学得出结论说，音乐深入世界的精髓之中，因为自然与精神确实是在无条件之中的。一旦音乐表现了自然与精神事件的这种统一，它便向我们暴露了事物的本质。

---

① 见《美学与一般艺术科学》，第 15 期，第 1—42 页。
② 见《美学与一般艺术科学》，第 7 期，第 397—450、578—618 页。

我们若固守于事实及其描绘，我们便只能说，自然与精神事件有着共同的一般趋向。某种不确定必然会进入这些趋向的音乐描绘之中。但任何人都不会把上文提到的关于暴风雨的乐段当成少女的舞蹈——一种灵魂的欢乐——或者当成一种宁静的乡村景象。所以，音乐的声音确实清晰地限定了一个范围，而并不确定在此范围之内能发生什么。这一事实是说，作曲家明确阐明作为其刺激因素的环境是合理的。这种情况就像实验心理学中研究的那种情况——在一个概念的引导下，有相对少的观念与印象相联合，因为预备好的字相当程度地限制了可能产生的观念的范围。若加上第二个字，选择范围就更小了。这样，音乐标题便与第二个补充或说明相一致。然而它决不能强使听者重新处于艺术家先前在感受时所处的一切环境之下进行感受。

  还有一点，倘若我们假定一场风暴的回想实际上在意识中出现，那么就有点儿像诗的描绘所能唤起风暴之清晰意象一样。此处，在听者心中唤起的情感显然不仅仅得自于音乐本身，而且还得自于具体的意象。即是说，音乐实际上延伸到它那极狭窄的范围之外去，依赖于那种与事物的观念相联系的情感效果。若提到先前提到过的李斯特的 *Christus* 里的乐段，我便不仅听到了长段延续的高音，而且在眼前还出现了漆黑的夜空和闪耀的星星这一意象，它几乎能像真实的天空或一张图画那样使我感动。所以，音乐的表达价值由音乐标题所唤起的事物观念提高了。正像图像艺术一样，这里的经验内容帮助了作品的构成，并影响着欣赏者。

3．音乐之含义

混合形式的考虑允许更广阔的追忆。我之前说过，在一切真实与艺术的东西中，有些特征我们可称之为音乐的，或者至少有着可供作曲的自然诱因。然而它们并不是音乐作品的全部。创造性艺术家，当其不断以自己的方式、以自己艺术的源泉进行创作时，他开拓了前人没有发现的领域。若将狄勒的《世界的没落》（1498）与《圣经》原文进行比较，我们便发现这位艺术家——可以说是——写出了一部新书。那些木刻是那样地充满了他自己的直觉，甚至充满了他自己的思想。在上文所引用的李斯特的《德国佬之战》一曲的两个小节中，其节奏无疑表明了德国佬是骑兵，而考尔贝的画中则将他们画成了步兵。所以这位画家是被矫正了的，或者至少他所画的内容受到了深一层的思想的支配。诗歌经常产生于音乐精神。这个起源决不意味着与一切音乐的规律或要求完全一致。其情形如下，有一些表达某种情绪的节奏声音在诗人的灵魂中骚动了许多个小时或许多个星期。若是一个以节奏和音高的方式进行想象活动的音乐家，那便会由此而产生出一段旋律，并赋之以音符。诗人则用语言来释放这种内心活动，如此便获得了一种纯属个人的特点，在各方面进行自我证实。当然，我们仍能探测其作为表达共鸣情感的共同根源、共同节奏。然而这两种艺术即使是在这种地方也被一条鸿沟阻隔着，以防止这一门艺术向那一门艺术的任何微妙的逾越。任何混合形式都不能消除两种艺术之间的界线，因为各自都有着并保留着自己的特点。

音乐的特别的含义是什么呢？当然，这一点，那些不能区分不同音高的音，甚至那些把握不住所听到的音的统一性，或区别不出连续音的格局的人都是理解不了的。总之，音乐的含义只有音乐的人才能理解。从深一层的意义上说，音乐作品若是一个人所十分熟悉的语言，若似乎是他的第二母语，那他便是我们所称的音乐的人。然而从一般意义上说，任何一个人若能从节奏音、和谐音中得到愉快，正像他从美的形式和鲜艳的色彩中获得愉快一样，那他也是个音乐的人了。人们带有一种身体舒适的情感来欣赏明显的旋律和引起运动的简单刻板的节奏，就像洗了一个温水澡。符合这种条件的音乐几乎都不能称作是纯艺术。就其本质来说，它仍不过是一种较悦耳的响声组合形式而已。长的休止使人联想到死的、非自然的东西。爱玩弄辞藻的人可以把它说成是无声中之有声，和有声中之无声。因为骚动中有生命，这种被生命所席卷的情感有一种慈善的、宁静的效果。响声的各个因素无须精确地区分开来。任何狂怒和急驰的整体、任何连续的喧闹都使我们确信生命之存在。对于生命存在迹象的这种愉悦情感便是我们从音乐中得到愉快的基本源泉。若在公园里，在姑娘们的嬉笑声中漫步，或在筵席上悠闲地谈着话的时候，我们沉湎在轻音乐柔和的旋律中，我们这时便能体验到这样的愉悦。音乐在这些场合里实际上只是一种使人愉快的响声。我们没有听，但听见了。我们欣赏节奏与声音效果，正像我们在其他情况下欣赏世界之喧嚣一样——唯一的差别是，它已经风格化,并按确定的法则组合起来,所以纵使进行非意识的接纳,它也比自然中的声音与节奏更使人愉快。这种几乎不被注意的而且肯定未被理解的音乐效果便成为对于人的全部生活情感极其重要的东西了。我们感到这些声音使我们放松,使我们振作;活泼的摇摆舞曲使我们处于无忧无虑的幸福状态,军乐的原始力量唤起我们青春的严峻。音乐作为一种响声的社会艺术是一种使我们愉快的空气振动的规则连续。它渗透到我们环境的每一点上,它在同一时刻以同样的必然性使所有处于同一个空间的人都兴奋起来。奥斯卡·拜侬（Oskar Bie）曾把它称作装饰音乐。

如果我们积极从事音乐活动,那么音乐的含义便扩大了。而且其完全的机械方面就必然是主要考虑因素。这里有一个重要的观点,就是,把音乐的实践当成为一种运动技巧。它是手指或喉部肌肉的耗时的训练——是一种时而痛苦时而快乐的训练。这种身体素质的训练对业余音乐工作者来说当然就和对专业工作者一样必不可少。我们不应加以夸张。相反,我们不应不厌其烦地去夸耀艺术家（就像对学者一样）的勤奋——所付出的劳动总是有目共睹的。但若假装去表现生活中的东西而实际上什么也没有表现,那么这种劳动便成为十分危险的了。倘若热烈尽情地听音乐便使我们忘却更加严肃的工作,那么音乐实践便会引诱我们去进一步忘却更加重要的职责,致使我们变得懒散和精神空虚。那种与桀骜不驯的手、与声音之间的不断斗争最终便整个制伏了人。没有任何运动、任何娱乐的追求,也没有任何职业像这样危险地缩小人们的视野。

但显而易见，音乐技巧的全部仍不能恰当地解释我们为什么会感到积极从事音乐活动的吸力。在音乐技巧的背后还有另外一个理由说明我们为什么如此乐于牺牲其他的兴趣而从事音乐活动。我们能在这些场合中充分地、以最大的自由去生活。我们所引入音乐作品中的每一个奇想都在我们心中唤起前人激起美感的英雄主义的东西。我们的肌肉都是紧张的，我们勇敢地抬起头，全身战栗，仿佛面临着极大的危机，我们确信能成功地应付这种危机。一个男孩正在演奏自己的小作品，这篇曲子在一个非常响亮的不协和音之后就结束了。"他把解决推后了；他向自己和听者隐瞒了这个解决。这种向 B 大调的愉快的释放会是什么样子呢？是一种无与伦比的快乐，是无限甜美的满足。宁静！神圣！天堂般的幸福！……还没达到……还没有！再推迟一会儿，再延缓、紧张一会儿，这种推迟、延缓、紧张必须是难耐的，那才使这种喜悦更加可贵……这种紧迫猛烈的欲望，这种全身心的渴望，意志的这种终极、震颤的紧张还有最后的情趣，然而它拖延了完成与解决，因为它知道这种欢乐只是瞬间的。"①

当改变音量并均衡节奏与和谐时，我们确实就成了世界的帝王与君主。我们仅用重音便创造了存在物，又用相等的含糊音将它们取消。我们经历了最奇妙的冒险，向前面冲击。我们恐惧地畏缩，我们使着魔的公主解除魔法——谁能列得清所有这种活动呢？这其中还有那种已经

---

① 见托马斯·曼 (Thomas Mann)：《布登勃洛克一家》，1901 年版，第 3 卷，第 168 页，并参见第 522 页。

透视作曲家之灵魂深处的意识。而且再加上与当时伴奏者的灵魂的融合。在出现明显的加速和减缓时,那种不能事先规定的技巧上的细微差别的微妙相遇,简单换气休止的分配和每一瞬间的互相印证,凡是在乐队里演奏过的人都知道,在那里就像在战场上一群士兵当中一样。乐队指挥站在上面,他的面部表情和身体动作就在阐述这篇音乐作品的内容,正像演员们解释戏剧的台词。演奏者的前后左右都是自己的战友,全都为一个意志所激发。一边是独立的伙伴,那一边是敌人;一会儿胜利,一会儿失败,一会儿高傲而蔑视一切,一会儿怯懦而垂头丧气。提琴手摆好了下弓的姿势——这不像古时的骑兵在阳光下挥舞着长矛么?一切艺术的原始的社会含义不是已经复现了吗?

纵使是真正好的音乐,当优秀的演奏者向敏感的听众演奏时也有这样的效果。我们至少在偶然的情况下会不适当地专注于艺术作品,而听任自己去本能地被这种运动和音的美所感染,或者沉溺于个人的思想之中。在军乐的行进节奏中,那共同的机械活动迫使我们的脚与之合拍。有时候,当我们听出四重奏的四个部分里(似乎是)精灵的对话时,这种机械活动就变得更其强烈了。(理查德·拜尔乌得〔Richard Baerwald〕依据统计研究的结果断言说,有些"非常有天赋的敏感的人,他们能以纯粹的运动来再现音乐"。[1] 参看浮龙·李〔Vernon Lee〕关于音乐的个人敏感性的论述[2]。)你若听一听巴赫的优美的组曲,就说 b 小

---

[1] 《美学与一般艺术科学》第 9 期第 339 页。
[2] 《美学与一般艺术科学》第 5 期第 543 页。

调中笛子的那一段吧，节奏愉悦及音的愉悦与偶然的联想——比如洛可可式小步舞曲的视觉意象——交织在一起了。诚然，社交音乐与艺术音乐在性质和效果上都是基本不同的。前者是愉快的消遣；后者是极其严肃的东西。前者有益于非常贫乏无知的人，而后者对于那些为生计而斗争的人则毫无用处。前者是情感上最简单的，是一切艺术中最为流行的；而后者是最令人费解、最抽象的。然而我们观察一下作曲家、演奏者和会欣赏的听众，就会发现在他们活动的所有阶段中，社交音乐和艺术音乐都保持着亲缘关系。尤其是那些艺术能为之立刻转为现实并发展为戏剧行动的人把歌剧《巴西伐尔》(*Parsifal*)的音乐节奏——一般说来——当成与流行歌曲的节奏同样的活泼。谁若取此种态度，那么谁便完全没有必要去识别在纯音乐的意义上所进行的东西，而让单纯的声音去刺激或安慰他。莎士比亚对音乐的赞颂是我们所熟知的，尼采对于比才的《卡门》所述的反应也是这样的。斯坦得郝（Stendhal）所谈的可能是同一回事。"昨晚，我听说理想的音乐对一个人的影响就像亲爱的人出现在身旁一样，并且音乐显然赋予了世上最热烈的快乐。如果所有的人都这样，那么世上再没有什么东西会使他们更加去爱了。但去年在那不勒斯，我注意到理想的音乐就像理想的哑剧一样，使我去思考是什么东西形成了我梦想中飘忽的客体，并且还注意到它使我产生出美好的思想。这个问题在那不勒斯则涉及武装希腊人的方式。"① 我们承认，对于任何这样去欣赏音乐的人来说，音乐本身最终必然会消失的。严密庄重的艺术不容我们有自由思考政治问题的余地。对于这些音乐朋友们，它停留在第一个阶段上——风格化的响声阶段。然而它不是茶余饭后的消遣，或小小的乐事而已。它是一种镇静或刺激。

有一个为人们所熟知的事实已经表明了找寻音乐另一个意义的地方。我指的是音乐天才的惊人的早熟。八岁的儿童便在理解、演奏甚至音乐创作方面干出了最惊人的成绩。像吉普赛这样完全没有开化的种族都能在音乐方面获得出色的成就。其他艺术中就没有类似的情况，诗人或画家需要的对于人类与世界的理解——纵使他是最大的天才——只能是渐渐获得的。但音乐的含义不依赖于现实。由于声音有明显的超自然的根源，所以它早就成了一种严肃的象征手段。实际上，声音是含有其内在价值的一种特殊事件。它们不像颜色与形状那样，是附属于事物的特征。它们有自己的标准，不依靠自然与心灵中的范例。它们经常以其所有的规则暴露给预先就有的精神，而且经常抛弃最高审美趣味的预先安排。好的音乐在许多情况下只是一种声音形式的系统。我不知道听者应从巴赫的赋格曲中得到什么客观合理的现实观念，得到什么情感刺激。诚然，这种杰作表现了想象和内心生活，但它们并未表达确定的情绪。谁会从这些曲子中大胆去推断出作曲家创作时的心理状态呢？它们的深刻性就依赖其分界线的接合方式和对

---

① 见斯坦得郝：《爱情》，第16章。

位法则对于各部分的支配。愉快的社交声响,如同生理刺激,都被引收了,但是单独的精神的艺术是需要理解而且应当加以理解的东西。我们应当知道调子和音阶、拍子和节奏是否保持下来或是否已被改变;我们应当在心里想着主题,识别这样的变化;我们应当注意各部分的分配,紧随其运动,迎接其目标。总之,我们应当注意一切。然后我们便能欣赏音的纯净组合、旋律的复归、早先主题的出现、发展、结合、转移,和不同乐器的进入以及无数种其他迷人的东西。这些东西,当我们舒适地坐在那儿沉溺于性质全然不同的思想之中时,是很难理解的。要想完全公正地对待这门艺术,那么不光作品本身,听者也必须符合某种条件。

我们已经考虑了音乐激发美感的能力和形式上的独立性。但它还有第三个特征,我们从一个熟悉的例子里就能看得出来。在贝多芬的田园交响乐中,农民们的舞蹈突然被打断,低音非常柔和地奏出另一个调子。这种突然的改变——耳朵听起来很不舒服——不会破坏它的形式,任何我们所熟悉的解释均不能说明它是合理的。然而这一段正是整个交响乐中最绝妙的部分之一。若为这种崇高的美提出理由,我们可求助于那种音乐即表达的理论,可求助于那些能理解并欣赏这种过程,能发现这种声音里的内心生活,因而便把这种声音当作是深一层含义之象征的听者。当然,好的作曲家首先就是节奏和声音的主人,然后才是形式的专家。第三,他还是个能觅得声音来释放自己情绪的人。因为我们有一种用声音表达情绪的天生的能力,所以我们就能感觉许多(虽然不是全部)音乐作品中出现的作为内心骚动、甚至作为总的精神倾向的东西。但现实的难题还没有解决,即是说,音乐的特殊性是否限制了而又在多大程度上限制了心理基础及心理活动,感官魅力与听觉形式是如何也能获得隐喻之含义的。声音所激发的每一种兴奋并不都应作为艺术理论的主题。但我们关心那些能在对象中表明有其基础的情感,或者关心这样一个费解的事实:在节奏与和谐的结合中,内在的东西能达到一种外在的存在。因为到目前为止所分析的全部过程都直接和间接地提供了阐明这一难题的材料种类,所以我们现在只把注意力集中到中心问题上来。

音乐研究中已经形成了一套解释体系。它最先出现在音乐杂志上和音乐家的传记里,它在艺术上和科学上变得愈来愈独立,愈来愈有权威性。它渊源于这样一个十七世纪的论点:一篇音乐作品不是一个形式的合成物,而意味着起伏的情感的结合、强化与平衡。在这个问题上,赫蒙·克勒兹基谟(Hermann Kretzscnmar)说过,情感,"感官意象和概念的特质总的来说在主旋律和主题上都得到了体现,在音的格局上得到了体现"。所以,我们的任务就是从"音之中"读出"情感,并用语言画出一个发展的框架",而且以内心经验的,以诗的、梦的、预感世界中的形式与事件去活跃这个框架。从某种程度上说,所有的音乐作品都可为所有的人理解(因此按照克勒兹基谟的说法,纯粹的音乐就是荒诞,就像是没有思想的节拍诗与韵律诗一样),而且被理解的东西能用语言描绘出来。甚至在没有描绘标题的器乐曲的情况里,这种解释艺术常常超出了情绪的单纯确定而能表示(起码是推测)出这些情绪的对象。传记和历史就提供了达此目的的手段[①]。克勒兹基谟引证了马西生(Mattheson,1739)的话。马西生曾经指导过作曲家如何去描绘愤怒、勇气及其他情感;还引证了况兹(Quantz,1752)的话。后者将主要与次要的情感加以区别。况兹认为,演奏者只注意主要情感还不够,在利用甚至最小的节拍因素时——像简短的修饰音——都必须清楚地了解其潜在情感。

以后我们会考虑是否真正有可能去发现那些基本能解释作曲家情感的对象与事件,我们眼前所关心的是要采取一种针对这种情感理论的态度。我们尽量从这样一个事实开始,即每一个人都用通俗心理学的表达本能地按照他所理解的样子来描绘每一篇音乐作品,比如,说一个主题是蔑视的,另一个主题是讨好的。但那不仅是一个初步的单纯图解式的对比吗?显然,选择这种对比,是因为音乐在

---

① 见《彼得青年图书馆年鉴》,1902年版,第54页以下部分。

听者心中激起了相应的情感，虽然这位听者并不能为它们指出任何客观基础。我们可以认为作曲家亦是如此，他的演奏方向主要得自一种可理解的解释的需要。究竟音乐艺术品实际上是描绘了情感呢，还是各个形式都可表现情感的恰当性呢，这还是个问题。音的节拍关系、音量和音高确实在情感领域中允许对相应关系进行风格化描绘，虽然这种内心关系只关系到意动方面而非情感方面，只关系到紧张与放松而不是愉悦与痛苦。当叔本华把音乐当作是意志表达时，他在如下意义上是正确的，即自我的活力（它与实践的人的本质不同）表现在声音的升、降、流动与交织之中。也许他还感到时间与动态因素——它们使一篇音乐作品整合，就像意志使世界整合一样——的相互作用中那种持续的紧张。但是他把一切都看得过于玄奥，他忘记了这毕竟是"我们所听到的是什么"这样一个问题。

更大的问题是，意动与情感内容向各种音乐形式之发散是否能完全被理解。回答是肯定的，只要我们把上文提到的统一体看得比情感理论更加重要。提出这种理论和反对这种理论的人仍然过分地强调节拍消失与变奏。比如，阿诺得·史林（Arnold Schering）极有效地描绘了那种按照音本身所固有的构造规律发展起来的激动不安的声音整体[①]。大量各种各样的动态、节奏、旋律与和谐的力量相互影响，部分是以简单对比的方式（高—低，强—弱，协和—不协和，等等），部分是以形式对比的方式（主题—对

---

① 《美学与一般艺术科学》，第9期，第168—175页。

题，重复—变奏，主音—属音，等等），但这种作为重复的分离与协调的音乐观把结构分解乐。实际上，音空中的声音又是一致的。所有这些和谐的因素，正如我们现在都喜欢说的那样，是竖向一致的。但纵使一个音的连续中的各个部分，仍须能转化为一个像空间一样的被理解为格局的结构。按照理曼的观点，这种持久的共存就基于"音之间和谐的亲缘关系中可识别的关系，基于这些音的节拍安排和调子的统一，或者，基于其整体的循环过程"。关于审美经验的两重性的问题，他认为我们能在作为意志之生动表达的音运动的积极合作以及音空中结构的被动积累之间进行区别。但我们不应错误地假定，在听者和作曲家心中所进行的活动是决定因素。理曼在他的晚期将实际音乐声音降格为两段音的想象之间的中介联系之后，克斯（Kurth）则声称声音只意味着感觉领域的组织，在这个组织中，"原始的形成兴奋冲决出来以获得形式"。我似乎觉得这是个谬误。我得牢牢把握住这样一个论点，即音乐从根本上说是声响结构。在时间（横向的）和空间（竖向的）上进行安排的声音并没有被心理能力加以恰当的解释，而是带有一种被创作和被欣赏的精神内容。

这种精神内容之假定似乎完全与一段音乐中音的精确性、节奏的精确性以及其缺乏形式之模糊这一事实相一致。但此种假定又与音乐史所建立的如下事实很难一致起来：同样的旋律用在了完全不同的词上，而且在所有的情形中它们都是合适的、有表现力的。依照这一个事实，这样一个假设，即是说，我们能从音乐中得出关于事物与事件的结论这样一个假设的地位何在呢？当然，音乐的象征语言是极其模糊的。但为此而遗憾是十分愚蠢的。每一种艺术的特殊性，确实与其局限性或缺陷直接联系着。倘若音乐之不确定是由于同一篇作品能表达相反的情绪，那么另一方面，诗歌也因需要之局限而化作基本上无法表达的语言。然而它们同时又是多么大的优点啊！音乐之流动性手段使它成功地冲破了我们喜欢用以阻塞灵魂中各部分相互联系的障碍，并披露灵魂在一切现象中的一致本质。罗兹在下面的例证中说明了音乐的这种可塑性的理由。"我们能用音乐描绘什么呢？并非是一个行为的合理性，而是该行为之不变的结果，它是合理性之形式象征；并非是人的精神为某一目标所进行的持续坚定的追求，而是紧张与疲劳的交替；是不断还原然而却是不断上涨的渴望；并非是良好的意愿和希望，而是对于环境进行依从的默认，尽管这种环境与此发展的原有进程相敌对，但已经被这一发展所吸收，所美化了。"（《小作家们》）总的来说，音的连续并不在一切情感范围中都重新建立情感。它们满足于表示出情感状态，比如稳定与动乱、快与慢、变化与空虚等等。音乐在这一方面是极其明确的。我们若把贝多芬的《英雄交响乐》与瓦格纳为之提出的标题进行比较的话，我们必须承认，旋律本身比乱七八糟的解释要表达得更清楚些。当然，我可以说，直接通向其目的或在空间里消失的旋律慢慢地逝去，或突然中断。我可用严肃的反省来解释这段旋律，或仅以最温和的笑来评论它。尽管如此，我仍然模糊地与其精确特征相去甚远。然而这种特征相当特殊，它并不是形象感觉或某个概念的特征。罗伯特·舒曼谈到他的钢琴曲《在夜间》时说:"后来,在写完这篇曲子之后,我很高兴地发现曲中有英雄与林达的故事……我每次弹奏《夜》这首曲子时都忘不了那个场景——最先,他跳入海中——她呼唤着——他回答着——他快活地穿过波浪向陆地游去——接着,他们在轻快的短歌中拥抱——然后,因为他得重新离开她,但又舍不得走开——直到夜幕重又将一切都笼罩在黑暗之中。但请告诉我,你是否也感到这场景适合于这音乐呢?"(《青年书简》)

在鲍桑葵(Bosanquet)的《美学史》一书中有一篇 J. R. 罗杰斯(Rogers)所写的极有价值的附录。附录中说,他在不知道舒曼的这封信之前,从同一篇钢琴曲中体验了不同的想象场景。他听起来仿佛感到月亮在一个暴雨之夜与乌云搏斗,月亮一会儿出现,一会儿消逝;起初它有一层银纱覆盖着,接着厚厚的乌云吞没了它;但它仍然偶或放出光来,最后熄灭了。文字的这两种描绘对比清楚地说明它们是一致的。乌云与波浪一致,月亮与游泳者一致。正是这种共同的因素存在于音乐之中。

科学语言中若有"一般概念"这种说法的情感对应物,那我们便可以说,这就是音乐所表达的东西。"商品"这个一般概念唤起大量不同的特殊意象,因为商品有无数种。一种意象与另一种意象同样适当或同样不适当。但这个概念的真实含义唯有在这样一个判断,即在逻辑上概念内容的精确判断中才能显现出来。所以我可向一篇音乐作品附以最混杂的图画,但其真实含义就存在于一种感人形式在音乐上的精确发展中。我们进一步考虑一下便会看出两种使这个问题易于理解的条件。在我们奇妙的语言中，偶或光是元音的变化就使一个字的含义发生根本的变化。想一想动词 achten 和 ächten 吧。这种情况在音乐中要常见得多。同一个主题的细微变化产生出方向相反的分枝。当然，它不一定是偶然的。相反，艺术家的洞悉能有意识地引导他去强调那种力争分开的相对立倾向的共同根源。当一个没有什么变化的主题描绘一个英雄经历的幸福开端和悲伤结尾时，我们便感到那自豪的青春勇气和老年之自暴自弃从同一根源中涌现出来。但这确实是人类灵魂的特征。谁又会精确地表明热烈的爱在何处结束，或表明恨从何处起始；忠诚寓于何处或沉闷的习俗在何处起支配作用；何处在执行与允许方面权力更大；我们的情感在何处是男子气的或女子气的，又在何处是客观的或纯属个人的呢？

在布朗姆的《安灵祭》（*Deutsches Requiem*）中，合唱赋格曲的歌词是这样起头的："正直人的灵魂在上帝的手中，灾难是压不倒他们的。"上帝之庇护便在作品中用定音鼓和低音乐器的低音 D 调来表现，在整个赋格曲的始终都延续着。上帝是一切事物的开始与结束，上帝无处不在无时不有，一切存在便依赖于此。战争与和平、产生与消亡均不能影响上帝——在音乐上便以此种方式表现了这些和比这些还多得多的东西。这个例子不仅应再一次向我们表明音乐形式之出现能唤起一种情感状态，而且还应允许我们获得进一步的洞悉。当我们听音乐的时候，那些思想是否在心里闪过呢？可以说这是个个人问题。但根本问题是那种完全与音乐过程相融合、与内在心理运动相一致的节奏。其特征使之必须与音响世界中所进行的一切都互不相干的那些图画及概念并不构成音乐的心理核心。而关键的事实是，在听音乐时，我们的内心倾向——记忆、思想、情感、联想——呈现出某种微妙的特质，这种特质在我们欣赏其他艺术品时是不存在的。它们势不可挡地被软化吸收到音乐中来。这样，它们便首先与作品的直觉特点、形式特点联合起来，而且只有这样，它们才捕获到曾经充满作曲家灵魂的整体的片断。很难用语言把这种心理活动重新作色的情况描述出来。但是总能通过反省观察到它。音乐就像圣灵降临时圣灵的疾风一样裹挟着我们，使我们能用陌生的语言讲话。因此，在其表达痛苦和欢乐的范围中，音乐由身体激动扩展到世界以外的王国，从组织的噪音扩展到"音响静默的艺术"。

4．模仿与剧院艺术

剧院自成一个世界（就连戏剧史学家们也只是最近才完全理解这一原则的。迈克斯·赫尔曼〔Max Herrmann〕在他所著的《德国中世纪剧院史研究》一书中第一次鲜明地将戏剧史和戏剧文学史区别开来）。舞台力量依赖于装饰和服装，女性的美貌和男性的才智，当然，还依赖于戏剧所表现的价值。谁若将剧院艺术只看作是表演艺术，将剧作家、剧院指导和演员与作曲家、指挥和演奏者进行比较，那便是误解。剧院之不依赖于戏剧文学要远胜于演奏者之不依赖于供他演奏的乐谱。另一方面，剧本不像乐谱那样非演出不可。最近一位专家毫不夸张地说表演艺术必须与外源成份一道进行。因为音乐家演奏音乐，而演员的活动是演出一篇戏剧文学而不是去作舞台表演。这位专家还说，将这两个完全不同的领域联结起来的桥梁是"纯粹的表演艺术"（实际上，剧场指导设计了这一桥梁）。剧院艺术在任何情况下都应单独加以考虑，虽然我们在本书中无法谈及这种基本的再现活动。

但我们难道应当这样去分离戏剧文学和剧院吗？恩斯特·文·威尔登布拉（Ernst von Wildenbruch）说："只有当剧作家把自己当作其他观察者中的一员，看见自己的角色'在其自身力量的指引下'从自己身边走过的时候，他才达到为正确观察所必要的距离……剧作家的真正活动是从表演开始的。"① 排练和表演当然能给剧作家以帮助，正如一支曲子的真实演奏声能给作曲新手以帮助，或者铅印的怪样文字及预料不到的长度减少能给年轻作家以帮助一样。作者原先没有注意到的东西如今明白无误地出现在他的面前：过长的间歇使人难受；变化过于突然；纸上看起来是很好的句子不幸变得平庸起来；而其他的呢，很怪，却变成重要的了；等等。一位没有舞台的剧作家就像一个因没有大理石而固守于他那泥土模特儿的雕刻家一样。剧作家的唯一任务似乎是为舞台修作地板横梁，是发自表演艺术的核心而进行写作。

---

① 见恩斯特·文·威尔登布拉：《导言》，《加洛林王族》，第 2 版。

尽管如此，他或是保持在那种为取悦于艺术鉴赏家而写作的作曲家的水平上，或是意识到舞台不仅仅是为表演而存在的机械设计而已。但大体上说，到目前为止所作的阐述不应不受指责。有些剧作家，其想象是如此广泛而确定地活动着，使得他们预想到整个外在的实施，如同天生的作曲家从自己作品的乐队演奏中听不出什么基本上是新的东西一样，因为在作曲时，这些音色都在他心灵的耳朵里出现过了。确实，我们认识一些作者们，他们激烈反对剧院那种自恃的傲慢，并且不承认一出戏剧在未上演之前是不完整的这种说法。他们几乎害怕去自由体现浮现在字里行间的灵魂。而且他们有理由如此害怕，每一个鉴赏家都知道，剧院与剧作家是天生的对立面。年轻的剧作家们一次又一次地大胆向这座传统的堡垒发起进攻，而每一次他们都得承认剧院还是照样我行我素。剧院指导和演员们把书面剧作看得还不如一本可以任意缩短和更改的草稿，还不如一本他们以自己的权威从中制作和完成艺术品的粗样。再没有什么地方会比剧院更加保守，比剧院有更强的记忆力了。这个地方仁慈亲爱的精神则是过去证明为可行的。每一种发明、剧作家的每一个愿望都会遇到干脆坚决的抵制。但剧院的这种长期落后状态必然有其深一层的原因。仅仅是惰性还解释不了为什么《浮士德》的角色荒谬地一次又一次分配不当，解释不清为什么材料的自然范围及想象力促使剧作家写成双重戏剧时得不到支持。确实，模仿和剧院艺术都主张它们的权利，因而剧作者便须害怕剧院，纵使也喜欢它。

戏剧文学与剧院之间的关系倒很像宗教信仰与教堂之间的关系。静默、升华的虔诚倾向于羞涩地在公共的固定的崇拜上帝的形式前畏缩。它感到每一种外在表现都有损于内在，因而就连那些生活情感表现在行为、人物和对话上的作家们都不必是剧院的朋友。但剧院的一个根本特征——称作剧院戏剧是十分恰当的——浮华的装饰和那种精确舞台表现的粗俗则使一些人厌恶，同时也使另一些人向往。当我们意识到舞台表演和对于剧院的需要不仅是艺术的表演和艺术的需要时，这种矛盾就不那么剧烈了。剧院的文化力量就像教堂的文化力量一样。它不仅是从文学的深处吸取营养，正如教堂绝不仅仅为那种我们称为宗教情绪的内心状态进行牧师活动一样。甚至在很长一个时期内，剧院已与公众的崇拜联系起来，而且这种崇拜并不局限在个人的宗教信仰之内。我们已经谈到了原始的剧院形式，现在再来回顾一下中世纪的神秘，或者回顾一下那种由牧师编撰和指导的并为福音书故事的民间演出保留下来的活动（教堂活动）。我们还应想起克得森（Calderson）的独幕宗教剧以及我们现代的节日戏剧，这样，我们便能弄清这种联系已经如何地深入人类心中了。事实是，剧院将自己连同其他各种力量一道奉献给生活的共同情趣，然而却保留了某种独立的东西。但我们不再去注意到，找一个戏院并看看由演员在布景中上演的戏剧这件事多么奇妙。同时，我们应当考虑我们从舞台演出中实际保留了什么。声音、令人信服的手势、图画——有与我们读完后感到萦绕在脑际的东西完全不同的东西。而且当我们引进剧院问题时，那种已经讨论过的文学描绘是否唤起视觉形象的问题便扩大了。也许当我们读到赫罗（Hero）对于林达（Leander）勇敢业绩的描绘时，心目中有一张画。然而当一个女演员十分激动地说出这些话时，我们却什么也看不见了。我们只是感觉到她的激动而已。同样，《潘瑟西利》（Penthesilea）的读者可能从第一幕第三场中获得所描绘事件的飞逝的画面，但看戏的人得到的却是演说者的情绪。不论怎样去看，舞台是不能附属于文学艺术的。

所以我们便面临着去理解各种剧院艺术之各别特征的任务。从古希腊悲剧时代起，演员的艺术在理论上和实践上都体现了理想主义与现实主义之间，说话模仿与身体姿势、身体动作的模仿之间的双重对抗。理想主义的演员一般偏爱于口头价值，而现实主义者则忽视演讲的美，迷恋于身体的表现力。我在后一种人中清楚地看见了一种独立模仿艺术的先行者。因为表现在身体上的是整个心灵状态而不只是飞逝的纷乱而已，就仿佛灵魂真的是身体的理念一样。另一方面，完全从身体反映出来的内心过程，像书面语言表达那样的口头语言表达的内心过程是属于文学艺术的，但它们基本上与舞台艺术无关。当然，立即还要加上两个限定条件。演员得给演讲以节拍格局，它对角色的精神十分重要；演员控制一切音高与音量的细微差别，控制一切音量的调节。几乎在每一个角色里都有引进无言声音的机会，演员就像用语言表达时一样，能用这种无言声音来表现他自己所独具的表现内心生活的艺术。这当中没有任何一点是规定在字句中的。它让艺术家充分施展自己的才能。这样，我们就很值得来谈一谈模仿演说了（朱利斯·泰纳〔Julius Tenner〕在一篇第一流的文章《诗的音韵》①中考虑了嗓音音色的运用及音高〔独特的元音音质和句子音调〕和音的间隔结构之间的关系）。而且，对于原文的感人的朗诵处于一种很高的理性水平上，在重要性方面仅低于戏剧文学。好的读者作为个人来说仅次于演员。然而十八世纪的锐可帕尼（Riccoboni）也太大胆了些，他特别强调地将舞台风格定义为那种仅使观众的灵魂活跃起来并把他的注意完全从外界吸引过来的需要。因为若是如此，那么阅读一部带有各种角色的剧本怎样才能与观看真正的舞台表演相区别呢？那种模仿演员与第埃克（Tieck）或威伯（Werber）之间无可争辩的对比何在呢？过去，身体之熟练甚至比描绘内心生活的才能还重要。在《仲夏夜之梦》以前，舞蹈和歌舞是舞台剧最基本的部分。斗殴、战争、决斗充斥了所有的悲剧；滑稽的玩笑，导致突然变幻伪装的熟练的诡计，都出现在闹剧中。甚至到现在，意大利人热情的艺术和日本人女性气的艺术中身体的说服力已经发展到那样的程度，致使舞台演出几乎成了哑剧，它们显然已经脱离了作者的原话。

演戏基本上是一种原始艺术。一个演员陷于偶然的身体缺陷——罗圈腿的妨碍，哑嗓子的不利，但又佯装着是故意如此的——就像一个总把全部商品随身携带的商人一样。这种行事的原始方式在年轻人中还能过得去，因为一

---

① 见《美学与一般艺术科学》，第8期，第247—279、353—402页。

般对于年轻人来说，假装、虚构、喊叫、蹦跳比对年纪大的人更合适一些。年轻人甚至不讨厌那种流浪演出的喜剧演员的生活，而这种生活对于喜欢秩序与安全的老年人则意味着痛苦。最后，演员还须有一种坚韧性，这种坚韧性，年轻人容易获得而成熟的演员则不易得到。舞台艺术的原始性除了这些理由之外，我还要加上另一种理由。现实的一些部分几乎毫无变化地体现到演员的演出中去了。吃、喝、弹琴、写信、握手、接吻——普通的动作——几乎就像真实生活中一样出现在舞台上。当然，常有这样的争论：一个女演员是否应当真的被亲吻，一个男演员是否真的应当挨上一记耳光呢。但大家都承认，假弹琴或者一个人显然以匆忙的速度在书写，这些都有不好的效果。尽管如此，加进真实生活中的因素而又不这样影响艺术作品的情况在原则上总是可能的，正像我们将布片放进图画中，或把自然的声音移进音乐里一样。然而这又表现了艺术水平之低下。

　　但它仍然是艺术。演员也像其他艺术家们一样，试图表达一种生活经验，确实，他试图以极近于完整的方式去传达这种经验。正如心灵深处的某种东西催使凶犯去承认自己的罪过一样，它也催使天生的演员沉溺于言谈、态度和行为的详尽无遗的表达之中。他以一种在大量观众面前比在小量观众面前更易于产生的大胆，将作者着力安排给他的生活经验转化为声音之抑扬顿挫和姿势，给语言以模仿力，让语言形成的灵魂充斥自己的身体。我们能够相互交流有用的、真实的和概念的东西，却不能交流那种深植于我们灵魂之中的东西，因而我们便不了解自己。唯有演员才能利用声音及令人信服的动作给这种内在以外的形式。他动员自己身体的一切能力从观念领域中提取某种有艺术意义的东西，使之成为感觉存在。舞台上的自我简直就是完全的表象，它与抒情自我恰成对照，后者的一切——世界观、性活动、职业、过去、将来——均能保持为不确定。

现代的舞台艺术不会降格为纯哑剧的，其任务太复杂太严肃了，所以不会如此。然而姿势语言当然是演员合适而特别的语言。它能限制在几个常有的表达中——目光向上的密谋者和伤感主义者便是熟悉的例子，男高音歌唱家若如此便是可笑的。但它又能发展为变化与独立。我们将一切外貌构成的规则归诸科学，演员在这些规则中可以自由运动。但除了已成定规的外貌规则和艺术运用中的模仿之外，还有两个原则。第一，不必将激烈的身体运动与甚至更为激烈的面部表情变化结合起来。一方面，有力运动的效果就是使观众加上假想的面部变化；另一方面，当整个身子静止时，面部的牵动，甚至一只眼睛或嘴部肌肉的闭合均能产生出极为生动的印象。这适用于艺术，而不适于现实。第二个原则规定了身体的无声语言至少像音乐剧配乐中的主导旋律一样，帮助揭示隐含的戏剧结合。因为这些主旋律能在记忆中使人想起某些人或某些事件，甚至当这些人或事件均未被提到的情况下都是如此，所以演员能——比如通过对一个人物下台的地方的一瞥——表示出自己心里的想法。演员通过这些手段扩大自己的活动，仿佛超越了舞台的界限。他与后台发生的事情一道加入可见的事件之中,他在恰当的时刻,在观众的心目中激起联想和记忆,再通过修整的运动或面部牵动的魔力而获得所有这些效果。

演员通过声音和运动给一个事件以其他艺术中不可能得到的形式。有人声称这种舞台能力来自一种希求差别的渴望。第埃克谈到了我们活跃的模仿欲,说它是"在尽力去描绘一个人的过程中,通过极端歪曲本身气质的方式使我们在他的身上失掉自己"①。尼采说它是"以清醒的意识沉溺于虚假与双重人的欲望,是扮演一个角色、获得一个假面的内在渴望,是要得到伪装的内在渴望"。而且他最怀疑有这种动机的是出身低微家庭的人,他们"裁剪衣服时不得不迁就布料,不得不再三地去适应环境,一次又一次地改变生活方式"。因此尼采从犹太人的历史中又看到了"可以说是,世界历史培养演员之创新,看到了一个真正的舞台温室"。我们已经看出,要成为别一种东西的欲望便是艺术能力的一种基本前提。所以我们便理解到,那种路人所不屑的喜剧舞台上的化装舞会对于人类的共同情感来说似乎就不是卑下的了。但那种在戏装和假相中的孩子般的快乐,那种至少可以扮演两小时国王的机会仍然解释不清演员天才的渴求与成就。而且归根结底,许多演员只向我们表现了他们自己。埃罗诺拉·多丝(Eleonora Duse)将每一个角色的气质都转变为女子气的本性与直觉的表现。这种演员必然表现他们的基本个性,因而我们便不自觉地

---

① 见第埃克:《作品》,1828年版,第4卷,第100页。

将他们看作是人。我们欣赏吸引人的朝气勃勃的性格，欣赏声音洪亮的美貌女子；我们欣赏那些饶有兴味的滑稽演员，他们并非通过扮演滑稽角色的形成能力而使我们感兴趣，他们引起我们的兴趣仅因为他们是滑稽的人。

当演员以自己的感觉在另一个人身上寻找融合、并在力量与活力上保留自己的时候，他便达到了演出的最高水平。因为一种欲望对另一种欲望不必是敌意的。一个有丰富独特的内心生活的人正是那种能渴望通过移情作用来扩大和加强自身的人。虽然能说艺术家大体上如此，但我们也应注意那些有独到才能的演员用抑扬顿挫的声音及姿势本能地表达自己的每一个生活经验，正如音乐家在音调中所表达的那样。其差别是，音乐家处理的是一种独立媒介，音和组合，而演员的材料则是他自己的个性。舞台艺术家同时是创造的主体和被创造的客体。这样他便接近于舞蹈家、雕刻家和画家了。如果我们把他看成是这一条线的最高点，也许不论从历史上还是从根本上看都并非是不公的。

这里，我们遇到了一个难点。演员应当整个忘掉自己，完全把自己与所描绘的角色结合在一起，还是应当站在角色之上呢？他是不是那样一种在必要的时间地点里能爱能恨，一会儿感到自己是国王，一会儿又感到自己是奴仆的变色龙呢？或者所有这些都不过是外在的表象而已呢？这个问题还有它另一个方面，演员预先准备自己的演出能达到何种程度呢？所提出的最后一个问题具有普遍意义。最有实践经验的艺术家是这样回答这个问题的：谨慎细致的准备必不可少，艰苦的劳动与其说是优点不如说是一种必要；但另一方面，在产生即兴的自发性幻觉和避免那种因小心安排所易于出现的冷场效果的演出过程中，应当有内心情感加入才行。诚然，百科全书的撰稿人狄德罗认为演员不应当动感情，在演出之后不应有痛苦或忧郁的情绪在心中停留。"把这些情感带走的是你，先生。演员疲倦了，而你却悲哀了。他被折磨得发狂却什么也没感觉到；你感觉到了，却没有经受过任何这样的折磨。"但狄德罗的反论还需有限定条件才行。演员应当在舞台上感觉，当然，即使是最深的情感他都应当能够加以控制（奥古斯特·克林基曼〔August Klingemann〕讲到他在布兰斯威克的一位演员时说，这位演员自己的神经系统转移到角色身上去了。"所以我即使在戏剧的谋杀场景中都不敢把锋利的匕首或刀子放在他的道具里面，因为他曾经在热烈的神迷中把假的干成真的了。"① 在一部中篇小说中，霍夫演出《奥赛罗》，他真地扼死了德斯登莫尼亚）。任何一个真正哭泣的人只能断断续续地说话，或者干脆就说不出话来。谁若能让自己在那一时刻完全受到感动，那么他便不可能将一个整体描绘成一个整体。即使是半瓶醋的外行都能感动至深。然而要将情感赋予艺术的形式，那就是艺术大师的事情了。我把早先谈过的东西再简要地重复一下，即内在情感以及对于另一个人生活的内在加入与其说是预测的，倒不如说是好的演出所产生出来的。泰尔玛（Talma）太太叙述过她是如何在扮演安多玛琪时实际上忘记了哭泣的。但

---

① 见《艺术与自然》，1828年版，第8章，第326页。

是请注意,她补充说:"我所关心的是我的声音对于安多玛琪的悲痛所作的表达,而不是这些悲痛本身。"演员是否被他所描绘的心灵完全感染这个问题在实践中是无关紧要的。同样,一个读者,只要他自己在读书时深深地被感动了,那他是不会计较作者在写作时是否被感动、是否感到情绪有变化。优秀的艺术家在放射出来的热情之火面前保持着冷静,决不会失去舞台意识。据说约瑟夫·康兹在这个意义上是位超然的演员。故事中说,在萨尔曼的《约纳斯》(*Johannes*)所上演的第五十场演出中,康兹为不得不重复五十次台词而满腹怨气,他在自己角色的最重要的台词后面低声加上一句:"第五十次了。"所以该剧的开头一定是这样加上去的:

约纳斯:是谁悲痛得这样厉害,竟然忘记了安静,而哭出声来呢(第五十次了)?

曼纳西:拉比,伟大的拉比!如果您就是耶路撒冷大街上人们所谈到的人,那么帮帮我吧,救救我,拉我一把吧。

约纳斯:起来,说给我听……(第五十次了)

曼纳西:我是曼纳西……帮帮我吧,拉比,救救我!

约纳斯:我是生与死的主宰么?我能让你的父亲、孩子和妻子死而复生么?我能在废墟上为你重建你的房屋么?你要我为你做什么呢(第五十次啦)?

只要想象一下这种过分的旁白在别的演员身上所起的破坏性效果,我们便能理解康兹在舞台上的那种独立与自我控制了。

我们刚开始的论题是:演员的艺术不仅仅是机械表演。书面的戏剧就其本身而言是与诗歌一样完整的,在舞台表演中又加上某种相对独立的东西,正如歌曲的音乐为抒情诗加上了某种新的东西一样。戏剧文学——全都属于朗诵术——的许多价值只在演讲中表现出来,而戏装、面部表情、姿势以及舞台设备则获得艺术目的的一种显然不同的精细的效果。因而伟大演员的演出,其差别是如此之大,使得我们无法把不同人扮演的哈姆雷特当成是同一个。演员所扮演的角色几乎就像作者之于现实生活中的人那样有着同样自由的理解。高特弗里得·凯勒给海纳的信中就这样写道:"我想要演员们有自由与独创精神,以一种新的生活,以一种可以说是第二特征来表现我的作品,这样我便能在他们身上看见并尊重另一种独立的力量了。"爱夫朗姆·弗里奇(Ephraim Frisch)谈到对哈姆雷特里的国王有许多可能的解释时说:"因为,虽然一个人物是完全确定的,但他具有普遍的人性,这种人性确实包含了这类人性在偶发形式中的所有的各别,虽然这个人物反过来又不可能从这些各别中产生出来。"(《戏剧艺术》)显然,当要求演员在无价值戏剧中无足轻重的角色身上测试自己的创造力时,就会出现不确定和随意行为。然而这并没有什么奇怪的地方。确实得自现实的思想贫乏的主题转而成为出色的文学作品,这也是可能的事情。而且,承认了这种舞台独立性便排除了认为演员的天才即在于模仿他人的能力之上这一流行观点。喜剧演员的技巧倒是如此。他们吃喝、惊讶，通过模仿艺术和做作的表演使我们恼怒。但伟大的演员是有独创精神的，这怎能与模仿能力同日而语呢？这样的等同的确不仅仅是自相矛盾，而且与艺术的原则相矛盾。在那种情形之下模仿艺术便形成了其他艺术的一种例外，没有任何一种其他的艺术是纯粹的模仿活动。而且舞台风格要求一种对于真的膨胀，一种纯观察绝不会发现的动作与语气的创造（我这么说，并非是为某些演员辩护，这些演员一旦需要移动椅子时便先把椅子挥舞一番，举起来，最后才放到一边去）。演员通过身体的转动，脸部的绷紧，或者声音的微微颤动，能言未言之事。每一个人都有过这样的感觉，即从阅读剧本中得到的观念在演员的演出中却意外地遇到了全然不同的东西，这不足为怪。一只歌曲可以唱上十遍，而且每一遍都唱得好；同一个戏剧形象能用十种方法加以扮演，而且每一次都带有艺术的准确性。现代戏剧，尤其是那些把基本点默默暗示出来而没有表达出来的现代剧，要求演员能完全控制自己最有效最有特色的艺术技巧。

舞台天才与音乐能力以相同的方式具有特殊性。倘若舞台演出以对文学的深刻领会和人性的广泛认识为前提，那么对于那些受教育不多、脑子里除了角色以外空空如也的年轻人来说，要完成如此特殊的工作确实是不可思议的。当然，我不是指生活知识、一般教育尤其是文学洞悉对一个演员来说都没有用处，而是说，经验证明了这些都不是绝对必备的。也许，这其中就是社会上轻视演员职业（这种轻视到目前仍没有根除）的隐含原因。演员的平均见识（以及一般音乐家的平均见识）是很短浅的。因此，在社交活动中这两种人都没有多大用处。他们的价值一般也由于其他原因而打了折扣。情况只能是如此。（有一个不大为人知晓的例子，一位科学家为一位演员的社会价值作了矫正，在他的论文《生命力新探索》第二册上的献辞中加上W. G. 贝克这个名字后写道："以真诚的尊敬献给他忠实的朋友，萨克森选区演员会会员奥森海玛先生。"）有着一小群怪人的舞台艺术领域就像君主制度等级森严的国土中一块自由的小天地一样，它没有历史背景，没有政府所要求与控制的预备教育，不受科学进步的影响——即使在我们这个拉平的时代中这种情况都依然存在着。

我想在这些一般公认的事实中再加上一条恰当的戏剧评论。我觉得我们的演员似乎不必考虑莎士比亚和歌德的作品在原有的时代是如何上演的。哈姆雷特在现代人的眼中必须被演成实体化的。那些以一种适于当时时代意识的模式去表现形象之实质的人，便是作者忠实的解释者。由于人类改变甚少，所以这一点便不很难——关于这个论题，萧伯纳在他的《凯撒与克娄巴特拉》注释中说了许多中肯的话。对于当今的演员大众来说，要达到这一要求便须完成双重的任务。首先，每一个演员都应当认真地考虑其同台演员，应当时刻牢记，他自己的角色只不过是整体中的一个成份而已。现在我们已经十分清楚地了解到，个人是依赖环境的。因为我们习惯于把个人与周围世界相联系，所以我们就想在舞台上清楚地看到这种影响的表现。那种主要角色从其支撑部分的分离,虽然过去是允许的,但在我们这种社会思考的时代简直就难以容忍了。戏剧作为一个整体应在我们心中产生某种精神状态,这种精神状态的一部分也许比另一部分重要,但各自都与所有的其他方面相联系。鉴赏家已经超过了明星,明星单独进行表演,而毫不考虑支持他的一大群同事们,他并不懂得戏剧角色,而只知道引起轰动的角色,他只使我们短暂地眩目,却不会引起我们持久的兴趣。优秀的演出通过某种自我抑制和分离而使人赏心悦目。其次,我们还要求演员在充分的宽度上描绘一个角色的发展。生物学观点甚至已经渗入我们的个人事务中来了。我们用进化论的观点看待自然现象,还看待社会生活与个人生活。因而如果演员不是用作者所插入的转变与细微变化,力争缓慢的逻辑展现,而一开始便以一种生硬的性格和固定的特征出现,那便与我们现代人的思维习惯相违背了。赫尔曼·巴尔(Hermann Bahr)在其零散的论文中把这一点表达得十分出色,令人信服。

除了模仿以外,我们剧院艺术的手段中还要考虑筹划和指导问题。所谓筹划,我指的是对于一切死手段的运用。所谓指导,我是指那些一道工作,以身体形式来使剧本实体化的人所接受的指导。筹划就包括剧场的建设,以及发现在制定实用细节时出现的困难。但我们也应当问一问自己,尽可能伪装得逼真一些,这是不是我们所要达到的目的呢?一位舞台工作者回答说,真正的人与虚假的布景比真正的布景虚假的人要强。当然是如此,但是真正的布景能制得出来吗？一个房间不是总缺少第四堵墙吗？戏剧行动不是总比时钟走得快么？似乎存在着一种舞台透镜，它歪曲了物理学上的透镜。然而，由于观众乐于而且易于调整自己，去适合那种特殊的场景，所以导演实则只须去排除一切可能干扰这种印象的东西就行了。辛克尔（Schinkel）认为古代剧院避免了每一种普通幻觉，但从该场地的"象征意义"上培植了"真正的理想的幻觉"，这种幻觉，一个带有舞台楼梯和舞台耳翼的完全现代的剧院是不可能促成的。按照理查德·瓦格纳的观点，将来所恢复的德国剧院并不关心详尽的细节，而只关心"意义含蓄的暗示"[①]。然而舞台的周围景物必须保有足够的实体存在，以让那些仍是实体化的演员能够居住，而不至于被迫步入图画中去。这还不够。观众还想带有不至转移对戏剧行为的注意的节制来欣赏纯粹的美景。当然，同时又不刺激敏感的眼睛。比如，一位尽职的戏剧导演应在角色的服装选用时避免不协调的颜色。我们在生活中免不了会看到一位妇女身穿鲜黄带绿的服装，与另一位满身艳蓝的妇女并肩步入的情况。但我们在舞台上则应避免这种痛苦。现代导演们对于戏装的历史可靠性过于审慎，他们用的是正确的服装，不管看起来是否可笑。我再重复一下老的原则，我们应当制造出逼真的印象，但并不是对现实的纯粹模仿。不正确但似乎可能，与那种允许存在但未必可能这两者比较起来，前者更为可取。重要的是以时间和空间的形式、

[①] 托马斯·曼引自《演说与答辩》，1922年版，第58页以下部分。

以剧本的基本情感的形式加以表达的问题。每一出剧里都有一种活的情感基调，一种气氛，它甚至会充满舞台上无物的空间。除此而外，还有来自英格兰的，而且也在我国传播的一种要求，即给节目以社会特征的需要（显然有例外），迈克斯·兰哈特（Max Reinhardt）出色地提倡这种要求。在英国人演出的莎士比亚剧目中，有比武，有手势，还有过渡音乐，多得简直——至少我个人这样感觉——要让作者逃遁了。在戏剧《第十二夜》或者《你的意愿》演出中，我看见麦尔维里欧如何在那位先生、小丑和玛里亚之间的吵吵嚷嚷之后穿着长睡衣，手拿着灯，环视一下房间，又慢慢地爬上楼梯。接着鸡叫了，幕布落了下去。往后我会简要地谈到英国实践中形成的这种篡改在理论上合理与不合理的问题。

还有一个理论上重要的问题，就是如何在同一个舞台上能看出空间的各种量。确实，有时候舞台就代表了一个小房间，有时又代表一个广大的风景。舞台上时而只有一个演员，时而又使我们觉得看到了大战的混乱场面。导演的特殊手段有的是缩小舞台，有的是利用某种背景，有的是用物件填补空间或移动这些物件。当一个小舞台、小班子欲制造一个大广场上站满了人的幻觉时，必须把舞台遮起一部分，让跑龙套的人都挤到一起。这就给人一种大空间与大群人的感觉。至于时间间隔的表现，从古以来，那种所谓不稳定舞台格局的法则规定了演员必须很快地交换地方、改变态度。当行为与对话从内在向外生气勃勃地发展时，这种方法有可能产生误会。只因为我们假定这个法则表明了吸引观众注意的必不可少的条件，所以它才是不可改变的。然而不断变化的舞台画面却使眼睛很不愉快。这样的不稳定不可能产生宁静、悠闲的效果，而一般来说，它会妨碍情景变化的艺术调节。

剧作家习惯上在剧作中加进舞台指示，他似乎是在协助演员。这些指示的话一般都不算是剧本的真正部分。但事情并不那么简单。人们普遍认为舞台指示与指导音乐演奏的符号相一致，而我们根本就不能肯定这些符号不包括在音乐作品之内。当然，它们并不是音乐，可它们不仅帮助了演奏者，而且还帮助了读乐谱的人。剧作者若把读者也考虑在内，那他们便可能把舞台指示扩大成为给读者看的评论，而不是对导演或演员在实践时的提示了。在霍特曼的自然主义剧作《黎明前》中，我们发现有这么一句话，"是克劳斯农人如往常一样最后离开客店的"。当然，无论什么演员都表现不出他"如往常一样"最后离开客店，因而作者的这种附带说明的话显然只是一种舞台指示而已。在剧作《织工》中有这样一句话："一位旅行推销员正坐在桌旁吞嚼着德国牛排。"当然，可以让一位演员坐到桌旁去狼吞虎咽，然而最有才能的导演也表现不出牛排是德国牛排。剧作家的观念与剧院艺术所能达到的东西之间有一条横沟，他想要填平这一道横沟。我们在现代音乐中也发现有同样的需要和同样不恰当的手段。在理查·斯特劳斯的《家庭交响乐》乐谱的主旋律上有这样的话："阿姨们：爸爸的模样与形象"，在同一个主旋律的音乐转位上："叔叔们：妈妈的模样与形象"。那显然不是给小号吹奏者看的记谱法，而是玩笑般地向音乐之局限进行的抗议。顺便说一下，应用到指导自然主义戏剧的规则中去的东西在米特林克（Maetelinck）和德翁吉奥（D'Annunzio）的戏剧中也许会转为舞台指示。他们二人似乎把这些原先属于舞台技巧的手法差不多当成是剧本的组成部分了，所以他们二人都给这些规则和指导加上了诗的光泽，在剧本中沉溺于剧院里无用的风景描绘以及舞台上难以表达的性格说明。看起来仿佛这种对于叙诗式阐述的爱好最终会将剧本变为一种混合形式一样。

倘若一个传统的艺术品，受到人性之戏剧方面的激发，以及受到舞台上特有的效果活动之可能性的激发之后，要从戏剧文学中产生出来，那么有幸具备那种特殊创造性想象的人就必然是十分权威的了。他被称作戏剧导演。他的活动在开始时常常是向演员预先读一读剧稿，使他们对全剧有一个正确全面的看法（第埃克说是"预先随着声音弹奏总谱"）。但他常常也必然要把总的剧稿念出来。导演要准备一个出色的剧稿，就必须能在阅读剧本时预先把舞台创作的全部正确性想象好，想象得足以立即作出舞台布置、动作、姿势和声调的笔记。当然，导演大师们之间的差别就在于他们笔下构思舞台表现时的精确程度不同，还有他们后来在排练时利用自我指导的自由程度不同。然而从剧本向那些与之迥然不同的无数舞台指示的转化就依赖于想象能力。这种想象能力既不是文学的又不是表演的，既不是绘画的又不是音乐的，也不是它们的综合；却与它们都相近似，而且剧院之独特性所出现的确定情感使之生动化了。这种想象力就决定了整体的统一特征，向书面剧本灌输了第二灵魂，并控制了导演对于角色的工作。导演要去实现他的想象，还必须具有很高的教学才能。唯有当他能从演员的语言中表现他的目的时，唯有当他像一位好的教师进入学生的灵魂那样着力地进入这些陌生人的灵魂时，他才能控制住这一套班子，否则热情便死亡了。演员虽然惯于浪费大量的时间，但一般都不喜欢指导，而只想立刻进行下去。若要向大群的配角演员灌输配合精神和艺术成就心，便需要一种特殊的教学才能。最后，导演（乐团指挥更其如此）还需要有不断增长的耐心同新的演员一道去反复准备同一篇作品（"在这种对自己的能力不顾一切的散布与挥霍中，在这种为他人而作的牺牲中，我们能发现那种充满舞台导演职业的珍贵的理想主义的东西。"〔《德国舞台》〕在斯坦尼斯拉夫斯基莫斯科艺术剧院中，导演在排练前好几个星期就与演员进行讨论了。据学习者报告说，在这些谈话中发现了每一个角色、每一个行动和每一幕的主题。这样便获得了绝妙的细微差别，无声的交织、停顿的突出效果，以及俄国人"小调中的内心音乐"）。

若有人从艺术理论的观点来观察一系列排练的开始，那么他便会惊讶地发现剧幕的表演和概述从一开始就是以极粗的线条一道进行的。出发点就是整体。当然，整体是平淡的，没有高度和深度；但要做的大部分工作都包括在比例的渐变之中。首先，剧本应当删削（经过推敲的书面剧本是何等之少！）。然后，应当正确分配声调以激起注意的强调与放松，从而与戏剧行为的进程一致。最后而且又是最重要的是，须将表演整理成好的形式。登场与出场、组合、情节中偶发线索的延续——导演全靠自己来设计所有这些表演，来安排众多的细节。欲使剧作家的话变成活的抑扬顿挫的语言、姿势与动作，不仅需要对剧本和舞台有最精细的理解，而且还要有那种需用最适当的表达向演员进行解释的才能（这里有几个排练中记下的例子："他忍受不了这种握手，迅速地把手抽了回来。""她不动地站着，仿佛钉住了一样，哽噎着，困难地说着话。""说快一点——他已经想出来了。""此处有些停顿——她中断了，又吐了一个音节，想了想，不，我不说了。""这些事情在贵族中是十分显然的，用不着大声说出来。""他们平静地坐下去，并不紧张。""这儿应当笑得低而恶毒，因为她几乎在欣赏她丈夫那新的卑鄙行为了。"）。

任何没有亲身经验过的人都几乎难以相信，说话在何种程度上被那种为下文的意义作准备的手势所点染，被分散的、听不见的声音所点染，被重音以及被——诚然，这是冒险的手法——重复所点染。我们更少意识到，纵使是优秀演员的演出都是预先为他规划好的。一般来说，他并不是在进行独立的创造，而是正确按照最微小的暗示进行表演。他在排练中还表现出——尽管不停地被打断——自由地以正确的情感表达立即进入自己角色的能力。

相对来说，缺乏服装与化妆则不怎么削弱效果。一旦观众大体上调和了所见与所演角色的矛盾时，他的想象甚至能毫不费力地将一个年轻人变为一个老年人（塞道斯·里特纳〔Thaddaus Rittner〕从他的戏剧排练中以喜剧的夸张叙述了这样一个故事:"穿着礼服大衣的那位先生用他的黄手套指着一位穿着蓝色普通西装的假正经的年轻人说:'他的母亲是个女巫'。而且他为自己的判断辩护。我发誓我原以为是个玩笑。但后来我的血凉了,因为在场的站着许多严肃的太太和先生,有的甚至是老年的。没一个人在笑,相反,他们都吓坏了,惊呆了。"[①])。服装与化妆确实提供了地方色彩(乡村镇市、十七世纪等等),但普遍存在的人就不必伪装了。当然,我们所习惯的全部效果只从所有因素的结合以及各部分按合适秩序所进行的有趣连续中产生出来。由于有众多的单个排练,所以导演总是面临着失去好的视觉判断和视觉新鲜的危险。到目前为止,他手头只有些未完成的碎片:设备、对演员的指导、他们自己的服装草案和场面(至少是表演)设计。现在呢,这出剧以整体的形式出现在面前,他被矛盾和时间流逝所惊愕了。他的主要任务就是要像某个初次见到的人那样对演出进行观察。在所有这些过程中演员还须通过一个发展过程。他从耐心的摸索开始。他阅读剧本,沉浸在分给他的角色的全部精神中,仿佛屈从于一种暗示的力量一样。不论是由于剧作家制作的人格只要求有一种熔化(像《威伦斯坦》中的泰卡拉一样),还是由于演员的力量(经常是女演员)已经达到了极限,这件事到此便会结束了。然而紧跟着的往往是重新创造性思考的或多或少较为广泛的练习,这其中对于来源的研究、技巧的练习,以及逻辑强调都结

[①]《等候室》,第315页以下部分。

合在一起了。第三步便要求演员在整体中找到自己的位置，依赖于同台演员的排练——这种依赖可施加有利与不利的影响。关于所有这些问题，读者可在鲁兹切（Rötscher）、海基曼（Hagemann）、格里吉利（Gregori）和凯斯勒（Kayssler）的书中找到基本上赞同的有价值的意见。

最后，我们还须深入了解戏剧艺术的含义与目的。威尔赫姆·施里格（Wilhelm Schlegel）在古希腊、罗马戏剧的讲课中从观众的角度讨论了这个问题。他提到了这样一个事实：大多数将自己禁锢在小范围活动的人都把戏剧看成一种可喜的消遣。它作为生活的微型图画，作为"人类生存中活跃的和发展的东西中的提取物"，不仅使具有高度教养的人易于理解，而且因为它与现实生活联系得那样密切，就使得许多天真的听众都在幻想与现实的模糊中入了迷。反过来，把生活与舞台戏剧加以对比，那似乎便是一种恰当深刻的卓识之见了。在群众的社会抱负、政治抱负不能自由展现的文化状况之下，剧院就易于成为生活的中心。舞台对于我们德国人来说早就成了我们文化发展的基础。它与教堂和学校在教育部门中享有同等的地位。它影响了政治生活，而且是经济问题激起的热情的出口。自从出现了报纸，成立了国会之后，舞台的这种支配地位就消失了许多。我们当中只有最年长的人仍然十分崇敬地谈到剧院，就像我们谈到前面两样东西一样。有教养的人现在从舞台上得到的东西中有一部分是审美的，这里面有着深刻的美的理想，大多数人都感到它们比博物馆阴森的走廊里储存的理想含义要多。但他们得到的东西中也有一部分是纯社会的。剧院,不论是作为文化中心也好,作为道德教育的部门也好,还是作为否则即会闲置起来的力量之活动的一个方面也好,已经永远失去其原先的意义了。然而在艺术领域中,剧院则不可能被全面理解,所以它保有着完全交流的一个方面。它使我们想起了那些有戏剧演出的古希腊民间节日;在法国和意大利剧场里看见了穿着时髦的人群;使我们忆起了年轻时业余演剧活动中那些珍贵的排练。剧院是否仅作为演出和社会交流的场所而存在的呢?它面临着两种抉择:要成为纯外在的呢,还是纯内在的?它若选择了前者,戏剧文学便落到产生形象及模仿效果的一种纯手段的水平上去了。我们将获得风格上极为精细的优秀舞台格局,剧院便成了真正的展览舞台。在这个舞台上,生活上升为图画式的完美。文学因素可对此做出贡献,但这种贡献是有限的。倘若选择了后者,那么随之而来的必然是剧院的理智化,是对一切材料设备和舞台技巧的摒弃。最终,舞台场面也就不再需要了,大家都去朗读剧本就行了,听的人用想象代替整个外在情景,这对于他来说,比实际再现要直接可信得多。所以许多最有修养的人,由于厌恶舞台的拙劣与不适当,便轻蔑地拒绝看戏。《狂飙》杂志的撰稿人把音乐——因为它没有对象——当成是剧院的模型。鲁道夫·布鲁姆纳(Rudolf Blümner)欲使舞台脱离现实,以至于既不离开剧本又不离开演员,仅成为一种手势与声音的节奏连续。但是显然,这即意味着戏剧的死亡。

听起来也许奇怪,但却是真实的,从这种真正迫使舞台剧在两种死亡形式中择其一种的困难——显然是灾难性的——之中，产生出剧院艺术即是一种独立艺术的辩护观点。我们已经看出了，每一种艺术都以其手段与目的的矛盾为其特征，剧院艺术亦须从其内容或表达方式上去掉些什么，其魅力与独特之处正在于此。

八

文字艺术

1. 语言的直观关联

音乐及模仿艺术在各方面都使我们思及诗歌。向抒情诗和剧本提供音乐，在舞台上再现剧本内容，这就使我们的注意转向了诗歌艺术。当我们将诗歌艺术与前两者进行比较时，我们便立刻注意到，它并不在相同意义上依靠感觉的直接性，因为它并不是直接作用于耳朵和眼睛的，而是把理性方面有意义的字作为其特殊之媒介的。因此，我们的首要任务就是在直觉与语言的关系间进行分类，因为我们在诗歌中发现了这种关系。

纯感觉在生活中是很少有的。我们一般只看见或听见主要几点、几个环境的细节，我们的感性知觉是快速而不连续的。我们向实际感觉的东西上添加了记忆形象和思想因素。纯感觉的东西在记忆领域中则显得更无效。感性知觉最多只能把一个小小的静止对象把握为一个整体，其精确性只能过得去。但回忆总是只表现它的部分，而且还带有失真和不定，带有细节上的不稳，仿佛这张画在明暗之间滑走了一样。有一位熟悉绘画的作家曾描述过感觉记忆的不幸命运："这一天，沙利的心绪并非懒散，也非不乐；既非乏味无聊，也非不顾一切。他全身心不停地、整小时整小时地专注于追忆伦琴的面庞与形象。但在这种兴奋活动的过程中，他的对象几乎完全消失了——他认为自己最后还是捉住了它，但并不确切知道她是什么样子。诚然，他在记忆中有一个全面的画片,可是要想把她描绘出来,他便无能为力了。他不断地看到过这张画片,仿佛这张画片就在眼前一样。这是个以其自身的力量吸引我们而我们又尚未了解的东西。他以极度的快乐准确地忆起了这位小姑娘曾有过的面部特征,但并不是他昨日见到的那个样子。倘若他早知道他再也见不着伦琴的话,就会迫使记忆力去帮他一丝不漏地清晰地再现这张可爱的面庞了。可是现在呢,这些记忆力狡猾地固执地不愿帮助他,因为他的眼睛追求其合理的快乐。"①

也许我们应当进一步去怀疑。但我们不必去探索该问题的所有细节。对于我们的目的来说,看出这样一个事实就够了:纵使感觉本身都不是一切可感知事物的可靠完全的意识,记忆就更加不是了。我若长时间地专注地细看我右手上这支钢笔,然后闭上眼睛,立刻便在心中回忆这个意象,我得到的便是一个模糊的图像,它一次又一次地消逝,但仍然是清楚明白的。一旦我允许语言介入之后,直觉,无言的记忆这一黑色区域中便投进了光线。我对自己说:"右边那一端有几个小黑点;那条线的中间弯向左。"我以这种对先前的观察所作的文字分析在想象中促使细节再现。当然,我仍与其整体的恰当形象相去甚远。

现在有个新的东西进入纯直觉中来了。我们倾向于从逻辑观点出发将这种语言的合作当成一种概念因素,除非我们在心理学研究中不去考虑它。但这一过程在我们眼前

---

① 见 G. K. G. 威克:《塞尔德维拉的人们》,第 28 版,第 1 卷,第 105 页。

的论文中也有价值。确实，语言合作似乎意味着语言有同样的功能，因为它具备帮助准确观看与记忆的素描。那些在图像艺术方面有才能的人在意识中用画像的方式记清一件事物或一个事件，每一笔都使他们的记忆变得更加清晰。喜爱诗歌和对诗歌敏感的人竭力去表达出一个真实的确定，以把握之。如果没有语言符号，那他们既不能锐利地观察又不能忠实地回忆。语言的理性能力必定向他们展现出感觉世界。那么一切真实之相互联系——一种在纯思想中无可比拟的相互联系——便使得语言的感觉方面转而能够打开理性世界的大门。我们内心深处的理解从语言的声音中，甚至从其字母中汲取营养。我们都知道理性活动在很大程度上依赖我们对环境的感觉印象；一个熟悉的声音，确定与固定的对象的样子；总之，创造性心灵与熟悉、易懂的感觉刺激物之间的联系帮助了心灵的活动。倘若诗人发觉创造活动与文字的外观及声音密切联系着的话，那只意味着那一广阔情景的强化。文字的声音及影像的刺激力基本上与任何感觉与形象的刺激力相同，而且它要强得多，这只是因为语言与思想间的联系建立得更加牢固，其限制又较之大得不可限量的缘故。

所以我们可以说语言担负着双重的功能：其理性方面激起并启发了感觉世界，而感觉方面又激起并启发了理性世界。然而这两种功能只在有限的范围内存在。这是什么限度呢？我们可从第一种功能的情形中极明白地看得出来，它在费得勒（Fiedler）的《艺术手稿》以及莫塞纳（Mauthner）的《语言之批判》两本书中都已大部分阐述清楚了。

眼睛从外界获得了刺激，这个外界是呈现为形状与颜色的。耳朵独占一个新的世界。这两个领域——视觉与听觉领域——在内容和规律上各不相同。外界真实并非彻底地暴露给这两种感觉，但它们各自有选择地构起其自己的真实。语言亦是如此。语言并不是视觉或听觉世界的延续。它自身就是一个世界。当然，它能与另外两个世界相结合，但决不是它们的单纯的直线延长。我们能最大强度地提高一个颜色或声音的感觉，而不用列举这些感觉特质的名字；或者，我们来把先前的例子恰当地说明一下，记忆形象的不确定不是由于转换成语言而改变的，因为语言立即就把那些形象的特殊性毁掉了。感觉可先于（或后于）语言，但决不会成为语言的构成部分。唯有两种领域间不停的、瞬间的合作才使它们看起来相似。我看见一块全红的表面，就说，那是红色的。在视觉感觉与语言表达之间，在实际感觉的与判断之间没有可辨认的相似性。然而两者是密切联系的。怎样去理解这种亲缘关系呢？为什么语言世界——虽然它是独立的，甚至是人造的——在某个方面与感觉存在相吻合呢？我们可将这一问题扩张为关系到自然与心灵间关系的更为普遍的问题。但我们在此处必须更谨慎地进行下去。首先，不用说，讲话者心里都明白，字句通常都意指特殊的、直观的对象与事件，这是人们长期公认的。我们在提出一个主张时一般都知道，除了我们所明确思考的那一特殊事情以外，这个主张还能运用于其他的事情。所以，一个单字，在其发展之始，则必然总是只与一个个别的概念相一致,而作为其语音之对等物的——这是一种通过对某些大纲性的感觉或意象的明确表达而产生出来的概念。一般说来,这种个别概念及其相应的名字只涉及其对象的那种——由于所谓统觉的狭小范围——被领会得极清晰的方面。以感觉的构成来谈及对象或特质或状态的可能性在目前已由这样的事实加以解释:原始的语言应认为是一种语言姿势,所以它正如其他的姿势一样,是对象所形成之印象的语言表达。这样,声音与含义之间毫不含糊的关系就此结束了。

我觉得所有这些似乎都得出这一结论。一个单词在其开始出现时——而且在其发展和运用中——与个别事物都有着相当确定的关联。它像模仿运动一样重视感觉印象和意象。从形而上学的观点来看,自然向心灵升华的东西在感觉向语言姿势的转换中有心理的类似物。一旦这种改变产生之后,感觉的效应便停止了。另一种我们也意识到的东西代之而起。并非所有的直觉都能改变为既使说话者满意又使听话者明白的语言表达。当我们用语言交流的时候,我们时常注意到我们必须长时间地注意某个感觉对象或想象对象,然后才能找到一个词——这仍然不是最恰当的词。所以,若认为每一点直觉内容都通过联想吸引相应的词,这一观点基本上是不成立的。因为没有任何事实根据来支持两个持久观念的这种联想结合。

但咱们还是来谈谈更重要的问题吧。首先,语言是交流的方式。我们若要问一问,它是如何成为一种艺术的表达媒介的?那么,较早的诗论就给了我们两种答案。一种答案指出：语言——几乎一切都可以用它来进行交流——给运用它的艺术以最丰富的内容。另一种答案则提醒我们，诗歌有其本身的语言——一种植根于情感与直觉中，存在于意象与节奏中的具体的语言。这种诗论告诉我们，诗的语言适合于想象与情感，外在与内在的事件正是它的原料，直觉直接性的再现便是其最高目标；而另一方面，概念风格则涉及看法与判断，涉及明晰、鲜明的区别。前者由节奏控制着，后者则由逻辑控制着。恐怕这一理论没有看出，在所有那些较伟大的诗作中有多少既不是直觉又不是情感的东西需要表达。而且这一理论所列举的差别过于简单和粗糙。诗的风格在许多个上下文中保持为日常交往和科学阐明的风格。反转过来，当我们为相互了解和相互认可而说话时，我们经常运用诗人们为艺术目的而运用的修辞手段和形式（考虑一下女人们特别爱用的夸张手法吧）。还有，这一理论忽略了我们已经考虑过的完全是根本性的东西。语言的美学功能并不是去确定地表达内心生活中完成的事件，而是在艺术创造中证明自己是个自我活跃的力量。海茵内其·文·克里斯特（Heinrich von Kleist）说："观念从说话中来。"也许这是他的经验之谈吧。

但我们现在不是谈那种语言仅作为增强意识、培育思想以及自我洞察之手段的问题。按照流行的说法，语言仅用以将诗人的意象转达给另一个人。这样，虽然绘画依靠色彩，而诗歌却不以同样的方式受语言的声音及这类纯粹传达幻想形式的工具和媒介的约束。爱得华·文·哈特曼断言："诗歌的效果照此只依靠文字的含义，而不依靠文字的美或语言的朗诵美。当这种效果被另两种因素加强时，我们所处理的便是在这种诗之外的另一种附加诗歌效果，因之，便处理了包括好几种艺术的一件艺术品的合成效果了。"① 他认为在诗歌中，文字的含义是通过直觉表现出来的。所以诗人必须回到文字的基本含义中去，必须将这些文字结合得使各个字所隐含的意象得以完成和提高。诗歌应当获得直觉直接性的最高标准。语言只是创造想象世界的技术手段，而艺术品的理想价值便存在于这种想象世界之中。这种美学认为，诗歌的这种具体的现象形式并不是一种感觉幻觉，而是语言上建立起来的想象幻觉。诚然，文字是必不可少的，但它在那种幻觉中成了质变的因素。

这种理论渐渐被修改了。西奥多·A. 梅尔极不确定地提倡那种认为语言即是诗歌媒介的观点。"因为我们并不是从语言所暗示的感觉意象中，而是从语言本身，从语言所创造出来而只适合于语言的东西中获得诗歌价值的。"② 他认为诗歌不适于创造直觉。一般说来，演讲并不唤起任何感觉意象，因此语言的文字与思想即是诗歌的媒介。这观点能使人们按照那种目前在其他艺术中已开始证明为有效的原则去解释诗歌。现在我们已经开始从各个艺术与众不同的媒介出发而理解其独特性了，这种与众不同的媒介就决定了它的形式活动。我们喜欢说"音的艺术"，最近又说"空间艺术"，所以我们应当用"文字艺术"来取代"诗歌"。因为既然音乐唤起了音的情感，建筑唤起了空间情

---

① 见《美的哲学》，第 715 页以下部分。
② 见《韵文的格律》，第 8 页。

感，所以语言情感同样也是由文字艺术唤起的。诗歌的目的是通过文字达到欣赏（许多现代派甚至认为是"文字欣赏"）。一个诗人的艺术才能（许多现代派认为是他的全部世界观）就在于他对语言的运用能力。此处的含义与语言是密切联系在一起的，正像音乐中含义与声音之间一样。语言不光是描绘内在的东西，而且还描绘其本身。如果说艺术家即是塑造某种东西的人，那么诗人便是塑造语言以及用语言去塑造的人。当然，语言与大理石、画布和颜料不同。语言不是死的东西。它是充满着精神的活物。所以文字艺术确实与音的艺术和空间艺术不同。语言比任何其他的东西都与内心生活关系更为密切，然而它超越了这种内心生活，遇到了作为顽强的客观现实的意识流。所以语言能使心灵以其人性和神性所感到的东西而不朽。诗人的语言能力表现在他能抓住和把牢别人想不出的字，而且还表现在，这种成功之后又增加我们对语言上业已阐明和精神化的东西的占有。若陷于意象之中，是会毁掉其价值的。

我们须回到我们在第三章已经讨论过的问题上来。诗人的媒介，语言，如何与直觉的产生互相关联的呢？这种语言所唤起的情感是否需要介入感觉意象呢？各种情况都是可能的。我们可以认为，当文字不唤起感觉意象，当实际情感只由视觉的、活动的或听觉的意象诱发时，唯有想象情感（比如，些微的快乐或淡淡的不悦）与文字照此相联系。那么相应地说，由于我们相信我们能与想象情感共处，或者要求有真实情感，所以我们便将纯粹的文字结构称作为恰当的或不恰当的。但无论我们决定哪一种方式，这种带有简单的非此即彼的问题公式必会将我们引入不成熟答案的歧途，因为诗歌所创造的肯定是这两种情感。问题只是，我们应把哪一种当作最重要的。我们来考虑一下对于发怒者之外貌所描绘的情况。假定一位同情的读者在自己心中发现有一种想象的愤怒，另一位读者心中是真正的愤怒。此处，作者也许期望（然而不一定能达到）有相应的视觉意象出现，即使他仅仅旨在唤起朦胧的情感也罢。但也有一种间接描绘。它选择感觉的东西，利用这种感觉因素与情感状态的关系来认出这种状态。所以作者让一个人用过分的词句去描述其亲爱者，以让读者了解他的爱。此处，重要的不是所颂扬的美的想象再现，而是读者对于主要人物心灵状态的生动了解（间接诱发的），这种心灵状态如此便成为他自己极强烈情感的内容。①

这最后一个例子表明，有些诗的描述并非旨在唤起意象，然而却达到其目标了——这个目标一般是另一个人精神状态的同情再体验。诚然，在直接描绘情况下，意象在其系列中经常出现并带来不确定的情感。但这并不使诗歌成为幻想艺术。它却基本上与我们语言的描写活动相适应。诗歌所特有的特征并不是这种想象形式，而是其语言方面的独到性。这也被如下的事实证明了：至少是所谓想象情感，也许甚至还有最真实的情感都不带任何直觉活动地依附于语言本身。承认文字具有替代真实之价值，承认当文字与艺术正确性相结合时便能代表一种情景中的事实，这

---

① 参见梅尔的《格律》，第 115 页。

样我们便能理解以上的说法了。我们的内心生活以那样特殊的方式进行发展，就使得文字需有作为与这些文字相符合的真实的经验的相同结果。确实，对于某些人来说，文字所唤起的情感比生活产生的情感还要强烈。因此，比如说，我们心中的淫乱之情易于由书面描绘所激发——甚至被单个的字所激发，其程度就像看见某个事物或某个事件时一样。从最低级到最高级的情感都是直接与文字相结合的。当海涅描绘油脂植物散发出"尸臭的气味"时，谁都不会产生出嗅觉幻觉，然而这种表达在艺术上却是成功的，因为这个字立刻唤起一切会来自这种气味本身或来自其想象描绘的内心纷乱。这样，对于一个人或一个地方的描写便根本无需唤起任何视觉意象而能像一幅画那样使人印象深刻。隐喻和讽喻并不绝对需要实际比较，但却像和谐连续或颜色和谐那样能影响敏感的心灵。虽然，也许文字的效果在一开始以感觉意象的存在为条件，但这对于我们来说已经是多余的了。语言已经凝聚成一个世界，一切精神效果都隶属于它，就像隶属于外在世界一样。

　　为了证实这种判断，我们先举一个非常小的例子。"狗"这个字能在我心中引起一个视觉记忆意象。"双簧管"这个字能引起听觉记忆意象。但其他感觉中的意象也有可能出现。比如"狗"可能会使我在想象中听见狗的叫声；"双簧管"则可能使我在心中看见这种乐器的样子。没有什么证据表明，一个特殊的字必然涉及某一个意识因素。读者可以自己试一试，"狗"这个字是否能在意识中唤起完全固定的和持续的东西，以至能清楚地理解并宣布出来。这个概念的逻辑定义并不与心理学的论据相吻合。我们能实际在心中观察到的是一种非常动荡不定的活动。对于狗的清晰与非清晰意象是两种完全不同的情况。当然，虽然它们不在这同一个字中出现，但并不一定阻碍这个字的运用。此外还有许许多多个表现的可能性。打破心灵的连续活动，开辟逻辑上明确的并且清楚加以定义了的单位，给这些单位以独立性，以使它们显得是在加固每一种心理发生的情况——所有这些对于科学目的来说也许是必不可少的，但它们并不给我们一种内心真实的忠实图画。唯其如此，当我们认出一个字的时候，各种特殊的意象便涌现出来，但每一个字仍有一个内容，它并不与任何其他的字相混淆。其原因部分在于，描述的可能性终究有限，部分还因为我们能以主观的形式传播这种概念内容。希伯里特·泰纳（Hipplyte Taine），这位近代最重要的艺术哲学家曾极清楚地阐明了第二点。"倘若我们是画家，它便不再是自然的了。在现代派面前说出一个字'树'，他知道你不是在谈一只狗或一只公羊或一件家具。他把这个字储存在头脑中一个分隔标明的隔子里。那就是我们现在所说的观察。"无疑，感觉经验一般不会在想象中重复，甚至当——像最近诗歌中经常出现的那样——一个被破折号隔开或隔行的表达文字为向读者强调而分开时，情形亦是如此。我们没有获得感觉内容，只有文字内容。而且审美经验的力量完全不依赖一种有可能出现的意象，这是十分肯定的。因为一般来说，这种意象是如此微弱与模糊，以至不能激起任何生动的效果。

唯有文字的出现之始才像阳光的出现一样。那时,这个字仍是新鲜的有活力的,不是消色而用滥了的,每一个人都掌握其全部的含义。诗人们就从这一洞悉出发,回到了文字的原有含义上,回到了粗糙的方言形式上,回到了自然隐喻之上。我曾见有人提到亨利·大卫·梭罗(Henry David Thoreau)的一个判断时说过一句仍能谓之典型表达了这种思想的话:"……能够用追溯文字之原来含义的方法(正像农人们春天里将冬天的霜雪所拱起的木栅栏又钉回到地里去一样)来恢复文字之本来面目的人都是诗人,我们从他们对文字的运用中立即意识到这些文字的原意和派生意义。他们将这些字连同其根茎上拖带的泥土一道移植到书页上来了。"这话是说得很不错的,然而它却包含了一种不可能满足的要求。一般来说,什么样的读者有这种对根源的情感呢?纵使古代表达的诗的价值都并非取决于产生直觉的能力,因为这些表达只是那种通常基本上没有这种能力的表达。我们倒是通过它们而经验了一种纯语言的情感效果。要想理解这一点,那么就考虑一下语言的意义以及合适的名字的传统力量吧。有一些名称像炫耀一样呼出了占有者的声名(Sarasate),有一些名称听起来很滑稽(Bemperlein),还有一些名称是文雅的、平淡的,或者很不引人注意。歌德在《诗与真》里评论基督教名称时说得好:"用悦耳的名称使其孩子获得尊严的欲望是值得称赞的,尽管声音的悦耳是这种欲望对于合适的唯一要求。这种想象世界和真实世界的结合甚至向此人的全部生活输入了一种可爱的光泽。"现在我要问一下:那与早期诗论中所要求的视觉意象有丝毫的关系吗？没有。倒是那种作为结果的情感附属于声音，附属于无数的联想和关系，这些联想和关系只在语言世界中出现，而与一切真实世界相去甚远。

隐喻的情况是下面这样的。声音的隐喻是一种"在发出的情感音以及那种与发音的隐含观念相联系的情感之间的相似性"①。带有压抑或响亮元音的字用来分别表达痛苦或欢乐，这就属于此种情况。而且（正如温特用一个例子显然想要说明的那样），一组字，其节奏便表现出它们所描绘的运动的特征。在前一种情况里，我们只能说它是间接的，后一种情况里则是直觉的直接性了。但实际上，几乎没有一种令人信服的情况能使我们把真正的隐喻看成是对想象的一种刺激物。诗人们向形体世界赋予灵魂，向精神世界赋予形体，这并不是直觉的特强能力的体现，而是由于语言贫乏的缘故。我们的语言除了以感觉用语的形式以外，很少能涉及精神世界；或者除了以认识活动中汲取的语言形式之外，很少能涉及形体世界。隐喻从根本上说不是纯修饰，而是诗歌的一种基本形式，因为它深深扎根在语言的特性之中（夸张，更严格地说，是属于感觉世界的。因为观念的强化和扩大是我们经常体验到的东西——夜里是在梦中，白日是在随想中。只有当我们把正常的聪明人的经过科学证实的真实的观点当成是全部真理时，夸张才能被解释为言过其实，或者甚至当作是欺骗。当然我

---

① 见温特：《人类心理学》，第326页。

们一般并不是精确地去表现事物,而是听任自己去夸大或缩小地表现之)。隐喻能引起明喻,而明喻反转过来又会转为隐喻。当然,许多原始的明喻,尤其是那些(像丈量中的情况那样)满足实践需要的明喻都是独立产生的(参照威利·乌格〔Willy Woog〕的《荷马式譬喻》[①]。在《伊利亚特》中,详细的明喻比简单的比较要多得多。而《奥得赛》及后来的诗歌中情形则相反。然而即使到现在都有荷马风格的明喻存在。比如卡尔·斯毕特勒〔Karl Spitteler〕的《普罗米修斯与埃彼麦修斯》[②])。

　　单个文字激起意象的能力大体上是很弱的,从不是确定的。新造的字更易于引起意象这一事实不应导致我们作出如下的推测:当我们追寻原意、方言以及隐喻时,其目的和结果都是加强了的直觉直接性。因为此处没有两种情况是正好一样的。那么句子的情况又怎么样呢?每一个句子就形成一个单位。其暂时连续中的展开在意识中并不妨碍其完全的统一。因为它所表达的全部范畴已经被领会了,虽然文字的连续也许会暂时使这个或那个观念形成对比。整体影响着部分。我们已经看出,这些部分不是固定词义严格限定的用语,而是以它们的真实与估价含义去适应上下文。这样,诗人的艺术便表现在如此限定的分隔的文字中,就使得我们只能懂得那些与所追求的效果相关联的方面。正像概念思维中一个概念的基本因素并非永远都

---

　　① 见《美学与一般艺术科学》,第7期,第104—128,266—302、353—371页。

　　② 见该书,1906年第2版,第71页。

是固定的，而是取决于当初形成概念的暂时目的一样，诗人语言中的有效因素是由艺术上创造出来的上下文所决定的。一切艺术的形成方面都使我们感到那些一道去组成统一体的诗的描绘是生气勃勃的。一种描绘所体现的艺术的真，不在于它与真实的一致，不在于将所有单个的词语以其连续的秩序进行想象重建，而是由一种自我接合以及调节表现活动的前概念的统一所组成的。

一般来说，内容的特征使得这种统一体的决定很困难。也许最重要的考虑是，诗人比形象艺术家更有机会去描绘一个事件的一切内在原因和外在根据及其精神后果和身体效应。确实，他以一种只有语言方能体现的微妙和精确去进行描绘。这样产生的系统的统一体既不像逻辑的也不像实际的。三个命题的三段论式的联系只用字母就能代表了。确实，用一种机器便能把它确定下来。诗人的工作就是艺术地运用语言。在生活中，一切有意义的共存和顺序都被偶然性所歪曲了，或者琐事和荒谬的行为进入以作为结合的链条。然而艺术家则制作出对于他本人来说似乎是根本的一种明晰的连贯，而且直接传达出所欲表现的情绪。这样读者便获得一种提高了的、真实世界一般都拒绝给予的情感能力。这种情感被文字艺术所留给有欣赏力的读者的任意发挥所拔高了。因为他并不是一个被动的接纳者，他同样是一个积极构思东西的人，是个能用自己特殊的方式去追随文字暗示的人。爱得华·文·哈特曼谈到过如下的事实：听者在想象中下意识地提取自己的经验去补充他所听见的东西，绘制行为发生的场景，假定"作者所留为不确定的细节的更精确的特征对于行为的效应来说并非是根本的"。我们甚至则需走得更远一些,从我们自己的经验来说,虽然与作者的描绘只有一点儿相同,但我们向自己读到和听到的东西赋予了非常生动的观念。我所认为的那种相同的景或房屋或人(经常还有图画或舞台场面)当然就使人很难准确理解作者的话,但它在向意向的转换方面却变得更容易更强烈了。若列举例证,若向相似的内容进行更精确的心理研究都会使我们偏离方向。经常发生的情况是,有几个字——不论提到什么样的细节——会给我们以基于个人回忆的自发形成活动的必要。

相应地说,语言描述可以达到的确定总比图画再现的精确度差。因为纵使是最充分的描述都决不会使接纳者能精确地重建起作者的观念。莫泊桑在他1887年给《彼尔与让》写的序言中(题目为"小说")说:福楼拜教导过他,最细小的物件都包含着使之与一切相同物件相区别的不熟悉与特殊之处,作者想去把握这种细微差别,便须对文字在不同上下文中含义之细微差别有着超凡的知识。"他让我用几句话去描述一个人或一个物件,使之清晰地区别于其他人或其他物件……不论一个人想说些什么,表达它的只有一个名词,使之活动的只有一个动词,修饰它的只有一个形容词。"正如我们已经表明的那样,这个教导应当加以补充和修正。但此外——而且很幸运——它甚至与最精确语言判断的模糊相冲突,只要这种模糊保持为艺术的。所有真正的诗歌描绘都有我们强烈感到是艺术品之必要成份的那种飘浮和不确定的特质。优秀的绘画通过模糊的线条和渐进的色彩转换所费力获得的东西，诗歌则内在地通过文字及其结合的不确定而得到了。诗人在其描绘的模式中站在形象艺术家和音乐家之间。观察者必须向一幅图画赋予确定的意象，他可用好几种不同的方式补充文字，用许许多多不同的方式去补充情感状态。一件雕刻品迫使观察者循着一条路走，一篇诗作则向他提供好几条路子；一篇音乐作品则给想象以翅膀去飞向不确定。画家描绘，诗人表达，作曲家则向人暗示。

我们来大略地看一看语言的音乐因素吧。语言结合，当它们的声音与节奏是好听的，而且相联系的情感状态和谐地融合在一起时，便获得一种光泽。纯听觉的相似性便成为描述中的艺术技巧。文字便一个把一个诱导出来，似乎可以说是：

一个字听起来悦耳，

另一个结伴前来求欢。

——《浮士德》第二部

而节奏，所有音乐的这一持久特征，则出现在每一个艺术构成的句子里，出现在句子的每一个诗的结合中。读者或听者被其中的文字安排——只有诗人才能发现这种文字安排——导致某种几乎包含着旋律的音调。我们在阿诺·霍尔森（Arno Holzen）的《抒情诗的革命》一书以及《艺术活页文选》的审美看法中能读到这些问题的细节。甚至在某种散文处理中都有明显的节奏，它可由特属于某位作者的风格而建立起来，它在带节律的（受限定的）演讲中表现得更其明显。有了这种节奏，几乎任何人都会因这旋律般的抑扬顿挫而产生一种情绪，比如像宁静或高度兴奋的情绪。除了有关事实的观念以外，我们的理解还与节奏的这种情绪能力密切联系。所以与其说是受限定的演讲，倒不如说是受限定的演讲，尤其是当它是听的而不是读的情况时。我们所归之于真正艺术品的那种大体上和谐的观点就出自这种节奏。除了散文传奇以外，所有特殊的诗歌种类都从这种围绕该作品的节奏结构——不光是一句一句地，而且还是整体地——中获得其组织上的统一。与节奏比较起来，韵脚和副歌不过是文字艺术中的辅助手段，但还是值得加以注意的，因为它们只有在文字中才有可能，并且它们还有着重要的情感效果。在古代，韵脚允许在散文中运用，但不允许在诗歌中运用。自从高尔吉亚（Gorgias）以来，句子首尾的和谐一致在修辞学中已成为定局，但也仅限于修辞学中。这些都是很有意义的。所以说，语言的特殊性在此处是非常有效应的。我们应当从这种特殊性中，而不是从其他理由中获得抒情诗歌的形式格局。

同时，我们不愿在细节中迷失方向而回到我们的主要问题上来。若说没有直觉便没有文字的艺术效应，这是应当加以批驳的虚构。按照那种普遍接受的事实来说，作者的文字在读者或听者的心中引起意象，而审美愉悦就依附于这种意象。随之而来的必然事实却证明了愉悦是依附于字句的。早期的信条认为，不是同时以感觉形式出现的观念中应当什么东西都没有，每一种感觉表现都必须在观念里全部完成。现在我们开始看出，这种一般理论只有当严格限定和调节时才能运用到文字艺术中去。这种艺术在特征和影响上实在是太复杂了，使得我们不可能用一个流行的词儿去称呼它。我们的思维顺序着重于如下的考虑：倘若艺术是一种我们的情感通过它即得以解放和促进的精神生活的形式，那么，要获得这一目标的诗歌媒介便是语言——带有一切特殊性的语言，从单字的特征到整体的节奏。倘若艺术包括在正确理解的理想化之中，那么这一过程在诗歌中与其说是通过有意识地改变真实而产生，倒不如说是通过最初转变为文字而产生出来。那些我们感到是无关紧要的、平常的内心经验，一旦用日常语言把它们叙述出来时，其中有多少东西都实际上被美化而仍然低于艺术水准啊！我们仅仅把偶然发生的事情转换为口头语言，这其间已经包含了这一文字艺术所进行的改造现存的种子。若说这一事实十分易于被忽略，那么其原因是，文字即是我们表达的通常的手段。看见了简单的轮廓，听见了音乐的连续之后，我们便感到这里隐约出现了一个新的世界。但我们似乎感到语言从根本上就像东西一样，它实则代表了把握真实的一种独特的模式。语言对于诗人来说不光是保持内心经验的方式，它还是获得内心经验的手段。诗人把文字的选择和主题的创造看成是一起的。最近有一种卓有成效的尝试，就是通过风格研究来发现特定诗歌的萌生。[1]斯毕兹说，比如"每当一个字证明是有情感的，我们便应等待那意含的观念在作者的故事中起作用"。梅林克（Meyrink）在窒息、失明以及榨取情节的领域里找到了情感词语。这些词语为语言艺术家配备了最有力的文字，为优秀的评书者提供了最吸引人的题目。

我们首先就有这样的疑问，在不考虑文字艺术的情况下，语言与感觉真实是如何互相关联的呢？已经从感觉对象转换为声音姿势的语言纵使是现在，都常与那种特殊感觉及特殊意象向文字之转换相关联。这种转换对于诗人来说，甚至能当作规则建立起来。但它不包括文字中感觉对象的保留，而一个字也是不可能成为一种直觉行为的。这个字只能诱导出一个在意识中已经消失的意象。那么现在的问题是，诗歌语言的作用是否即是去刺激最高直觉能力的记忆及幻觉意象。

实际上，读者的意识中必然产生出许多个意象，尤其是当对比存在的时候。运动的兴奋，特别在描绘的行为中，是更为普遍、更有情感效果的，因为它与情感的感觉方面相联系。

但是单独一个字能产生各种意象，而每一个句子都暗示着不同想象完成的可能性。所以我们易于以我们个人的经验去加进想象的内容，也许根本就得不到艺术家眼前浮现的那种意象，根本就得不到图像艺术中必不可少的那种

---

[1] 见伯索得·舒尔兹（Berthold Schulze）的《克来斯特的彭泰西利阿或关于诗作的生动形式》，1912年；汉斯·斯勃伯（Hans Sperber）和辽·斯毕兹（Leo Spitzer）的《文字与动机》。

再现。一般来说，这些视觉意象都太弱了，它们不足以解释审美经验的力量。兴奋的段落让读者匆匆赶着读下去，而不留有产生意象的时间，那些不可能有任何想象价值的句子则产生出诗意。因此，审美效果并非依赖于偶然由语言激起的感觉意象，而依赖于语言本身及其特有的结构。一方面，这一效果除了依赖可能出现的任何真实描写以外，还依赖对于语言情感来说是重要的那种声音与节奏。另一方面，还有一种决断的考虑，即想要欣赏诗的描绘，只要懂得文字的含义就够了，无须有意象的介入。文字描绘是在这样一个意义上再现真实的，即这些描绘的内在效果能通过所描绘的事物而与活动的内在效果相类似。诗人的任务是为他的描写确保最高的替代价值，"语言与真实之间的间隔总是很大的"。诗人完成其任务，部分是通过文字的选择——隐喻并非是想象的刺激物，而是纯语言的东西，部分又通过句子的构成，将这些句子搭配起来，这样，格局的统一便必然会出现了。

2．演说与戏剧

文字就像幽灵一样，我们只能疑其有，而不能捉其形。其存在与行动的模式有某种不可思议之处。它们既没有那种好看的色彩可见性，又没有全然公众化的声音可听性。一个名字并不像一张仿制的图片那么准确地意指一个事物的特征，也不像听不清的音那样表达一种隐含的情感。所有的艺术都是世界通行的，唯独文字的艺术局限在同胞之中，甚至局限在更小的空间与时间范围里。语言不可能像音那样可以随意捏制。所以运用这一材料的艺术家似乎被框了起来，并且四面都受到限制。

然而纵使如此，强烈、自由和充满活力的表达仍是可能的。一位真正的语言艺术家——认真考虑这一概念——通过其语言修养的程度来表现其整个的精神修养。因为每当有人说话，每当一个人传递信息时，风格便随之而出现。更确切地说，每一个句子都必须是含蓄、严密、充实、毫不贫乏的，它是由节奏与节拍、由声音的细微差别和内在文字价值所严格建立起来或蓄意加以对称和内在强化了的，它必须是牢固地插入在上下句之间的。每一个句子都必须充分表现出自己的个性，使其他任何人都写不出同样的东西来。为了对这一幻觉自由的领域进行艺术支配，灵魂与语言完全统一起来了（就像灵魂与声音、灵魂与色彩、灵魂与其他领域的材料之间一样）。因此，艺术家不让任何异质的东西侵入，但迫切保留他自己已经写成的产品。若要相信艺术上正确的语言运用总会导致意象，若要相信这种运用通过一般特征的分列而获得个人的烙印，那便是个可悲的误解。一些所谓修辞手法（对比、讥讽、转换、重复），能照样具有逻辑关联，其他的（比如用同类物代替种类，用部分替代全体）甚至必然会保持在声色过程之外。

这样，那种惯常的观点便是最荒唐的了，因为这种观点要消除修辞的广大领域。这一领域早就被人们正确地置于诗歌之侧了。唯有在十九世纪，文字艺术的范围才缩小到诗歌的大小，如此便失却了它真正的特点。这两种范畴在古代由如下的事实牢固地保持着统一：同一种风格支配了写与说。对于我们来说，优秀散文的魅力部分是包括在修辞特点与诗歌特点的不断融合之中。目前修辞学处于逆境，而唯其如此，大多数人才感到我们应当称之为附加审美特征的技巧，而不是精神生活的一种形式或真正的艺术。然而我要为修辞学在其古代的荣誉地位里争上一席之地。我似乎感到，文字艺术包括三种从属的艺术：第一，演讲与戏剧，它们有一种内在的亲缘关系，而且从外在形式来看，它们都与模仿艺术相联系；第二，用叙述体的熟悉形式写成的散文；第三，诗歌，它基于节奏，而且以抒情诗的表达为其纯形式。

公众演说者的媒介，口头语言，决定了它的技巧高低。兴奋状态的可能延续就造成其单位。对于听者的可理解性迫使他运用一定的句子结构，一定的词汇选择、重复、时间的限制以及其他手段。演员在外貌与动作上基本是模仿的，而演说者——即使在朗诵诗歌、演讲故事或剧本时都应少量借助模仿。其关系很像歌曲演唱者与歌剧演唱者之间的关系。前者若生活在歌曲中，那就难免有适当的表情变化，但不能打手势或走来走去。因为他并不是在描绘一个人，而是在描绘一首加上了曲子的诗。另一方面，一位舞台演唱者则扮成为另一个人而且还加上了面具、服装、装饰以及一般演员的其他诸如此类的物品进行表演。因此，一位演唱或演讲的男独唱与独白者便能表现出一个姑娘在说话，或表现出一个男人和一个女人之间的对话——这是一个男演员所难以想象的事情。独唱与独白者的血肉个性已经完全由演出所隐藏了。他就像乐器,而戏剧读者便像在钢琴上演奏乐谱的指挥一样。

我们来把公众演说者当成是一种艺术形式的创造者考虑吧。古代的演讲术达到了很高的水平。与之相符合的特殊艺术科学便存在于对这一实践所发展起来的形式的描绘之中,存在于对这些形式所抽取出来的规则的描绘之中。因此,那一原则并不能满足现代科学讲座、布道以及议会演说的需要。从特点上讲,古代的辩术除了包括简单的演讲模式以外,还包括精神饱满的、庄严的模式——"温和、适中、庄重(submisse,temperate,granditer)",西赛罗(Cicero)说,庄重的说话方式是最上流的,是逐字准备的充满含义的演说,是从建筑学借用规则结构,从诗歌借用丰富的对比意象,以及从音乐中借用声音效果的演说。古代和文艺复兴时代就产生过这类优秀的演说。许多都不是演说者自己写的,而是别人写好的。有许多至今还保留为书面演说。当十五世纪的人道主义将雄辩术推到一个新的高峰时,浮华的演讲便流行起来了。宫廷的欢庆活动、婚礼、葬礼以及皇家访问活动和战争结束场面都需要宫廷演说家的艺术。同时代人感到高明的浮华演说给该事件以一种特殊的奉献。这种风气的某种东西目前在欧洲又重新抬头了,但一般说来,音乐正在替代这一作用。我似乎感到,若说我们眼下对辩术不感兴趣的话,那是因为我们把辩术看成是比艺术更加造作的东西。这是巴斯卡尔(Pascal)话中的意思:"真正的雄辩术是雄辩术的讽刺。"正因为如此,比斯马克(Bismark)不喜欢人家称他为雄辩家。然而这种艺术在当前难道不是也能以更自由的形式存在,故而成为配得上我们已经改变了的意识的一种辩术么?都已承认口语力量的我们,不是也能制定出理论去适合我们的实践么?总之,我认为,我们必须从对话与交流的事实出发而得出一个更加生气勃勃的演讲概念。但我不在这里获取这一概念,而只说几句话。

自由的直截了当的演讲通过(公开和隐蔽的)呼语表明其双方进行讨论的基本性质。然而该特征没有一点儿特色,因此忽略它并不会有所损失。我感到,演讲者在说话过程中向听众发出热烈的号召似乎更加合适,这样,便引出了插入物。但一般说来,在演讲者与听众之间创造一种内在联系的技术是更有价值的。这里,我想到了日常生活或某些职业群中得来的引语和例子。这些具体的小东西把演讲带回到普通熟悉的领域之中。较老的辩术不公正地把它们当作纯粹的装饰来处理。但是演讲者用直接探出并驳斥反对意见,用直接探出并反驳可能出现的或显而易见的疑虑这一方式,或者,以向听众进行不至严重削弱自己辩论立场的让步这一方式来牢固地建立起他与听众之间的联系。就连所谓修辞问句都是转换为公众演讲的一种会话方式——它是激发听众独立感的讲坛手段。最后,当我们认识到公众演讲及会话不仅共享其形式的活的可塑性,而且还共享其内容的丰富种类时,我们就深入辩术的内部去了。真实与思想所必需的这两者之间的对抗、差异及一切经验的相对性就构成其共同的先决条件。因为,当我们绝对肯定时,便可以省却辩术;当我们怀疑时,便迫切地等待着这种口说的文字。所以演讲者首先谈到理解,因为这是通过演示而极易于使人信服,极易于使人脱离偏见的。接着便是去赢得听者的情感,这种情感慢慢地随理解而来。所有科学辩证法的技巧在第一步都很有用,而第二步,则必须运用戏剧的有效技艺了。

过去,敌对的两个国家曾愿丢弃两国间的荒地以避免边界争端。而辩术,几乎在相同的意义上(至少处于缓冲状态)存在于科学和艺术之间。它吸收科学方法论的分枝,吸收那些涉及已经知道的可信的描述部分,而不是那些涉及事实及法则之发现的部分。然而演示之清晰性和说服力只是问题的一个方面。每一个优秀的科学讲座都是该思想家与自己以及与其他思想家之间的对话;每一个优秀的布道都是该灵魂与其自身以及与其罪人之间的斗争。戏剧的内在生活及其对话中的表达只是隐蔽的。在把灵魂定义为有争议的存在这一方面,十九世纪中叶一位早被忘却了的哲学家发现了三个圆圈的交叉点。理性科学的、历史社会的以及艺术戏剧的生活在问与答、判断与反判断的基本难点上一个碰一个。我们若进一步考虑演讲与戏剧之间的相似性,那么要提及的下一个题目便是整体计划提高了的重要性。在宗教讲坛上正像在舞台上一样,把决定性思想或激动人心的话在开始时便说出来,这是个错误。这个错误的典型事例便是迈西冷(Massillon)为路易十四所发表的葬礼演说,他的演说是这样开始的:"只有上帝才是伟大的,弟兄们。"赖布拉耶(Laboulaye)说得好,"这样的起头破坏了演讲的主体"。我们早先关于舞台最初效果的评论也适用于演讲的头几句话。我们不完全理解其含义，因为我们的注意还没有恰当地集中起来，而是分散的，或者我们被琐事所吸引了。戏剧文学中每一个职业的指导课程都提到戏剧要用"开场"的妙法，只须几个次要演员，而且又吸引观众。然而随着这些开场之后，戏剧行为必须扎实地跟上来。演讲中允许出现的延缓时刻和更新情节的地方在戏剧中同样适合。辩术认识到如下这一点十分重要：一种思想在某个地方也许从逻辑上说是合理的，然而口头说起来就不合适了，因为它妨碍了演讲的展开。在演讲与戏剧中都必须将准备时采用的特殊的细枝末节融合起来，都必须获取最大的活力。戏剧与反戏剧，转变与对抗，竞赛与征服都决定了文字艺术的这些最灵活的形式。因此，就像戏剧文学一样，辩术基本上解决的是意愿，而倾向文体虽然受人辱骂，也能以同等的出现率而被引进演讲和戏剧作品中去。

请注意，在开始如下的讨论时我们是把戏剧当作一种文字艺术加以看待的。对于舞台的注意有着变为粗糙的影响，它限制了范围和内容（因为出版当然比演出要自由些），而且它还要求有一种舞台静物已经把高潮暴露出来的结构。另一方面，那种无端受到贬低的书面戏剧，纵使没有剧院的帮助也有着丰富的保留其个性的手段。其中重要的手段便是喜欢写进步的或当代的题材。但辩术也同样旨在使一切所言之物似乎就在眼前，并不断向前推进。两种形式都需用第一人称而不用报出说话人的名字，不用有说话人与说话人之间的直接转换，两人的分配只被当成是一种偶然的情况。其他任何技巧在持续性悬念至最后结局这一过程中，都不像生动的对话那样有效。对所进行的活动加以观察时产生的纯粹原始的愉悦通过演讲戏剧的对话转变到文字艺术领域中去了。人们认为用这些文字所表达的情感只属于作者所塑造的人物，至于作者的态度，则推测不出——至少直接推测不出什么东西来。朱利耶·巴勃（Julius Bab）极清楚地注意到这种"用明显真实的自由运动的人物完全遮盖了个人兴趣"的情况。所以我们感到自己就像当时经验的目击者一样，而总在进行干预的叙述人则从不让我们忘记，这只是个故事而已。所以我们应当认识到，小说（人物、作者以及事物都能在小说中自我表达）是文字艺术最广阔的形式。但我们也应当赞颂剧作家的艺术技巧，剧作家能将自己所有的内心生活分配给他那些说话的人物，致使这些人物甚至能显露出比自己所了解的还要多的自己：他们与其他人以及与生活总的意义之间隐蔽的关系，他们隐秘的冒险生涯（对于他们自己来说，对于上帝来说）。多位法和对抗都是剧作家的天才。威尔赫姆·文·苏尔兹（Wilhelm von Scholz）概括剧作家的创作活动时说："这是个每一种观念都将对抗的观念当作影子来表现的内心经验，它随着观念而增长，突然被观念的生活所活跃起来。这是个意志的对话——与观点的对话相反——那种并非是精通者的人在指导着它：偶然的自我展示，机会，热情和命运。"

每当情绪的波动在剧作家灵魂中相互作用时，文字同时又以一种无限制的丰富形式倾泻出来，因为所有的语言手段都已动员起来。莎士比亚那种确定无疑的激起我们语言感,同时又激起舞台感的能力使我们赞叹不已。当然,他常常伤害我们的纯审美情感。倘若该剧只反映美,那么行为中的每一个部分都必须要激起纯粹的愉悦——除了它对整体结构所起的全部作用以外——语言也是一样的。然而文字剧便完全没有这些限制。语言所起的作用远不只是愉悦而已。首先,它表现出该作品的一般特质。它在客厅喜剧中是简易流畅的,在民间剧目中则是简练粗略的。小小的俏皮话能立即以喜剧的欢快充斥我们的心灵,同样,沉重严肃的诗文则立即给我们以命运之悲的感觉。作者的台词也是为刻画性格服务的。他不仅通过行为,而且还通过言谈进行描绘,当然,这些言谈并不是用作者自己的话进行的。他并不说:"我的主角是位冒失的精力充沛的野蛮人。"但他让这位主角的口中说出冒失的精力充沛的、只有野外长大的人才独有的语言和辞法。倘若剧中的人物都用同样的风格和同样的辞法,那他们便失去其活力和明确性了。就连独自都不是为了表达作者的洞察和情感,而是为了表达剧中人的洞察和情感的。我们在批评独白时总要提到的那种不自然也适于剧幕的结局和戏剧中无数其他必要的情况。使我们吃惊的(正像在席勒的独白中那样)倒不是其不真实,而是那经过推敲的合逻辑的形式。然而独白可作为这样一个事实的艺术表达而存在:一个高级人的决定是与其内在特征的全部范畴相一致的。概念上发展了的复杂性在这一刻就意味着一个成熟的精神的加入。独自描绘了一种内心纷扰,并用语言把它继续下去。诚然,我们从未遇到过一个分离的个性,而只有在某种关系中存在着的人。因此,语言能把这些关系当作是通往自我深处的手段而加以运用。如下便是一个基本事实:大多数人因遇到具有某种特点的另一个人而改变自己。他们此时便会用这个人的目光来看待自己。对于他们来说,在与一个人的交往中是很自然的事情,当处于与另一个人的关系中时便是不正当的了。这些归诸间接影响的波动以及异己的观点之采纳就反映在言谈模式之中。纵使内容保持一样,但形式和句子都变了。这样,对于那种用无意识的适应的方式和程度来暴露自己的个性特征来说,戏剧家的文字艺术便运用了一种表达,这种表达能让精细的耳朵听出意味深长的东西。最后,语言就在这样一个意义上,即某种有价值的东西已基本以不恰当的形式所表达这样一个意义上变成为象征的了,但正是通过这样的表达才能获得一种特殊的体现。

美学和比较文学史一般只允许戏剧有一定数目的主题和可能的形式。自从高兹(Gozzi)发现了三十六种基本主题,歌德以同样的风格用口语的方式表达了自己的观点之后,这样一些基本戏剧思想中固定数量的存在便成为大多数理论家的教条了。确实,这些思想的分类能无限地又深入广泛地进行下去。种类的收集似乎是完整的,因为空虚的抽象已经取代了对微妙、模糊的效果的敏感。另一方面,我们不应禁止科学去求得这样的完整。只有当我们反对那种不能超越的确定数目时,才能以人类研究的精神去提出异议。同样,在一个僵硬的构架里把丰富的戏剧形式加以伸展也是荒唐的。印第安艺术理论——它具有源自数学和棋类的精细的分析——主要分为两种。一种有八小种，另一种则有十八小种。但谁仍会接受这种分类呢？总的说来，我们的戏剧理论有了喜剧与悲剧的对立也就满足了。当席勒说喜剧"把戏剧引向精神自由"时，他是在表明游戏式创作活动——它应有自己的地位——的提高。我不必重新考虑悲剧的特征，以及那强烈的敌意与争斗于其中的各方力量的亲缘关系，也不必考虑对这一意味深长的情景所进行的艺术深化。即使在这里也有着根本的一致意见，唯有当我们转向许多人为的分岔形式时才开始出现争论。

考虑一下戏剧所经历的变迁吧。我们都知道有一出印第安戏剧，感到其沉思与顺从的人物都缺乏戏剧性粗野，然而其中悲与喜融合得使我们忘却了那种对于固定界线的厌恶。希腊悲剧则是我们所更为熟悉的——从形式上看，它是完全演讲式的；究其本质而言，它是多神教传统与承认高一级世界秩序这两者间进行斗争的画面。按照格斯托夫·伏雷特格（Gustov Freytag）的说法，在希腊悲剧中段的某个地方，戏剧行为应达到高潮，然后再从这里下落。倘若主角的派别在头半部分占优势，那么斗争在后半部分便起主导作用。倘若斗争在一开始就很激烈，它就会把主角推向高潮，然后又屈从于主角的派别。但是伏雷特格不得不承认，索福克勒斯的悲剧可以说是在我们安排高潮的地方开始的。他的主题通常是一种已经瓦解的秩序之复苏。罪行与纠纷发生在开始之先。揭露邪恶以及复仇便构成了它真正的主题，其中人的意志和命运的决定交相配合。莎士比亚还用另一种方法来表现，他用外在环境来说明一种持久性状态，尤其是心灵状态：呈现一块手绢以说明嫉妒与怀疑，用占卜和女人的能力来说明暗藏的野心。他所形成性格的方式（矛盾的性格及其来源直至获得最大活力的发展），他的个性感，他所加以悲剧的与道德无关的处理——所有这些便创造出一种新的形式。另一方面，西班牙民族剧——它由洛甫·得·威加（Lope de Vega）独自创立起来——则使我们感到很丰满。诚然，它在情节的设计和解决方面是丰满的，但在性格刻画方面却很贫乏。卷缠的情节吸引着作者；现成的性格型被放入最激动人心的情景与悬念之中——这一悬念是由高明设计出来的纠纷所呈现给观众的。想象并不提供中介情感。这些斗篷与匕首的节目单能把人物分类取名：风流士绅、姘夫、丑角。在科德伦（Calderon）的宗教剧中有着包含许多事情许多关系的讽喻。西班牙人所缺乏的（席勒在某种程度上亦是如此，他易于在插曲中迷路）是简练的才能。拉辛（Rasin）就有这样的才能。他的艺术才能就表现在，他能通过渐进转化在最简单的事物中揭示多样性，从逻辑上阐明热情与法则之间的斗争。他所描绘的他那个时代的人表现出一种摒除一切情感的冷酷，但他们在社会接触和交流的惯例中似乎并没有这么厉害。他们在社会交往中伪装的礼节和艺术中加以润饰的冷漠简直就是平衡巨大的理性能力和实践能力的姿态。

最后，若谈到最近的戏剧倾向，我们便须从易卜生的观念剧开始。这种观念剧的实质就是要求个人能理解自己，从而把自己呈献给别人。但情感在许多象征中也重新出现，而且成为易卜生作品的特点，它致使我们并不通过意志而达到思想的高峰。易卜生为了把这些与社会批评相关的主要观念清晰地表现出来，就让情节随命运之突变而转移，而且还发明了一种技巧，这种技巧看起来像是又恢复了三一律，但实际上等于对那种按照旧公式接合起来的戏剧中最后一幕进行了广泛的心理切磋。如果（就易卜生而言）人似乎就是环境的产物，那么这类戏剧的最后心理分析便是恰当的。威德康德（Wedekind）嘲笑这种耐心的研究，因为他的人们——那些被解放的独立力量的中心，那些耽于色欲的人——需求一种不同的速度和推动力。但他在与道德无关的心理态度方面则与易卜生相同。用霍夫曼塞尔（Hofmannsthal）的话来说，威德康德把世界看成"不过是人们不停地进进出出的房屋……包裹在一层薄纱里的骗局"。霍夫特曼也有大量的心理分析，在男人与女人的关系中尤其是如此。但他的处理使得男人成了上天启示的器官，尤其在痛苦和死亡的情形里。斯特林伯格的戏剧更深地深入超自然之中。（"你不会厌倦提问么？不会的，绝不会；你瞧，我渴望着光明呢！"）他那分成三部的名著《通向大马士革》以渐渐消散的高明技巧扫除了那些单个人的无可否认的身体存在，他们的内在模糊以及他们的真实环境、想象环境之间的界线，将他们都淹没在巨大的不可见的某一事物之中。当然，易卜生的戏剧抛弃了一切常见的形式。然而它仍然充满着再三抓住观众的行为，因为人与人之间的吸引与排斥，人们内在的观点分歧，人们内在的融合，所有这些表演都已形成。最近的作者们则完全摒弃了外在真实与内在真实之间人们所熟悉的区别。他们重新又成为道德家了——这是易卜生（灰色生活的鉴赏家）和他的时代会当作是退步的一种改变。他们不再与斯特林伯格一道叹息说，"我们为人们惋惜啊"，但他们要求、呼喊、恳求，"人啊，要行好事！"因为人身上有创造新世界的一切能力，因为他甚至不用受命运赋予他的灵魂的支配，所以剧作家必须发掘世界与灵魂的最底层。有一位这样的表现主义作家，叫保尔·科恩费得（Paul Kornfeid），他表白说："人若是世界的中心，那并非因为他有才能，而因为他是永恒之镜子与影子，因为——诚然，他是出生在地上的——他仍是上帝的侍从……我们应当了解我们自己身上永恒的东西，而不要费神去研究和分析所有那些短暂存在之一切的复杂性。这样，我们——从高一级意义上说——便从内在去体验我们自身，而不是——从低一级意义上——去开拓我们自己了。……心理学不过是分析了人的本质而已。"这种看法就产生出一种戏剧，它不再利用某一个观念，而是把许多个（柏拉图式的）观念从超验之源的王国转移到舞台王国，它所涉及的是内在本质的揭示，而不是外在真实的组合。每一个人都是一种类型，表现这个人的那位演员——正如科恩费得所欲要求的那样——他的思想的发言人、情感或幸运以及所赋予的高于自然的"伟大姿态的旋律"。其语言是高度概念化的，经过修剪的，常常是爆发性的。

　　就连这种匆匆的回顾都表现出，有什么样的异质性在阻碍着我们去寻找恰当的法则。剧作家们也并不是很成功的。我们最后便以美学、技术和唯物主义观点的用语来获得一种分类。悲喜剧之间的差别在美学上是很重要的，我们从基本形式，而且又从戏剧的上方来全面地探索这种差别。主要的技术问题涉及情节与人物的关系。由于这构成的双方是互为因果的，所以我们依据哪一方是主要强调对象来决定戏剧的分类。作者与批评家在某些特殊情况里不总是观点一致的。如果情节有意义而且可以理解，我还是赞成优先考虑情节。因为一出剧的特殊效果无疑来自动人的无修饰无伪装的情节。那种先前提及的现实感——它在舞台表演中上升为实际身体情感——作为自然与人类隐含的本质，并以这种本质与人类公开行为的融合而来源于我们对意志行为的观点。超验的真实与现象都是紧张或斗争。我们总是看得很清，戏剧中必定提出并执行力量的考验——换言之，其人物必定受控于双方的对抗。许多理论家们唯有将这一原则运用到人物剧时才遇到困难。但为什么这种力量的考验不应在人类灵魂中进行呢？这样的转移决不会丢掉真正的戏剧因素。格斯托夫·伏雷特格说得好，我们并不是从行为本身，而是从其来源与效果，从行为的准备及结果中发现戏剧特点的。绝对的行为就像绝对的静止一样，是与人力无关的，无关紧要的。死亡在发生的那一时刻并不比顽石有更大的艺术价值。剧作家的任务就是去解释静止至行动或者行动至静止这一转移。其发展是以外在或内在事件，以政治行动或以温情柔意的形式表达出来，就不那么重要了。在第二种情况中，就连其结合（稳定增长的需要及其满足）都更易于得到保留。"妥凯托·塔索"（Torquato Tasso）或者尤里庇底斯（Euripides）的"海勒克利斯"（Heracles）都是极好的例证。在这些剧作里，行为的范围和重要性都不大。纯粹的偶然性已不复存在，"是什么"已经归化到"是如何"之中去了。其人物都是绝对真实的，所以这些人物的行为就被他们心中和他们的斗争中以极大的神秘性顺理成章的东西所遮蔽了。只有当我们赞成这些戏剧对壁画式舞台风格持反对立场时，我们才会公正地对待它们。

最后，戏剧的类别若依赖于材料的选择，那我们想找出多少差别便能找出多少差别。我只谈一下历史剧。在历史剧中，悲的命运倾向于从模糊的个性发散开来，最大范围地"在历史中摆动"，或者就像一颗石子激起的浪花一样，终而在微细的波纹中消逝。命运随着辩证的需要而展开。其题材总是涉及行为的人，他们一般都被当成是历史上能力斗争的决定者。群众的相对独立性，思想家艺术家的意义都没有在历史剧中表现出来。至少，到目前为止只有一例成功的尝试，即在一出历史剧的中心角色身上有效地处理了人民的关系，而且这种描绘完全丢开了学术工作者以及图像艺术家默默的劳动。还有，倘若历史剧中的主要人物是我们从政治历史中理解的那些有决断的人，那么如下的问题便产生了：他们自己以及他们行为的原因与效果经过如何处理才能成为艺术品的题材呢？我们都认为作者从历史真实中解脱出来，用似乎可能的去替代真实的，如此来达到其目标。在题材处理方面，作者应当通过这种理论上证明为合理的独立性努力把自己的剧本制成一篇纯粹的艺术品，这一点是可以理解的。确实，有自由描绘历史人物的例子，像席勒的《唐·卡罗斯》(*Don Carlos*)便是一例，这些都是极优秀的艺术品。一位熟悉的历史人物，为什么就不会又以典型范例的方式体现某种倾向呢？莎士比亚笔下的凯撒不是让自己的个性屈从于观念了吗？这就像现在的牧师一旦成为主教之后便丢弃了自己的名字一样。然而我们可以说，莎士比亚的历史系列画、席勒对于过去事件的幻想以及古希腊传说剧都不是真正的历史剧。一旦认为一出戏剧在其他方面使我们感到是历史剧——由于文化训练而敏感地觉察到——那么诗兴则不能去遵循亚里士多德式的忠告："可能发生的是什么。"我斗胆否定歌德经常被引用的如下的判断："对于一位作家来说，只要他想描绘自己的道德世界，只要他为此目的而借用历史上某些人的名字去安在自己作品中的人物身上，那便没有什么历史人物可言。"相反，在这种情况下我们便十分珍视事实，所以我们把那种对史料的每一个实质性更动都当成是窜改行为。剧作家若不能利用史料的基本事实，那就应当不用它。席勒（在《威伦斯坦》中）、克里斯特（Kleist）、格里帕兹尔（Grillparzer）、奥陀·拉德维格（Otto Ludwig）以及格拉比（Grabbe），这些人都以极大的精确性保留了当时的环境，通过这种逼真，以直觉直接性表现了人物的发展。此处，严格地忠于史实这一条是必不可少的——这是艺术为自己所必须加予的许多限定之外的又一条限定，虽然它超越了一切限定。

3. 故事与诗歌

早先有人指出，与叙述文学比较起来，每一出戏剧都被直接对白限制死了。它还表现出对诗歌的某种依赖。莎士比亚的戏剧显然就承认了这一点，它在停顿和结局的地方就把散文风格改换为诗歌风格。《浮士德》第二部分就作了抒情式的结尾。我们把这些作品称为诗歌，这是不无道理的。因为无论其行为自然发生在什么地方，它们都接近于抒情形式，而且为文字的灵性所完全吞没了。

当我们转向各种史诗，主要从语言的观点来重新考虑它的时候，我们必须从那种已经过时的看法——说它是用以口头朗诵，用以让人听的——中解脱出来。实际上，它是写出来让人去读的。这样形成的语言描述便是我们所考虑的对象。决定其风格之审美价值的既不是视觉意象，又不是强烈的外在有指向的情感。但在情感的许多颤动之中，那些仅通过用以朗读的语言所激发起来的才起决定作用。因之，通过一种个人的方式用以内心朗读的语言所激发起来的也起决定作用。也许这是些简单的语言，但纵使如此，它们也会使我们掉泪。这些语言也许谈到一个普通人生活中毫无意义的一段，但这一片断被语言之神秘那一庄严的权利崇高化了。我们说一位画家懂得如何作画，这便算是最高评价了。同样，若说一位作家懂得如何写作，这也是真正的赞词。福楼拜只有一次——由于没有更好的办法——连用了两个所有格，为此他几乎消沉下去。若在今天，他就很难抑制那种对于我们当今最优秀小说的粗制与平庸所产生的鄙弃之情了。至少,应当保持自己语言的纯洁性——这是学者们从未达到的理想,因为受到了技术术语的牵累——而且每一个字都应当落在实处。但叙述性作家有着更繁重的责任。他的艺术完善就靠他用可信的个性去忠实地表现自己。允许他大声地说话,因为小说中的人物、事件及环境都有着戏剧所没有的安静和距离。在他的语言中,就像在一切作家的语言中一样,语言之整体必须一致而内有隐含的灵魂。所以快乐的事件须用欢快的语调去表达,操劳与痛苦用沉闷的语调,怀疑则以惊讶的措辞特征,肯定就用稳定发展的句子。这就是说,这一本关于古希腊黄金时代的小说中,动荡不安完全可以与汹涌的大海相比,但不会与电闪雷鸣的暴风雨相比。这就是说,受主题思想支配语言顺畅地流出来,一个一个地摞起来,或者一滴一滴往外溢。因为在所有这些关系当中,叙述性作家比剧作家和抒情诗人要自由得多。

由于叙述性作家的想象并不与一般概念同时起作用,由于这种想象并不明白照此便会危及自己的存在,而只懂得这种个人的维特①,由于它甚至都不愿用讽喻的形式(用概念上恰当的感觉形式把抽象的关系进行直觉再现),所以这种想象确实是力求去得到易于感觉的东西。两种东西的外在相似性就足以进行比较了(虽然这种看法在科学上并不足取)。诚然,一般来说,只有所比较对象的一部分才表现出共同的特征。一个人在这种情况下就必须十分谨慎,

---

① 维特(Werther)是歌德的爱情小说《少年维特之烦恼》中的主人公。一般意指感伤情调。——译者注

防止那种粗俗的夸张比喻。没有任何一本小说是由意象和比喻组成的。具有画家想象力的作家们,像罗斯金,佛罗门汀(Fromentin),他们——似乎有画笔在手——虽然并不是在作诗,但写得极其绘声绘色。然而在我们最优秀的小说中,大量的内容都是客观化概念化加以表达的。有些优秀作品里几乎没有任何隐喻。从语言的本质进行写作的作家喜爱充满活力的动词而不爱用修饰性形容词去作无用的风格装潢。因为他就像一名军事指挥员一样明确地在说话,虽然内容不一样。①

我们这个时代最熟悉最重要的叙述形式是中篇小说和长篇小说。反映到艺术中去的作家们使我们知道中篇小说应当描绘一个但又是关键的经验,关于这个中心事件的故事安排就规定了人物不可能有广泛发展和巨大变动。相反,其材料就包括了现成的人物,他们在某种连串在一起的环境中暴露自己的性格,并制造随之而来的矛盾冲突。②长篇就大不相同了。我们把它称作是叙述文学,虽然弗里得里奇·史里格(Friedrich Schlegel)试图用"对于一种剧烈增长的乐意的心灵所作的描绘"使歌与对话相混合。他主要是考虑作者的内心自我以及作者所信奉的思想,而不是故事本身。诺瓦里斯(Novalis)谈到他的《海茵内其·文·沃夫登尼根》时说过类似的话:"这是可能有的最简单的文风,但很大胆,浪漫,有戏剧性开端、转移、连

---

① 参见杰可勃·威斯曼的《叙述性艺术》。
② 参见斯比格海根(Speigelhagen):《小说理论与技巧贡献》,1883年版,第245页。

续——一会儿对话，一会儿议论，一会儿叙述，一会儿又反省，接着又想象等等。是对一个心灵的完整的复制，情感、思想、直觉、想象、对话和音乐不停地交织在一起，而且使之组合成欢快鲜明的群体。"当然，那就把我带到神话故事的松散形式中，带到神奇的肥沃土壤中去了。诺瓦里斯说，实际上，"神话故事可以说就是诗的范例；诗的必须总是寓言般的；诗人崇拜机会"。①

毋庸赘言，每一部描绘过去或现在的小说都必须符合特定条件。此处，我们要求尊重事实，而且还运用非特指某人的、有一些公有的表达模式，它使我们想起早期人类的诗歌——就像瓦尔特·司各脱用过的那种模式。而且，故事文学和历史文学在任何时代都同样适于模制人的意愿。没有任何其他的艺术或科学能像它们这样不期然而然地、确定地影响着我们的人生观，或能像这样与我们个人结合在一起。这种活跃的显示人的特点的特质使得伟大的历史和小说作品具有迷人的魅力。从这个意义上说，是实际能力使它们吸引人的。每一位历史学家在评价他所报告的史实时都必须依据人类的道德标准；都必须区分明与暗；都必须影响读者的意愿，这种意愿确实也与读者本人的理解密切联系着。有偏袒的看法是在所难免的。对当前经济运动的描述以及古希腊的环境描述中都一样，虽然我们自己

---

① 见《全集》第3卷，第165页。因为他们的观点与此处表明的观点大相径庭，所以我就没有去考虑高格·文·卢卡(Georg von Lukács)在《美学与一般艺术科学》第11期第225—271、390—431页中关于小说理论的重要文章了。

认为我们的判断是客观的。朗克（Ranke）坚信自己是准确的。他认为自己写了一部牧师们的新教史。按照一个笑话的说法，莫姆生（Mommsen）使凯撒成为德国的民主皇帝了（他决不会出现），第兹切克（Treitschke）实际上把对于祖国的爱当作解释的手段。他对史实的爱国道德处理和浮夸的处理总使我感到似乎是这样一个极好的证明：历史若要行使充分的社会影响，那么科学的和评价的观点则必须互相吻合。难道我们有必要指着席勒，要他把这种情况与诗歌的不同之处谈清楚么？

在生活的忙碌中，小说是一位极好的伙伴。因为它现在已经发展为一种能随意吸收任何经验的形式。其显著特点是内容多；它是极方便的交流与占有我们所有兴趣的工具。小说形式在大多数情况下都是任意选择出来的，而不是内心经验所要求的。其内容反映出作者的洞察力和心灵内涵。诚然，小说很少表现出作者的组织能力。小说就像一些人造池塘一样，每一样东西在池塘里都有一块地盘：内心事件和外界的战斗，玄学①与游记。它们都是当时的问题和永恒矛盾的材料摊。在小说里，关于文化史的错误论述及可疑的道德判断同样会引起批评，仿佛就像出现在历史教科书和伦理书中一样。就连那些通过心理观察而试图深化说教或轶事材料的作家们也只有用分析其成份的方法，而不是用那些通过其效果暴露这些成份的方法时而达到目的，尤其在自传体小说中，是用提供反省而不是

---

① 今译"形而上学"。——编者注

提供事件与态度的方法时而达到目的。所有这些，我们只要回顾一下艺术品和纯粹审美对象之间的差别就能立刻懂得并认为是合理的了。更可疑的是那种主题小说，就连我们尊敬的小学教师格斯托夫·伏雷特格所写的那些小说都是如此。而表达性说教小说，那种科学与道德的杂交产物则更加易于受人非难了。但在自然主义小说中，那些增加的材料增加得超出了一切正当范围。自然主义作家们甚至以研究爱情的所有形式这种勤勉方式去处理爱情（为后来的理论作了准备）。他们在目的上是科学的——真；在方法上——收集证据，分析心灵，排除作者本人的个性；而最后在形式上——则是精确的描绘，它偏爱于抽象用语与技术用语。我想起了巴尔扎克这位社会教师，他总是看着金钱的力量、意志的力量以及随之而来的斗争。我想起了那位不由自主成为一位诗人的左拉，只是他的气质使他从那种出自说教目的的冗长描述转移开来。但我特别想起了爱德蒙·得·龚古尔的《埃丽莎姑娘》序言中的自白："有时候你要使自己的谈吐不像一位内科医生，不像一个学者或历史学家就不可能。"还有，他和他兄弟十三年前在《谢米尼·拉萨尔德》（*Germinie Lacerteux*）的开头就说："现今由于小说变得更为广泛和重要，由于它开始成为文学研究和社会咨询的伟大、严肃、热情和充满活力的形式，由于它通过心理分析和心理研究已经成为当代的道德史，由于它承担科学研究和科学职责，所以它就要求获得科学的自由和特权。"巴黎就是用这些话给艺术与科学之间的关系下定义的，就像罗马当初给艺术与宗教教条之间的关系所下的定义一样。这两种情况里都有一种超出审美范围以外的东西起着权威作用：巴黎的是思想与生活的真，罗马的是拯救灵魂的真。

俄国小说是以什么样的特点在欧洲获得成功的呢？首先是由于对个人的描绘，这种描绘并非从心理上剖析这个人，而是抓住他存在的核心，而且在他与生活的超自然力量之间卓有成效的结合中把握住他。俄国小说成功的另一个原因是与共产主义的社会理论联合在一起的深深的信仰。陀斯妥耶夫斯基把基督教当作是一种个人决定，它应当是本能出现的。他相信，俄国人在世界历史中担负着使命，因为他们能自由地承认并谅解罪恶。陀思妥耶夫斯基小说的力量就在其基本的道德之中。当然，他已经表明反对那种粗俗的主题文学，但他仍然把"用间接的艺术方法去宣扬真正的耶稣基督"当作自己的目标。托尔斯泰的灵魂同样也获得福音书的以及普天之下皆兄弟的光辉真理。没有这个主题思想，他就会感到他的作品从整体上说似乎是无目标的、腐朽的。就连我们德国小说家们都采取同样的态度。他们大多数人都想让他们的艺术服务于教育目的。他们旨在充当青年人的导师或不穿牧师服装的忏悔长老。所有的个性和生活色彩，所有语言的优美和魅力都成为纯粹的工具。诚如席勒说到《威尔赫姆·梅斯特》（*Wilhelm Meister*）一样："该作品的形式，如同每一种小说大体上的形式一样，完全不是诗的。它完全存在于理解范围之内，隶属于它的一切需要，共有着它的局限。"（1797年10月20日给歌德的信）也许这种思想能用如下的方法更准确地加以解释:"小说家是诗人的半个兄弟。"——这也是席勒的话——因为他难免会被迫去冒那种过分强调(必不可少的)超越审美的因素以扼杀其他因素的危险。

我们在试图确定诗的最一般的区分特征时,就发现它有着与我们已经了解的小说效应相一致的地方。要欣赏诗歌,同样必须先抓住其内容。此处的理论不同于事实。西奥多·斯托姆在《致克劳底斯以来的德国作家们》的序言中——这是歌曲技巧的一篇重要序言——说:"由于音乐之于我,旨在去听、去感觉,形象艺术之于我是去看、去感觉,所以诗歌则是让我尽力去熔三者于一炉。我希望直接受一篇艺术品的感染,作为我生活的内容,而不仅仅是通过思想的媒介来感染我。所以我感到诗歌似乎是最完整的,因为其效果首先就是纯感觉的,然后,才像蓓蕾之后的果实一样,从这种纯感觉中自然地出现精神的东西。"这若作为标准美学便是对的,作为描述美学便是谬误了。我们与语言之间的关系极有参考价值,所以我们以对一首诗歌的自由态度看出眼前这首诗的含义而作为它的第一个对立物。唯其如此,不具有任何强烈艺术情感的听者才能了解其音感因素。但是单独一首诗的旋律就像唱段和无尽的旋律一样,在优美的抒情形式中一首一首地延续下去,它有一种只在语言中才有效的特殊特征。这里有语言文字的发音可能性所产生出来的和谐与不和谐;有依赖于元音与辅音选择的细微差别,尤其有那些已经交织在言谈之中的节奏与节拍形式。

我们能用两种不同的方法理解语言的声音以及这种声

音的影响力。一些诗人审慎地考虑到,他们所巧妙聚合在一起的文字与它们在其他上下文中所出现的恰当含义并没有丝毫差别。"海洋"不会产生出安菲卡娣①的效果;否则诗人就会用"安菲卡娣"这个词了。但另一些诗人却想把这个字从普通的上下文中解脱出来,并将它提高到简明易懂的范畴里去。他们想唤醒这些字,仿佛要唤醒沉睡的儿童一样。"接吻"这个词听起来不应当有"咂"的声音,但在那与少女嘴唇纯洁的一触之间吸到了芬芳与诚挚。抒情诗的语言难道实则应当排出尘世的渣滓么?照我看来,因为艺术品是由两种方法创造出来的,所以我们就不应当去赞颂一个而完全丢弃另一个(至少,我们考虑一下卡尔·格鲁斯在《美学与一般艺术科学》第4期第559—571页和第5期第545—570页中关于席勒抒情诗中的视觉和听觉现象的研究吧。问题是,席勒的艺术是如何利用这两种感觉领域的——这两个领域是同等突出的,而在莎士比亚的抒情诗里,视觉领域却有高于听觉领域两倍的重要性)。

我们必须考虑可能性。我从伏雷那(Verlaine)的《秋歌》(Autunm Song)中摘出几行以作为音之间的细微差别的例证:

  秋的

  长吟,

  提琴声

---

① 安菲卡娣(Amphitrire):希腊神话中的海洋女神。——译者注

倦怠地

紧压在心上。

（Les sanglots longs

Des violons

De l'automne

Biessent mon coeur

D'une langueur

Monotone）

这些诗文中的音色就有更为显著的效果，因为诗的含义为了它已经被舍弃了。就连作者本人都没有赋予"提琴声、倦怠地"的任何观念。这些文字除了其含义之外，还有美和固有价值，当然，是作为语言整体而具有这种美和固有价值的，在这些整体里主要是元音在决定着情感状态。这些文字的特有音色即使在韵文中都是有效的。但韵文并不仅仅是声音的一种偶然相似物；它使得耳朵能区分诗行。它协助着节拍，有点儿像空间艺术品中的色彩能够突出比例一样。它在进行时，可以说就像冲床一样，按规定的时间间隔冲压着一块铁板。因为韵文使诗行有更大的稳定性，而且它从说话的本质中汲取营养，所以我们就理解其持久性。但诗歌里绝不可少的因素并不是韵或韵文，而只是节奏。

我这里所说的节奏，是指那种语言的安排，这种安排创造出这些语言的来自运动情感和声音的模糊关系。然后我们便能说，在清晰流畅的简单歌曲中，"其节奏并非弥漫在单个的文字中,并不是以有力的一上一下从各个单独的文字涌流出来和涌流进这些文字中去,而是(仿佛较之更为微弱和无关紧要)沿着其结构之下流动"①。民歌型的抒情诗,按其内容来说,"在一种简洁的叙述性导言中先解释背景,再表达情感。这种抒情诗直接与活的经验及其形式相联结。这种诗歌抒发一种情感,就像真实中产生之时一样"②。在艺术性更强的诗歌中,语言便表现得更加有力("倘若一首歌的整个韵文——或者就算好几行这样的韵文——是一种高一级的统一体,那么每一行的单个文字在极端情形中就会聚合为不同的统一体了。")。但伟大的抒情诗的代表,赞美诗,把语言提高到其自己生活的高度,正由于其中活跃着非常有力的节奏之故。"弥漫在字群中的不仅仅是内容,而且节奏还有力地把单个的字都互相扯松,致使它们的接合处开了口。"这句话说的是霍得林(Hölderlin)。但即使在我们德国当代的先锋派抒情诗中,我们都渴求一种不会被早先的图式所阻碍的节奏。与此相反,另一些艺术家则把自由节奏称作是自我矛盾。那些感到受形式羁绊的,感到在最严格的节拍中不能完全自由行动的诗人,干脆就不是一位诗的里手。诗的形式是可行的,而且是至善的。高蹈派诗人认为,正是具有最大天才的诗人才寻求严格形式的限制,所以他们才坚持对形式的要求。他们丢弃了可以更换位置的中间停顿,而运用古典的十二

---

① 见伏里德里奇·希伯(Friedrich Sieburg):《抒情诗的发展》,《美学与一般艺术科学》,第 14 期,第 356—396 页。

② 见《美学与一般艺术科学》第 7 期,第 384 页。

音节的抑扬格式。高蹈派规定，即使是押韵音节起头的辅音，在两个字中都必须是一样的。这就妨碍了诗的韵。就连在普通艺术理论之内都能找出两种对立意见。当一位诗人开始于任何观念，而把这些观念当作是一首未成形歌曲的核心时，按照他对于飘忽在眼前的形式进行扩张的能力，那么牢富的意象和语言便程度迥异地涌流出来。那种用华尔兹六韵步节奏或者用头韵的文字限制进行表达的强制是必要的，也是有益的。然而即使对于一位语言修养极深、技巧极高的人来说，其效应在节拍处理上也是有限的。诚然，我们不能指出其界线，但我们必须在原则上承认其存在。另一个疑问产生于形式与图解的模糊，这种模糊已经常受苛责了。它是由高蹈派诗人及其在诗人中的信奉者的理论所培植起来的。自由节奏就提供了一种反证。虽然他们的辩护者们免除了诗节的划分，而且蔑视重读与非重读音节之间的一种固定交替，蔑视重音的最高数量，但他们却保留了最大的节奏确定。而更重要的是，那种对图解的过分忠实易于把诗的实践限制于传统的方向，并把诗论推向误解。例如，要谈到节拍音步就成了旧的形式信条的错误。节拍音步是用以试图从因素中建立起来的概念性辅助物，在那种起始于给定的大的统一然后又回归的方法中，没有它也行。即是说，一般来说，我们所实际听到的就包含了文字的音步。比如说，我们听到了这样的话："啊，宁静、柔和、皎洁的夜"（O stille, sanfte, silberhelle Tage），它根本就不是抑扬格，而是扬抑格音步，第一个音步的前面是诗句的第一个非重音。若为了符合于图解而用抑扬格音步去重新组合这个自然的语序,那就会产生出实践与理论上的困难。

在这些启发之下,我们将搁置这一论题。然而那没有解答的问题依然是很迫切的:抒情诗的根本特性是什么呢?从总体上看,我们可以说许多个细节都依然是模糊的,必须像尝禁果那样去欣赏它们。我们所考虑的是无实体的文字网,内心生活在这个文字网中进行发展;文字的含义和声音在抒情诗中比在更真实的史诗和更活跃的戏剧作品中更突出地占着支配地位——所有这些,我们都已经讨论过了。但还要加上一点。一个抒情的自我,不论它证实为多么模糊,却总是集中在一点上的。海利纳·赫尔曼说得好:"只从这一点便足以能抓住其内在资源了。""这个人使自己完全沉溺于某种心灵状态,并让它向内在和外在的各个方向散发开去。固定在一个存在之特定情绪中的强烈内心情感在节奏语言的震动中呈现出来。这种心理状态是自我封闭的。"[1] 许多种材料都可安装在这种圆圈里。历史发展偏爱于少数几个。早期抒情诗中流行的不仅是表达形式的一致性,而且还有对待事物的观念的统一性。那节拍之叮当和诗韵之流淌在末期衰败的模仿中简直使人难以容忍,因为这样的诗文写不出什么新的内容。直到最近甚至还有些当代的美学家们把赞颂爱与自然以外的东西当成是对真正抒情诗的背叛。那么,抒情诗歌就成了只在一个方面成熟的年轻生命的艺术,这些年轻的生命将两性之交媾当成

---

[1] 见1914年《美学与一般艺术科学会议报告》。

是世界的含义。广义地看，这种诗歌被当成是去帮助纯粹、道地的情感进行直接表达的手段了。诗人的笔一挥便应说明这些情感，便应说出为什么痛苦，为什么高兴。情感愈强烈，诗就写得愈好。最后就声称，每一首真正的诗都必是能唱的，仿佛不加上音乐它就会不完整一样。

在早期诗歌的这三条规定之中，第一条已被丢弃了。因为当今的诗人们已经极大地扩张了他们的材料范围，而仍然待在抒情诗的界线以内。由于在所有时代里都是这样的；由于那些用桎梏下奴隶的语言描写自由的诗人以及那些把实际生活的一切领域引进笔下的描写生活的诗人都一直感到自己就是真正的抒情诗人，所以那些迂腐的界线就成为无用的了。只要它是个好的艺术品，又具备诗的形式，我们就应当承认它是首抒情诗。对于内容的每一个限制都是与艺术理论之精神相违背的过错。但我们必须要求，真实世界的各个方面必须完全从其日常生活的背景中转移至永恒的精神领域中去，这些方面在这一领域中以相互的结合形式各各依照其内在规律性而交叉起来。这一基本原则正是我们摒弃那种个人因素无限度压倒一切的、原始情感为其根本核心的诗歌的原因。世上任何艺术都不能使我们的基本情感满足。情感若强烈地逾越了艺术的形式界限，那么它们纵使在抒情诗中也是不会再有任何地位的。极强烈的兴奋与艺术无缘，这些兴奋可能通过它们的以及由它们所释放的东西的个性来吸引我们的注意。但在这些之外，我们应当要求情感之洪流必须进行修作和成型——即使当这种精制的产品与那种原始热情之压力在其中推进的诗歌进行比较时，有遭到轻蔑的危险。这种结结巴巴的，以姿势狂热进行表白的抒情诗使我们想起了哭泣呼号的孩子。只有当这种病态的狂热平息时，艺术之抒情诗才能开始。当然，这并非是要拒绝作者情感的加入。歌德说每一首好诗都是偶然作成的，这一断语就体现出诗在形成之初的这种个人因素。但此处所说的抒情诗的情况也适用于其他艺术。在那些对过于公开表露情感持鄙弃态度的情绪的艺术品中，反省替代了活的经验，甚至用新的事件去为记忆中的心灵状态提供更好的基础，偶发事件的可经验的形式溶化在艺术形式之中了（参照弗朗兹·鲍姆加登的《科拉得·费尔蒂南·梅尔的抒情诗》[①]一书，他说："梅尔为了形式而丢掉了活的经验"）。最后，我们已经考虑了诗歌与音乐之间的关系。这样的诗歌就像歌曲一样，应产生出声音，而且其本身就像音乐那样唤起我们整个模糊的情感兴奋。倘若加上了音乐，那么其主要的事实仍然是音乐艺术品的出现。因为音乐是最霸道的艺术，它纵使处于附属的地位，也要保留其根深蒂固的独立性。

真理往往在我们预料不到的地方出现。谁会到约翰·斯图亚特·穆勒（John Stuart Mill）的作品里去寻找抒情诗的真谛呢？然而按照这位英国功利主义者的说法，真正的抒情诗达到了诗歌的顶峰，而叙述性作家则根本不能被看作是诗人。我们就用穆勒的话来总结我们的思考吧："正如抒情诗就是最早的诗歌一样，倘若我们现在看待诗歌

[①] "Die Lyrik Konrad Ferdinand Meyers"，见《美学与一般艺术科学》，第7期，第372—396页。

的观点不错的话,那么抒情诗也是比其他任何一种诗歌更杰出的更特别的诗:它是对真正诗的气质来说最自然的一种诗,是没有天资的人最难模仿的一种诗。"①

---

① 见《全集》,1874年版,第0卷,第197—222页。

九

空间和图像艺术

1. 空间艺术的手段与种类

一提到图像艺术，我们便会不期然地想到挂在墙上的框架里的彩色画，或者立在座石上四面都能看得见的雕像。然而"图像艺术"（bildende Kunst）这个术语的限定却使我们大伤脑筋，因为归根到底，它当然是一切艺术所形成格局的工作。进一步的反省之后，我们发现连工业艺术都属于图像艺术之列，图解和绘画都应包括进去，那些为了视觉愉悦而手工制作的东西常常只充填了修饰的表面，我们发现有着比完整雕塑更多的浮雕。最后我们便意识到差不多每一种这样的作品中可供区分的方面之多：其制作的材料、其表达的含义（也许作为一张画所表达的含义），以及对于那种从中流露出来的生活所持的情感态度。（斯切高斯基〔Strzygowski〕区分了材料〔纸、木等等〕，处理模式（蚀刻、版刻等等），题材〔肖像、风景等等〕，图像〔人、动物等等〕，形状以及〔内在的〕含义。尤的兹〔Utitz〕谈到了和谐共处的，从某种意义上说又是相同的层次，比如说材料〔它必须是真正的材料〕和描绘之种类，亦即制作中的暖色及各别着色法。这样的层次可以一个接着一个，不受题材的限制，直到该题材仿佛揭开了面纱一样呈现在我们面前。现象学又加上一条，认为能使分层法成为直觉上显而易见的。要想了解艺术品中表现的是什么，直觉的洞悉就足够了，不必进行概念上的阐明。）

所有的图像艺术中有没有一个共同的特征呢？艺术鉴赏家费得勒，创造性艺术家希尔德伯朗（Hildebrand）和艺术教师科尼列斯（Cornelius）在那种自然状态的材料对象上所进行的造型活动中找到了它——这是从视觉需要中产生出来的活动。当然，他们在证明和制定这个观点的方法上是不同的。

科纳得·费得勒将艺术经验当作是一种知，他通过液化真实的概念来保留其特殊的认识特征。"艺术的哲学是从一种已经过时的真实的概念中发展而来的。"（见《艺术手稿》）知与固定的真实并不是截然分开的。相反，基本的世界材料以两条路子——思考的人所行的以及积极的和艺术创造的人所行的这两条路子——使得对于真实之理论概括得以可能。倘若费得勒只停留于此，而断言人能够制作出概念世界和视觉世界，那么我们便至少会有一条清楚的结论。然而他的实证主义却阻碍他去承认任何这样的创作理由。这种实证主义把概念的逻辑含义和文字思想的心理存在等同起来，而在总体上把理性活动当成是自然进程中一种有意识的发生事件了。而且在各个方面都会出现困难。这一观点所不能处理的宗教与道德难题则丢给沉默去解决。艺术活动显然从一种已然构成之真实出发，这个事实本身即导致了一种相当模糊的传统世界之画面的插入。然而首要的问题是，非图像艺术便退居为陪衬地位了，虽然费得勒看出了恰当的文字艺术的入门。"语言并不是对真实的表达，而是真实的一种形式。"

这种思考在第二种情况里就简单一些（由于他们特别

涉及深度问题，所以我们应当注意西蒙尔在《美学与一般艺术科学》第一期中对这一点的论述。他似乎认为，深度那一线度在真实世界向图画的转换中经历了一种质的变化。他想，第三线度在真实世界中不易被眼睛所感受，而在图画中，眼睛就能直接感觉到它，但它又完全退出了触觉领域）。格斯托夫·蒙塞尔（Gustav Münsel）在《美学与一般艺术科学》第 2 期第 219 页中谈到了与此相对立的看法："图画的视觉方面由触觉、听觉和嗅觉进行了联觉补充，因为这些感觉是形成真实世界的观念所必需的。这些其他的感觉系统有某种它们在图画中转化而成的视觉一面。"

按照阿道夫·希尔德伯朗的说法，图像艺术的功能就是去描绘物质世界。[①]（在鲁道夫·勃塞〔Rudolf Bossert〕的《雕塑艺术与艺术课程》一书中，他把希尔德伯朗的理论与罗丹观察事物的方式进行了甚有指导意义的比较。）物体只有在一定的距离之外才有完整的外貌。这当然是事实，因为一个远距离的形象也是个两线度形象，其深度关系是我们用那种我们通过视觉运动、视觉调节而获得的近距离对象的认识推测出来的。当近距离感觉时，我们过于强烈地感知其视觉过程的短暂连续，因而对于远距离对象的统一与永恒观便不可能出现。我们把空间艺术从时间艺术拉开得愈远，我们便须愈加着力地去坚持这种远距离形象的法则。因为只有这样，我们才能在顷刻之间具备显见的永恒观。那么制图员和画家就比雕刻家有利。因前者在平坦

---

① 见《造型艺术的形式问题》，1910 年第 8 版。

的表面上创作，只须去观察远距离对象的特性就行了。而且这些远距离对象本身也是平面的。我们还用我们在注视远距离对象时的增补工作来促成这幅平面画。画家可给他的两线度形象以自然赋予远距离对象的那一形状。这样，我们当然就似乎在看着一个三线度形象了（为方便起见，我们把绘画的〔或造型的〕观察事物方式与绘画〔或造型〕艺术相区别开来，虽然那些区别在特殊艺术中得到了承认。因而我们便有理由说到图画的造型效果或者一组造型形象的画面结构）。按照这种观点，一幅画便是空间和形式的一个有机整体。其功能并不是去叙述一个事件，而是去传达经验世界的一种空间直感需要。

汉斯·科尼列斯把这件事看得有点儿不同。他说，图像艺术家若旨在供给观者一个观念，那么他就不应当重复对象所出现的某一种方式，而必须提供出对象的独特外观。"一个对象的外观……它在观者心中激起那种按规律选择而不是任意选择的形状或色彩之间相互内在联系的一个固定观念——不论这一观念是否与所见对象的实际事态相一致；倘若是一致的，也不论它们一致到何种程度——这样的外观就称作是独特的外观。"（见《造型艺术之基本原则》和《艺术教育学》）

倘若对象的观念在所有的图像艺术中都以上述方式加以改造，倘若连造型艺术都因而应当起着像远距离形象那样的作用，那就应作出进一步的判断（我们想审查这一判断），而认为绘画和造型艺术都同样是用来使深度直感化的。然而远在透视缩短法出现之前绘画便已存在了，而透视画法是作为表现手法而被人们发现的。那些还不能在平面表面上模拟深度的儿童和原始人都急切地作画,并从中获得快乐。第三线度只是在艺术的发展之中另外补加的。确实,这是由于一种需要,就像眼睛为追随其视觉能力而进行的肌肉运动的需要一样。我们仍能欣赏那种完全保持为平面的图画,并能立刻把它们与造型艺术中完整的形体相区别。

我们常常遇到需要进行平面表面的艺术处理的情况,不论是着色或不着色的。想一想产品的商标吧;想一想印制商、出版商的设计图、书的印版和那些字母交织的图案吧。由于自然的形式来自字母,或字母来自自然的形式,所以书写和现实便一道演起小小的舞蹈。就连纸上的空间都被熟练地包括到高度抽象的格局中去了。艺术家的目的并不是去获得图像效果,当然也不是去获得肉体性。整个设计都保持为一个平坦的表面,只呈现出那样的深度,而大部分又是通过那种似乎为分类所必需的遮蔽法来表现的。我们已经遇到的这种线条的交流能力在画谜中大大地增强了。搞纹章学的人熟悉一种习语叫"说话的兵器",意即那种盾的纹面图案——似乎是——给持盾者标上了名字(比如,一只山上的母鸡就代表了汉尼堡家族)。虽然这种说话的兵器并不是画,但它有艺术价值。纵使是现在,线形艺术都忠实其起源而一般保留着与书写的联系。我们发现日本的版画上有书写的文字,它一方面是为了解释这个版画,一方面是为了装饰。我们还观察到那种在书法中常见和常用的直线运动大体上都影响着绘图的线条节奏。手已经习惯于那些匆忙制作起来的用画笔画在纸上的或者铁笔刮在棕榈叶上的形状。其他的规则规定着书写。而且更重要的是，当绘画总在强施新的职责，获得新的魅力时，书法则满足于实践上字迹清楚的目标（而且甚至连这一条都并非总能达到）。然而书写可有一种艺术之完美，与这种完美对比之下，我们对每一件印刷的铅字都是无动于衷的。我们说这是事实，倒不是由于书写遵循了书法的行业法则之故，而是因为，它虽然缺乏机械之完善与精确，但能满足个人对于确切的需要，对于功利和统一的需要。① 当艺术家把文字装进玻璃窗，装入格栅或添进图画中时，他们对排字工的字母样式是绝不会满意的。他们依照各别的背景而改变其形状，狄勒在《几何学》一书中为两种字母表的设计提供了指导，而且近来，我们手头就有美化和丰富我们铅字的潜在力。

我们立即能从这样的事实中看出，有一种根本就不涉及第三线度之描绘的多方面的艺术活动。当我们为其最简单的形式进行理论表达时，我们谈到其线条与平面的抽象艺术。在内容上，它与装饰和修饰恰好相合。在艺术发展上，这些都以一种最朴实无华的辅助身份控制着起始和随后的阶段。在形式上，玩弄线条的花样，而这些线条在任何意义上都不必是现实的画面。相反，它一方面满足于轮廓和格局的审美愉悦，另一方面又满足于教学及实践目的之运用。（在那些思想同一的许多个研究者当中，让我提一

---

① 参见路易丝·F. 苔（Lewis F. Day）的《新旧字母表》。

下奥斯卡·乌尔夫〔Oskar Wulff〕。按他的观点说，节奏在空间和修饰艺术中控制着韵律感的作用，因为它在线形系统、平面和总体的规则结构中是表现为对象化的。但在图像艺术中——以幻想为目标——那种重现原则便起着主导作用。至于其中介，我们想到的特别是钢笔、铅笔、铁笔、刻刀、蚀刻盘和版木。）

　　线条本身有其特殊的语言和习语。它们就像音乐里的音一样，结合为分立的形式；它们或像无尽的旋律一样，能不安地从一种转至另一种，因而它们在原则上便不必有任何终结。形式上发展了的感觉纵使在这样的结构中都能形成那种不太敏感的眼睛只在清晰的分立中才能意识到的特定法则。线条画的自由节奏只是在现代才有意识发展起来的，这一点正与音乐和文学的历史进程相一致。这些节奏形式的理论还有待于人们去写出来。节拍和自由的直线结合是由统一法则、放射法则和重复法则所控制的，而那种大与小、右与左、上与下的机械平衡都限定在不太活泼的从中能找到匀称的结构之中。放射和重复在本质上也意味着统一。前者包含了从一个中心或主干的分叉，后者则把相同的单位并置起来，确实，既然没有任何真实的东西被当成构成成份而包括进去，那么这样做便是无须踌躇的。因为真实的东西抗拒重复。它们越具体，这种抗拒便越坚决。但产生统一的主要方法则是去利用临时边界。当一个格局在一个简单的几何图形中画出来之后（当然，过后要能擦得掉），那么这个格局便获得了更大的连贯性。这样的紧凑几乎可与大理石雕出的塑像之紧凑相比较——封闭或开放格局中的直线通常都有建筑价值。竖线，能牢固地支撑或站立；横线，能结合或分离。横线的效应较小，因此便倾向于由重复、加厚而使之强化，由那种包含在整体中这一明晰的事实而使之强化。全长的横线不仅能唤起宽广的感觉，而且还能唤起重量感、静止感，确实，还有悲哀感。曲线易于使人联想到运动，缓缓下落的手或扔出去的石头便画出了一条曲线，这是我们常见的现象。

平面表面的修饰性充填，纵使加上了色彩，都能保留其基本特性。一幅地毯，不论它是否上了颜色，那固定的和最终的底子必定是墙壁，因而其表面就不允许存在有深度的图案。当十六世纪初期人们引用透视效果时，地毯设计便失去其生动性和独特性了。我曾见过一幅1682年的哥白林名毯《逐出寺庙的太阳神》，它描绘出四行立柱，四个有深度的平面。这种对于画架画的模仿毁掉了一切。除了挂毯和地毯之外，我们还可提到那些利用色彩手段从远处吸引注意的印刷体文字招贴以及图画招贴。

当然，最有用的艺术品都是三线度的。由于它们与建筑物共有这一特点，所以我们首先就要去熟悉那些对于这种功能作品来说是特殊的，或至少由它们极清楚地加以示范说明了的原则。所以我们将考虑，对于材料的重视便是一个原则，这一原则在此处最好理解。我们应区分两种情况。我们可把重点放在那种糅合到抽象空间形式中去的材料的价值之昂贵上。倘若材料的外观也同时被欣赏，这就很合适了。因为每一种价值昂贵的东西都很稀少，而且易于达到艺术价值之珍奇。对于事实的重视（我们在历史剧中所要求的而且当作合法的自然主义效果之一的那种重视）甚至使我们去保留材料结构中偶然的特质。彩虹色器皿之奇特的花样，玻璃制品在熔化和铸造操作中出现的变幻莫测便发展为一种最精美的艺术创造的根源。而且优秀的工业艺术倾向于给所用材料的特性赋予一种普遍价值。若喜爱用廉价的仿制品，便不仅在审美方面而且在道德方面出现破坏性效果，这是个事实。因为这样便破坏了真与真诚。认为审美幻觉促成了对于材料的忽略，这种理论是可悲的。但另一方面，我们也不应用狭隘的眼光去看待材料的构成。比如说，木料，它总适于罗可可式的涡形线条。从古到今所有盛水的器皿，至少其内空都是由木头弯曲而制成的。一张椅子，当它利用木头的顺应性时便容纳、支撑、伸展成圆形（顺便说一下，我们这些书桌的奴隶们都不应让那些家具木工来制作我们的椅子，而应让肌肉生理学家们来使我们的坐椅尽量适应我们身体的形状和总体）。木料正是桑柏（Semper）所令人信服地证实过的那种材料，其缺陷（持续时间相对较短，有纤维，有吸湿性）对其有效的技术运用来说，与其优点等量齐观。[①]这与那种普遍洞悉，即中介物的缺陷制约并增进了艺术成就这一洞悉是正相符合的。

实用艺术的第二个区别特点一般是该产品的功利。别针、胸针、手镯，是应扣在一起的，别起来，合起来，它们便从功用上获得其形式。衣着的主要难点就在于用途与

---

① 见《风格》，第9卷，第254页以下部分。

美观的调节上。然而我们不应过分急于追求其直接功利。少女的带沿帽，又有哪一种能保护少女的头而它自己又不需要被保护呢？但帽子使少女完美，使她的头增加通常所缺乏的量——这种缺乏是损害整个体形之效果的。总之，帽子似乎像一个圆顶一样罩在这个身体的大厦之上。仅从实践的观点来看，就连这一点都是过分的保护形式。然而这两种情况里都有一种艺术上合理的象征性功利。总的说来，功利并不排斥修饰。用赤裸裸的功利的说法，便帽、扁平的遮盖物都很好。但我们知道，身体装饰品和服装都是旨在增加效果的。所以一种夸张的因素便进入了它们的格局，这种格局导致了装饰之丰富，导致了非常大胆而又迷人的发明。这种过分不应当被指责为非艺术的，虽然它已常常受到这样错误的指责了。然而我们应当只在如下的事实中感到忧虑：该作品始终完全与人的使用相联系，而且它达不到亚里士多德所正确注明为完美的那种自我完善。若因为它们构成了无用的形式我们便试图建立一种纯艺术品的独立性，那便是非常天真的回避。很不幸，这样的情况已经发生了，而且将来还会发生。我们惊叹那种谁都不能坐的椅子，惊叹没人用来喝水的玻璃杯。这些东西便是以这样孩子气的方式表现出最高艺术完美之虚假表象的。但谁若在有用对象中只看到展现审美魅力的托词，那么谁便与他的对立面——那种认为功利便是一切的人同样犯了错。事实上，手工艺人必须以自己的意图为起点，使这种意图风格化，以至超越了实用目的之强制。只要修饰在这一任务中起到帮助作用，它就不应受到严厉排斥。回顾一下金属艺术的历史，我们就能看出，器皿、用具、墙壁托架、井盖等等，没有一样是不加装饰的。或者就用眼前较近的例子来说吧，书的封面，其目的是为了保护书页，把书页合在一起的，而且一般只在书脊上看得见，若从功利出发便不需在宽大的表面上进行任何装饰了。但在特殊情况下我就不愿没有它。在准备书的内部书页时当然都用好纸，字迹要清楚，而且黑色的印刷是主要因素，然而我把这当成是工作的开端而不是其完成。不论以古代名家的方式印刷使之呈暗色表面、空行狭窄，还是以现代的方式印刷使之呈较亮的表面、空行宽大，其目的都必然是给所印书页的意象一种空间统一。在任何情况下，纸、版式和字母都需互相协调。标题的愉悦花样、起首的字母、装饰、花边同样都要协调。

　　第三个，也就是最后要提及的准则涉及自然的原始形式在感官方面的占用。我们不谈直接可见的相似性（比如，椅背上雕刻的狮子头和真的狮子脑袋之间），因为从理论上来说这种一致性是属于图像艺术的。存在着一种隐含的亲缘关系，而不是明显的关系。用亚里士多德学派的话说，实用艺术家占用的不是特别的产品，而是圆满实现，是作用在自然形式之中的构成能力。正像圆柱柱顶之突出与凹陷是吸收了花萼与树叶形状的规则性一样，一件家具或工具的结构是受到自然的暗示的。自然表现出，规则聚合的线条必然有一个路线，当需要循环运动时，接合点便呈现出来，其构成的各部分若要从相互之间生长出来，就只有几条路可走。现代实用艺术的大师们理解了存在于自然中的这种精神，他们为解决自己面前的难题而发现了新的形式。当然，在其主要特征上新的形式总是由作品之完成与自然之指引提供出来的老的形式。所以高特伏里德·桑柏研究了四种原始陶器形式的四种主要实践（被握住、被召出、注入与倾出）以及四种自然原型（葫芦、鸡蛋、手捧水之形状、打孔的动物角），认为"这是陶工艺术中这四种概念的最完美的表达"[①]。但也有一些形式，它们从自然中分离出来，而浸透着自己的生命。

现在谈谈建筑的主要特点，这些特点并不是对自然之构成的模仿。谁还会相信哥特式建筑起源于德国森林中的云杉和山毛榉呢？纵使建筑因素明显地再现了植物的形状，这些因素也是得之于其他来源的。我们立即想到的大部分例子都落入造型或纯装饰的修饰中去了。相反，即使在建筑中，不活泼的似乎变为活泼的了。并非承受而是举起了自己重压的立柱及其在立柱群中的重复出现，这便是最好的例子。然而，它们并不是该建筑物在建筑上真正的构成部分，这一事实便推倒了这种理由的欠充分的解释。一旦——柱上楣之上——有实际的压力需要支撑，人们便利用起支柱了。而且，经常在立柱柱顶中见到的那些撑开部分似乎捧住了屋顶——一种对自然情感来说似乎是严重歪曲的幻觉。而柱顶的顶石才能支撑重物，撑开的部分只起到修饰的作用。并且，即使是顶石也不像我们所做的那样进行支撑。对于同一个词的运用不应使我们误以为

---

① 见《风格》，1863年版，第2卷，第7页。

就是拟人化。谁若充满了这种情感，那么谁便必然对建筑的这种直线和直角形性质感到有难受的压迫感。当巴杰森（Baggesen）描述不拘泥形式和拘泥形式的城市时，给这种情感作过生动而俏皮的表达——诚然，它是针对整个一个城市的建筑风格的。他说，后者不仅是紧凑的、严密的，而且是切削的、笔直的。也许那种正确的角度和四个犄角在人体中的缺乏便使我们下意识地对这些笔直的直线、方块和立方体产生反感。一个人感到这种城市里的居民一定会每天发生冲突……在曼哈姆这里，我凝固了，冻僵了，我不能跑又不能跳。我当初要在这个地方是不会谈上恋爱的，至少不会在大街上——这是在弯曲的小巷里发生的事儿。所有的温暖，所有的运动，所有的爱情都是圆的，至少是椭圆的，它们是沿着螺旋形、曲线形方向前进的！只有冷的、不运动的、无价值的、可恨的东西才像伸展的线那样笔直，那样有棱有角。倘若士兵们不站成行列而站成圆圈，那他们就跳起舞来，而不会去向敌人进攻了。所以说整个兵法的内容就在于角度的安排上……冰冷、固定、用以咬啮的牙齿是人体里唯一笔直的东西，而且大自然还把它们安排成一个半圆形呢！生是圆的，死是有角的。①

情形也许是这样的，但这么一来建筑便正成了死的艺术。因为我们不能消除现存的，我们相反应当去解释它，所以我们就寻找另一种适于这种事实的观点。叔本华从那些"构成为意志客观化的最低水平的"观念在感官方面的

---

① 参见爱伦·克伊：《少数与多数》，1905年德文第3版，第269页以下部分。

印证中发现了建筑的含义，它主要是重量、黏合、刻板与坚实。但这些观念并没具有和我们一样的生活。甚至除了它们存在或不存在，除了在建设者的目的和工作中，它们作为指导性概念能够达于何种程度的问题外——对建筑每看一眼都使我们相信，建筑材料无情的坚硬使观者面对着一种任何移情都消释不了的抗拒。建筑的一切都向我们表现出一种与我们的整个身体和灵魂都不相容的僵硬与四平八稳。建筑物待在一个固定的地方，而我们的脚和我们的思想却把我们快速地从一个地方带到另一个地方。建筑物是可见地由那种与我们生活之内在情感很不相容的数学法则所决定的。罗马风格的紧凑体制靠的是数学上的求积分；即是说一个正方形（我们完全与之不相干的一种形式）就是标准的空间单位。最终，其容量一般就大得使我们不可能移情地进入它们里面去。我们只在一个方面发现建筑物与我们有着亲缘关系。在压迫的力量与向上的对抗力量之间的对立中，各部分之间的关系便提供了（和外部条件一道）一种熟悉的情感的形式。这样的对抗是我们从我们一致的精神身体之自我的经验中懂得的。因为人类存在的特点便是，我们一旦进行一个身体运动或作出一个决定，我们就会知道其对抗的力量。但建筑所用以表达的语言并不是我们的语言。尤其是石头建筑，当它忠于其材料时，它便坚定不移地立着。即便在最纤细的支撑物中它都能呈现出极致而又保留其材料的坚实性。扶壁的哥特式体制给人以石头之坚硬的假象的地方，就只有道德价值——一旦世俗的被克服之后它便得以实现——才能为这种对于材料之完整所作的侵犯起到协助补偿的作用。① 而且，通过这种方式，一般来说建筑便被引入绘画艺术的糅合中去了。只要上文提到的压力和抗压力之间的对抗在没有其他艺术的帮助下发生了，它便作为固定生硬的回弹而耗尽了自己，或者更确切地说，它作为盲目的自然力所不能分解的对立而停留在同一个地方。

就连这样的说法都不能使我们满意。实际上，在无数个情况下，我们根本就不去关心这种力与重力之间的对抗。我们的住房既不像戏剧行为又不像音乐各个部分之间的那种对立。我们不想要那些墙壁、天花板、窗户和门来提醒我们什么积极力量以及这些力量的反作用（有门窗使我们与外部世界相联系，地板、墙壁、天花板都在包容并保护着我们。所以埃得加·爱伦·坡在他的《布置房间的哲学》——该书由鲍狄赖尔译成德文——一书中就反对了当时很时髦的大玻璃镜。坡高明地描绘了玻璃镜那讨厌的平滑、无色与单调的表面。他巧妙地表明，一面巨大的镜子作为一个反光的平坦表面——好多面这群的镜子加在一起就更其如此了——便移动了一个房间的形状与分界。而且在对应用艺术的过分估计方面，坡还是现代观点的鼻祖呢。"法律问题上的权威可能是一位普通人；而地毯方面的权威则必然是一位天才。而我们却见过人们以一种痴呆的表情谈论地毯呢。"）。一个房间，可以说便是人体最后的、最外部的包容物。它必须像衣服一样平静地、保护地安置

---

① 见约翰·罗斯金:《七盏灯》，1900年德文版，第112页。

在身体周围。反映一种活跃、蓬勃的情绪的,或者反映一种艺术个性的房间陈设与人类精神对其环境的波动性要求是不相适宜的,对脑力劳动者的需要是极不适宜的。"除了那些从少年时代起便习惯于这种环境的人以外,华丽的房间、精致的家具是那些没有头脑,也不可能有头脑的人用的。"这是歌德对艾克曼说过的话。(赫曼·苗西修斯〔Hermann Muthesius〕在《文化与艺术》中所引。苗西修斯还加进了一张引人注目的插图,一个人在这样的房间里必须"用药棉把他这个身体建筑的耳朵塞起来"。参照苗西修斯的《工艺美术与建筑艺术》[1]和伏里兹·舒迈克(Fritz Schumacker〕的《建筑师概述》[2]。)当然,若有可能,我们还是应当保留色彩配合,合适地覆盖墙壁,使天花板充满愉悦的生气,但所有这些只是在对建筑结构没有任何侵扰的情况下才行。对于这个结构来说,那种非机构力量的坚持与对抗几乎不能作为彻底解释的准则而成立。在合适性方面完成的发现便接近于真正的准则。确实,如果我们加上一条,按照理性和实用对空间所进行的利用是我们的指导思想,那么这就是真正的准则了。这样,住房就会非常适应于人的需要,而使它同时又有助于确定建筑这门空间格局艺术的特征。并且,对于所有巨大的办公楼和商店来说,内部的设计与照明是决定性因素。直到现在,人们在建造剧院时总还仿照意大利包厢式大厅,并且外部又没有恰当地显示其剧院特点,这便是不可原谅的了。高特伏

---

[1] 见该书,1907年版,第122页。

[2] 见该书,1907年版,第69页以下部分。

拉得·桑柏第一个深信："以建筑的真为基本出发点"，"大厦的一个部分是如此之必不可少，因而该建筑物的后面部分——以其辅助空间包围着这个舞台——就必须以最大的独立性加以表达，加以刻画"。利其奥克（Lichtwark）曾表明，大多数博物馆建造得多么荒唐。因为我们所有的爱都过分倾注在建筑物表面的雄伟之上，所以博物馆便成了非常不适于收藏艺术品的地方了，而且画廊降格为散步的场所。我们就像在喧闹的大街上一样从中得不到休息与安静。我觉得克理斯蒂安·阮（Christian Rang）关于大路德教堂的形式应当改变的程度所下的判断是值得一提的。他要得到整个空间的统一，圣坛在中间、布道坛到处都能见到的这样一个中心方案。我倒认为，通常钢琴的位置和唱诗班的位置也应当改变。因为听者歪着身子朝向音乐的来源，这样就很不舒服。在大量相同的例子里引用出来的这最后三个例子当中，传统妨碍了自由与现实的设计。先前提到的百货商场的情况便是如此。但那种情况里便需有最大限度的明亮，这种需要又有完全毁掉封闭的空间的印象的危险。钢铁结构的骨架式有可能把紧密的部分降低到最小限度，而在总体上把空的地方表现出来。那种盛行的使人兴奋的橱窗修饰已经证明是与建筑风格互不相容的了。加之，钢铁有柔韧性，它可以随意使用，所以便不会向建筑师施加任何限制，而这样的随意性是危害每一种艺术之生命的。

　　用几句话总结一下，我们所考虑的目的首先应当确定空间内部的形状，以此为手段，再间接地去控制外部结构。

如此，我们便达到了目标。我们现在理解了，我们所关心的是空间形状及其对空间情感的影响。一般说来——按照史马索的例子——在建筑包容物的起源中有三个构成因素（当然，它们总是互相渗透的）可以区分出来：触觉空间、活动空间和视觉空间。史马索说到利用这三种方法所明确理解的活动房间时说："首要的东西是作为手术室而环绕着人的空间部分，而不是我们用以实现这一空间的材料总体的竖立。所有静态与机械的准备，就像有分隔的包容物的建造一样，不过是达此目的的手段而已。"① 人为人所创造的这种空间的概念形状可受横向中心线的支配。这样，我们就以纵向透视的方式看见和感觉空间。或者，就像哥特式风格中那样，可以强调竖线度。或者最终，在建筑物的中心会形成一个（可以说是）封壳，它绕着一个焦点呈圆圈状。所有三种可能性都可用重复和接合的方式使之更有效应。倘若这种情况单独发生了，就像罗马建筑中那样，那么一种与哥特式建筑中不同的情绪便出现了，这种情绪排斥所有的选择，并不断追随该结构的规则性。

然而我们应观察到，从目的思想产生出来的统一的空间形状需有追加的辅助物才能确保建筑在艺术中有一席之地。任何东西仅靠需要是不会成为艺术品的。在这一方面，建筑物就像人体一样。骨架，这个全身隐含的支撑物需要有肉来充实。我们欣赏形状之丰满，欣赏其和谐与优雅，却根本就没有注意到这是怎样来的。从远处看，建筑物的

---

① 见《艺术科学之基本概念》，第184页。

结构绝不会突出出来，它与邻近建筑之间的关系、地基、轮廓都相互影响着。尤其是颜色，在空气潮湿的北方必须比阳光充足的南方保护得好。布罗诺·托特（Bruno Taut）在他的迈得伯格（Magdeburg）工程中就没有充分注意到这一点。东方国家的家具和内部修饰都喜用冷色，而西方国家就喜用暖色。大家知道，我们必须把古罗马纪念碑式的建筑想象成涂满了油漆的样子。而且甚至连出现在建筑物上的阴影部分都产生出色彩的细微差别。

当我们重新审查我们对一个建筑物的第一眼印象时，我们便想起了远处图画的法则——我们开始时讨论过的法则。因为建筑物的主要线条和颜色——该建筑物作为平面表面而出现在无指导的目光前——就提供了图画的印象。但即使在这一方面，建筑仍是一种非真实形式的艺术，因而便与我们所说的绘画艺术不一样。建筑在其根本特征方面是对空间进行抽象处理的艺术。

2．雕塑

数学使我们习惯于把物质对象和空间看成是一样的东西。认识论也倾向于在广延这一概念之内包括这两者。但在艺术中，空间就是被圈定了的真空，物质对象（可以说是）只有一个可能的地方，而对象自身便是空间一个部分的填充物。在建筑中，内部空间是决定性因素，其形状从外部就可以看出来。在雕塑中，主宰的因素是身体的外在形式，我们总是把它想象为实心的，尽管它实际上是空心的，而且其表面似乎是向我们迎面扑来的宽大的身体投影。在建筑上我们关心的是抽象空间的效果，在雕塑中则关心具体形状的效果。前面一种艺术与有机体的本性没有什么共同之处，而后面一种却有大量的共同之处。处于这两者之间的是"身体主体的艺术"，我们在方尖塔、建筑纪念碑和墓地里赞美它。这种艺术与无生命现实的形式相联系，表现其独特的刻板及耐久性，保持为抽象的——然而它是物质价值的创造者，而不是空间价值的创造者。浮雕适用于纪念碑（在《美学与一般艺术科学》第3期中，理查·海曼〔Richard Hamann〕划出造型修饰的三种功能：填充并装饰空间、充当大厦之结构部分、装饰一个平坦的表面〔浮雕〕。他还识出了三种风格：古风的、古典的和巴洛克的）。浅浮雕有墙壁固定的支承，墙壁也为之形成分界，而且浅浮雕仅是这一表面稍稍隆起的一种修饰。深浮雕就更加独立一些，而且接近于全部深度的造型描绘。浅浮雕寻求绘画效果。在骑马者纪念碑的底座浮雕里就出现一种特殊的情况，街上的人们只匆匆地投以一瞥。很不幸，最广泛而且最熟悉的浮雕——纪念章、硬币和徽章——仍然只由专家和收藏家们去欣赏。这种细小的造型艺术是一种观念的艺术，它提供单独的专注性满足。

　　但即使是纪念碑和浮雕的数量变得多于塑像，雕塑的独特性也会变得更加清楚。我们可以用如何观察一个塑像这样的问题来首先从形式方面说出雕塑的特点。一些理论家们认为观者应当离雕塑近一些。我们在讨论远处的形式时看出，当一个观察者较远的时候，他便获得一个平面表面的印象，这就正与塑像三线度身体特性的目的相反。观者只有把自己限定在一个小圈里，绕着塑像转圈，这个圈子小得几乎可以说，他是在用自己的眼睛去抚摸该塑像的各个面，只有这时，他才能合理地评判这种身体特性。反对这种观点的说法可以认为对象的连续一致的视觉形式当然与运动的观念相联系。而另一方面，把自己局限于触觉的亲近并喜爱绕着塑像转，那就会有毁掉其统一性的危险（参照理查·霍恩耐姆塞〔Richard Hohenemger〕在《美学与一般艺术科学》第六期第405—419页中说的话，关于盲人〔他自己亦是盲人〕，他说，就连他自己都不可能在触到身体形式时便能说出其审美价值）。这个问题牵涉到确定甚至分离。用每一种测量，工人都力求得到确定而艺术家则借助于底座获得表达上的分离。框架对于绘画的作用是什么？舞台对于戏剧的作用是什么？底座对于雕塑品的作用也就是什么？底座使得塑像与周围环境相分离，而且从外部将它划定为独立的存在。此处，有某种高度易于通过强使观察者背离正常的视线而证明其有效性。模仿性演出若在与观众同样高的地板上进行，就使我们感到是无意义的、非艺术的。演员似乎并不是另一个世界的代表，而成了我们当中的一员。同样，若把图画挂在我们的眼睛的高度便会使我们惊讶——或者更确切地说，它就会诱发一种不恰当的熟悉感。所以如果塑像的脚所放的地方我们的脚也能放，那么情形也同样如此。由于独立的、自我封闭的情感是如此之重要，因而那种视线触觉的观点，绕着塑像转的观点便很难被接受为适当的了。

包含在这个反省中的还有更深一层的观点，我必须表达得更明白一些。1849年，罗斯金阐明了（在他的《七盏灯》一书中）雕塑家从石头里得出的不是一个事物的形状，而是这个事物的效果。诚然，雕塑家这样去做，是因为埋置在大理石内的真正的形式激起了一种与自然经验大不相同的经验。一尊雕像并不是一个发呆的人；一个半身塑像并不是一个填充的死者面部模型。艺术品里的中空和隆起根本就不必去再现真实。它们是为了恰当地分配光线的明暗。所以在古代雕塑的典型作品中有着与原物最明显的偏离。不可能有的"天使的额头"便是一个熟悉的例子。古希腊最优秀的艺术家喜爱增加一点骨骼的柔软性，以提高关节之极限以外的运动效果。这种情况也已讨论几十年了（也许最先是W.亨克在《米开朗基罗与古希腊罗马文化之比较》一书中讨论了的）。现代雕塑家采用最不同寻常的手法去避免可见的与可触知形式的模糊。从石料中得出一个形状，其含义在任何一个我们可能认为是创造之奇迹的地方都是合理的。对于这样的实践，我不愿贸然确定它是否具有持久的收益，但我们因而都赞同去反对把材料的艺术世界与材料的自然世界相等同。我们欢迎技术上的有利条件，它能使我们自己对事物的认识服从于视觉印象，并向造型作品赋予隐蔽的、有情感气氛的和神秘的全部魅力。

"视觉印象"这一术语尽管与认识相对立，但它所说的看是指"心灵的眼睛必须与身体的眼睛形成有力的结合而不停地活动"（如歌德在谈勃肯涅〔Purkinje〕的论文里说的那样），是指一种少不了内心支持的看。赫蒙·巴尔在一本他称作《存在主义》的书里按照看的不同种类把图像艺术的历史——它与乌尔夫林的大不一样——组织成：（1）相信自己心灵的眼睛的时代（像差不多所有的原始与东方艺术那样）。（2）让身体的眼睛占主导地位（像《泰尼的阿波罗》之后的希腊艺术及所有与希腊风格相一致的艺术）的时代。（3）斗争（哥特式雕塑与巴洛克艺术）与着意妥协（辽纳多、莱姆布朗、策查尼）的时代。据说最大的差别存在于东方艺术——它吸取外在魅力以便立即把它当作幻觉而暴露之——和那种当自然尚未理论化时便旨在使之惊奇的印象主义之间。这种既巧妙又激烈的解释无疑是以那种隐藏在许多假象之下真正的对立为依据的，这种对立就是理想主义与现实主义或者抽象主义与移情学说之间的对立。艺术的材料世界和自然的材料世界之间被一条巨大的鸿沟隔开了。甚至连汉斯·科涅留斯（Hans Cornelius）为之辩护的，常常被误解的"独特的见解"都被艺术家转换成对象的创造观念，转换成外观的系统统一，而不是单独一种外观的许多个记忆意象。雕塑，以阿克彭珂（Archipenko）的雕塑为例，是高度推论性的。阿氏给视觉本身没有留什么东西，至少没留什么真实的东西。为此，他更多地依赖于我们身体的联想运动。可见的事物总与外在世界相联系，运动的情感则与内在世界相联系。所以，与那种完全暴露在视觉审视之下的造型艺术模式相比较起来，依赖于运动审美合作的艺术实践则与内在世界更接近，因而也与精神王国更加接近。这就提出了一个涉及自然中色彩与雕塑中色彩的缺乏这两者之间的差距问题。

较老的美学认为这种对比是有价值的，主要是因为它防止了真实与意象间的模糊。维查（Vischer）详细地阐述了，加上色彩的塑像与一种较低级的蜡像相似，而且这样一来，雕塑与绘画之间的界线就被抹掉了。但其他专家们回忆起古希腊色彩斑斓的雕塑，而且——也是从原则上——对于粉色色调在表面上占绝对支配地位表示质疑。他们说，所谓非色彩雕塑起码有一种吸收光和反射光的颜色。加之，大理石及其水晶结构（晶粒）中固有的颜色及青铜和红铜的绿色薄膜（绿锈）总会产生出各种不同的色彩效果。我无法同意这种观点。因为我似乎觉得这种避免不了的，然而又是不正常的颜色和谐与我们的难点毫无关系。我们不会因为一张纸偶然有了颜色，或者故意使之着色，便把铅笔画说成是色彩艺术。我们对希腊艺术的记忆难道应当——像可能曾经存在过的那样——影响我们当今的情感么？我们最优秀的雕塑家，甚至那些通晓绘画艺术的雕塑家们都不敢运用亮色。他们每创作一个多色的作品便予以冷淡的接纳。雕塑的独特性就在于机体之艺术理想化——当这种艺术理想化局限于纯形式，因而便（正如亚里士多德所正确指明的那样）局限于人心中之神圣时。为这一目标的完全实现所不必要的任何东西都可以丢弃而无任何损害。所以颜色也一样。诚然，早先一个时期，色彩雕塑为其自身争得了一席之地，但这与其说是内心确信的力量使然，还不如说它是习惯与宗教实践意义上的存在。也许我们应当想到古希腊艺术家及其观者的心灵状态，这正与阿尔卑斯山的木雕师及购买其雕像者的心灵状态是一样的。

然而颜色虽然对该作品的丰富性与生动性起到作用——也许以一种亚洲式的对于艳丽色彩的爱——它还包括了磨光的石头、敲打了的金子的光泽，包括了与颜色雕塑中色彩的运用互不相容的材料特质。红和蓝，在白色的衬托下看上去便是纯洁、强烈的色彩，几乎有抽象的特征。我们从塔那葛拉小雕像中就能看出这种效果，这些小雕像已经失去了与陶器所原有的融合而与雕塑有着极密切的联系。

雕塑更大的难点是对于运动的描绘。至少这种图像艺术的普遍难点在此处是最突出的，因为雕塑所需要的正是活跃的、自发性的人。一般在如下的事实中找到了解决这一难点的方法：单个的形象和群像可使我们看出一个事件的逐渐展示，而快速照片在百分之一秒的同时便固定了运动身体的调集部分。罗丹肯定极详细地讨论过这样的说法。保尔·格赛尔（Paul Gsell）参考了罗丹的《施洗者约翰》，用这样的方法把这个根本原则谈清了："起初，约翰的身子待在坚定迈出的右脚上，似乎转向摇晃的姿势，所以我们的目光便愈发在左脚上徘徊。然后我们便看出他整个身体是如何倾于这个方向，他的左腿是如何前移以及他的左脚是如何专横地踏在地上的。同时他耸起的右肩似乎是想把躯干的重量移向一边，以让他那拖曳的左腿能更加易于移动。向观者传达所有这些静态的考虑，这就是雕塑家艺术之所在。然后它们的连续便能产生出运动的印象了。"①

我们是从雕塑品不可能由近处的触觉考虑而创作出

---

① 见《名人录》，1913年版，第54页。

来这样一个见解出发的。有了这种接触，其统一便几乎是不可能的了，而且实际的身体形式——而不是艺术改变了的形式——便成了关心的对象。由于裸体的身体已被审美地加以欣赏，而且审美欣赏简直就与艺术传统的理解相一致，所以这种错误理论便继续存在着。然而实际上，雕塑（Bildhauer）这个词便表明艺术家从材料中砍削（hauen）出一个形象（Bild），砍削出一个与具体的真实（它相对于抽象空间艺术）隐含着联系的而同时又意指着一种与存在之形式有着有效差别的形象来。我们只有在观察这种艺术的杰作时才能发现形象特征是如何获得的。我们从历史上学得了好几种技巧。最早的最有效的技巧之一便是把竖的中心线当作是主要视线加以强调。我们人类感到直立的姿势是最自然的姿势，它确保所有身体各部分的平衡。当然，在某种环境下我们能通过引起对横的中心线特别注意的方式而使互相对立的因素不至分离开来。但分离的外形身体统一必定以某种方式出现。所以，希腊人直接从胡乱砍下来的长方形石坯中凿出他们的塑像。米开朗基罗说（若可从一个很不可靠的来源引证的话），无须任何雕凿而从山坡上滚下一个塑像来的情况肯定是可能的。在那些所雕刻的群体中也显出类似的中心和圆形。《佛罗伦萨的摔跤者》便是一个很好的例子。群像正是我们注意到统一的力量显露出来的那种情况，这种统一的力量并不是通过一个一个用手和目光去接触各个部分而显露出来的，而是通过真正的视觉感觉——确实，基本上只是通过把各种在场的形象当成是不在场的身体整体的成员这种补充观念而显露出来的。

现代雕塑家操作的方式与传统派大师们不同。现代的方式是制作模型法。它提高轮廓的效果，而且用表面光的分配使内在的线条生气勃勃。青铜至多表明了形式如何才能与并置平面的花样一起从环绕着的有效轮廓的统一中建立起自己，而不用老的方法加以润色完成。然而其结果，材料本体的体验仍是原样的。这种体验是从预定的明暗处理，从一种几乎是印象主义的模型制作能力而来的，还是从形式本身的恬静而来的，这都不会改变目标的性质。因此该理论就不必再束缚于内容的准则上了。在此之前，这种内容的准则都一直普遍地运用在与希腊罗马雕塑的形式独特性协调一致的雕塑这门艺术中。早期美学家将雕塑的材料范围限定于纯美的，限定于纯粹的、典型的、普遍的、直接理想化的。[①] 我们的美学也认识到精神的与身体的这两者之间的距离。我们不反对描绘丑的，而且赞同把劳动者的"发现"连同其大量的日常活动进行充分的造型再现。流行的这些观点只有一点——如果说有的话——不一致，即我们的衣服是不是能成为雕塑的一个题材。那些持肯定意见的人不应把工作服的成功运用当成证据，因为就其总服务于同样目的而排斥多余的一切这一方面来说，它们有某种无限的和不可改变的一面。除此而外，我似乎觉得只有裤子才可进行几分愉悦的艺术处理。它们表现出腿的线条，在折叠和裤缝处仍保留必要的独立性，它们自己就有美的形状而且还表现出最经常的运动。我们男人和女人的

---

① 参见维查:《美学》，第603节。

所有其他的服饰都以其专断的尺寸掩盖了人体。确实，更有甚者，它们对人的社会差别，尤其是内心差别是冷漠的。然而若让十九世纪、二十世纪的雕塑家用裸体像去再现他们同时代人，那便是不幸的纠正方法。这一实践的荒诞性不会由于如下的事实而得到缓和，这个事实是，深置于石料中的人形，其与人体的相似程度并不高于那些因其相似性而得到名字和名气的山石之奇特构成。返回大自然的感伤的预言家责怪我们这个时代不能欣赏裸体美。他们没有看到，衣服是人的创造，它把人类和低级动物区别开来，而且仅因为如此，它就必须在艺术中占有一个位置。加之，紧身衣能表现出身体形状，折叠大的或在微风中飘动的衣服能表现身体的运动。问题只是，我们的艺术家应当去发现那些表现身体形状及运动——一方面表现其内在特性，另一方面又不会使目光受扰或模糊——的现代服装风格。

希腊雕塑并没有令人信服地描绘那种强烈的精神兴奋。为了建立起自然与艺术之间的差别，模糊典型的创作便取代了模仿复制的直接功效，想一想阿尔巴尼浮雕上安梯诺的面部表情吧。它表达了什么样的情感呢？人们收集了最杰出的艺术鉴赏家的解释。"一说是幼稚，另一说是欲望；一说是天真，另一说又是媚态、有意识的虚伪。这一个说是冷漠，那一个说是茫然。一位作家看出他文雅温和的特征，另一位作家看出的却是勇敢、粗鲁、骄傲、恶毒，甚至还有残酷。从他的脸上能发现甜蜜的温存、恬静、沉思、狂喜和迷恋；然后又能发现恳切、忧郁、有点儿消沉的东西，发现有一丝儿压抑感，有深沉的悲哀、盲目的渴求、痛苦的属从，发现有阴沉的东西，有严峻的克制，有一种绝望，一种内在分裂，有对生活的厌恨、正直的失望、悲观、自我约束、禁欲和无知的盲信。"① 这种观点的分歧不仅是由于每一位艺术史家都把他那个时代的基本情绪以及他自己的个性倾向强加到对象中去了——我已提到过这一点，以后还要提到——而且还由于这种典型面孔的不确定性。等待着不同雕塑的任务就是要保留其魅力而没有情感表达上的不确定性，保留形象的恰当缺陷而不失其个性。在如下这个方面我们尤其能看出造型艺术的进步：造型艺术偏离了真实，而且组成的身体解脱了需要和暂时性的束缚。它与机体世界的经验主义表达之间毁灭不掉的联系便确保了雕塑不会成为单纯线条的游戏。

3. 绘画

首先，我们须简单地提一下运用到铅笔画与油画中去的几条原则。这样，我们便能立刻看出油画高于书画刻印艺术之所在了。我们应当牢记我们所用以作画的有三个基本构成因素：线条、明度与色彩。以各别一种因素以及这些因素的结合便能产生出图画的统一。线条，一部分表现为事物的轮廓，一部分是沿着明暗的表面而出现的。明度的层次不受事物的限制，与音乐里音的高度差别是一致的。

---

① 见费狄南·赖本：《矛盾心理之表现》，1891年版，第68页。

色彩的独立性常达到一种能图解某种精神的东西这一程度。这三种可见世界可保持为表面的，或成为物质的。

我已谈到过绘画是表面修饰。艺术家若在表面勾画一张图，即是说，引进一种变换了的真实，那么他的程序是最简单最方便的了。不仅可以除去深度这一线度，而且还可略去背景的润色。在形象的上下和它们之间的部分都是空白或是一种周围真实的很不恰当的暗示。古希腊花瓶上的彩画中便有这一阶段绘画的最杰出的例子。弗朗西瓦花瓶（公元前575年）、尤伏龙尼奥的杯子（公元前500年）以及梅狄埃的水瓮（公元前425年）这些器皿上的人像本身便涉及艺术家，而且无须用透视图，无须填充相间的空白便具有连贯的统一。但技术上的难点正像真实上的难点一样激励了画家。舞蹈的女人那优雅的生气和英雄业绩的史诗就如同这些事件和加上这些名字的人一样重要（我来引用一段描写，借以说明技术上的难点是如何加以克服的。"三个女人走成一行，紧挨在一起。各人都围一条装饰不同的头巾。为了简单起见，那些用来包在各个女人肩上的头巾只表现出一条，它只披在第一个女人的右肩上和最后一个女人的右肩前。这完全不是说一件外衣可供三个人使用。它只是早期阶段的画家所熟悉的一种易懂的传统而已。只有这样，才有可能去表现那些站成纵行的互相紧挨着的人像。否则一个女人的斗篷便遮住了另一个。"[①]）。中世纪用鲜明色彩装饰了的原稿也向我们提供很好的例子。深度的

[①] 见佛旺勒（Furtwängler）、瑞其荷（Reichhold）：《希腊花瓶绘画》，1904年版，第4页。

描绘略去了，或者由两个平面的升高所替代。这种作品有点儿像地毯画，几乎从不表现出天空和云彩。对于第三线度的忽略以及在肯定之中否定价值的插入、色调间（似乎是）停顿的插入便产生出一种非常迷人的不完整。它在某种程度上又恢复了那种经常显得比完整的图画更有艺术性的草图的特殊价值。而且它又一次使我们懂得只有不当的顾虑才会使丢掉某种东西的能力受到轻视。最后，东方画避免幻觉、力求获得一种情绪的表达而不是空间再现。那种主要以模仿真实之手段而出现的油彩被抛弃了，代之以非彩色画。

那些带有介入空间的人像的表面再现在许多方面应用来表明时间的流逝。虽然这一工作也包括在造型艺术中，但它只有在其他图像艺术中才是真正迫切的。这里，音乐、模仿艺术以及诗歌的有利条件便立刻一目了然了。用康德派的语言来说，时间是内在感觉的和一切活的现实的形式。只要某种精神的东西或生活的事件形成了真正的时间内容，那么那一暂时的群体便似乎有了更合适的表达手段。诚然，那种相当大的空间对象的构成部分，观者都一一地纳入了。但他把那种与客观短暂事件相一致的意识的连续性内容与那种基于一种空间秩序的内容区别开来。绘画在不断展现的连续中只能保有片刻的时间，这一事实便当作内在与外在的时间流逝之间相一致的证据。绘画在近代的形式中满足于重现某一时刻。由于我们自己的态度，由于图像艺术的风格化手段，所以我们便不受这一矛盾的影响。这种主观的补充并不像人们所以为的那样，体现在那些反映出事先与事后行为部分的视觉形象的导入活动中，而体现在概念的增补或原动的插入中。

那么艺术家如何才能满足我们的需要，迎合我们的态度呢？其方法是如此千差万别，所以我们要想回答这一问题就不得不取得一个较为广阔的背景。早在十六世纪早期便有了图画纪事，大部分都画在横的嵌板上，叙述一个尽量连续尽量完整的故事。然后，艺术家在一个板框里封入该故事的主要情节，制出了视觉上的不可能。同一个人在一个平面上出现多次，向左向右的生动有力的运动用两个脑袋或四只手图示出来，等等。这些在连续性视觉叙述中几乎是避免不了的缺点，只有非常活泼的、宽厚的想象才会把它当作是风格上的辅助而加以容忍。它向概念语言之交流的转化几乎是必然会发生的，因为图示者和绘画者就从这一点出发而且在必要时运用了其他的（可以说是）交流的手段。而较好一些的程序即在描绘行为的同时也描绘起因和效果，这样便选出了好几个主要场景，虽然它避免了刚刚提到的那种荒诞的怪物。然而这种形式并不提供什么新的东西。只有当这种选择很狭窄，行为被缩短而致使单一的时刻保留下来——所有在前的和在后的都从这一时刻推测出来——时，新的难点才会出现。最简单的情况就是去一次性地再现一个运动，而不是分为好几个场面。画家们都是任意选择一个并呈现给我们以如同摄影快照一样忠实的图片么？如果是，他便常常摄取那些最拙劣最难辨认的姿态。所以他便进行挑选，当然，如我们早已知道的那样，选取了那些运动相对较慢的方面。观者保留着这些方面最清楚的记忆。比如，倘若一幅书写的纸卷或一副纸牌摊在他的面前，纸牌上运动停止的那个字就刻印在他的心灵里。由于大多数运动都表现有一些自然的控制点，所以有效运动便预先表示出来了。唯有极慢和极快的运动才完全由图像艺术家去自行选择。第一个开端和最后一个结束一般都要排除在外，因为该事件在这两种情况里显得都不够清楚，至少它们不无偶然事件的显露。

还应强调一下进一步的观点。所谓有效的时刻不仅须有事实的参考，而且还有那种给作品以艺术上正确形式的能力。因为纵使带有强烈的风格上的紧压，那实际时间的片刻不论怎样富有成果，一般都不能满足这些方面的需要，描绘人体的图画一般都表现好几个时刻，或者换言之，表现好几个艺术瞬间。只是在现代画——其作者是从照象术中学到的——和某些日本艺术作品中才捕捉并把握那飞逝的眼前。另一方面，我们的早期艺术通过将事件的各种暂时不同效果结合在一起的方式延长这一时刻，以给予同时性的外观。画家必须用这种方式去处理较大的主题，因为一个事件的戏剧性场面是在发生和消逝时暴露出来的。而且纵使在处理较次要材料时，花样的法则一般都要求有一种虚构的暂时秩序。艺术家在与时间的关系上就像他与空间的关系一样享有同样的自由。在拉斐尔的《变形》中，一座远远的高山成了前景中的小山包。谁都看不见逗留在上方的耶稣，甚至连朝他那个方向指着的两个使徒都看不见。为了艺术目的而完全改变了真正的空间关系。然而——这似乎是最绝妙的——这幅画保持了形式的空间统一和概念的暂时统一。

不论是用两线度还是三线度,有两种可能的方法去获得空间统一。一种是通过明和暗,另一种是通过色彩的领域。它们并不是相互排斥的,因为每一个亮色在与暗色对比时便是明亮部分,而与更亮一些的颜色对比时便是暗的了。威尼斯画派的大师们用淡的粉红使红色变亮,用深洋红使红色变暗。但荷尔宾的热切严密的艺术就照此强调了明与暗。莱姆布朗就像达到身体统一那样,通过明亮部分本身及其层次,渐次降到暗黑这样的方式达到空间统一,经常都不考虑所描绘的对象。总是说来,早期大师们使局部颜色柔和而让前景退到背景和中景的相对优势之前。我们尤其在十七世纪的荷兰画中能观察得到,那种属于与近景相对的远景的暗淡色彩是如何消失在光的分配之中,而这又如何把人的目光从第一个视觉平面引导到最后一个,从边沿引导到中心去的?倘若我们忽视了色质而审视其明度,那么许多画都会给我们以不规则格局的印象,其中明与暗是对立的。一般来说,有一个主要明亮部分,其他的则附属于它,当向外部移动的时候,暗的部分便增加。纵使其基调——画家(就像建筑师一样)在这个基础上树起自己的楼房——是亮的,阴影部分一般也在所有的边沿上(参照托马斯·库裘的《画室之方法与布置》①一书中的说法:"总的说,基调是最重要的。〔互补的颜色是协调的。红与绿、黄与蓝〕主色应当是亮的,暗淡的颜色越往边沿

---

① 见该书,第1卷,第231页。

就越增加。全部加起来：是和谐的好条件。"）。

真正善用色彩的大师把所有光的价值都转换为色彩的价值；他寻求通过色彩对比来表达每一个对立。色彩结合本身就能激起确定的空间情感。生活的色彩变化驱除了其他的情感。红色似乎追随着观者，蓝色将观者的目光吸引到图画的深处。色彩的广度隔开并结合了那些在铅笔画中相互没有密切关系的成份。它准许属于互相渗透的成份存在；它分割那些否则即会融合的成份；它在背景中包埋成份，或从背景中释放这些成份。总之，色彩的相互作用有空间建构的能力。它在困难条件下诱使目光去（可以说是）汲取无意识推测——意指的空间效果便像完满的逻辑结论一样从这一推测中涌现出来。

但色彩大师们把色彩对结构与安排的贡献看得比色彩和谐更加重要。实际上，色彩结合不依靠其赖以存在的形式，不依靠这些形式可能的关于真实之特性的含义便使我们愉快。在彩色玻璃上，在华丽的加了彩饰的原稿中，我们发现用上了欢快的金黄与银白。我们还看到绿色的头发、蓝色的马和紫色的树叶。据说波提切利（Botticelli）大胆地宣称，我们不必去研究风景了，一块吸满颜料的海绵扔到墙上去，就会出现一个完整的风景。惠斯勒（Whistler）关于神圣时刻的评论则更有根据，在这个时刻里，公众不再需要任何客体，而满足于色彩的结合——不再有人像和风景，而只有色调。据说勃克林晚期在三组色彩群中遵循了算术练习的原则（大概是前景中为绿，中间是红，天空是蓝）。另外两种颜色在较小的表面上伴着主色。比如，绿色的草地里有红的、蓝的花；无云的蓝色天空的背景里有绿叶、红花。色彩方案的合法性，在那种对于其自然原型的偏离中最有效地表现出来的合法性就依据先前讨论过的那种基本审美过程。在绘画技巧中，运用整个颜色图或选一个三合一便能获得和谐了。但这个三合一有与整体基本上一样的效果，因为我们用明显的清晰度供给了缺乏的颜色。倘若我们排除了黑与白，那么黄红蓝便应首先作为包含单纯色彩的结合而提及。我们常常也遇到橙绿紫这种三合一，其效果主要看我们如何去处理颜料。印象主义减弱那种像覆盖物一样紧粘在真实事物上的局部色彩而喜爱用松散的、飘浮的、（似乎是）无形的色彩扩张。比如，我们在注视天空时便能看到这种色彩。点画法——它（可以说）迫使目光去把色彩混合起来——就剥夺了这种色彩的实体性。色彩的匀平运用和颗粒状运用这两者之间的差别导致了相应的不同结果（谁若坚持认为图画可以用放大镜去欣赏的话，谁就会把颜料涂在细小的部分上）。施用得厚就产生出更大的明度。倘若观者站的距离合适，那么粗糙的表面也不要紧，这个距离比那种与图片范围完全一致的学术规则所定的距离要远。近距离的观察对于那些用色彩因素的并置作出的画来说也是不幸的，这样做，留给目光的便是小斑点的或长形的混合了。然而什么样的美学戒律或道德箴言要求近距离的观察必须产生愉悦呢？

当然，融合在视网膜里以形成紫色的红点与蓝点是非自然的。但画笔的每一种运用，不论落笔宽，或是勾勒，都与自然不同。要想评价色彩的分隔及斑点法，我们只须了解一下它们的成果就行了。它们的成果是很大的。那光辉的气氛——它改变色彩和形式,将它们分解成放射的颗粒,而且从每一边都表现出一个独特的方面——不可能由任何其他的技巧更可靠地抹到画布上去。当白点插入颜色的斑点之间或者鲜明的填充之空隙产生出白点时,我们便获得了强烈的亮度和最生动的闪闪发亮的印象。一切都变成运动的、起伏的、振动的、飘浮的了。在流动与震颤的光里,对象及其恰当的色彩几乎消失了。所有的界线的这种移动,事物向更高一级统一的这种升华——它转而又只是关系和运动——这就像一种哲学相对论的自白一样。给定对象之向最小构成成份的此种分解倒十分适于显微镜和细菌学的时代。最终,意识到如下一点便给我们以极大的激励:观察者通过改变着眼点可以把图画一会儿看成是混沌,一会儿看成是和谐。观察者必须在创造性活动中与画家合作,弥补难以感觉得到的东西,澄清模糊的东西。然而这种绘画风格并不是艺术的万应灵药。当我们需要鲜明的线条画,就像墙上和天花板上的彩色画一样时,当我们需要以明显的相似性去画一张人脸,并使之与周围相照应时,当巉岩显然地突出或需描绘黄昏与黑夜时,那么印象主义便不合适了。表现主义——其目的似乎与印象主义相反,而在形式活动中几乎是发展了印象主义——也同样是不合适的。

若说威因森特·凡·高应被称为印象主义者,那么如下一段自白便可被当作是一个学派的自白了(后代人与他那狂烈的感伤无关;毕加索称他为"温柔的流浪汉")。但我认为他在《书简》一书中的这一段话涉及每一个具有图画心灵的画家的真正情感（威因森特当真是图画式地"作画"么？也许焦躁不安的线条即是他最恰当的表达形式吧）。他的这一段话是这样说的："上个星期天，我开始着手一幅萦绕在我心中许久的画，那景象是，平坦绿色的草地上散布着干草堆，一条炉渣小路傍着一条小渠曲曲弯弯地穿过草地。画面中央的地平线上有一轮太阳。这整个画面就是个色彩和明暗的混合物，是全部色彩系列图在空气中的震颤。首先，是紫丁香的烟雾，烟雾中是红红的太阳，太阳被一团鲜红镶边的黑色紫罗兰云彩半遮着。太阳里有朱红色的反照。上面有一黄色长条渐渐转为绿色，渐远后又转为蓝色，最后变为极淡的天蓝。这儿、那儿，紫丁香的灰色云彩里都映照出太阳。地面像一张绿、灰、褐色的浓艳的地毯，充满了细微的差别，充满了生气。渠里的水在沃土上闪闪发光。"（见《书简》）在色彩的这种充分变化中，我们能发现纯印象主义画中短暂的流动性所必要的对应物，远景之统一中的花样。我们可把这种人看成为马蒂斯（Matisse）一类的人。马蒂斯就像先前提到过的那些大师们一样，把斑点结合成色彩的面，其中空间的深度至多只是个另加的暗示而已。确实，另一位图画式画家塞尚（Cézanne）试图公开地再现深度而无损于画面的统一。他寻求创造出一种有背景界线的固定时间。凡·高、马蒂斯和塞尚这三位的差别（这三位的名字常被人连起来提）好像差不多要比他们之间的共同点更加重要。从塞尚开始的常被讨论的发展导致形成了立体派①。谁若想给立体派以含义（诚然，这种含义仍然并不稳指任何其作品有艺术价值的理由），那么谁便运用下面的思考。空间并不是美学家们说过的那种无边界的真空，相反，它有一种造型能力。"自然中一切事物的形式都基于立方体、锥形体或者圆柱体。"——塞尚有这么一句常被引用的话。这样，活跃的空间性便放射出来而进入事物的形式之中去了。已成为一种新的空间艺术的图像艺术的目标便是去表现这一点。它使得身体的空见动态成为可见的，而且从总体上出现了空间的合法性。要达到这一目标，便可能——甚至便必然——毁掉我们自然的形象。因为在自然的经验主义专断中，柏拉图的空间观念只是不完全地暴露出来了。

我们不必详细地去证明，这种实在论的新标签与它任何旧的货色都同样地抽象和迂腐。诚然，只要它着重空间，那么它对于观念的地位来说仍然是在审美范畴之内的，而不是超经验主义的，但它却将艺术品带到一切工作的联系之外去了。然而像这样单纯地远离自然是没有什么价值的。当然，应当消除与真实世界进行幼稚的详细比较，然而跟着，我们便关心艺术品中点燃的精神因素的数量与质量了。此处，表现主义是让人失望的。它在使精神因素与内心经验相一致的时候便剥夺了这种精神因素的价值和独特性。它在为这种内心经验设计一种不遵奉熟悉世界之标准结构

---

① 参照弗朗兹·兰兹伯杰（Franz Landsberger）的《印象派与表现主义》，保尔·爱里奇·库斯珀（Paul Erich Kuppers）的《立体派》和乔格·马泽斯基（Georg Marzynski）的《表现主义手法》。

物时便剥夺了这种内心经验的传染性。表现主义艺术家与观者之间只有一条狭窄的通道。它由某些记忆形象所组成，这些记忆形象就像画出来的一样歪曲和偏离了原物。确实，因为没有逻辑和审美联系，所以它们是最不能形成有意义结构物之主干的。像切格尔（Chagall）的著名油画《我和村子》这样的作品便极清楚地证明了这一点。

我们从画家的程序模式转向他们内容的差异。按照古代用法，所描绘对象的含义被当作是绘画的从属物之分类的基础。我觉得这种安排绝不是可以小视的。因为艺术不仅仅是形式的花样而已。力求表达的外部材料和内在本质可为单个的绘画提供标准，所以也为有秩序的安置提供标准。宗教画确实是另属一类的，因为其主题的性质在每一个方面都影响其形式。从《圣经》故事里提取题材的画家并不以其主题的新颖而使我们感兴趣。他只有两个可能性。他通过技巧的施行——他用以画线条，用以伸展表面和用以着色的趣味——进行创作，或者通过独特事件之积累所激起的情感进行创作。在前一种情况里，我们易于草率地处理最重大主题，后一种情况里则易于导致真诚的手工工艺。大多数宗教画，确实，甚至还有大多数圣坛画，都是公众景仰的一种辅助，它们的艺术价值越少吸引我们的注意，它们便越能更好地达到其目的。所以对基督教教会艺术虔诚的人都抛弃一切发明而固守着宗教传统。但我们都知道，在这一领域中是可能产生出杰作的。这些作品在形式和概念上是独创的，它们是逼真而又受约束的，是自豪而又适中的。

宗教画接近于历史画，历史画转而又近似于风俗画和风景画。历史画多半也是在艺术之外的。对于历史之细节的知识当然有助于一幅画，但很不幸，有一位老式美学家像如下这样颂扬地谈到一幅大家都熟悉的彩色画："那时正害着剧烈的头痛病的第三军总参谋长文·帕莱蒙塞尔将军站在王储的右首，手拿着白色的大手帕，脸上、身上显出疼痛难忍的样子。这些都极清楚地观察和再现了出来。"描绘这种偶然性的东西用摄影术是最合适的了。因此其艺术上的难点便是去安排那些原本同属一类的东西，使之显出同属一类的样子，或者至少要使视线从一个人物必然转向另一个人物。我们必须立刻就注意到某一群人以某种心理状态出现在画面里，我们还必须能感觉到其结合点。最后我们应欣赏人体的线条、衣服的折皱、建筑的外观和风景优美的背景。当然，有许多对象太脆弱，不能转变成艺术形式。近代战争中的一个战役不可能用画笔去加以描绘，因为其战斗员不是思想的存在便是机器，所以就没有图画兴趣。像路德维格·戴特曼（Ludwig Dettmann）所画的那种战斗场面只表现了事件；根本上说它们是一种特殊的风俗画，其价值依赖于其艺术的发展。即使像这样的风俗画也不应整个加以抛弃，至少不能用"不值钱的轶事"之类轻蔑的说法加以否定。当然，在题材上最值得注意的，细节上最丰富的，并不同时在事实上是最有价值的。但只有高超的唯美主义才去指责那种与绘画始终是息息相关的叙述性愉悦。主要还是个艺术家保持简洁性的问题。最主要的手持画笔的小说家，那些老的荷兰大师们便是极简洁地描绘了他们那个时代色彩斑斓的生活，而在这样做的时候又没有介绍什么轶事。

我想在结论中提请注意那些与肖像画相联系的特殊问题。对立的要求使艺术家的工作更其困难。每一个主题都希望其画面既十分美又忠于生活。对于可见的永久性的需要便向他灌输了这种欲望（克特·格莱塞〔Curt Glaser〕采纳了 H. A. 杰尔斯在《中国绘画史导言》中得出的结论）。在大约公元前 200 年时，肖像画在中国便有了广泛的实践。但有许多证据证明，"这些肖像与被描绘者之间的关系比清楚感觉出来的更加神秘，因为那画像被认为是死者的灵魂所栖居的地方。"站在灵魂之住所面前的这样一种观念所产生的效果要甚于这一画面的外在相似性。确实，就在现在的中国，一块刻上名字的简单的匾（祭祖活动中是灵魂的住所）仍然是足够维持其想象的。

在古埃及，有身份的人都为自己定做花岗石雕像。十六世纪的意大利，青铜圆雕饰图像已经很流行了；十七世纪的法国，铜版雕刻也已十分普遍。人们在极大的程度上须在照片与油画之间进行选择。我们喜爱油画，因为油画更能持久。我们能理解那种对于保留与真实一致的外在方面的关注。但这样，随着年代的流逝，普通人的普通肖像便降低其价值了。该图像与人的一致性渐渐地消失了；那种显然被复原了的脑袋与老式服装看起来就很古怪。一代人过去之后，衡量像与不像的标准便不再适用。然而我们还认为一张肖像——其主人公早已死去，我们根本就不认识他——必须画得很像。我们在这种评语中指的是活力和个性的印象。我们心存着这种理想,一旦主题和画家都力求达到表面的美,一旦他们偏爱比真容更美的前视图——避免所有危险的线条——而不爱更具特色的侧面像,一旦他们牺牲真实性以达到非个人的完美典型时,我们便要责怪他们。一张脸的典型特征应加以润色,当然,这是为了消除形式与表达中非本质的东西。若有机会,请一定别忘记让一个真人站在他的半身雕像、他的油画肖像旁边,那么,你便仿佛看着三个不同但又类似的对象,而不是看着三个完全相同的对象了。

这里不妨回忆一下惠斯勒所画的卡来尔的肖像。说到形似,我们对这位艺术家有着绝对的信任。倘若我们在卡来尔生前与他有过接触,那么这张肖像在我们记忆中铭刻的印象不会低于其本人给我们留下的难忘的回忆。无疑,这个人是人类伟大的施主,因为他思索,他受苦。那种沉浸在思想中对于灵魂的指责迹象(signum reprobationis)刻印在他的身上。此人的灵性在感觉能力最差的人看来都必定是很明显的。我们不必知道被激起同情兴趣的是谁。我们不期然地问,生活给了你什么影响呢?你带着什么样的疑难经历了甚于与凶者争夺的搏斗呢?你勇敢地锻炼自己使自己战胜过什么样的苦恼呢?命运把你与什么样的人联系在一起呢?那杂乱的头发,不整洁的胡须,特殊的谜一样的一瞥以及显眼的白手都不会逃过观者的眼睛。观者只是渐渐地才注意到这幅画画得多么仔细,每一种设计又是多么美的节约措施。真实的已经以极大的果断然而又以极精细的衡量转化为图像的。该艺术家决非在炫耀自己的水平，决非浪费笔墨，决非偏离了简洁的轨道。屋内的安排、身体的姿态、上衣胸前奇怪的鼓胀——那样地独出心裁，却又清晰易懂。总之，整个画面的计划并非依靠一种陈腐的公式，而可以说是用一种新的画笔画出来的。这样，在观察这幅画时，我们判断的标准便不是形似，也不是标准的理想美了。其艺术价值一部分包含在那种把我们导向内心个人存在之深度去的平静的能力之中，一部分包含在那种控制这一图画结构的迷人的确信之中。第一个价值的根源就表明了肖像画的特殊性。摄影术很少有这种画家之手笔所具备的荡人心魄的魔力。

4. 书画刻印艺术

到处都有人抱怨说，当今的德国人对色彩没有直接兴趣，大多数德国人都必须强迫自己去考虑色彩。据说他们把爱送给了书画刻印艺术，其领域从木刻到铜版雕刻，从玩弄真实的阿拉伯图案到形象丰富的作品。

不管这种情况是否属实，彩色画和线条画在任何情况下都是不同种类的图像艺术，这是很清楚的。这一事实直到最近才获得普遍的承认。温克尔曼说："彩色画中优美的轮廓比色彩及明暗更加重要"，英格勒斯（Ingres）宣称，"我要在我的门上挂一块牌子：'素描学校'，我要培养画家"。英格勒斯由此而宣布说轮廓（它也许是彩色画的基础）就是彩色画的本质。当前几乎有一种普遍的确信，认为原是应用色彩表现的东西不可能用素描去恰当地再现之。

迈克斯·克林杰尔（Max Klinger）为了把非色彩图像艺术的内在合法性变得生动鲜明，甚至试图使雕刻术脱离与绘画和造型艺术的联系，而使之接近于诗歌。无疑，我们能用铁笔，也能用喉咙来表达思想和汇报事实。但手段的对立便排除了两种艺术的任何结合。书画刻印艺术家为了视觉的外观而再现事物，这一点始终是一种经验事实而不怕任何理论攻击。空间平衡的建立，通过辅助线而向主要形式之转移，圆锥形编组——我们在文学艺术领域中是不会遇到这种要求的。让我们来想象一下，对于三位穿礼服的杂技演员表演的壮观的终场亮相所作的散文或诗歌描绘，然后再对比一下这种装饰吧（图18）——我们只是渐渐地才明白其真实之构成成份的。

图18

然而这种观点基本上是站得住脚的。在书画刻印艺术，尤其是在素描中都以特殊的力量而获得了对于真实的改造——没有这种改造，艺术便不成其为艺术了。直到如今，绘画员只允许去干那种只在早期绘画中才让画家干的事：他可以违反空间的统一，结合两个不同的景以及享有其他诸如此类的自由。因为轮廓的抽象性就使得它们——在它们被运用的目的上以及在对于观者的印象上——成为一种符号语言。在书画刻印艺术的历史发展中出现了象征,它不仅使观者能立刻忆起所再现的自然对象,而且使他们以一种确信的情感进入这些对象真正的相互联系和精神含义之中去。我们很容易理解,勾勒画法最适用于图示那种印和写的书。那简单的线形风格适合于书页的平滑,那抽象的内容适合于整体上字母的抽象空间形式。门采尔(Menzel)和斯莱伏特(Slevogt)两人特别说明了作者意图如何转变为体力活动和视觉愉快的——确实,甚至还能独立地被提高被增补。另一个过程以一种平滑的装饰环绕着本文,这种装饰只是偶然情况下才化作形象。狄勒就是这样去修饰安波诺·迈克斯米利安的祈祷书的。画家和诗人威廉·布莱克(William Blake)——他用深奥的警言重压斯威登堡(Swedenborg)的灵魂,并表达了自己的信念:"一切事物只存在于人类的想象之中"——通过强使最高级的概念进入人体形式,通过提取最低级的真实进入朦胧的象征而做出了常见的艺术浅薄者的拙劣中很有指导性的尝试。他的《工作之书》(*Book of Job*,1825)中有这么一段注释:"由威廉·布莱克所发明和雕刻。"艺术家自己所雕刻的铜版不仅包括了线条画,而且还有通常插在素描之间的本文,以及未成型的半身画像。我们从这里便能十分清楚地看出,书写、抽象空间形式以及书画刻印艺术在多大程度上同属于一道,又在多大程度上相区别的。

至此我们所作的分析似乎与这样的事实,即黑白法常培育对自然的情感,培植对生活的欢乐这一事实是相违背的。将来的文化史家将不会从我们的彩色画中,而从我们的素描,尤其是照片中去了解我们的街道、房屋、服装式样和交通形式。也许有两条理由。第一,这些作品几乎是持久不变的,而且需要多少便能复制多少。第二,一般的和丑的景象能及时被摄入并保留在无色纸上。由于当今生活的图画一般都分布很广,而且必然要去处理次要的甚至讨厌的东西,而书画刻印艺术又是其天然的伙伴,也许就像文字艺术中的讲述一样。所以书画刻印艺术家享有很高的声誉。而首要的是,他们感到了自我满足。

我们须把这一点讲得稍稍详细一点。早期书画刻印的理论把线条画当作是彩色画家画草图的辅助。这些理论把雕刻、蚀刻、木刻和印刷术当作是再现图画的技术。但现代艺术科学则给予书画刻印艺术品以一切艺术品的权利去达到自我满足和自我完善。因为无数的铜版雕刻和木刻都设计得与彩色画有完全一样的效果,所以它们就更加称得上是艺术了。这里有可能出现轮廓和着重点、表面和形象、模仿的形式和似色彩的层次。从黑到白有一个质的等级,它与画家的颜色领域相比美。但其运用总表明一种独立于真实的色彩之外的申明。最优秀的铜版雕刻家和蚀刻家通过想象建立了自己的世界。这些艺术家并不搬到树林里去画树叶,也不在画架旁放上一个模特儿。他们像建筑师、作曲家和作家们一样伏在桌子上进行创作。当一位蚀刻家必须表现一个房子的竖边直线时,我们便指望他会像建筑师一样画上一根确定的直线。不,根本不是这样。他把直线变为曲线,或在直线中留下缺口,或使之成为两根平行的波浪。精巧的针按自己的方式而进行着。木刻家的格局特征也一样是自信的。他们在黑底子上刻出各种有细微差别的平面，从明暗表面的对比中创造出一种特殊的风格，它使得精神充实的观者明白这一画面之上层结构的强烈格局特征之下的事物那持久而根本的一面。

至于加上色彩之后，是否把蚀刻、铜刻、雕刻和木刻从书画刻印艺术的领域转变为彩色画的领域这一问题，可以用各种方法加以回答。由于用上的颜色只有几种，所以这些颜色倾向于被用上而不会成为纯修饰的模型。对于许多理论家来说，有意识地与真实相分离，这似乎便是从彩色画领域中排除一切形式之彩印的充分理由。我发觉放弃像色彩这样简单和确定的区别手段并没有什么帮助，因为它并不是现实地加以运用的。我宁愿把彩色画限定在那些从色彩灵魂涌现出来的活动中。书画刻印艺术家绝非全心地去着色。然而这一原则在运用时遇到了严重的困难。比如，我们应当如何去为英国的前拉斐尔派那着色微妙的画板画，为异常多地归因于线形节奏、归因于该作品的基本装饰特性的那些画进行分类呢？那些集中于色彩和真正彩色画中的画面生活在最苍白的线性中消失了，甚或离轨而进入边界的修饰中去。至少，那一观点仍然是最有用的，虽然它在特殊情况里给艺术鉴赏家的洞悉留下太多的自由。

由于书画刻印艺术早先被断定为绘画的序曲和尾曲，所以现在的摄影在许多方面都是一种辅助物和再现方法。实际上，我们可以怀疑它是否应当算作艺术。当然. 其广泛性和重要性是由于艺术价值以外的优点。照片是在一个平滑表面上的某事物或某事件的准确复制，所以它作为那种因某种原因而难以接近的真实的最有效的替代物而在科学上是很有用处的。石头、植物和动物的照片再现就同房地产契约、地图和房屋门面的这种复制是一样有用的。这几乎在任何情况下都只能称作是文件而不是艺术品。快照与电影尤其是技术的产物。所以对于摄影术的评判主要是从艺术之外的立场出发的。只要摄影者的智慧使那种必然出现在底片上的视觉缺陷得以避免或纠正，那么就会达到最精确的再现了。照片反映了所有的细节，它就像统计表一样可靠，像科学一样公正。若对照片提出更高的要求，便出现了与这种图解过程的内在的对抗。不光是一般的照片在与素描和彩色画的竞争中相形见绌，而且照片甚至在实质上就是欠缺的，被描绘的人几乎认不出来。其原因一方面在于技术的缺陷，另一方面又由于那些被拍照者的不正当要求。照相馆的主顾摆出一个最不自然的姿势，他们改变（或者他们自己相信是美化）自己的相貌，把他们自己置于根本就不恰当的布景中。但首先，他们以一种非常普遍的美的观念坚持让自己在照片中显得美。修描润色必然会抹掉他们脸上的一切独有的特征。

这样，一旦摄影术接近了艺术领域，它便显得像一个附属过程，不值得全面加以考虑。但多年前，摄影专家们评论说，那一个时代的成就并不是可能性的限度，认为我们不必在把摄影作品普遍当作非艺术的而加以抛弃时从审美方面把摄影术当作一个整体而加以指责。他们试图使自己从设备的自动化性质中解脱出来，而在有用的再现过程中创造出一种艺术上有价值的表达手段。导致一种特殊的黑白的平滑表面艺术的摄影术的进步脚步也许就像以下这样。早先的照片像定义，它们使一切都清楚明确。但艺术中我们希望有一种不确定的剩余物以供我们的想象去开拓。所以摄影术便向着牺牲精确而制作出那种受过先进训练的目光能使之起到绘画作用的图片这一方向发展。这样，从技术上去再现运动、云、水、光和微笑便成为可能的了。艺术摄影师便着手进行了非常深而广的自然研究。为了几个镜头，他们要对一个风景或一个人物观察到半年之久。他们手拿照相机等待着真实来符合于他们对该事物的观念。因为快乐不时地无偿供应给每一个人，所以艺术价值也照样如此。但我们总是注意不到它，而把这难得的时刻白白地放过了。

这种进步的运动发展了一种能借以获得图画效果的技巧。在敏感胶卷的处理上、安排上，在曝光时间的长度以及在底片的修作上，其技巧几乎与其他书画刻印程序一样地困难和复杂。尤其是拍照的正色镜头和复制印象使得图画式摄影成为可能。然而同时这又带来了进入生活的反常现象，带来了指向非摄影式摄影的有诱惑力的倾向。我来解释一下。大多数业余摄影艺术家竭力隐藏其作品的来源。他们在观察事物的模式与技巧上模仿书画刻印艺术家和画家。所以摄影照片与其底片只显出有某种同源相似性。但摄影术在否定自己与众不同的特点时便拒绝被称为单独一门艺术。因为人们已经这样说了，每一种艺术——严格地说——都以一种特殊的形成方式而且以否则即不存在的方式去改造真实，去表达内心生活。摄影作品是否属于艺术便看它们是否可能做到这一点。实际上，这是可能的。有的照片证明是未受任何绘画特质之损害的纯粹的摄影术。我们看出它们是从自然中拍下来的,因为它们并不表明素描或彩色画的技巧,没用任何修描。然而姿势、光的分配和明暗处理都获得了使这种照片大大高于一般照片的图画效果。

十

艺术的功能

1. 理性功能

艺术属于文化。文化在根本上是精神价值的整体，从人类观点出发，它是伟大成就之领域间的相互渗透：经济、法律、道德、宗教、科学和艺术。文化基于如下的事实：活跃的灵魂从给它的东西中获得非物质性价值。文化在对于应当是某物之某物的从属中达到其顶点。文化要求人具有对职责、真理、形态的意愿——一句话，要求人具有对精神性的意愿。诚然，价值是各不相同的——在种类上而不是在等级上——但它们不断互相碰撞。因此艺术与人类的整个认识和意志活动有关。在固定于持久形式中的成就的系统中，艺术理应占一个确定的位置。其特殊的成就可通过研究它与科学、社会、道德——这些与它关系最密切的结构——的关系而极易加以确定。

在处理艺术与科学的关系中，我认为应当通过避免一般性而探究特殊情况的方式着手进行讨论，这样更有成效。如下的考虑可作为一个有指导意义的例子：艺术史家试图把空间和图像艺术照科学样式加以描述，把这些作品从艺术外表的领域转变为科学概念的语言。解释与评价都倾向于依据这种描述。所以在这里，我们便可探寻艺术品与最简单的科学方法接近到何种程度这一问题的根源。艺术史家偶或碰到那种描述难以接近的作品以使最恰当的替代物成为可能的有趣而困难的工作。诚然，他大多只须用语言去给可见的外观进行分类和使之生气勃勃,但有时他甚至还必须制造这种外观。赫蒙·格利姆(Herman Grimm)关于去使"所有作品仅通过描述而成为可见的"这一教导就以其夸张清楚地表现出我们的难点也涉及艺术理论,而且确实在实践中影响着它。而且,报纸上那些关于艺术展览的报告难道不总是有读者所没有见过或无从见到的图画或胸像的描述么?所以,谁都没有彻底调查过这种描述的限度,这就很奇怪了。然而还是有过一些不错的研究,尤其是在早期阶段。

回顾过去一百五十年间的德国艺术理论,我们发现歌德的光辉名字在所有其他人之上。他那关于《曼梯格纳成功过程》(*Mantegna's Triumphal Procession*)的论文里有一段生动的描述,它把基本点说得很清楚。这一段描述是以这样的表白结束的:"就连这么巨大的词汇量都表达不出如此随便描绘出来的图画的价值。"瓦塞里(Vasari)的描绘被认为不适当而抛弃了。"但我们的意思并非是批评他谈到了他的眼睛和意志面前的图画——他相信这画所有的人都看见了。照他看来,他并不想为那些不在场的人,或甚至为那些倘若这些画丢失之后的未来人去描绘这些图画。但这也是古代人常给我们带来失望的方法。倘若波西安尼亚斯(Pausanias)是因为怕优秀艺术品丢失而有意识地用语言替代物来安慰我们的话,那他的作法该会多么不同啊!古代人在描述时仿佛有关的人都在场一样,而在这种情势下,需要说的话就很少了。我们为此而有了菲劳斯却特斯(Philostratus)的修辞艺术,才敢于为自己构筑起现已失去的有价值图画的较清晰的概念。"

这一节强调了文字与外观之间的不同处,而且在作为增补的描述与作为替代物的描述之间作出了重要的区分。但在歌德对狄德罗关于绘画一文的评论中,处于显著地位的则是其他观念。狄德罗写道:"我只用一行字便能完成图像艺术家一个礼拜都完成不了的草图,而且他若像我一样地了解、明白和感觉而又不能以自己满意的方式表达这一切的话,他会很不高兴的。"歌德评论说:"诚然,绘画与修辞是极不相同的,纵使我们可以假定图像艺术家与说话者观察对象的方式一样,但这些对象在他们心中所激起的冲动仍然是大相径庭的。说话者匆忙从一物跳向另一物,从一件艺术品跳向另一件艺术品,为的是考虑它们、把握它们、审视它们、安排它们,并且表现出它们的特质。而另一方面,艺术家则依赖于对象,他以爱来把自己与对象联结在一起,与之共有自己灵魂和心灵的精华;他使对象重现出来。"我们应当注意,艺术家与说话者的感性认识并非再现得完全一样,而且科学询问者被当作是艺术家的对立面来看待的。

一谈到图像艺术和音乐时便热情洋溢的威尔赫姆·海茵斯在他的《通信集》(由考特编辑出版)中常常提到我们这个难点。有一节(第1节第243页)中他这样写道:"而且,每一种艺术均有其疆界,其他任何艺术都不能逾越之。绘画、雕塑和音乐以其特有的美嘲弄了语言表达。纵使那语言中最高明最强有力的诗歌亦必须踯躅门外。"在另一段(第1节第332页)中有如下最意味深长的判断:"画与描述这两者间的区别几乎像看见与看不见,几乎像七月天四点钟的时针与布罗肯山顶上的黎明那样不同。就连温克尔曼的描述也只是目击的景象而已,而且这是对某种目光而言的景象……但我从我的画中给予你的东西除了其意念和图画之表象——如我得到时一样——以外别无他物。因为我相信其他的一切你都须用自己的眼睛去观察。"(参照《海涅全集》,在利登伯格〔Lichtenberg〕的《理想、原则与偶得》一书中有一篇关于"心灵之皇后"的典型段落)乔治·弗斯特不仅将描述艺术运用到自然中而且运用到建筑和图画中,他走得比这些油滑的指责还稍远一些。他的描述不总是使我们愉快的,但他的原则值得一提。他说:"照我看来,在艺术品面前描述我们所感所思的东西——它对我们的作用以及如何起的这些作用——比那种描述一切细节的方式更能达到我们的终极目标。在一个如此不直截了当的描述面前,我们就要在听下去或读下去并形成一种使我们心灵感兴趣的幻觉意象时,需有一种非常警觉的注意去活跃想象。想象勉强屈从于这种强迫劳动,因为它习惯于从自身中去自然构筑,而不是去模仿奇怪的成品。审美情感是想象活动的发展源,如果我们在看着艺术品时便试图去传达和传播我们心中激起的脉动,而不是冷静地描绘之,那么这种审美情感便传递出来了。然后这种情感的传递便让我们去推测,我们推测的并不是该艺术品实际上是如何形成的,而是当它表现某种能力时还需有怎样的丰富或贫乏。在产生情感的瞬间我们便会设计出一种我们认为是效果之来源的形式,在这种形式中,我们重又感到那些原有印象的鬼魂。"我想,这方法用到音乐上甚至会更合适些,尼采已经把它运用于比才的《卡门》了。

浪漫主义者中,要算奥格斯特·威尔赫姆·史里格在这个问题上研究得最深了。他作为翻译家的才能使他适于此道。他在一个地方说:"对于经常出错的用语言描绘图画的艺术来说,没有别的规则,只有尽量去改变其风格以适应其对象。所描绘的那一时刻常常生动地从一个故事中涌现出来,描写地点时有时几乎需要一种数学式的精确。描述的语气在使读者熟悉事态过程中一般起着主要作用。狄德罗是这一行的大师。他用音乐隐喻描绘了许多图画,正像艾伯特·弗格拉(Abbot Vogler)把图画变成音乐一样。"① 威尔赫姆·史里格在另一个场合下这样写道:

> 瓦勒:……当然,单个的字并不比调色板各别颜色中的绘画魔力更能达到目的,不仅从文字的结合与搭配中产生出形式,而且演讲还使之着色并控制其明暗度。
>
> 路易丝:对啊,这一次我完全同意你的观点了。
>
> 瓦勒:确实,要想获得最佳效果,演讲还须选择声音,把它们放在一起,并且按照规律安排它们的运动。
>
> 路易丝:啊呀!那么它在形式上就设计成功了,我便与音步永远脱离关系了。

---

① 见 J. 米那、F. 施莱格尔:《青年习作》,第 2 章,第 231,177 页。更详细的描述——尤其是布仑塔罗的——见阿尔芙雷德:《一个卓越的德国浪漫主义者》,1896 年,第 19 页下部分。

这一对话发生在1798年的杰斯顿美术馆里[①]。他们假称对于图画的描述可为其中一个对话者的不在场的妹妹提供替代物，所以去探询这种替代物的可能性和种类便是不可避免的了。奥格斯特·威尔赫姆·史里格注定要作为一名艺术爱好者，作为一个语言艺术家，还作为一个天生的挪用者、翻译家而从事着这项工作。

　　现在我们从历史的回顾转而考虑我们自己的问题。倘若我们为了艺术理论的目的而希望检验我们语言的表达能力，并用这一领域中常见的程序法进行这种检验，那么就有两种似乎是最简便的方法：（1）我们可把不同学者们对同一作品的描述加以对照。（2）我们可考虑同一个人对不同作品的描述，去观察他们是否在艺术品之间进行了恰当的区别。第一种对比立刻就说明，我们艺术史的编目与手册包含了对同一个作品无差别的描述。我把《西斯廷圣母》的两段描述都列出来作为证明，它们都明显的简短，并出自不同的上下文。其一："玛丽亚的整个身子都在白云中飘浮并带有小天使们脑袋上朦胧的金色光轮；光着身子的圣婴耶稣在她的右臂上，这母子二人从正面对着观者张大着恳切的眼睛。他们脚下有两位圣徒崇敬地跪在云彩上。右首一个，教皇西克斯托斯二世，把帽子放在前景中的架上，狂喜地向上看着圣母。右首的圣徒巴波诺温顺地看着一边，这能从圣母右边的高处看得出来。两位小天使在前景中心

---

① 见《特征与评判》，1828年版，第2章，第151、199页。

部分的架后向外看去。顶上一块绿色的屏幕把这个场面与世俗区分开来。"其二:"西斯廷圣母的大眼使世界着迷,她的宽鼻梁把双眼远远地隔开,她那投向远处的平行的目光便形成了她的表情。她的脑袋是圆的,她的姿态有一种庄严的、凌驾一切之上的活力,她那与两个崇敬的信徒有联系的端正的体态在标准大小之严格上与其线条之流畅并重。其人物都沐浴在银光中,正像西拜斯卡·得尔·庇翁伯(Sebastiano del Piombo)所力求达到的那样。最生动的色彩在这种银光中都是淡的,而没有那种老的、曾经流行过的明度。"

这两种描述都缺乏重要因素。比如,行为的主题就没有得到说明。另一方面,这两种描述都包含了于我们的欣赏毫无帮助的短语和形容词。我们甚至遇到了这样的矛盾:杰斯顿的编目中出现了"金色光轮",而格利特(Gurlitt)的《艺术史》中却提到了"银色的光"。但——最重要的是——一个没有先入之见的人会当然与必然地想到那同一幅画吗?这些描述能提高和加深我们的感觉吗?

另一个例子是丢勒《村舍》(1514)中的圣·杰罗姆。从这一幅版画着手,得·肯斯图亚特(Der Kunstwart)开始了有价值的值得称赞的"德国人家的图画大作"的系列。附加的简短描述如下:"还有什么比这样一个村舍看起来更使人快活呢?护壁板打上了蜡,架上有各色有用的家用器具,天花板上挂着巨大的葫芦。晒太阳的惺忪的狮子傍着一只波美拉尼亚家狗。这一景象并不是使人讨厌的因素,甚至连那个颅骨都不是。我们感到一种强烈的幸福感,就像这位圣徒一样,他把室外穿的木鞋放在窗台下,高大的主教帽挂在木钉上。他有个最舒适的椅垫(他沉重地倚在上面),他穿着柔软的拖鞋坐在装饰华美的桌子旁写字。我们能看出他是没有忧虑之苦的,当他书写他对上帝的丰富经验时,他热烈地欣赏着自己的信仰。太阳光穿过圆天窗的玻璃泻在他的身上,泻在他身旁这齐整宁静的家中所有物件之上——那亲切、柔和、宁静、温暖的阳光给每一个人都带来欢乐,给这一位老人带来了欣喜。"这些舒适的句子很快乐地传达了该版画的情绪。但这是作家写的,而不是艺术鉴赏家写的。我们并未以此而学得看一幅画的方法。当作家在谈到这些动物,而且同时又谈到颅骨的时候,他是循着一条曲折的路线在这个版画上游动,而不是追随其空间秩序。当他提到鞋子帽子时,他是在日常真实的意义上而不是在图画的意义上进行谈论的。有一位"艺术专家"曾针对这些版画说过这样的话:"一个人若想与这些情绪发生共鸣,他不必要具备所谓艺术鉴赏力,而只要有一颗德国心就够了。"我们这位作家难道是偶然相信了这一席话么?

我们更乐于去考虑乌尔夫林的描绘,诚然,他也是有一颗德国心的人。但除此而外,他还有艺术理解力和不寻常的教师才能。我们只引用他所讲解的一部分。总的来看,这种讲解似乎是巧妙的,虽然在某些地方我有不同看法,我将简短地表达出这种不同看法。"这是一间真正的晚期哥特式房间,有成群的窗户,架了椽子的屋顶,镶板的墙壁。房内盖着垫子的长板凳围成一圈(他恰当地从第一眼的景物入手，但接着又过早地提到了板凳这种一开始不被人注意的细节）。一张漂亮的桌子，桌上有那常见的小写字台。窗子附近另有一张写字台（提到第二张，是因为它与第一张相像，然而却是不幸的，因为这两张写字台并没有艺术上的联系）。墙上有各种家用器具（这里，那十分引人注目的主教帽子应当突出出来）。天花板上吊着一只葫芦，甚至我们现在都能在农家见到这样的葫芦（现在，从葫芦的描绘又跳到了狮子，从顶部跳到了底部）。狮子舒着身子平静地躺在地上。"在上下文中，欢乐、舒适、惬意的全部印象都在光和线条的描述中得出。我仅在下面摘录一段无须我去加以评论的话。乌尔夫林说那鞋子是胡乱丢在那儿的，是"并不损害室内之宁静的无害的任性。这个房间不应看成是死的，而应看成是活的，充满家庭生活之温暖的，这种生活就像窗壁上的光圈一样跳跃，又像屋顶上椽子缠结之线条一样起着作用，它像小溪之泉水流过石头一样柔和地低语着。光的强烈对比就在中央。我们从那儿发现了巨大的骚动中心，随着我们向外移动，它便渐渐地安静下来。虽然光似乎在活泼地流动着，但它作为一个整体则固定并集中在一个地方，这是因为有一种至上的光在控制着全景，落在了圣·杰罗姆的身上，落在了桌子上"。请注意这种从物件的活泼性（鞋子胡乱丢在一旁）向光的活泼性以及向觉察不出的感觉特质和情感的巧妙转移。这种描述以美妙的清晰表现出传授艺术欣赏的天才。这种传授从根本上说是涉及可见形式而运用语言去表达该图画所竭力表达的东西，因而这种信息便能被人理解。

当艺术学者们试图去描绘一位大师的风格时——这种风格把他所有作品（或至少是某个创作时期的所有作品）的特殊方面暴露出来——他们的语言便不那么恰当了。比如说，乌尔夫林发现乔托的作品中事情总是"以一种生气勃勃的可信的方式而发生着"，他认为杰奥陀是一位现实的人，是为了"说话"而用眼睛观察的观察者。他觉得马萨乔（Masaccio）似乎显然在给我们制造存在，"充分的自然行为力量中的形体存在"。当然，这种表达是从敏感成熟的感觉而来的，甚至在上下文中还获得某种意义，但却不能使任何人借以去区分艺术个性。乌尔夫林喜爱用的形容词同样是无效用的，基本上是不可靠和平淡的。纵使像"美丽线条的""旋律般线条变化的""崇高的恳切"之类的短语都实际上毫无意义。只有当听者或读者已经有了一些意象时，才可能出现模糊急转的画面碎片。只有当询问者变为诗人时，他才能真正联系内心因素去描述一个经验。当他说一幅画是由"遍布的沉默"所控制时，当他说"我们相信我们在晚风吹动小树树叶的当儿听到了这种沉默的低语"时，情况就是这样的。但前面的话——"完全的平和，绝对安静的线条，崇高的建筑形成了宽阔的远景，高山的空中轮廓在地平线上美丽地逝去了"——既可适用于《碧露基诺圣母像》，又可适用于史万得（Schwind）的童话图片。这些话已经被人用来描绘这些图片了。最后还有一个例子，乌尔夫林用如下十四种表达来描绘早期的文艺复兴：有可爱的四肢和绚丽服装的姑娘般的身段，百花怒放的草地，飘动的面纱，带有用纤细的立柱所支撑的宽大拱门的一些虚无缥缈的大厅，年轻人所有的青春活力，一切光明快乐的东西，一切自然而种类繁多的东西，简单的特征然而又带一种浪漫光辉的痕迹。这些当然是又美又合适的。然而这种描述照样可适用于五六个其他历史阶段和其他艺术家。几年前当他以极大的热情开始研究最近代艺术史时，他指责一位作家曾逐字逐句地照搬鉴赏家和艺术家的描述，然后又运用到与原来被描述对象完全不同的作品上。然而这种剽窃之所以可能，仅因为，纵使最出色的语言说明都缺乏那种使之只能适用于某件作品或某位艺术家的精确性。无疑，艺术史家们并没有进行荒唐的照搬。

我们已经研究了非艺术品的描述能在何种程度上帮助我们去看待一件图像艺术品，并把我们的感觉提高到精确的认识水准上。从现在开始，我们便提出这样的问题，语言能否成为一张图画之恰当的替代物。为了确保这种探讨的基础，我经常向其他人朗读或甚至演示简单艺术品的描述，要求我的听者或读者按照描述的内容画出一张图解式的草图来。假定该过程的细节不必要加以讨论。结果很少有人说他完全得不到任何视觉意象。但有相当数量的人（几乎有百分之四十）说他们画不出来。既没要求他们给以艺术再现，也不要求画出细节，而且事先已经使他们具备了某种写生能力。因此，我们便可假定，短暂出现的视觉意象是非常不确切的，说不定根本就不是真正的感觉意象。在那些要他们交出的草图中——当然大多是些粗略的轮廓——只有几张是完全无用的。总的说来，他们表明了，一段对图像艺术品之主要特征所进行的相当准确的文字描述——并非是对细节和艺术特质的描述——是能够激起恰当的意象的。我把格利姆对《米开朗基罗》(1890年,第6版,第1章,第153—154页)的描述以及讨论课中对实际结果所作的分析提供给大家以作为例证。这幅画是伦敦国家艺术馆中的(曼彻斯特)圣母像。

"这件作品分为三个部分:中央部分是圣母像;她的两边各有两个年轻的形象——他们是天使,如果你愿意这么说的话——向中间靠拢。左边的形象只是些轮廓,而右边的那些形象则给予了充分的描绘。这些形象是如此之美,就使人感到它们堪称米开朗基罗笔下之最出色的形象。有两个男孩,也许十四五岁,他们挨在一起站着。我们可以看见前面一个男孩的侧身全像,后面一个则面对着我们。这后面的男孩双手搭在伙伴的肩上,与他一道看着一张羊皮纸,前面的双手正拿着那张纸,仿佛在念着。他甚至把脑袋向前倾了一点儿,眼睛盯着那张纸。也许那是一张乐谱,他们在唱,因为那半张着的嘴唇使人联想到此。裸露的双臂和拿纸的手都是年轻人般地瘦小,但这是从研究自然而入手进行着色的,所以就很难给以颂扬和描绘。只此一端便可给这种形象以极大的价值。但我们还须注意那脑袋,那精美小巧的形状,还有充满褶皱的薄衫长过了膝盖,紧贴着身体。接着还有膝盖、腿和脚——这种对自然的描绘几乎称得上是太动人了。我们倾心地爱这个孩子,而且要不惜一切代价去保持他的纯洁与天真。另一个孩子的外衣是黑色的。那阴影下的眼睛显露出一种完全不同的个性,然而同样也是十分可爱的。他的头发也不同,厚一些、黑一些,卷曲地蓬起来。而第一个孩子的头发则平整地梳到后面,完全梳到耳后去了,贴在颈子上。我们看见圣母就在我们的正前方。她的右肩上有一顶鲜艳的斗篷,几个角都打成了死结。这斗篷差不多覆盖了她的左臂,下端则以宽大的折皱而展开,绕过膝盖。一条白色的薄纱罩着她的黑发,那样子使得满头的黑发都能看得见。圣婴耶稣正爬过母亲的膝盖去够那一本书,母亲正用右手将它拿开。仿佛她正与那些孩子们一道唱着,而且正准备翻过一页时圣婴抓住了书,她便小心地把书举向右方。约翰站在我们的右边,就在圣婴的旁边,可以说是在背景中。他的小身体上围着一块兽皮,但几乎什么部分都没有盖着。光线从我们的左方射过来,把圣母玛利亚的影子投了一些在他的身上。"

就连这种细微的描述有时都是非常不恰当的,以致会出现严重的谬误。当作者在起头时说该作品分为三个部分时,他忘了加上一条,画家把这三个部分密切结合在一起了。所以在我们的实验中交上来的好多张草图中,这三个部分都被空间间隔分割开来了。格利姆根本就没有告诉我们那宝座的结构;而耶稣与约翰的位置也谈得很少,他甚至根本就没有提到圣母是坐着的。在实验交出的画中所出现的错误使我们注意到语言描述中的疏漏。这些错误在某种程度上是可以原谅的,因为语言描述并没有将它们排除在外。但在书本不带插图的情况下其结果便有问题了。所以只有在严格的界线内以及没有绝对确定的情况下,文字才能通过视觉意象向任何对艺术品尚不知晓的人传达感觉内容。但是描述对记忆有很大的帮助,这种描述通过对艺术品或通过对一个好的再现的观察而完成之后,它便指导我们去发现其中的内容。为了所有这三个目的,描述中的自然秩序可能就是:首先,描绘眼睛感受的东西;然后当这样的视觉外观固定之后,便描绘这一材料的含义和意义;最后,再表明这唤起我们情感的作品的功效并表明其历史关系,另外再加上一点批评性评价。格利姆在他的《米开朗基罗》中,有时(二十次仔细审查的情况中有四次)就严格按照这一顺序进行描绘的。但一般来说形式的、主题的以及批评的方面都是艺术地——确实——又是巧妙地融合在一处。由于他把历史关系和文化背景看得十分重要,所以他经常省却了描绘和审美判断。然而艺术科学中这一描述顺序——更普遍地说是整个构架——不仅依赖于描述者的个性,而且至少还依赖于所描述对象的特殊性。在那种其形式关系必从观者心中激起与之相联系的观念的绘画情形中,在所有的哲理性绘画情形中,那种恰当表达出艺术家之理性目标的描述便是很好的描述。这里,从感觉的到概念的,这一转化似乎是一个自然的开端。各种类型的轶事或历史绘画便形成第二类。若从要点去复述故事也能使之显得合理。从某种不同的意义上说,这甚至在图画方面亦是如此——这种不加特别选择,但极忠实于细节的图画尽可能地保留一点儿外在世界。因为正像观者成功地接纳那些所刻意表达的全部细节一样,作家也能通过忠实追随其细节而客观描述这些细节所产生出来的含义和印象(这种我未能加以改变的判断已在我的关于图画描述的研究中加以证实了。①）然而这种作品并不包含艺术的全部丰富性和极端神秘性。美学和艺术科学当然倾向于把易于观察和适于描述的东西当成是标准的和本质的。确实，他们毫无质疑地接纳各种各样书画的荒谬片断，只要这些因素有充分存在的理由，只要它们有信息价值就行。

但在有的艺术品中，形式特征与主题之融合能激起观念。在我们对艺术关切的某个阶段中，我们发现有必要通过对思想的分析而用语言形式把这种特征带进意识中去。我们一旦越过了最一般的判断，一旦不愿运用奥斯渥得（Ostwald）颜色数时，语言在谈到色彩时便不恰当了。但正像我们已经看出的，我们可用语言去描述其他的手法方面：接合形式和空间运用，安排及主线方向——总之，描述艺术物质的构成成份。第一流的艺术批评家在评价图像艺术家的技巧知识方面已达到了非常有用的近似值。诚然，危险在威胁着他们和他们的读者。他们常常失去与艺术之间最亲密的关系，因为他们的兴趣并非保持为纯艺术的，而过分易于变为修辞的。运用文字的人只有当改变了图画，并使之转换成语言时才会欣赏它。他在夸张而优美的句子中幻想着自己已经把握了艺术品本身。说与写比看更能使他满足。概念上的把握便是他真实感觉的替代。罗斯金说："一位思考者胜过一百个空谈家，但一个亲见者胜过一千个思考者。"

因此，描述只能抓住形式结构的基础，而极易落入

---

① 见《美学与一般艺术科学》第 8 期第 440 页。

与真正的艺术不相干的领域中去。艺术品的神秘感首先就是从诗的语言中激发起来的。当我们伟大的艺术史学家们把视觉外观实际转换成语言,当他们从艺术家的灵魂出发而用他们自己的手段——语言——去重新创造艺术家的作品时,他们便从研究者而转变成诗人了。两者之间仍有充分的差别。但至少有着相同的心灵状态。在彼处,这种心灵状态产生出形式和色彩的作品,而此处,产生出相应的语言和节奏的作品。如果用这种方法能使意指的对象出现,那该多好!但卡尔·杰斯堤(Karl Justi)在谈及温克尔曼1757年所作的艺术描述时说得好:"新的描述并不像那种作者用详尽的术语以力图适合其主题的自然科学中的描述那样客观。一个人仅从这种描述中形成不了什么身份意象。但这种描述从神圣的沉思时刻心灵所接纳的印象转换为一系列的意象及概念,正像艺术家渐渐把他的创造性直觉转换为造型真实一样。由于这种创造性直觉的时刻规定并制约了整个随后的努力及至其完成,而且还规定并制约了完成品对观者的效果,所以这种描述模式当然就是可能的,虽然从逼真于原物这一方面来说并不足取。"① (但安塞姆·费尔巴哈〔Anseim Feuerbach〕已经说过:"已有人不那么赞同地看待温克尔曼的这一点了。他那感发的描述——当然——产生了许多热情的刻画,经常就像对一个任意选择的音乐主题进行自由的音乐幻想一样。"②)

天真的人们也许以为,描述一个固定可见的对象是再

---

① 见《温克尔曼》,1872年,第45页以后。

② 见《梵帝冈的阿波罗》,1833年版,第295页。

容易不过的事情。他们忘了，描述如果没有了选择和判断便决不会终止，或者决不会有任何用处。倘若我要用我见到的一切尘粒、气泡以及物质成份的模糊的视觉形式去描述显微镜下的标本，那么我的描述便是忠于自然的，然而却完全是非科学的。科学与艺术均改变其经历过的真实，所以便掌握真实。我们已经在特例中见到了一个狭窄的范围，在这个范围里，各别艺术品的科学描述是可能的。现在我们必须转向更为普遍的问题，就是艺术与科学之间的关系问题。我们如此去设法理解科学是如何改造所直接经验到的东西的。这个过程在轮廓上很清楚。思想对于活的经验的矛盾与模糊特征进行抨击，很专断地使这种内涵重新作用，筛除一切不合理的东西，引进可理解的形式和那些对于思想来说是普遍不可或缺的联系。科学冒犯并窜改了自然，而不是盲目地照抄自然。一般来说，自然总是从所谓基本分析开始，各因素从概念上加以分析之后，便能够而且应当被带入同样的概念秩序中去。"事物若不变化为行列，像兵营里的军队一样被安排到它们恰当的小组里去，那么一切便必然是不确定的。"西塞比诺（Caesalpino）打着这样生动的比喻说（说得确切一些，当然，所有的直觉因素都必须从这种比喻中抽象出来，因为科学的战线是在这种经验世界之外的）。简单构成成份的安排和联系便是每一种纯科学的目标。这里，根本的东西是关系的逻辑和人造特征。所以说谢林（Schelling）的自然哲学在许多地方都是非科学的，因为它不是分析在先，而且尤其是因为直觉特征的姻亲关系已被用来建立一种等级。纯科学运用了逻辑（迄今大多为随意的）关系，而不是运用可见的相似性去产生出为思想所必不可少的稳定性。"世界并没有鸿沟、跳跃、机会或命运。"这四个被排除在外的因素"只有当禁止一切可能毁掉或有损于理解，毁掉或有损于所有现象之系统统一体的东西进入经验的综合中去时，即是说，禁止它们进入理解的概念统一中去时"，才能一致起来。①

至于说到所有艺术所用以改造给定事物的与众不同的方法，我可以简单地谈一下，因为本书中已经谈了许多。艺术——与科学形成对照——吸收了经验世界的这一方面或那一方面用以创造新的东西，艺术给手势、声音、文字、空间形式以自身的合法性——这一点正是我们说明的主要之点。然而这里，感觉材料易受其他可能之发展的影响，而且这些并不是纯粹的手段而是最终的结果。它们固有的必然性使之区别于各别想象的随意性。康德已经表明了直觉形式创造出并非逻辑的但却是强制的联系。当我说到两条直线只有一点相交时，我的判断是基于空间规律的。这种判断的必然性是直觉的，而不是概念的。艺术的确定性似乎与之相类似。画家绝对使人信服地在一个额上加上一个鼻子，这并不依赖于任何思想规律；以这种方式而不以另一种方式去解析一种和谐的强制仍属于感觉领域。当然，我们可以在这里引进对立的，然而我们从未获得两条直线的两个相交点。那种线条安排的规定的力量或者一种和谐

---

① 参见康德：《纯粹理性批判》，第 1 版，第 203 页。

的解析从其本身，而不是从普遍一致点的证据中获得其有效性。

艺术改造模式的第二个标志在其统一之中。自然的和历史的生活是无界线的，非组织的。它们使一根无限长的线冷漠地在一根纺锤上不停转动。唯有艺术才把这些事实分类集中起来，从而给它们以迷人的和谐。

> 谁会参照生活去把平静的长河划分
> 让它和谐地运动？
> ············
> 是人的力量，是吟游诗人的那种力量。
> ——《浮士德·舞台之序》

这种事态便意味着，有效的艺术品自立地产生出效果。活的经验与那种科学改造了的对象必须与其他东西相联系，但艺术品是自立的。当我们为欣赏一段音乐、一出戏剧或一幅画而需要某种外部的东西时，便出现了一种复杂情况。另一方面，这种向总体之统一根本就不意味着拒绝进行任何分析。相反，该统一常常都要通过这种分析。因为最明显的统一体正是出自这种分析的。

广泛流传的一种谬论认为，科学与艺术是姊妹俩，她们手拉着手走向同一个目标——那儿有永恒的法则和终极的场所。而它们之间的实际关系也许可在同样的方法里用类似的对比而体现出来。有时候科学与艺术背道而驰，力争达到不同的目标。但有时候它们拥抱得如此亲密，就使我们必须十分仔细地去观察才能看出这一只手、那一条腿究竟是哪一位姑娘的。科学和艺术的对比已经考虑过了（读者可以很快地回想一下解剖描述与裸体的艺术描绘之间的差别）。这种对比由科学和艺术之间偶然的以及几乎是稳固的联系所平衡了。

这种联系出现在编史工作中。历史传统并非局限在无可争辩的、只提供信息的那种科学上确凿的证据中，它包含英雄传说与史诗，因为这两者都与伟大事件相联系，而且都有一个历史核心。游记极清楚地表现出诗的发明对历史的通俗观点的影响，正像德国史诗表现出来的，想象已无意识地闯入神话与历史人物的融合之中了。许多历史学家们认为所有的历史运动均与伟大人物相联结，这不仅是一种艺术的特性，而且还是一个英雄传说时期的遗物。我们常常发现那些"乐于谈论其祖先"的人的理想化观点。自传文学的内容（比如《忏悔录》《新生活》《诗与真》）很恰当地把这些祖先置于历史报告和诗的展露之间。所有可能之经验的一部记录既不具有科学价值也不具有艺术价值。那种就连生活之异常都要加以描述的诚实中，那种自我与其物质精神环境之间的基本关系之证明中就包含了科学价值。艺术价值则依赖于人类命运之选择与安排，依赖于这些命运向那种最终能从最主观的片面性扩张为普遍人类意义的象征形式的改造。我只来谈谈科学与艺术之间的另一种联系。我在想着科学知识向艺术表现所进行的充分有意识的转化。这里，学术著作的图解和拉丁语法的节拍记忆法可与尤尔斯·伏纳（Jules Verne）的爱情小说或者伊索的寓言当成是一样的东西。

然而艺术作为固有价值的独立理性功能,在科学之侧还保有其位置。在罗伯特·舒曼的曲子《儿童舞台》(*Kinderszenen*)中有一小段,标题是"诗人说话了"。他肯定地这样说:"开端与结束碰到一起来了,所唱的下降旋律沉入自我之中;灵魂不愿那种不协调的障碍而重新飞腾,我们在纯直觉中平静下来又回到自身之中。"

2.社会功能

我承认,我们一旦专注于艺术在社会中的成功时,艺术的独立性便似乎是值得怀疑的了。我们早先谈到过儿童的艺术活动,把它当作生活的特殊形式和幼小灵魂的快乐。我们发现原始艺术几乎不可分割地同占有与运用、诱惑与厌恶、保护与联系的需要、交流与指示、迷信与战争相融合在一起。那么这种早期艺术形式与其他社会过程之间的界线何在呢?这个问题的答案似乎是显见的。其界线就在于审美方面之有无。我们都知道,审美愉悦产生于感觉的刺激物,得自于对称和节奏的形式,这一事实是艺术的首要原则之一。唯其如此,所以这一回答就更能站得住脚。然而我们应当注意两点。第一点就是我们常常讨论的艺术品与引起美感的产品之间的差别。第二点是,并非每一种审美特征之混合都能随意把客体改变为艺术品。威廉·莫里斯(William Morris)走得太远,他认为每一种表现和每一种产品,只要它能引起一点点美感,均可称为艺术。艺术并不是我们把有用的或有指导性的东西与美感事物结合在一起所产生的任何东西,而是其形式已包含在历史过程中的那种固定与特殊的融合。对艺术概念的过分扩张以及这种扩张了的概念的实际运用都会遇到激烈的反对。目前人们所强烈表现出的那种把少数人的艺术改变为大众艺术的欲望与那种想要艺术脱离另一种孤立的欲望联在一起,即走出博物院与图书馆,走出奢华的剧院和音乐厅,进入每一个人的日常生活中来。在英格兰,艺术进入生活的一切方面这一原则曾引起了装饰风格上的一场革命。社会主义者莫里斯说:"我们的劳动者应当成为艺术家,艺术家应当成为劳动者。"由于缺乏个性的介入,由于产品的多样化降低了机器劳动的价值,所以即使是简单的手工劳动者都创造艺术品。就连我们这些艺术上不活跃的人都被吸引去尝试一番。一位德国美学家走得更远,他说:"艺术,只有当它作为艺术修养而指导和控制每一位学者、建筑工、鞋匠、农民和工人的每一个操作时才算是真正的艺术。"

那种想赋予人可能喜爱的任何东西以艺术形式的企图促进了运用艺术而且为才能较差的人创造了活动的领域。艺术理论从这一运动中了解到,艺术品的外在大小和惯常评价并不是仅有的原则,修饰性制作不一定比巨幅画的价值小。然而有这些得,却有更严重的失。在经济生活中,艺术的扩张培养了一种灾难性的爱好。爱好若局限在恰当的范围内可能证实为有用的。歌德认为它既可能是扩张了的艺术的根源又可能是其效果,认为它能发展艺术天才,提高手工工艺的水平。业余爱好中包含着爱,而且它意味着通过艺术活动给我们的灵魂带来快乐。但是一旦业余艺术家忘记了他那好心的艺术只是真正艺术的开端，那么他的活动便培植了一种讨厌的傲慢。而且，艺术爱好者倾向于把艺术当成是家里小小的镇静剂，或者他们甚至与专业艺术家进行最拙劣的经济竞争。他的眼界还会因此而变窄。倘若我们把相对稀有以及不同于其他事物的价值当作是固有价值，那么艺术对于我们全部生活的侵入即会是对生活价值之艺术的剥夺。我们在讨论分层观与泛美主义时已经考虑过这一点。其危险是迫在眉睫的：重要的与不重要的两者之间的差别将会失去，艺术在社会生活中的独立功能将被认为是多余的。实际上，艺术就和科学与宗教一样，不应在社会秩序中无限度地被支配，而应与其他事物保持平衡。现在的社会功能是如此的独立，所以它们之间的相互同化便几乎等于是对文化的摒弃了。

这样，艺术便不仅试图去充当所有的客体，而且还试图充当所有的主体。我们在力图把艺术的快乐的祝福带到各阶层的人和所有的时代中去。我们应在这一动向中取一立场。确实，若要进入该问题的实质中去，我们也许可以问：艺术是把人和人分离开来呢，还是结合起来呢？它是缓和对立呢，还是强化对立呢？它是民主的呢，还是贵族的呢？它是生活之必需呢，还是一种奢侈品呢？它对于任何人都应当是一样的呢，还是一般人有一种艺术，而青年人又有另一种艺术呢？我不想以一种学究式的精确来一一回答这些问题，但却要提出最有意义的几点。

生物感较强的思想家认为，来自旺盛精力之剩余物的艺术创造和艺术欣赏有助于种族的繁衍。他们说艺术欣赏使我们进入一种和谐的心灵状态，这种心灵状态在对于个人和社会的长存极有传导性。我们则可以走得更远一些。艺术创造不仅影响人类而且实际上还是一种交流的形式，照此便是人类之群落的形式。交流精神过程的能力在艺术品中被提高为一种极微妙的理解，这种理解无须任何个人间的接触。照这种观点看来，交流便似乎是艺术的核心，也许是社会生活的核心。海茵内其·文·斯坦因（Heinrich von Stein）在他关于理查德·瓦格纳的讲课中常说，艺术表现人在相互关系中能够成为什么样的人。欣赏的人通过创造性艺术家的同情而与他形成高一级的结合，与那些除此而外仍是我们所不了解的人形成高一级的结合。这样产生的统一情绪便能获得外在价值。这就是奈桑诺（Gneisenau）大声向国王说皇帝宝座的稳固性依赖于诗歌时所要表达的意思。特拉契克（Treitschke）说，歌德在建立新的德帝国方面所作的贡献并不小于俾斯麦，这种话里正表现了这样的思想。在所有激荡众人情感的快乐和悲哀的场合中，音乐就像一根绳子一样把人们捆缚在一起。音乐尤其能燃起宗教和爱国的热情。造型艺术常常通过回忆民族英雄之光辉年代的方式来增加爱国情感。曼兹尔（Menzel）的最好的画就像由旗帜组成的大厅；谁若撕掉了这些复制的画，谁便撕掉了普鲁士旗子。

现在我们要问，群众是如何影响艺术家及其作品的呢？这就要看我们给予公众的判断以什么样的价值了。许多人把群众当成是一群牛羊，只须用皮鞭去统治；另一些人则为那种平庸的才智上升为惊人、精细的情感而赞叹（俾斯麦对于议会的描述很有指导性。"若个别地去分析，人们——他们当中一些人——是神志清醒的，一般都是德国大学的传统课程所培养训练出来的。但他们在狭窄的兴趣之外对于政治并不比我们学生时代懂得多。确实，他们甚至懂得还更少一些。在国际政治方面，甚至个别地看，他们还都是些孩子。但一旦他们在其他所有的问题上集为一体，便表现出集体的愚蠢和分开的聪明。"——见《俾斯麦书信》)。西蒙尔（Simmel）试图通过区别而达到确定。他相信在任何需要理解的东西中，群体都不如个人，而在情感领域中则相反。在剧院观众这种特别明显的例子里便是如此。这种情况完全表明了对演员有可能直接产生何种作用——精神共鸣箱的作用。正像建筑师从声学上进行考虑一样，剧作家和演员则从满剧院的人群的心理上进行考虑。最好的演出和最佳的效果在一间空剧场里是不可能产生的。虽然从舞台放射出来的戏剧在观众当中得到了加强，但个人情感则常被人群作为整体之不同态度所压抑。这决不仅仅从外在看来是真实的，从内在看来也是真实的。比如，如果其他的人都很冷淡，那么一个人的热情便会因此而冷却下去。

然而有些权威美学家不愿承认这种损害，他们在人的声音中听到了上帝的声音。他们把为少数人的艺术当作是纯粹的娱乐式快乐的释放，他们倾向于把真正的艺术与人民的艺术等同起来。在高级精神活动比我们这里更明确地附属于公众生活的英国和美国，艺术批评家已经主要成了社会批评家，把资本主义制度当成是一切罪恶的根源。然而倒是一位俄国人，列·托尔斯泰，极猛烈地提倡艺术应当服从于人民的需要。我不禁想从他的论文《科学与艺术之含义》中抄录几段。这些段落本身就驳斥了他自己，所以我就不必再加以详尽的评论了。托尔斯泰说："只有当年轻的科学家、艺术家在人民中生活，像人民一样生活，向人民提供他们的科学和艺术成果，而不提出任何特殊的要求，又依赖于人民去决定其取舍。只有这样，科学和艺术才算是服务于人民……只要那些我们所公开为之工作的人不乐于接受我们的作品，那么我们这些著作和小说便不能分别称为科学和艺术……告诉我们的音乐家，让他去吹口琴，让他去教农夫唱歌吧。告诉我们的作家，让他丢掉他的诗歌和小说，而改为写歌曲、故事以及没有文化的广大群众所容易懂得的民间传说吧。那么艺术家便会申明，任何要他们去这样做的人都是疯子。"至少，所有那些我们所恰当称之为艺术的东西都必须显得是在挥霍人类的劳动。所以每一个人都可以想象得出，若要执行这些原则，那还会有多少艺术能继续存在下去。人们常说，艺术一旦脱离了群众便会变质。但我倒认为，一旦把艺术献给了人民，那么艺术就给毁了。

实际上，没有什么艺术家感到他们是人民的仆从，是为人民说话的。罗丹把自己比成那位曾向嘲笑她的人群说"我给骑士唱歌！"的罗马卖唱姑娘。那些爱怎么创作就怎么创作，而不考虑其邻居的好恶，那些走自己的路而不为流行之爱好所左右的完全忠于艺术之永恒要求的艺术家，并不是最差的艺术家。原始人类已与艺术神秘与艺术家家族有着兄弟关系。人们已经假定一种伙伴关系来解释旧石器时代的洞穴画了。这种分离在文明国家里发展得相当晚。中国的职业画家到纪元前二世纪才出现。希腊艺术家与工匠的分离差不多发生在伯里克利（Pericles）那个时代[①]。然后到了黄金时代，艺术家们形成了伙伴关系，他们只服从于他们自己的法则，过着单独的生活。倘若这种联合，以其师徒关系而必须在今天复活以替代这种没有生气的学术系统，那么其结果就会出现同样的分离。然而这样的安排并非关键。艺术家大遭非难的傲慢根本还在于他们对社会伦理的冷漠。他们那极难得的才能从孤独而来又向孤独而去。因为在高级艺术中就连"快乐"都是一种隐秘的快乐，无人能与旁人一道去共享的。在较普通的兴奋中，邻人的兴奋可能会增加我们的快乐。但在情感最深切的神圣时刻里，个人则必须是独处的。另一个人说出的第一句话就与真实情况不合。谁若梦想有一种能作用于全人类的艺术的魔法，那么谁想的便是那些平庸的作品——尤其是那种有教育意义的宣传性的作品——再不，他就在融化那种实际上已经分成等级的经验，从几种外在表象的模糊理解而达到对作品的充分理解。群众可能在对象中感到快乐，偶尔还对非审美部分感兴趣，其程度正与少数鉴赏家一样强烈。但一个大作的全部丰富性若要获得感染力，一个作品的魅力若要取得最佳效果，那种受了训练的多方面的能力是必

---

① 大约公元前五世纪。——译者注

需具备的。画家特鲁纳(Trübner)曾试图弄清为什么最平庸的绘画却最受人喜爱。他最后得出结论说,这些公众很重视那种从中能看到运用于它所感兴趣事物的学术能力的作品。龚古尔兄弟甚至说出了这样的箴言:"公众所不期然产生厌恶的东西便是美的。"被吸收进"佛里木森纯艺术者协会"(Freemasons Society of Perfect Artistic Souls)的人数是极少的。我们外行人省却了精细与深度来帮助自己。但至少我们知道有一种高水平的成就,艺术家从中得到那些满足一般标准的素材,而且又从这些素材中汲取最大潜力。那种在可林(Korin)的不对称的花卉形式面前沉迷于幻想的气质(可否这样说),那种通过情感从精妙的安排中,从最贫乏的线条组合中、从最克制的仪式中引发出全部生活的能力,以及从所有世俗之粗鄙与严酷中逃脱的能力——所有这些都包含在对于这些成就的欣赏之中。高级艺术的合理性就在于它使两三个人得到了什么。其王国并不是现世的。

　　合理的理由和好的秩序仍是滋养大众的最好食粮,因为许多感到他们之间亲缘关系的人需要一种好的规则和清晰的节奏来指导他们的一切事务。对此也不可能出现任何反对意见。老苏尔兹(Old Sulzer)似乎说得对,他要求绘画"在寺院中有助于虔诚,在公共建筑中激起民族感,在居室里有助于培植善行"。但我不认为这是"绘画之高一级运用"。我们可把极高妙的风景画作品置于我们所安排的任何地方,但它们并不是普通教育的界碑。公共建筑可表明一个民族的力量和历史。当然,这些建筑将作为显示目标的结构而使人人都能明白。但它们对形成意愿的含蓄承认只对那些特别敏感的人才以所有其等级而显露出来。所以最崇高的艺术——至少是许多这种艺术的作品——的分布就被接受者的不适所阻碍了；另一方面，又被实际的不可能性所阻碍了。我们上哪儿去寻找足够的好演员、好音乐家来向人民提供戏剧和音乐真正完美的演出呢？只值两个马克的蒙娜丽莎复制品根本就表现不了原作的魅力。只有文学艺术才具备其特殊媒介之保护而不致因便宜的复制而有所损失。但一般来说，在艺术领域中就像在其他方面一样，好的东西总是昂贵的，因而穷人是很难得到的。有钱的艺术爱好者为一幅小画付出的钱足够养活一家人。他们为艺术而花去的百万金钱可以挽救许多绝望的穷人，可使他们免于耻辱与自杀。这样的情况想起来是令人伤心的。但我们必须记住，倘若我们决定推迟他们这些人的艺术修养，直到那贫穷消失的遥远时代的到来，那么科学和艺术便根本不会存在了。

现在，咱们来大略地看一看当前所用的普及艺术的方法吧。我们每一个主要方面只说几句话就够了。首先，就存在着为那种实则对公众说来是最重要的文学艺术所作的努力。倘若文学中那众所周知的基础和危险因素受到有效的障碍，那么其结果便是无价值的了。但这并不说明更高级的诗歌就会被普遍看成宝物。公共图书馆和为千百万人出版书籍的出版机构必须保持在价值的确定范畴之内。在图像艺术领域中，那种欲制作出艺术家自己的彩色平版画的企图在我看来似乎是最有前途的试验。因为我们在这里处理的不是可怜的模仿,而是艺术家用该手段所作的、直到付印前都负有责任的原作。印制多少份,这倒没有关系。这种艺术品经久不变,确实,这正是艺术家所希望的。然而这种平版画的价格对于穷人来说太昂贵了——不论是老的或新的穷人都一样。但只有活着的艺术家才能对我们这样说,这样一个事实与其说不利倒不如说有利,虽然这一限定已经遭到猛烈的批评。艺术品在它们产生的那个时期或者也许在随后的几代人中有着深远的影响。几百年之后,该作品的许多方面都变得陌生了,被那种当代人不能从中自由呼吸的其本身的气氛所包围了。早期作品需要有经久的研究和费力的解释;它们并不是直接显露其艺术特质的。只有像德国人这样易受影响的人才会感到菲底亚斯(Phidias)和拉斐尔比他们当代的艺术家与他们更接近。

这种考虑就增加了我们对公共博物馆之过分尊重的迟疑。赫蒙·格里姆说,柏林美术馆甚至都不适于把学生们引进图像世界之中去。谁只要观察一下参观的人群无知地无目的地在大厅中拥挤,惊讶地盯着图画中难以辨认的符号,他便会更清楚地意识到可以得到的与领会到的这两者之间的差别。为了解决这一问题,参观者便由专家来进行讲解。其结果在某种程度上是使人满意的,然而又不违背早先的判断(按照弗里兹·维查的说法:"实际上,若要使艺术成为大群人的活的经验,最好的方法就是让他们都一道去看配有恰当评论的原作。"[①] 一般参观者需要有人为他

[①] 见《艺术博物馆与德国人》,1919 年版,第 38 页。

翻译画家与雕刻家那对于他来说乃是一种外国语的语言）。剧院里，节目中的解释都有助于观众去理解。但是对于那种按统一计划安排的系列剧来说，纵使最好的剧院都不能为每一出优秀剧目作出恰当的解释，因为它们的目标就是采用那些使观众产生悬念的作品。当然，其他的剧院现在是、将来也总是一些商品机构。人们对于这一点的抱怨几乎与剧院本身的历史一样久远了。有一位工人说，剧院落成之日便是这种抱怨开始之时，由此可见这种抱怨的无效性。剧院演出一度是公众所关切的事情，或是一种理性运动，或是专门一群人所安排的东西。后来，贵族们像雇佣乐队和收集绘画一样，他们有了自己的剧院。最后，有了宫廷剧院、国家剧院，地方剧院和无数的商业剧院也一道繁荣起来。任何一种这样的形式都不是纯忠于艺术的，就是将来也不可能，因为剧院的特殊经济性质使之十分依赖于许多人的同时介入，十分依赖于风云变幻，又十分依赖于当时的时兴和公众的喜好。当然，据说现在有一种理想的公众，他们要建立起只演出高级艺术的剧院，这种理想的公众便是无产阶级。鲁道夫·辽纳得（Rudolf Leonard）说："这是在需要中平等又在战争中平等的阶级。"但是现在和将来谁又会属于无产阶级呢？利益团体如何能使一群人适合于艺术评判呢？过去，无论怎么说，无产阶级剧院与其说是艺术场所还不如说是一间娱乐大厅。赫蒙·利奇（Hermann Reich）巧妙地描绘说，在整个希腊民间戏剧中，时代生活之彩色画卷里的原始欢乐、滑稽的笑料、对句中和卑微向崇高的地位转化之中的原始欢乐，这些都证明是此种剧院艺术的主要魅力，它是为无产阶级而制作的。在罗马帝国时代，有三个活跃角色的英雄剧院完全被抛弃了，哑剧占了主导地位。到了中世纪，人们在神秘剧中塞进了插科打诨，这样就仍保持着对于滑稽的钟爱。现实主义滑稽木偶戏中的主要人物哈里昆（Harlequin）和帕尔西耐娜（Pulcinella）成了欧洲世界的风云人物。土耳其皮影戏也是围绕着一个庞奇（Punch）角色，通过其天生的智力而表演出又笨拙又无往而不胜的行为。传统丑角（merry—andrew）已经以无数种形式——从马戏团小丑到莫里哀与莎士比亚戏剧里的滑稽角色——而流传了三千多年。人们一直希望剧院能向他们提供粗野的噱头，提供对于行为和道德的粗野的描绘。有教养的公众能期望从剧院得到些什么呢？它只是一个快乐的交际场所而已。

人类本性中对于娱乐和虚饰华丽的欲望是如此之强烈，这就使社会艺术活动一般都要受到它的控制。当席勒把舞台当成是道德机构，汉姆布尔（Humboldt）认为自由传播那种对于人性中无限的善行及其分享能力的所有艺术表达均为合理的时候，他们低估了我们所有人的固有的浅薄。由于这种浅薄倾向于流为粗俗，所以汉姆布尔所攻击为不合理的政府审查制度总是必不可少的。我们若承认，一个缺乏管理的社会实际上极温柔地爱抚着那些最差和最传统的艺术，那么我们便几乎要希望有一种更为广泛的控制权了。要人们以最大的渴望需求最有价值的艺术，这种幸福的事态距我们还十分遥远。艺术创作与艺术欣赏没有表现出任何平衡的相互影响。非常可厌的是经纪人，他们在艺术的承办中只是为了做生意，他们一方面从庸人那里赚了大量的钱，另一方面从专家们身上也赚了大量的钱。他们为了刺激公众的需求，每隔一段时间便创造出一种新的花样，选择那种能使他们立即大量赚钱的东西，而不是那种能传之久远的东西。这整个活动应看作是一种商品交易；它若与真正的艺术有所接触的话，那便是作为狡猾与可耻的敌人而存在的。然而艺术家蔑视这些滑头商人的惠顾，他只剩下三条生存的道路可行。他可从其他方面获得生活费用，不依赖这些资本家而独立创作；或可调整自己去适应时兴的要求；或者他可以采取社会以外的立场，宁愿放弃正规生活中的一切利益，而不愿放弃哪怕是一点点他所称谓的自由。艺术家之放荡不羁能成为一个传统的时期。年轻的血液乐于和艺术中的吉普赛式生活相混合，而且在一个短时期内会欣赏流浪生活的魅力，但年老之后便需要"躲避冬天之风雨的家园"了。持久的分离最终便使得孤独的艺术家不能获得任何成就。

我们到目前为止只提及了政府支持艺术的一些法令条款。现在咱们只对那些熟悉的例子来作一个简单的回顾。国家并不是通过官员和机构的活动而把自己限定在收集那些历史上有意义的美的艺术品的工作中，把自己限定在保留过去的纪念物——甚至是文学和音乐的纪念物——这一工作中。国家也建立培养艺术家的学校，用奖品、旅游奖金和艺术津贴来推动这些学校的发展，而且国家本身还会成为承办者和艺术批评者。对于国家这一全部活动的嘲笑是低劣的，情趣低下的。当然，艺术机构不可能培养出天才，不可能把那些——我们就说是——由指令或广告所招引来的人们引向"正果"。然而艺术学院和音乐学院都适应他们所成立的目的，传授一些可以传授的东西。技巧训练和邻近部门的一般性教育一起进行。它们像其他各类学校一样，是为一般水平而设置课程的。同样，其他的管理标准都是大多数艺术家在艺术市场里的实践规范。当然，在这里，主要是应当去抵制艺术的过分生产和过分估价。艺术是一种其运用不应被其本身或追随者所控制的力量，而应当使这种运用去适应于政治组织的动态。当性急的人要求艺术成为整个生活时，他们在那种艺术倾向于完整这一意义上说是正确的。然而宗教与科学也提出了同样的要求。它们都站不住脚，因为我们并不是生活在真空里。虔诚的基督徒不承认任何其他的法律，而只承认他们的福音书，纵使它应禁止一切污言与武力；学者们则使一切行为都附属于所有绝对真理之准则。这种并置已经表现出，使部分成为整体的欲望是多么站不住脚。若使艺术成为社会生活的唯一标准，那么信仰与科学便会站出来保护自己——就更不说那些干实业的人了。那些热衷于用艺术文化使世界脱离其现实的人应把歌德的话牢记在心："'万物或皆空'永远是那些情绪热烈的人们的口号。"罗斯金竭力想通过扩张艺术领域的方式来推翻现存的经济秩序，这是个莽撞的反动。最后，我们还有一个要认真加以考虑的事实。每当艺术赢得完全的主导地位时，它就变得微妙而卖弄风情了。如果艺术像衰败的古代世界一样成为我们消耗一切的兴趣，那么不仅仅生活的活力与丰富性受到损害，而且就连艺术都会失却其优美的风格。

艺术和其对于年轻人的教育有三重的关系。我们可以通过艺术进行教育，为艺术而教育，或者两者同时进行。这最后一种选择对象——我们已在讨论图像艺术学校和音乐学校时避开的问题——无须作任何研究。与音乐进行大量的认真接触会把儿童——尤其是敏感的儿童——重新带回到音乐中来。这是显而易见的。在艺术教育中，问题就是：教员的指导能使审美感和艺术感提高到何种程度？这种指导主要是通过间接法吗？显然，当明显感觉到的现实与图像艺术所提供的作品相比较时，观察力的修养能产生出丰富的果实。所有包含在宗教、语言和历史教导中的文化因素都有助于提高对于雕刻和文学作品的理解。但教员还应为了传达人类创造力和人类光荣这一思想，而直接去涉及艺术生活中的伟大事实。但我们教员中懂得这一点的是何等之少！而让我们的学生登入这一领域的教员就更加少了！每当回忆起我的读书时代，我都感到沉痛的悲哀——无数个小时都愚蠢地浪费了；我们为了鹦鹉学舌，为了无意义的短语运用，为了虚假的表象而接受着教育。所有那些自豪感、对荣誉和独立的向往、创造欲，以及为使我们正常成长为有修养有自由的人的愿望都被这种鄙下、恶劣的意向所压抑了。我们学会了沉默，或者我们变得奴性十足。在这样的情况下，艺术的光荣与自由在什么地方能找到其立足之地呢？

若要概括推测现今的情况正是如此，那未免过于唐突。许多用艺术进行教育的那些教员们的生动兴趣就驳倒了这一类推测。当然，这种兴趣并不是等量地引向各门艺术。这类讨论至少涉及学校剧院，虽然它回顾了光荣的过去——我们只须回顾有人道主义者的荷兰和曼塔农夫人（Marquise de Maintenon）的巴黎就行了。我们若认真考虑学院剧场的话，那么主要便成了赞成与反对的问题。舞台的诱惑力，其伟大与危险共存。现在，剧院的被限制、被监督的活动是提高了这种诱惑力呢？还是正相反？它是否满足人们的欲望、保持人们的幻觉、产生愉悦和优美呢？——这些问题实质上是无法回答的。一般教育中音乐指导的功效，要看学生们如何去执行这些指导。倘若它引向了音乐欣赏，学生们便欢迎它；当然，这是指每一个其本身即有音乐感的孩子。但这么一来，它便必须是与技巧不同的两码事。在音乐欣赏和音乐理论方面认真规划了的发展便取代了痛苦的指法练习，个人技巧的成就便保留给特别有天才的人。学校里的声乐指导也可以作同样的安排。在德国人的指导中，文学艺术的特征倾向于被其他看待诗歌的方式所大大遮盖起来，这几乎是不可避免的了。但正因为如此，我们最终便应反对两种偏见。（1）我们把伟大作家的经典著作当作是最合适的教材，这样做是错误的。若说只有最优秀的作品才是最适合我们儿童的，这种说法是极端的谬误。相反，最优秀的作品被糟蹋了。天才的最高成就包含着一个目标，我们应为这一目标去准备好青春活力，而不是准备一个愚蠢欲望的竞技场。而且，对于诗歌和剧本的一般阅读给读者一种虚假的掌握感，一种他已经熟悉该作品而无须再加研究的感觉。（2）在背诵文学作品的厌烦中看到了第二种偏见。实际上,背诵是一种很自然的方法,它使得孩子与创造性艺术家直接接触,而且能使孩子免于对文学作品进行枯燥的总结和解释。一般说来,文学作品在学校里并没有表现出什么特别的好处。教师和学生都被引入歧途,被引向无思想的、无感觉的、自负的,然而又与冷静、成熟的科学研究相去甚远的处理模式。我们若要使一个孩子具有欣赏艺术整体生气勃勃的能力,我们便须向他提供食粮,而不应只给他一个食物单。赫伯·杰勒法(Herbart Ziller method)把我们的传奇文学——德国人的这些真正文化价值——转为对道德原则及其所谓基本因素的不自然的冗长的运用。这种方法把美妙的东西转化为尘土飞扬的大路,把想象的瑰宝转化为一些废纸。

我们所获得的关于儿童绘画活动的发展情况表明,当儿童不受任何外在影响而独立作画时,他主要是以一些图解式甚至概念式的方法将他所懂得的东西画出来。这种图画只是渐渐才进入充分表达的。当它充分表达时,其外在形式便是想象中已经成形的东西。最后,这个孩子也试图去表现空间。我们不了解关于感受性向修饰艺术的发展,而对于感受性向色彩美的发展,我们只了解一点点。一般当儿童已经把注意转向形状时,我们才对他进行绘画指导。然后,教师必须设法去正确地理解这个学生已经达到的观点,迎合这个观点,接着再把他引向深入。在指导的过程中,尽管有人竭力主张自然模特儿,但好的艺术模特儿也是有用的,甚至连那些被人瞧不起的装饰都是如此。此处所欲达到的目标不是去发展个人艺术技艺,而是去发展欣赏和充分理解艺术的能力,而且绘画体现出图示法的一切优越性。谁若在某种程度上能画画,那么谁就在交流中运用这一能力并将它当作研究的辅助。我们先前已经确立了语言不可能恰当表达感觉对象的确定性,尤其是视觉对象的确定性这样一个事实。我们已经懂得了表达手段能多么强烈地影响其原物及意象象征。这两个前提便隐含着一个结论,即主张绘画价值必须获得具体的意象。最后我们还不应忽略那种循序渐进的绘画求索对于性格发展的帮助。作为朴素美之开端的条理修养已经在为普通意义上的纯洁与细心培植一种情感了。学生被迫去督察自己手的运动,不断把自己的作品与模特儿相比较,这种比较就制止了他隐藏困难的倾向,并促使他去认真地克服这些困难。他学会了服从对象而又创造性地劳作。

还可以进一步再细数其细节(我们一般是谈不完这些特别贡献的)。然而若让一切教育都基于艺术的观点,那是不切实际的。这些荒唐的教学大纲是那些相信艺术文化能解决一切社会问题、纠正一切教育弊端的热心人想出来的。这种混浊不清的热情,当陶醉在片语之中,为德国文化提出一切高尚、崇高的东西的特别权时,是极难使人容忍的。我们需要的不是非分的东西,我们需要的——而且极为需要的——是更多的现实感,是对于将来的直觉。我们的青年若被教育得都持一种福楼拜所描绘的那种独特的艺术观,那就糟糕了。福楼拜是这样说的:"如果生活的一切事件于你都似乎是艺术材料,都似乎是注定为将来某部作品的构成因素,那么你便是位艺术家。"

3．道德功能

艺术中对于审美形式的欲求与其他领域滋长起来的因素和要求是融合在一起的。所以艺术与道德要求和道德原则密切地联系着。我们的美学家易于与某些雷卡多学派（Ricardo School）经济学家陷进同样的荒谬中去。后者想出了一种人，这种人只受经济考虑的驱策，他只在最便宜的市场去买，而只到最贵的市场去卖。这些经济学家便把这种人为的构成当成是现实人的典型。同样，美学家便建构起一种审美的人，我们甚至在为艺术而艺术这一口号的拥护者中间都找不到这种人。艺术品从其创作者的充分能力中产生出来，又与欣赏者所有的内心活动相结合。它们以傻瓜的傲慢草拟出来，以哲人的平静制作出来；它们深深地触动了情感，而心灵的清晰又没有受到干扰；它们使人激动又使人得到抚慰；它们在生活之外又在生活之内。

这些没有任何单纯公式可以分解的对等便为艺术批评制造了困难。但也为政府和教育制造了困难——只要它们涉及道德场景。当然，艺术批评的主要功能只是插在制作者和欣赏者之间，提供手头的情况。但既然他必须作出抉择——批评家这个名字已经表明了这一点——那么他便需按特征和艺术功能的方式去观察他的对象。那些真正属于艺术的东西对于他来说应显得重要。有好几种可行的方法来支持他的选择及对特殊作品的判断。批评家可声明自己的标准，运用自己的标准。这种规范的批评若不变得十分僵化和迂腐的话,我倒觉得是最合适的一种。与科学极为亲密的而且其本身也是合理的阐释法极少达到明晰的判断。最多只能达到一种条件性定论:"这一幅画提供了极强烈的自然真实的印象。"另外,还有在如下的妙言中所刻薄讥讽了的印象主义批评:"歌德之《浮士德》里的我自己。"那些不能使自己屈就于陌生作品的自命不凡的人,把这一点当作是他们所尽量使之成为上品的他们自己作品的理由。当他们遇到平庸之作的时候,他们便是最幸运的了(主观上和客观上),而且他们只提倡真正独创的、初露头角的天才。我感到诚实与勇气似乎是艺术批评的基本先决条件。艺术批评家经常遇到与公众相对抗的艰巨任务,他还需有极大的技巧使自己不因此而脱离他们。对作品提出指责而又不必使人生气。当然,他不可能去考虑什么温情柔意。甚至连艺术家中最脆弱的演员——他们缺乏使自己的艺术品幸免于此的慰藉,而且将自己的个性呈现在公众的面前——都不能受到宽容。我们也不应要求批评家比他所批评的艺术家制作出更好的艺术品。谁会指望乐队指挥能亲自去演奏所有的乐器以证明他所要求的奏法为正确的呢?谁又会指望剧场指导能向演员和歌唱演员示范出所有要领之细节呢?

虽然艺术家与批评家之间的关系谈不上是非常亲切的,但他们对于审查制度之憎恨则是更强烈更广泛的。不光是艺术家,就连批评家和美学家都在提防着官方的审查权,因为这种审查施用了一种与艺术无关的标准。我们可纠正某些特别的审查谬误,有的好笑,有的可悲。但经过所有的人事更动之后所幸存下来的原则实际上是很成问题的。行政官方易于恭敬地去扶植那些嘲弄道德的作品，而把矛头对准真正的艺术成就。这样的官方对于坚定的自然主义比对待粗俗的投机商还更加表现出不信任态度。然而谁都不能否定，作为道德之仆从的国家，有在某种程度上调节国内一切活动的权利。而教育者——无论是父亲还是教师——也由于同样的原因有权在某种范围里不准自己的孩子去接触道德上受到怀疑的事情。有一种人反对这种作法，认为所有的事情对纯洁的人都纯洁。这完全是蠢话。我们一般所颂扬的思想纯洁只不过是思想空白而已。警觉的儿童当然要求解释图片或文字里第一次遇到的事物。首先，我们不应当急于从成长的儿童这一观点出发把一切能引起问题和疑虑的事情丢开。年轻人极少直接从天真的孤立状态转而具有稳固的美德。我们须在恰当的时刻引入那些将缠绕的疑问推向更高阶段的艺术经验，它们立即以最崇高的形式将困难展现出来。

人们常毫不介意地拂去一个更为普遍的问题（它比艺术与国家、艺术与教育之间的关系问题更加重要）。我们说艺术即是其自身的目标；艺术领域是纯直觉领域，它与意志领域完全是两码事；它产生出行为及其道德价值。席勒不是说到艺术的宁静么？就连在其他地方非常严厉的科纳得·弗德南·梅尔都这样唱道：

请别在这些歌子里
寻求认真的话语！

一点儿痛苦,一点儿欢乐
便是其全部的嬉戏。

书页上纵然潜藏着
小小的泪滴,
终而会变干、消逝,
如此而已。

这些话既恰当又美;艺术品是想象的形式。但这并不意味着价值或非价值便从艺术品的内容里消失了。人人都认为是不道德的一些事件在艺术品中不带任何歉意地描绘出来,然而若按整体之统一所要求的,若专注于其中的话,这便是合理的。而且,当人们创作或欣赏艺术的时候,他们在根本上仍与其他时候是一样的。图画则有进一步的效果,它们以有意识的意象或非意识的后来效果而潜入人们的情绪和思想中去。那么其反面也成立吗?一位悲观主义作家说,即使是最美的梦和最崇高的愿望都不会给人类精神之成长增加一丁点儿高度,这种说法是对的么?高度精细的艺术家正像易卜生戏剧《当死者醒来时》(*When We Dead Awaken*)中的洛得(Rudek)一样,可强烈地感到艺术与喧嚣生活之间的对比,致使他们不相信艺术对于生活的任何反照。这种人可能会充分地欣赏一件艺术品,而不至让它对他们的生活观或甚至他们的生活行为有些微的影响。然而总的说来,这是不该发生的。当然,艺术品是与现实不同的东西,但它从现实之本源上获得了力量。艺品对人类的行为并不施加有目的的明显影响，然而它丰富并提高了整个灵魂生活（或者其反面）。总是存在着的那一框架并不完全将其内容割离开来。艺术这块岛屿和我们日常生活之大陆保持着一种交流。诚然，贝多芬的《田园交响乐》很难使一个城市人对乡村生活热情起来。但艺术的影响——尤其在艺术敏感性的较低级阶段——可改变人的情绪和感觉。儿童幻觉的创造物常与其生活之经验有相同的效果。他的许多思想和行为，只有当我们看出它们发生于这一根源的时候，我们才能理解。当我们的年轻小姐们变得十分易于在卡尔·摩尔这个角色身上迷恋于男高音和演员时，她们是受了艺术经验的后来效果的影响。仅仅触到更高级的东西，仅仅瞥一眼人类创造的美，便会使我们处于一种心荡神怡的情绪状态里，丰美而又宁静。幽默能带来持久的慰藉与调和，悲剧能激励我们，使我们向伟大的生活前进。每当艺术的劝导性力量与善的强制性力量相联合时，便会出现持久的效果。它们间有一种互惠的关系。道德的要求借助于艺术的力量，这是正确的。而艺术又把这些要求当作自己的内容。艺术在其充分性、自由性和柔韧性方面超过了道德的进化，它显示出将来的道德。艺术上过分地考虑宽容与虔诚是不足取的。因为艺术家把我们都引向生活的深处，他同时在使我们道德化，激起我们对卑劣行为的蔑视，激起我们的独立感，激起我们对一切事物之相关性的情感。但我们也许应当承认它对于当前的没落与当前的快乐方面所提供的有益的参考效果。

　　这里有一个问题，道德与非道德作为艺术品的主题在何种程度上是有益的或有害的？另一个更有意义的问题（因为它也包含音乐和建筑）是，艺术创造和艺术欣赏作为过程，它们在何种程度上获得伦理的意义？后一个问题是与前一个问题密切相联的。首先，我们来审查一下创作时的事态。无数经验告诉我们，理性之敏锐，教育之广度，道德之纯洁、勤奋、艺术趣味以及对艺术的尊重——所有这些加起来并不足以去创作出两行好的诗句。我们可以把这个事实看成是最终的事实，虽然我们原则上想在人性的主要特征中求得一致。我们发觉在同一个人的身上若出现艺术天才与道德缺陷之结合，便使人难以忍受。我们似乎觉得造物主和人类若选择一个道德薄弱的人来代表真正的艺术才能，那便是一个错误。我们在讨论悲剧时，唯有意识到我们所见到的不谐，我们才能合理地对待事实。然而这并不排除有可能从艺术之才能与道德之卑下的结合中产生出来的每一个不好的结果。考虑一下艺术家与其模特儿之间的关系吧。外在的特征——岩石和花朵，水与陆地——都信由艺术家去进行描绘。但是当画家欲表现活人的脸与身体，当作家欲描写实际情形和人的时候，情况又怎么样了呢？也许我们都乐意被描画成美人或描述成英雄。但人人都坚决反对把自己身体与心灵的弱点暴露出来，而且并不是所有的女人都乐意把自己的魅力——纵使通过艺术的媒介——暴露给公众的。所以我们便有了那种常见的争吵：关于漫画、描写真实人和情景（只是薄薄蒙上一层纱）的小说，还有人体模特儿的运用的争吵。然而对于真正的艺术来说，这里是不存在问题的。一位正确的作家——尽管他缺乏道德感——总在事件和他对这些事件的处理之间留上一个时间间隔,以避免所谓真实性的危险。一个好的作品,不论它属于哪个领域,总包含着对模特儿的大量改造,这种改造并不是狡猾、微妙的改变以避免责难,以避免法律,它是一种基于艺术特性的重建。当涉及真正的艺术家时,还有一个忧虑也随之消失了。对于有诱惑力的模特儿,道德上有问题的事件和不道德的人物的占用不会导致不道德的情感,因为该作品的压制因素及完整的纯欣赏使得低级欲望不可能出现。诚如一个病痛者对于医生来说只不过是个病人一样,人和事物对于艺术家来说不过是对象而已,但它们是包裹在最纯洁的爱之中的对象。这正是每一种高一级精神修养的力量,它引起了自我的活动,从自然形式中创作出艺术品,从自然的天性中产生出道德的行为模式。我们期待于艺术家的便是这种修养。我们要求他能极诚挚地忠于自己的作品,紧盯着自己的目标。不负责任的作品便是彻头彻尾的不道德,纵使它们看起并没有什么害处。非常恰当的语言运用便把相反的极端,即由艺术的深信所确定的一件艺术品称为诚实的。

欣赏艺术的我们便应在心中培养这种诚实的情感。某种恰当感必须使我们避免草率和不负责任的作品。具有精细敏感性的人,纵使当其馈赠品并非天生使人愉快,他们也尊敬馈赠者那奉献的热情和诚实。但他们从玷污的灵魂和不纯洁的人那儿则什么也得不到,纵使所描绘的是耶稣也一样。这种审美道德心的净化扩展为一般道德心的净化。观者学会了把内心态度从材料上分离出来之后,便发展了一种伦理态度；通过树立自己个人的职责感——其牢固性足使他拒绝与一般标准进行舒适的调节——他便强化了他的内心自由。艺术市场为每一种趣味都提供商品。世上并没有一个原则来指导我们去进行选择。正确的选择不会受到赞扬，错误的选择不会受到斥责。因此，谁若在这一点上好意地去行动，谁便是以道德的独立性去行动。据说要评价一个并非普遍都意识到的艺术企图，光有艺术趣味是不够的，还要有独特性。然而这一判断不应被误认为是旨在把个人从一切关系中分离开来。因为事实上，欣赏艺术的人从始至终都受制于对象的合法性，受制于他自己天生必要的要求——这是与更高级的准则相联系的一种要求。他并不是孤立的，他被艺术品的节奏控制着，依附于客观精神的要求。而且最终还有一个考虑：一般情况下的占有可被称作是剥夺性的，而艺术的占有则不然。我吃的面包，我领的薪金从某种意义上说是从另一个人那儿拿走的，然而我对于一幅画的欣赏却并不剥夺任何人的愉悦。

虽然艺术家的内心结构可被称作是道德的，但更广义地说又可称为宗教的。我在某个地方读到过这样的话，说真正的艺术和宗教共有着这样一个根本特征：它们来自生活与命运，而不是来自生活与反省。就此而言，它们当然是同属一种的。这两个领域的中心离科学证明和概念解释都相去甚远。它们清楚地表明，一些非理性的东西，远非是危险的异想的东西，能按其自身的规律展示成生活的模式。而且，它们都植根于内在世界对外在世界的克服之中。它们通过各种各样的艺术与宗教所共通的象征，还通过变化的形式得出这样的结论：一种精神的光照透了存在之半透明世界。还有一个根本的不可或缺的艺术家的状态——我们常常讨论的真——是爱。它就如同分离之中的统一，如同黑格尔所称"在别人心中自由活动"的生活过程。我不愿在这一意义上反对认为真正的艺术即是基督教艺术。另一方面，基督徒在更严格的意义上所称的艺术之衰败并不会使基督教的本质有所触动。确实，在宗教的严肃性提高时，就发现每一种审美形式都是不恰当的了。（索林·克格加〔Sören Kierkegaard〕在《非此即彼》①中这样说："因此我们总不愿说基督的生活是悲剧，我们感到这里的审美印象未能吃透事实。"）宗教典礼也同样与艺术实践相联系。我们在原始人的情况中已经了解了这些关系的最重要特征。希腊雕塑表达了一种宗教情感，这种宗教情感与那种以经验为根据的意识、对自然的沉思和对美的崇拜是并驾齐驱的。在古代，造型艺术受到重视，但基督教情感却主要转向了其他的，像教堂、圣画、神秘剧和教堂音乐这样的形式。然而即使是中世纪艺术也都不是真正受教堂约束的。圣经故事和拜神的形式构成了一种现实，这种现实与每一个人亲近和熟悉的程度致使人们从这一领域里选取艺术品的主题，那便是很自然的事情了。

有了这些看法之后，我们再去看看别的。因为还有更重要的东西等待我们去考虑。这里，由于我们不可能再排除玄学，所以我们便必须寻求"第一哲学"令人生畏的帮

---

① 见该书，1885年德文版第1卷，第147页。

助。"所以接着,便轮到女巫了。"但我们只在为加深我们对艺术之道德功能的理解所必要时才去麻烦她。

这里,我斗胆把玄学看成是对世界观(Weltanschauung)的寻找。就这个习语的意义上说,玄学便是生活所形成的。一种内心控制时时引诱着人类去继续达那伊得斯姊妹式劳动①,寻找世界之真谛和存在之目的。有一种向不朽的和物质的所进行的追求,这种追求充实了高一级灵魂("由于上帝很聪明,所以没有一位愿比其他任何聪明人更爱运用哲学分析或力图使自己聪明起来。"②)。一个哲学家——从这个字充分的意义上说——就是这样一个人,他在生活之喧嚣和夏目的鲜花中抬起头来问:"我是什么人?我该干什么呢?一切又有什么目的,是什么意思呢?"哲学家的方法便是在有限之中寻找无限,从眼前的寻找遥远的,在短暂的生命中寻找安全。以永恒之立场(subspecie aeterni)所进行的沉思并不包含偶然接纳的观点,而包含一种生活形式,一种对最高价值的不断的关心,一种朝向永恒的进步的运动。玄学家感到这种态度便是他的存在的核心和理由。运用哲学分析的人在整个世界中——或者更确切地说,是在经验作为一个整体而落脚的终极土地上——认识自己。像这样所产生的整体之情感被人们误以为是意味着:世界

---

① 达那伊得斯姊妹(The Danaides)是希腊神话中阿耳戈斯(Argos)国王达那俄斯(Danaüs)的五十个女儿。他指使女儿们在洞房之夜杀害新郎,所以她们被上帝惩罚,每天向一个水瓮里灌水,瓮底有个漏,所以终日灌水不止。——译者注

② 见柏拉图:《会饮篇》,第203、204页。

观即是一种科学概括之集合。那种情感以及玄学在总体上的特殊性，更正确地说，是从如下的方法中获得的："通过超越经验所提供的这些发展的限度而完成这些事实（该事实总是以连续发展系列之形式提供给我们的）。"（温特语）由于不可能通过把相对的结合起来而达到绝对的，所以延伸这一个或那一个相对的，便可寻得绝对的。比如，自我总是作为一种限定的东西而给出的，作为一种关系的习语而给出的，外在世界为这种关系形成了极习语。然而在玄学中，自我则可能被扩张为非限定的东西，它似乎包括了整个世界。反转过来，客观自然也可能超越经验上给定的量，以至于将整个精神状态的王国都吸收到自身中去，虽然这一王国为内心经验形成了外在世界不可摧毁的矛盾。唯物主义把物质普遍化，唯心主义把精神普遍化。这些出发点的多重性以及这些发展线的模糊性—只有其中一条才能在给定的世界观里进行到无限中去——阻碍了我们，使我们抓不住那种能使人人满意的确定形式中的全部真理。这于人性来说是十分不可能的，十分不相容的。所以我们便可以说，谁若要解决生活之谜，谁便会因此而被逐出生活的范畴，他便是一位术士而不是思想家。

人们哀叹这种哲学的无定见性，说它是一个缺陷。但这种指责基于两种并非毫无问题的假定条件。第一个便是一种根本的理想方案，这一方案欲解答所有的谜并确信地去决定所有的行为问题。用这个目标来衡量，那么即使是玄学的最高成就都似乎是不恰当的了。但是谁给予我们达到那一理想的权利呢？生活并不指向这一点，而指向不断的运动。首先,纯精神价值并未向我们提供任何完成的和死的东西。据说宗教和玄学是两种形式——个人的和客观的——其中活的经验的非理性性质被提高到更精细的反论的水平,它不停地要求有新的解决,而且宗教与玄学正是这样保持其活力的。第二个假定条件便是要相信世界观是毫无意义的,因为这些世界观并不能超越各别人的活的经验,或者至少不能超越这种经验的典型形式。这样,便引进了社会实践的观点,而精神价值的观点则与之毫无关系。我们说完全正确但又完全不相干的是,世上有那么多乐观主义者,又有那么多悲观主义者,这两种对立观点的人不能够互相转换。当然,在这个背景中还有无数其他的人们,他们不确定任何观点而按照当时的需要生活着。玄学并不关心比率和数字。它既没有经验的普遍有效性,又没有快乐的前提所使人信服的力量。玄学从某些基本事实出发,去发展其隐含及至于越过了以经验为依据的界限,如此而获得价值,它超越了我们经验的范畴,甚或把科学推测用于眼前。玄学是修来世的哲学。所以其真实面目在许多唯心主义中都明显地表现出来。唯物主义只有当体现玄学的一切缺点而没有其任何优点时才是形而上学的。

我们所称为唯心主义的对于直接存在的超越把精神系统扩张到绝对,精神被上升为一种最高存在和行为能力。精神的首先便作为个体的心理部分,作为意识过程而出现——每一个人都在自身中发现这一意识过程,而他在别人心里也推测出大致相似的过程。除了心理的以外,一个身体的空间因素是给定的——当然,并不是以那种仍不熟悉此种区别的各别人的原始经验而给定的，但也许是以很早就普遍出现的一种理论而给定的。在理念世界之外，一方面是物质世界，另一方面还有一个第三现实——眼前的。诚然，这只是对人类而言。人类为自己创造了一个新的世界，个体是不能改变这个世界的，在外在世界与自我之间有一个法则王国。黑格尔把这个王国称为客观精神。不论黑格尔体系如何，当我们涉及像我们心中存在的精神这样的，但已获得客观对象的高位和稳定性的精神时，我们可以接纳这个术语并运用它。数学定理和法定的原则显然不是什么物质的东西，而是一种精神实体，但它又具有那种将它与幻想游戏区别开来，甚至与我们所了解的真实世界区别开来的特殊有效性。我不想要我的读者们追随我现在这杂乱的观念流，追随在我脑子里捉迷藏的所有这些瞬息即逝的感觉与情感、怪诞的联想以及突然而无用的见解。但我们面前这印刷出来的真正的思想对于另一个人是有意义的，虽然这种思想并不像笔杆一样受到万人的接触。这种思想引向一种十分特殊的生活。它是非空间的，它是不依附于任何地方的。然而你如果相信它因而便成了思想之蛛网，那么你便很快就会相信它在行为中的力量。其存在限定在特殊的心理活动之中，然而却不会被它们耗尽。这种思想在各别人的意识中大致合适的再现并不影响它的客观有效性。

客观精神——心理的在其中超越其自身的那种结构的有效性——是给定的事实，这个事实就是，唯心主义可被看成是对其先验之根源的探索。因为唯心主义认为，这种精神价值构成了人类生活的真正意义和现实的基本图案。柏拉图说，具有理想有效性的精神的含义不仅仅是现存的，而且还具有一种最纯粹最持久的存在。他称之为"理念"。这样，在人类进化过程中逐渐形成的东西，他当成了先决条件；所加于事实基础之上的东西，他当成了事实必须服从的法则；在文明中变为伟大的客观精神，他当成了必要的永恒的世界秩序。在黑格尔体系中，"理性"就像居于支配地位的地下之火，大地表面以其所有的花样可从这火中产生出来。对于我们这更加畏缩的时代来说，理性只是笼罩在地面之上的天国，它不是根源，而是目标，不是一个世界力，而是某种既主观又客观的东西。居于这天国之中的东西靠我们的忠诚来维持，但却不以我们的意志为转移。它覆盖了外在世界和自我，却不支持它们。它只通过处于较高阶段的代理人产生出来，却胆怯地排除一切熟谙之提议，群众当中的那些人则比单独的那些人更加胆怯。

　　我们来看看这种理想主义的玄学能表示出什么样的作为道德之终极目标的东西，它又是如何将这工作的一部分分配给艺术的。有关的伦理学就集中在第三王国里。从这种理想主义的观点来看，使自己属于这一王国，使自己成为上帝的儿子，这与个人的快乐和一般的福利比较起来，似乎是更高的道德目标。价值王国便是有成就者的故土。个人和社会、人类和自然并不构成事物的一切。有成就者在考虑他自己的幸福和基督教博爱的信条时，几乎没有触及他真正的任务。掌握自然之进步、舒适程度之提高以及和平之持久，这最多只是我们完成较高使命之优越条件而已——这个使命便是去发现和确保一个新的现实。当前正在热烈提倡这种唯心主义的鲁道夫·尤肯（Rudolf Eucken）直截了当地说："伦理学、宗教和玄学既不是一个新世界的证言，也不是一些空洞的幻想。"当前其他的哲学家们并不抱有这个观点。但即使是他们，也必须承认，唯心主义获得了而且正在获得最不同凡响的效果。因为每一个较为高尚的人——纵使他拒绝接受唯心主义的目标——都正在走着似乎是由那一目标所拟定的道路，只有仿佛目标即在眼前时他才能够而且乐意向前迈进。这是一个事实。除了今生今世的社会伦理之外，还有作为精神生活之普遍升华的来生来世的伦理。即使是最高阶层的人对我们这些小人物的痛苦与烦恼都怀着深深的同情。但这种同情并不表现在那种被人们颂扬备至的慈善机构里。这种同情更关心的是痛苦所产生的道德破坏，而不是痛苦本身；更关心的是不变的东西，而不是那种可变的东西。首先，它关心志向与造诣之间的无限的差异——这是被我们较高的发展所增加了的差异——它关心忧虑的可怕诅咒，关心那种其存在，即使在单独一件事情中的存在，都会熄灭我们人世之欢乐的无助与绝望。乐观主义和悲观主义都未能在这些深渊之上搭桥。只有当第三种观点获得了生活的证实时——"因为"生活便包含了痛苦与需要——它们才能弥合起来。谁若深为栖于他自身中的精神而生活，那么他便极广泛地为着别人而生活。完美的生活便是那种把客观精神引向鲜花的生活。有了一种内在的新生，进入了一种较高的秩序，这就使人类能够得到证实其存在为合理的成就。

那么艺术能为人类这种道德目标作出什么贡献呢？艺术表现出外在与内在、尘世与天堂，它们终归是一码事。不仅由于我们人类的观点，而且还由于其内在的原因，所以艺术品有目的的统一便指向了精神所遍及的力量。正如同每一件艺术品都必须通过感觉愉快的大门而及于精神，如同图画必须使眼睛愉快，音乐使耳朵快乐一样，我们自然存在的泥土芳香总是存在着的。但此处感官的生活上升至较高一层，它变了形，以至失去了对于净化的独特抗拒。倘若有成就者不失去其感觉特征，那么他便将它转变为适度的艺术形式。艺术正是这样，完成了席勒所看出的作为一种审美教育的任务。它调和了感官感觉与道德。在身体灵魂从劣等混合物中释放出来时，便赢得了与绝对价值相结合的可能性。人的双重特征增加了教育自己的困难。席勒谈到了冲动和理性之间的对抗。鲍尔说精神十分情愿，而肉体是软弱的。即使是最文雅的人都一次又一次地感到——对于那布克奈查① 来说——像在地上爬行一样，就像在地里吃草一样。在我们特点的这两面之间，动物与神性的，似乎想象不出有什么一致之处。但艺术在这里表现了使不可能成为可能的巨大力量。它能使感觉的精神化，精神的感觉化，其程度足以使两个领域会合起来。如果渴望的和平没有出现，却发生了血的战斗，那么这种冲突就是因为敌对者在同一水平上相遇才发生的。这样，两种不能

---

① 那布克奈查（Nebuchadnezzar），《旧约》中说他是巴比伦国王（公元前605—前562）。他征服并毁灭了耶路撒冷，把犹太人赶到巴比伦去。——译者注

相比的东西便被带入了空间一致，因而便有了真正的联系。当然，艺术并不能立即消除人性中低级和高级因素之间的对抗。而这种消除即使可能，也会是灾难性的，因为我们只有通过斗争才能成为有道德的。艺术并不像那种使生活中的苦变为甜的美和审美魅力，但她鼓励我们去运用我们的一切力量。为了这样一个伟大的成就，感谢她吧！

人类生物上的需要把所有的，甚至最高雅的人都紧紧地保留在尘世之中。而他的任务就是升入理想世界中去。由于艺术向他给予了她最后的定论，就让它也成为我们最后的定论吧。愿您的生活能够得到净化，愿您的生活通向更高的现实去。

Max Dessoir

Aesthetics and theory of Art

Detroit Wayne State University Press, 1970

(据美国底特律出版社 1970 年英文版译出)